U0389155

国家社科基金一般项目"俄罗斯科技哲学的范式转换与发展趋势研究（1991-2011）"（项目批准号12BZX031）研究成果

俄罗斯科学技术哲学文库 | 孙慕天◎主编

The Search on Forked Road
Contemporary Russian Philosophy of
Science and Technology

歧路中的探求
——当代俄罗斯科学技术哲学研究

万长松／著

科学出版社

北京

图书在版编目（CIP）数据

歧路中的探求：当代俄罗斯科学技术哲学研究 / 万长松著. —北京：
科学出版社，2017.3

（俄罗斯科学技术哲学文库）

ISBN 978-7-03-052292-4

Ⅰ. ①歧… Ⅱ. ①万… Ⅲ. ①科学哲学-研究-俄罗斯-现代 ②技术
哲学-研究-俄罗斯-现代 Ⅳ. ①N02

中国版本图书馆 CIP 数据核字（2017）第 053011 号

丛书策划：侯俊琳 刘 溪
责任编辑：侯俊琳 刘 溪 刘巧巧 / 责任校对：何艳萍
责任印制：李 彤 / 封面设计：有道文化
编辑部电话：010-64035853
E-mail: houjunlin@mail.sciencep.com

科 学 出 版 社 出版
北京东黄城根北街 16 号
邮政编码：100717
http://www.sciencep.com

北京凌奇印刷有限责任公司 印刷
科学出版社发行 各地新华书店经销
*

2017 年 3 月第 一 版 开本：720×1000 B5
2022 年 1 月第三次印刷 印张：20 1/2
字数：373 000
定价：98.00 元
（如有印装质量问题，我社负责调换）

"俄罗斯科学技术哲学文库"编委会

主　编　孙慕天

编　委　（按姓氏笔画排序）

万长松　王彦君　白夜昕

刘孝廷　孙玉忠　孙慕天

张百春　崔伟奇　鲍　鸥

总　序

不知不觉间，21世纪也已经快过去六分之一了。20世纪虽然渐行渐远，但是，人们对这100年的评价却大相径庭，褒之者誉之为非常伟大的世纪，贬之者嗤之为极端糟糕的世纪，两种观点各有理由，倒是霍布斯鲍姆（E. Hobsbawm）的说法最接近历史的辩证法："这个世纪激起了人类最伟大的想象，同时也摧毁了所有美好的设想。"

苏联69年的社会主义理论和实践，无疑是20世纪最重大的历史事件之一，只不过它是最大的历史悲剧，以美好的憧憬开始，却以幻梦的破灭告终。在20世纪初叶，得到普遍认同的观点是"十月革命开启了人类历史的新纪元"；而在20世纪末叶，流行的观点却是"苏联的解体是社会主义道路的终结"。苏联解体和十月革命一样震撼世界，无论是在那片土地上，还是在整个世界，人们都在思考这一最富戏剧性的历史事变。当然，站在不同的立场上，人们对苏联共产党的失败和苏联的崩解所持的态度各自不同。有的欢呼雀跃，认为是"历史的终结"，如美国学者弗朗西斯·福山（Francis Fukuyama）认为，这表明，"测量和找出旧体制的缺陷，原来只有一个一致的标准集：那就是自由民主，亦即市场导向的经济生产率和民主政治的自由"；有的则呼天抢地，哀叹这是"历史的大灾难"，如曾任苏联部长会议主席的尼古拉·伊万诺维奇·雷日科夫惊呼，他们留给后辈的是"一个四分五裂的国家""一副沉重的担子"。从国际共产主义运动的角度说，苏联的兴亡史的确是比巴黎公社所包含的内容和提供的教训要丰富和深刻得多，对共产主义抱有信心的研究者应当珍视这笔巨大的财富，认真地进行反思和总结。现在，苏联的继承者——俄罗斯已经走上了新的发展轨道，继续谱写一个伟大民族国家的新篇章。这段波澜壮阔的时代交响曲正在引起越来越多的关注，对过去的反思，对未来的前瞻，是当代学人无可推卸的历史责任。

　　中国是对苏联模式的弊端最早抱有清醒认识的社会主义国家，在这方面，从主流思想说，我国的领导层和学术界是有共识的。其实，早在 20 世纪 50 年代中期，对苏联教训的警惕和分析就已经开始了，而特别值得注意的是，对此具有先导和示范作用的恰恰是科学哲学领域。早在 1950 年，当苏联在自然科学领域大搞政治批判，对摩尔根遗传学进行"围剿"的时候，中国共产党的领导人就指出其错误的思想倾向。1956 年召开的青岛座谈会，则反其道而行之，对科学和哲学、科学和政治做了明确的划界。著名科学哲学家龚育之先生从新中国成立开始，就致力于苏联科学技术哲学的研究，先是总结列宁对"无产阶级文化派"的批判，后又具体分析了苏联哲学界用哲学思辨取代科学实证研究的重大案例。20 世纪 60 年代，他致力于介绍苏联持正确观点的哲学家和科学家的学术成果，坚持对苏联科学技术哲学进行系统研究。在改革开放的 20 世纪 80 年代，他发表了《苏联自然科学领域思想斗争的情况》和《历史的足迹》两部系统论著，奠定了我国苏联科学技术哲学研究的基础。可以说，我国的俄（苏）科学技术哲学研究从一开始就有很高的起点，通过认真总结苏联的经验教训，为我国正确处理科学技术与政治的关系、制定合理的科学技术政策提供了重要鉴戒，也有力地推动了有中国特色的科学技术论的建设。

　　改革开放初期，在龚育之先生等老一辈学者的直接推动和指导下，一批中青年学者怀着新的目标热情地投入这项研究中。当时，在长期的文化锁国之后，学术界开始面对世界各种新的思潮，而西方科学哲学中的一些理论流派，如波普尔的证伪主义、库恩的范式论等，因为与思想解放的潮流有某种契合，一时成为学术热点，相应地，苏联学者如何评价西方科学哲学就成了学界亟待了解的学术动向。恰在此时，苏联也在"新思维"的旗号下热推改革，而以"六十年代人"为代表的苏联科学哲学家，早已率先从理论上向僵化的教科书马克思主义发起了挑战。所有这一切，都引发了学者们的强烈兴趣，于是，国内的苏联科学技术哲学研究自然成了改革理论的一翼。

　　历史地看，苏联科学技术哲学研究一直活跃在我国学术的前沿。龚育之先生当年提出的方针是："前事不忘，后事之师，研究历史，是为了现在。"在那个时代，遵循这样的方针是现实的要求，有其历史必然性。从 20 世纪 80 年代开始，30 年过去了，世界形势发生了根本变化，中俄两国的社会背景和学术语境也今非昔比。我们虽然不应当也不能够丢弃先驱者优秀的历史传统，但是，一代人有一代人的责任：如果说那时的研究主要是像鲁迅先生所说，是"借了别人的火来煮自己的肉"；那么，今天我们可以进入更广阔的学术空间，立场更客观，认识更理性，视野更开阔，主题更宽泛。一方面必须继续深入总结苏联悲剧的历史教训；另一方面更应当密切注视新俄罗斯发展的未来趋势，只有如此，才能科学地认识世界，认识中国。这表明，我们这一代俄罗斯科学技术哲学研究者有太多的工作要做。

恩格斯说过："各种不同的民族性所占的（至少是在近代）地位，直到今天在我们的历史哲学里还很少阐述，或者更确切些说，还根本没有加以阐述。"俄（苏）科学技术哲学是科学技术哲学的国别研究，唯其属于苏联，属于俄罗斯，才有了无可替代的学术价值。个性和共性、特殊和一般、相对和绝对的关系是认识论的基本问题，也是唯物辩证法的精髓。俄（苏）科学技术哲学是人类科学技术、哲学理论、思想文化的丰富资源，其中包含了社会发展的宝贵经验和教训，蕴藏着精神文明进步的潜在生长点，它的独特优势当然是这项研究的着力点。但重要的是与时俱进，形势的发展要求我们站在新的历史高度重新思考俄（苏）科学技术哲学研究的进路。

苏联科学技术哲学是马克思主义哲学导向的理论流派，新俄罗斯①的科学技术哲学虽然不再以马克思主义作为统一的指导思想，但苏联时期的传统仍然在一定程度上延续下来。简言之，在学科的划界、问题的设立、范式的规定、体系的建构、概念的定义、理论的解释、成果的评价，一言以蔽之，在科学技术哲学的整个研究域，苏联和俄罗斯的学者都展示了与西方迥然不同的思想进路和研究模式，是科学技术哲学发展的另一个维度，为研究者提供了一个可以比较和选择的参考系。

应当特别指出，苏联科学哲学一度是以本体论研究为中心的，尤其重视自然界各种物质运动形式的客观辩证法，相应地，所谓自然辩证法研究的主体则定位于各门实证科学中的哲学问题。在科学史上，苏联科学家是最自觉地运用哲学世界观和方法论指导具体科学研究的群体，如美国学者格雷厄姆（L. R. Graham）所说："我确信，辩证唯物主义一直在影响着一些苏联科学家的工作，而且在某些情况下，这种影响有助于他们实现在国外同行中获得国际承认的目标。"自然界是辩证法的试金石，深入研究苏联科学家在实证科学研究中应用唯物辩证法的功过得失，具体分析那些重大的案例，不仅对于正确认识苏联科学技术哲学，而且对于检验和发展马克思主义哲学，以至对于全面评价整个科学技术哲学学科都具有重大的意义。格雷厄姆已经意识到这一点，他在谈到上面

---

① "新俄罗斯"指的是 1992 年建立的俄罗斯联邦，以区别于苏联成立之前的旧俄罗斯。——编辑注

所说的研究主题时说："所有这一切对一般科学史——而不单单是对俄罗斯研究——都是重要的。"当年，我们曾大力介绍苏联自然科学哲学研究的具体成果，但是新时期以来，这方面的研究完全中断了，现在，对这项研究应该有新的认识。

语境主义已经成了后现代科学哲学的共识，其实对科技进步的语境分析和历史唯物主义的科学编史学，是有互文性和一定程度的契合性的。关于斯大林主义的社会主义模式对苏联科技进步的灾难性破坏，在西方，早已成为苏联学（Sovietology）的首选主题，在俄罗斯和中国也是对俄（苏）科学技术史和科学技术哲学研究的重大关注焦点，各种文献汗牛充栋。问题是，即使在那样的语境中，仍然有一批学者拒绝附和斯大林学者对马克思主义哲学的歪曲，而是坚持正确阐释和发展辩证唯物主义，并自觉地用唯物辩证法指导科学研究。如果说，对改革派科学哲学家的研究已经得到较多的重视，那么在同样语境下坚持正确哲学路线并继续以辩证法指导科学研究工作的科学家，却被忽略了。哈佛大学俄罗斯研究中心教授鲍尔（R. A. Bauer）指出："才能卓越、成就斐然的那些苏联知识分子认为，历史的和辩证唯物主义的自然解释，在概念基础上是令人信服的。施密特、阿果尔、谢姆科夫斯基、谢列德洛夫斯基、鲁利亚、奥巴林、维果茨基、鲁宾斯坦等杰出的苏联学者，都强调马克思主义思想对他们的创造性活动的启发意义，而且在被要求做与马克思主义有关的陈述之前，他们就已经这样做了。"显然，这是今后俄（苏）科学技术哲学研究必须填补的空白。

科学技术哲学与俄（苏）特殊历史语境的关联还有许多未被触及的方面，如斯拉夫文化传统对俄（苏）科技进步的影响就值得深入探索。旧俄罗斯（沙皇俄国）被称作第三罗马，"正教、君主制、民族性"是斯拉夫文化传统的核心，其主流思维方式属于出世的理想主义应然范畴，而不是入世的功利主义实然范畴。集中而不是发散，醉心于信仰，强烈的民族主义，都深植于民族文化精神的本底，所有这些不仅一直支配着俄（苏）公众的社会心理，也全面规范了俄（苏）哲学乃至科学技术哲学的特质。格雷厄姆在谈到苏联科学家时说过一句话："他们中最明智的一些人甚至会同意，哲学唯物主义与其说是一种可以证明的理论，不如说是多数学者赞同的一种信仰。"行文至此，使人联想起马克思在致查苏利奇的著名复信草稿中对俄国社会基础的研究，他认为俄国作为欧洲唯一保留农业村社作为社会基础的国家，其特征就是"它的孤立性"，"保持与世隔绝的小天地"，而"有这一特征的地方，它就把比较集权的专制制度矗立在公社的上面"。我们不能不承认，俄（苏）科学技术哲学发展的曲折过程及其内在的诸多矛盾，正是折射出俄罗斯社会文化语境的结构性特质。苏联解体后，俄罗斯官方有意扶植和依托东正教，旧俄时代的索洛维约夫、别尔嘉耶夫等的宗教哲学思想大有主流化的趋势，对新俄罗斯的科学技术哲学研究也有不容忽视的影响。这就是说，从文化语境上研究俄（苏）科学技术哲学，还有许多需要深入挖掘的地方。

　　在整个苏联哲学中，也许还可以说，在整个苏联文化中，科学技术哲学占据十分特殊的地位。第一，相对于其他部门，相对于政治和官方意识形态，科学技术哲学受的负面干扰较少，始终保持自己的学术独立性；第二，科学技术哲学率先举起反官方教条主义的旗帜，成为苏联社会改革的思想先驱；第三，科学技术哲学是整个苏联时期意识形态领域始终保持连续性的学科部门，即使在苏联解体后的新俄罗斯时期，原来的许多研究结论仍然得到肯定，一些研究方向仍在继续向前推进；第四，俄（苏）科学技术哲学所取得的成就是举世瞩目的，完全可以和西方同行相媲美，而且得到了国际学术界的承认。我曾把上述事实称作"苏联科学技术哲学现象"，认为对这一现象的解读，可以揭示俄（苏）科学技术发展的内史和外史的许多深层本质。作为国际俄（苏）科学技术哲学研究的权威学者，格雷厄姆就曾敏锐地注意到这个特异的现象，并给出了自己的答案："在过去七十年间苏联的辩证唯物主义者在科学哲学中努力创新，在同其他思想的尖锐冲突中卓然独立。也许，苏联在自然哲学领域比其他思想领域有所成就的一个更重要原因在于，尽管存在共产党控制思想生活的体制，但和政治主题相比，这种体制给予科学主题以更多的创造空间。众多英才潜心研究科学课题，而其中一些人自然而然地为其工作的哲学方面所吸引。在苏联的特殊环境下，对作者们说来，辩证唯物主义讨论的深奥性质还有某种免遭检查的好处。"格雷厄姆的解读不无道理，但仅停留在现象学层面，未触及科学技术哲学的学科性质等本质问题。科学技术哲学在近日俄罗斯的地位有所变化，但与其他哲学部门相比，仍有其特殊性。总之，科学技术哲学在苏联和现在的俄罗斯的特殊地位问题，是我国俄（苏）科学技术哲学研究者不能回避的重大问题。

　　我国新一代俄（苏）科学技术哲学研究者特别注意俄罗斯技术哲学的发展，这不是偶然的。相对于科学哲学而言，苏联时期的技术哲学因为意识形态原因，曾一度遭到冷遇或被片面理解。而在新俄罗斯却因为技术与人的本质、与生存环境、与社会伦理、与文明转型的密切关系，而成为科学技术哲学的人本主义转向的中心枢纽。一批中青年学者敏锐地察觉到这一重要学术动向，并为之付出了巨大的努力，已有几部重要成果问世，成为新时期俄（苏）科学技术哲学研究的亮点。

共性寓于个性之中，对俄（苏）科学技术哲学和西方科学技术哲学的比较研究表明，二者存在着明显的趋同演化过程。就西方科学技术哲学来说，从认识论转向到语言学转向，从人工语言哲学到日常语言哲学，以逻辑实证论为主导的"冰峰上的哲学"让位给以世界观分析为核心的社会文化主义；就俄（苏）科学技术哲学来说，从本体论主义主导的自然界客观辩证法研究，转向认识论主义主导的科学结构学和科学动力学研究，进而发展到人本主义主导的科学文化学研究。两两相较，可以发现，世界科学哲学的发展逻辑是从走向客体（本体论的形而上学）转到走向主体（认知主体的活动反思），再转到走向历史（文化价值语境的研究）。不仅发展过程上存在趋同演化，而且在内容结构上同样存在明显的理论趋同。特别是 20 世纪后半叶，西方和俄（苏）科学哲学在结构学上都把前提性知识的研究置于中心地位，而在动力学上则聚焦于科学革命的全域性分析和概念重构。布莱克利（T. J. Blackley）在《苏联的知识论》一书中明确断言："苏联哲学家对待越来越多的问题的方式，与西方对这些问题所采用的方式多半相同。"他认为区别只是在所使用的词汇上，而"致力于解释和标准化的词汇表就可以打开哲学上接触的广阔前景"。这位波士顿学院的学者是很有见地的，我们应当在世界科学技术哲学的整体文化背景上，以时代发展的眼光，用马克思主义的观点对俄（苏）科学技术哲学重新进行审视。实话说，在这方面我们仍然不够自觉，而俄（苏）学者是有这种自觉性的，当年科普宁（П. В. Копнин）就说过："对世界过程的真正理解既不是他们（西方），也不是我们。将来的某一时刻会产生第三方，而我们所能做的只是全力促进这一发展。"今天，全球化已经成为时代不可阻挡的趋势，每个民族的命运都与整个人类的命运紧密相关，俄（苏）科学哲学的领军人物弗罗洛夫（И. Т. Фролов）说："可以再一次想一想陀思妥耶夫斯基，他说，俄罗斯的命运'在全世界的整体性的团结之中'，在精神和物质的团结之中。现在，这是最重要的。"站在历史转折的关头，我们中国的俄（苏）科学技术哲学研究者理应从这样的思想高度促进这一学科的发展。

从新中国成立开始的中国俄（苏）科学技术哲学研究，已经走过了半个多世纪的历程。21 世纪以来，在俄（苏）科学技术哲学研究领域，新一代人已经成长起来，他们无论在目标上，在学识上，还是在眼界上，都有了更高的起点，已经开始回答我在上面所提出的那些新的学术问题。近些年来，他们从新的角度出发，采用新的方法，特别是通过与俄罗斯学者的直接对话和交流，全面推进了这项研究，并且成果斐然。值得注意的是，他们的研究几乎是与 21 世纪俄罗斯科学技术哲学的发展同步的。古人说，明达体用，这批研究成果既在理论的深度和广度上有重大的推进，实现了学术本体上的创新，又有直接的现实关怀和强烈的问题意识，显示了重大的实际应用价值。

现在，科学出版社决定把这些成果会集起来，作为"俄罗斯科学技术哲学文库"出版。新时期我国的文化开放是全方位的，且不说对西方的研究差不多已经没有多少死角，就是有关苏联和俄罗斯的研究也几乎实现了全覆盖，但是，唯独俄（苏）科学技术哲学的出版物却寥若晨星。造成这种情况的原因是多方面的，在这里我不想对此进行追究，因为那是业内工作方面的检讨。应当说的是，感谢科学出版社对学术发展的深切关怀，以超越的学术眼光，把这株含苞欲放的稚嫩花株培植起来，让它在百花园里开放，点缀这繁花似锦的学术春天。

不能奢望这一文库短时期内会引起多大关注，也不应责怪人们对俄（苏）科学技术哲学的冷落，因为对这一领域的误解由来已久，30 多年来，这一学科的边缘化是有深刻历史原因的。然而，在那片广袤的土地上，在漫长的岁月里，在这个重要的学科领域中，毕竟结出了而且还在继续结出累累硕果。虽然和一切文化生产一样，其中不免混杂着种种糟粕，但其中的精华却是人类精神文化宝库中的珍品，挖掘、清理、继承、发扬这一领域的遗产，密切关注所发生的变化和最新动向，既是对这个国家学术工作的尊重，也是这些成果本身固有的历史的权利，谁也不应也不能剥夺这一权利。我相信，无论久暂，正确认识俄（苏）科学技术哲学真正价值的日子必将到来。恩格斯说过："对历史事件不应当埋怨，相反地，应当努力去理解它们的原因，以及它们的还远远没有显示出来的后果。……历史权利没有任何日期。"历史权利是没有日期的，但是我们却有义务促进历史进程的发展，这是"俄罗斯科学技术哲学文库"的编著者和出版人共同的心愿。

孙慕天

2016 年 11 月 19 日

序

平凡的日常生活史差不多都是一样的，而推动人类社会变革的历史则是曲折而充满各种苦难和矛盾的历程。俄国十月革命后的社会主义实践，正是这样的不平凡的历史，而对这一历史的总结，尤其需要理性和客观的眼光。当前，由于世界形势的巨变和历史思潮的走势，人们对苏联的评价大多是负面的，至于苏联和俄罗斯科学技术哲学则是一个小小的学术角落，处于几乎已经被人们遗忘的冷僻荒凉的边缘地区。正逢盛年的万长松竟以全部精力在这个学术角落里默默地垦殖，并将自己精心培育的《歧路中的探求——当代俄罗斯科学技术哲学研究》这株绚丽的鲜花奉献给我们，站在今天的历史节点上，这一力作引发了我的绵绵思绪。

在我国，苏联科学技术哲学研究这一学术域是龚育之先生开拓出来的。龚师回忆说，从 20 世纪 50 年代中到 60 年代初，"曾经两次对苏联这方面历史进行过集中的了解和研究"，"这方面"指的就是"有关苏联自然科学领域哲学争论"。龚先生指出，当时这项研究的目的很明确，是"为了总结历史教训，纠正'左'的错误，以便贯彻执行我们党提出的百家争鸣的学术自由方针"[①]。"文以载道"是中国历代知识分子治学的精神圭臬，历史地看，基于 20 世纪中叶的中国社会语境，把苏联科学技术哲学研究置于时代的大纛之下，是时势使然。1978 年 7 月 13 日，在北京市委党校的礼堂举行的"全国自然辩证法夏季讲习会"上，龚师做了题为"自然辩证法工作的一些历史情况和经验"的报告，我在台下亲耳聆听了这次讲座，主题正是对苏联在科学技术哲学研究中走过的弯路所

---

① 龚育之:《龚育之回忆"阎王殿"旧事》，南昌：江西人民出版社，2008 年，第 322 页。

做的系统反思。1982 年 10 月 28 日，他在重印这份讲稿时说，这篇讲话是在四年多以前，"那时党的十一届三中全会还没有召开。三中全会以后，开始了系统的拨乱反正，大家对历史经验的认识大大加深了，在自然辩证法领域也是如此"。一年后，我受龚师委托编辑"苏联自然科学哲学丛书"，他对我耳提面命，那编辑方针赫然就是"前事不忘，后事之师。研究历史，是为了现在"①。20 世纪 80 年代是中国学术复兴的火红的年代，人们心中燃烧着寻求真知的热火，毫无畏惧，一往无前，西方科学哲学不再是禁脔，波普尔和库恩等的理论一下子成了思想解放的思想工具，而我和几个朋友却觉得应当旁行以观，把目光转向正在变革中的苏联。我们觉得，在马克思主义思想指导下的苏联科学技术哲学所提供的思想资源，对改革开放的中国是十分有诱惑力的。几位同道于是另辟蹊径，在龚育之等前辈学人的支持和扶植下，开发了这个新的研究空间，当然，那时还是有明确的现实指向的，所瞄准的主要是苏联改革的哲学理论基础。

为学术而学术确实超然，就具体论题的探索来说，中立的立场也的确是追求真理的前提，但学术研究的整体却是无法脱离价值方针的选择的。克罗齐有句名言："一切历史都是当代史。"这句话常常被人误解，以为克罗齐是以实用主义态度把历史看成只是为现实服务的工具。其实，克罗齐此语本质上是说，过去只有和当前的视域有所（不同程度）重合，才能为人所理解，所以他又说："历史学绝不是有关死亡的历史，而是有关生活的历史。"②记得就在 1978 年那次讲习会的报告中，龚先生引用了一句马克思的话："思辨终止的地方，即在现实生活面前，正是描述人们的实践活动和实际发展的真正实证的科学开始的地方。"③这段话真是精彩极了，我查了许久，才在《德意志意识形态》一书中找到它。苏联科学技术哲学的滔滔思辨，终究要受生活实践和科学实践的检验，对其成败利钝的反思构成了苏联的科学编史学。随着冷战落幕和苏联解体，"历史终结论"一度成为西方对人类未来的盖棺定论，苏联的一切连同它的所有学术成果，都被弃之如敝屣。但是形势比人强，曾几何时，连弗朗西斯·福山本人都放弃了这一论断。随着历史的发展和后工业时代社会矛盾的暴露，马克思的理论正在重新显示出强大的生命力，社会科学领域的各种学说和观点都在接

① 龚育之，柳树滋：《历史的足迹》，哈尔滨：黑龙江人民出版社，1989 年，第 10 页。
② 贝奈戴托·克罗齐：《历史学的理论和实际》，傅任敢译，北京：商务印书馆，1997 年，第 8 页。
③ 马克思，恩格斯：《德意志意识形态》，《马克思恩格斯全集》（第 3 卷），北京：人民出版社，1960 年，第 30-31 页。

受马克思主义的检验。保罗·托马斯（Paul Thomas）在《批判地接受：马克思的当时和现在》一文中，引用戴维·麦克莱伦（David McLellan）的话说："纵观社会科学的全部领域，马克思也许对 20 世纪最有影响的人物一直都在进行检验。"[①] 苏联在马克思主义指导下进行的科学技术哲学研究，虽然有惨痛的教训，但其中也不乏真知灼见，提供了大量新的生长点。对这一点，西方严肃的苏联科学技术哲学研究者自有公论。美国著名的苏联学专家格雷厄姆一直对此持肯定的态度，他认为辩证唯物主义是具有优势的哲学世界观，所代表的是科学导向的、理性的、唯物主义的研究方式，"现代苏联辩证唯物主义是一项引人注目的思想成就。把恩格斯、普列汉诺夫和列宁的初始见解阐述和发展为系统的自然解释，这是苏联马克思主义最新颖的思想创造。在其最富才能的倡导者手中，辩证唯物主义无疑是理解和说明自然的一种真诚的和合理的尝试。凭借其普适性和发展程度，辩证唯物主义的自然解释在现代思想体系中无可匹敌"[②]。他认为许多杰出的苏联科学家真诚地相信辩证唯物主义对科学的启发意义，并在应用马克思主义哲学指导实证研究方面取得了显著成绩。格雷厄姆通过大量案例分析，用确凿的事实证明："辩证唯物主义一直在影响着一些苏联科学家的工作，而且在某些情况下，这种影响有助于他们实现在国外同行中获得国际承认的目标。"[③]

苏联科学技术哲学是马克思主义自然辩证法的试金石。一方面，在十月革命之后的 70 多年的探索中，反复检验了辩证唯物主义自然观的真理性，验证了这一哲学世界观和方法论对自然科学研究的启发价值。另一方面，通过比较苏联科学技术哲学和西方科学技术哲学研究的不同范式，特别是和后苏联时代（即所谓新俄罗斯）的科学技术哲学进行关联性研究，可以揭示科学技术哲学发展的普遍规律，不但可以认识马克思主义科学技术哲学的历史命运，而且有助于预见世界科学技术哲学包括中国科学技术哲学发展的一般趋势。

在苏联的人文社会科学中，科学技术哲学地位比较特殊。从根本上说，科学技术哲学主要是对实证科学的研究成果、研究过程和方法进行的哲学反思，

[①] Thomas P. Critical Reception: Marx Then and Now, In: Terrell Carver, ed. *The Cambridge Companion to Marx*. Cambridge: Cambridge University Press, 1991, P.23.

[②] Graham L.R. *Science, Philosophy and Human Behavior in Soviet Union*, New York: Columbia University Press, 1987, P.429.

[③] Ibid. P.3.

所面对的是事实判断，就对象本身来说，是与社会意识形态和政治立场较为疏离的。尽管可以对科学认识的过程和结果做出不同的哲学解释，但是与研究对象的符合始终是科学哲学研究的中立指标。萨多夫斯基（В. Н. Садовский）说："尽管科学知识的哲学观念可能有本质的区别，甚至是截然相反的（马克思主义和新实证主义的情况就是如此），但是这些哲学解释所面对的模型，如科学知识的演绎模型，却可能是相同的。这表明模型对哲学解释的相对独立性。"[①]这使科学哲学研究得以避开政治敏感问题，因此如布莱克利说的那样，科学技术哲学"本质上是附属于苏联哲学运动的其他方面，所以也许是现代苏联哲学部门中最游离于教条边界之外的领域"[②]。也许正因如此，这一领域在苏联哲学中独放异彩，许多成果在世界上产生了重要影响，弗罗洛夫评价说："我们可以说，我国对科学哲学的研究现在已经达到很高的水平，达到世界水平。"[③]斯焦宾（В. С. Стёпин）也认为，与自然科学哲学问题直接相关的方向，"长期以来是显示为最富创造性和最有建构性的"[④]。

按照冯友兰先生的说法，对待前人的学术成果应当从"照着讲"到"接着讲"，最后发展到"对着讲"。苏联解体后，新俄罗斯学术界对本土的科学哲学正在努力超越，这首先是形势发展的结果。1997 年，马姆丘尔（Е. А. Мамчур）、奥伏钦尼科夫（Н. Ф. Овчиников）、奥古尔佐夫（А. П. Огурцов）等三位权威科学哲学家出版了《国内科学哲学：初步总结》一书，对苏联及解体后俄罗斯科学哲学的功过得失做了全面的评述，其中对苏联时期的研究成果有的"照着讲"，更多的是"接着讲"，亦即有所修正和引申，但也有的是"对着讲"，对以前的结论提出批判。作者说："我们生活在转折的时代——剧烈转折的时代。一切都改变了：兴趣、风格、价值和观点。这些改变也涉及科学，而且不能不在直接同科学相关的智力活动领域——科学哲学打上自己的印记。智力运动已经在科学哲学中聚集了巨大的力量，其代表人物力图证明，科学的

① В. Н. 萨多夫斯基：《科学模型及其哲学解释》，孙慕天译，《自然科学哲学问题丛刊》，1984 年第 3 期，第72 页。
② Blakeley T. J. *Soviet Theory of Knowledge*, Boston: D. Reidel Publishing Company, 1964, PP.140-141.
③ И. Т. 弗罗洛夫：《60—80 年代苏联哲学总结与展望》，贾泽林译，《哲学译丛》，1993 年第 2 期，第 11 页。
④ Степин В. С. Анакиз исторического развития философии в СССР, см.: рэхэм Л. Р. *Естествознание, фикософия и науки о чековеческого поведении в Советском Союзе*, пер.: М. Д. Ахондов и Б. Н. Игнатьев, М.: Политиздат, 1991, C.431.

'成年时代'已经到来了。在现代文化中科学和科学理性已经不起也不应起支配的作用了，因为它们似乎不再为其所荷载的信念辩护，也不仅不给人带来福祉，反而成为不幸的缘由。对现代科学现象的诚实公正的分析，对指向科学引发的忧虑和与之相关的期望的研究，可能是科学哲学家对上述心态的最好回应。对科学现象的思考过程应该继续下去，正像对这一过程本身的批判分析过程应该继续下去一样，这一过程不断促动它、给予它新的动力。"[①]

　　万长松的这一成果是对前人在这一领域研究的重大推进。如果说，龚育之的《历史的足迹》主要是总结 20 世纪上半叶苏联在科学和哲学关系方面、斯大林主义时期马克思主义科学技术哲学发展方面的经验教训，孙慕天的《跋涉的理性》把注意力聚焦于苏联反主流派，特别是 20 世纪后半叶改革派科学哲学家的理论突破，那么万长松的《歧路中的探求》则是对世纪之交新俄罗斯科学技术哲学发展线索的梳理重构。该书没有以苏联解体为隔点截断苏联的文化思想的发展，而是认为俄（苏）科学技术哲学是一条"川流不息的大河"，这是一种宏阔的历史眼光。万长松以 20 世纪苏联哲学界"六十年代人"发轫的新哲学运动为原点，追溯近 30 年来这一思想解放运动的演变趋势，慎终追远，匠心独运，因为正是那次以认识论主义为标榜的思想运动，突破了教科书马克思主义的藩篱，打开了科学哲学面向世界和面向未来的闸门。该书提出新俄罗斯科学技术哲学的三个范式，即多元论、文化论、人中心论，准确地抓住了这一转型的理念进路，慎思明辨，探赜发幽。该书指出，新一代的俄罗斯科学哲学家正在不同的道路上，以不同的方式，探索着科学哲学发展的新路。在我看来，如果说凯德洛夫、伊里因科夫（Э. В. Ильенков）、科普宁（П. В. Копнин）是俄（苏）新哲学运动的"老三驾马车"，弗罗洛夫、斯焦宾、施维廖夫（В. С. Швырёв）是"新三驾马车"，那么万长松重点论述的罗佐夫（М. А. Розов）、奥古尔佐夫、盖坚科（П. П. Гайденко）就是"后三驾马车"。主角的更迭清晰地勾勒出半个世纪以来，俄（苏）科学技术哲学的洪流阶段性推进的历史轨迹。道路崎岖，但是思想在发展。俄罗斯学者巴扎诺夫（В. А. Бажанов）说："主张俄罗斯哲学思想和研究正在衰落是夸大其词。"[②]该书正是通过深入梳理俄

---

① Мамчур Е. А., Овчиников Н. Ф., Огурцов А. П. *Отечественная философия науки: предварительные итоги*, М.: РССПЭН, 1997, С.356-357.

② Bazhanov V. A. Philosophy in Post-Soviet Russia(1992-1997), *Studies in East European Thought*, 1999, 15(4), PP.1-27.

（苏）科学技术哲学一波三折的曲折发展道路，窥视俄罗斯哲学思想进步的历史轨迹的。

  《歧路中的探求》概括了新俄罗斯科学技术哲学的总体倾向是工具主义的衰落和社会文化主义的勃兴，这也切中肯綮。近年来，俄罗斯和西方的苏联科学技术哲学研究者都不约而同地注意到 21 世纪俄罗斯科学技术哲学研究的这一新取向。例如，2005 年俄罗斯学者奥古尔佐夫在欧洲的《东欧思想研究》杂志上撰文，肯定苏联马克思主义的优势在于：把科学视为人类精神的普遍劳作，突出了科学的社会性，使科学哲学研究和科学社会学的研究结合起来，把科学研究的过程和结果、科学和权力、科学和生产、科学和社会组织结合起来，强调了科学活动的社会－历史和社会－文化语境分析。[①] 阿罗诺娃（E. Aronava）则是美国加利福尼亚大学科学史和科学元勘（science studies）研究纲领的博士生，她是论文《苏联科学研究的政策与语境：十字路口的苏联科学哲学》的作者，该文主旨是讨论苏联的科学建制和科学反思模式如何主导了苏联的科学编史学，认为苏美两国的科学元勘叙事的术语具有互文性，而苏联的科学技术革命的话语系统成为苏联官方将其经济设计合法化的概念框架，也是学者们将其局域化以服务于自己个人学术兴趣的概念基础。[②] 而年逾古稀的格雷厄姆也集中对俄（苏）科学技术社会语境进行分析，连续推出《莫斯科的故事》（2006 年）、《新俄罗斯的科学：危机，援助，改革》（2008 年）、《单一的观念：俄罗斯能竞争吗？》（2013 年），明显转向苏联科技进步的科技社会学和科学技术政策研究。他致力于从科学社会学方面解读俄罗斯和苏联在科技进步事业方面的历史上下文。在《单一的观念》一书中，他指出，在 3 个世纪的时间里，俄罗斯在科技市场化方面始终一筹莫展，缺乏建立科技进步动力机制的社会条件——科技创新的培育、体现发明和实践的社会价值取向、保障科技创新的经济基础、知识产权保护的法律体系等，而这和俄罗斯在文学艺术和纯科学方面的辉煌成就是不相称的。所以整个说来，俄罗斯的科学技术哲学已经与科学元勘密不可分，甚至成了科学元勘的一部分。[③]

[①] Ogurtsov I. P., Neretina S. S., Assimakopoulos M. 20th century russian philosophy of science: A philosophical discussion, *Studies in East European Thought*, 2005, 57(3), PP.33-60.

[②] Aronava E. The politics and context of Soviet science studies: Soviet philosophy of science at the crossroads, *Studies in East European Thought*, 2011, 63(3), PP.175-202.

[③] Graham. L. R. *Lonely Ideas: Can Russia Compete*? Cambridge: The MIT Press, 2013.

　　半个世纪以来，国内关于俄（苏）科学技术哲学的研究，已经完成了角色转换，新一代俄（苏）科学技术哲学的研究者正在成长起来，《歧路中的探求》的出版，标志着中国俄（苏）科学技术哲学的研究进入了一个新的时代。中国哲学的振兴也和中华民族伟大复兴的整个过程一样，是在向世界开放的过程中实现的，这也包括向我们伟大的邻邦俄罗斯开放。中俄文字之交是当代世界文化全球化的一个重要组成部分，其中科技文化的交流占有举足轻重的地位，中国新一代俄（苏）科学技术哲学研究者将在其中扮演重要的角色。

　　我与长松名为师生，谊属至友。"萋萋春草秋绿，落落长松夏寒。"长松执教高校，在文化商品化的喧嚣中，常感落寞，但始终坚守着理想主义的初心，不甘沉沦。文化是人化，是化人，就是把人提升到他的类本质，矢志摆脱动物性的嗜欲，在崇高的目标指引下，为文明进步做出奉献。嗜欲深，天机浅，长松淡泊明志，励志高蹈，得以跻身奋进者的队伍，这是生命的荣耀，为师为友，足感欣慰。

孙慕天

2016 年国庆节

前　言

对于中国自然辩证法界而言，无论是过去的苏联自然科学哲学（Советская философия естествознания），还是今日的俄罗斯科学技术哲学（Российская философия науки и техники）研究都属于"冷学问"。由于老一辈研究者逐渐淡出，新一辈研究者尚未长成，这一研究方向几近"绝学"，整体状况令人担忧。从研究队伍来看，虽然中俄两国政治文化交流和经济贸易往来日益增多，但熟悉俄语的人仍然很少，有志于把俄罗斯哲学特别是科学技术哲学作为自己研究对象的人更是凤毛麟角。从研究对象来看，由于欧美学者一直把持着科学哲学（philosophy of science）和技术哲学（philosophy of technology）的话语主导权，再加上苏联时期教条主义官方哲学的盛行，俄苏①学者的研究成果往往被我们所忽视和误解。苏联解体之后，由于俄罗斯哲学界的极度混乱和研究条件的窘迫，鱼龙混杂的学术观点和良莠不齐的出版状况更是加剧了这种偏见。然而，新中国成立以后，在"尊重知识，崇尚科学"和"科学技术是第一生产力"的大语境，以及中俄（苏）睦邻友好和战略协作伙伴关系的大背景下，对俄苏自然科学哲学的学习引进、消化吸收和批判借鉴的工作虽历经风雨几度沉浮，但始终薪火相传，绵延不断。

中国俄苏科学技术哲学研究兴起于 20 世纪 50 年代，在 80 年代形成一个高潮，经过 90 年代的沉寂，大有可能在 21 世纪初实现复兴。在"百花齐放，百家争鸣"的背景下，龚育之（1929—2007）先生首开对苏联自然科学哲学研究之先河。为了总结历史的经验教训，纠正苏联教条主义对科学的错误批判给中国带来的"左"的影响，龚育之先生在 20 世纪 50 年代末至 60 年代初主持编译了 9 辑《关于苏联自然科学领域思想斗争的若干历史资料》，收录了 30 多篇

---

① 此处的"俄苏"与总序和孙慕天序中的"俄（苏）"意义相同，指的是苏联和俄罗斯。为了区别于具有特殊历史意义的"苏俄"（即苏维埃俄国，1917—1922 年）一词，所以采用了"俄苏"一词。

约 11 万字的相关历史资料。这些资料使中国学术界第一次全面、真实地了解到了苏联自然科学领域发生的思想斗争，也看到了教条主义和极"左"思想对苏联物理学、化学、生物学等自然科学的粗暴干涉带来的严重后果。1985 年，他将这 9 辑材料加以增补，正式出版了《历史的足迹》一书，该书已成为研究苏联自然科学哲学的经典文献。由于众所周知的原因，这一研究领域在 20 世纪 60—70 年代趋于沉寂。改革开放以后，当大多数中国学者把目光转向西方科学哲学，热衷于研究波普尔、库恩、拉卡托斯之时，以孙慕天、柳树滋、申振钰"三驾马车"为代表的一批中青年学者在龚育之先生的鼓励和支持下恢复了中断近 20 年的研究，在短短的几年内就取得了一批标志性的成果，主要表现为一书（出版"苏联自然科学哲学丛书"）、一刊（创办《苏联自然科学哲学研究动态》）、一会（召开"全国苏联自然科学哲学学术研讨会"）和一所（创建"苏联自然科学哲学与社会研究所"）。然而命运多舛，随着苏联的解体，由于研究人员和经费的双重匮乏，进入 90 年代以后，丛书不再出版，学术期刊停刊，学术研讨会中断，研究机构名存实亡，中国对俄苏科学技术哲学的研究再次陷入低谷。

直到进入 21 世纪，这种情况才稍有改观。首先是在 2006 年，孙慕天先生集毕生研究苏联自然科学哲学之心血的大作《跋涉的理性》出版。该书从内史和外史相结合的视角，对横跨 108 年（1883—1991 年）的苏（俄）自然科学哲学的历史发展进行了全面的总结，以诸多胜于雄辩的史实向世人展现了苏联自然科学哲学特殊的历史地位，指出重启这一研究的现实意义。其次，当年在这一方向上师从孙慕天先生的研究生们也开始崭露头角，出版了一批研究成果，包括万长松的《俄罗斯技术哲学研究》（2004 年）、王彦君的《俄罗斯科学哲学研究》（2008 年）、白夜昕的《苏联技术哲学研究纲领探究》（2009 年）。而且，他们的研究成果得到了国内同行的普遍认可，均获得了国家社会科学基金的资助。实际上，这四本著作已经把苏联科学哲学、技术哲学和俄罗斯科学哲学、技术哲学的发展脉络、重大事件、代表人物、基本观点和理论梳理清楚，为下一步深入研究俄罗斯科学技术哲学的范式转换和发展趋势奠定了基础。最后，在张百春、鲍鸥、刘孝廷等国内学者的努力和北京师范大学、清华大学的支持下，中俄两国学者的交流日益频繁。包括列克托尔斯基、斯焦宾、古谢伊诺夫三位俄罗斯科学院院士和奥古尔佐夫、丘马科夫、普鲁日宁、波鲁斯、米龙诺夫等在内的俄罗斯著名哲学家都曾来华讲学，带来了俄罗斯学者在全球学、科学哲学与科学方法论、伦理学和文化哲学等领域的最新研究成果。值得一提的是，2015 年是中国俄苏科学技术哲学研究的"黄金年"，在黑龙江省哈尔滨市先后召开了两次重要的学术研讨会，即"首届哈尔滨中俄科技哲学专家论坛"和"俄（苏）科学技术哲学暨比较科技哲学与科学思想史研讨会"。年逾古稀的孙慕天教授应邀做了《苏联科技哲学研究的首要问题》和《俄（苏）科技哲学发展的两条道路》两个主旨报告，引起了与会者的热烈讨论。在谈到俄苏科学技术哲学的当代意义时，他再次强调：苏联解体以后，尽管马克思主义已经不再是俄罗斯占统治地位的意识形态，但是认识论派学者（主要是伊里因科夫、科普宁和凯德洛夫等）思想的流风余韵至今绵延不绝。与西方科学技术哲学相比，俄苏科学技术哲学是另一个理论维度，这为比较科学哲学的研究提供了广阔的学术空间。以上表明，随着俄罗斯社会经济状况趋于稳定、中国"一带一路"发展战略的实施和对俄文化研究重要性的凸显，俄苏科学技术哲学研究有望在21 世纪走向"第三次复兴"。

摆在读者面前的这部《歧路中的探求——当代俄罗斯科学技术哲学研究》是我继《俄罗斯技术哲学研究》之后，十年磨一剑对当代俄罗斯科学技术哲学的范式转换和发展趋势研究的呕心之作。书名为恩师孙慕天先生所赐。歧者，岔路也。歧路即岔路，引申为不相同、不一致的道路。歧路也象征着多元，"歧路中的探求"就是指当代俄罗斯的哲学家们摆脱了苏联时期教条主义意识形态的桎梏，在多元主义甚至彼此对立的指导思想之下从事科学技术哲学研究的现状。

除了绪论和结论以外，全书共七章，大体上可以分成三个组成部分。第一部分（第一章、第二章）属于"总论"，主要是从总体上对俄苏哲学和科学技术哲学的范式转换、发生转换的历史语境及如何评价这种转换的意义进行了研究。20 世纪60—80 年代是苏联哲学史中最有价值的一个时期，而新哲学运动是一场打破教条主义禁锢的思想解放运动，它为俄罗斯科学技术哲学新范式的形成奠定了思想和人才基础。当代俄罗斯科学技术哲学的研究范式发生了显著变化，即从马克思列宁主义一元论转向多元论、从科学的逻辑-认识论转向社会-文化论、从技术中心论转向人中心论，以上范式转换对俄罗斯科学技术哲学的深远意义尚未被中俄学者完全理解。第二部分（第三章、第四章）是"科学哲学分论"，主要研究了俄罗斯科学哲学的历史轨迹和发展趋势。斯焦宾院士历经苏联和俄罗斯两个历史时期，是俄苏科学哲学的奠基人之一，素有俄罗斯科学哲学"活化石"之称。斯焦宾院士从"科学哲学"到"文化哲学"的心路历程基本上是俄苏科学哲学发展轨迹的缩影，而以罗佐夫、奥古尔佐夫和盖坚科为代表的科学哲学家的学术观点，也表明当代俄罗斯科学哲学的发展趋势就是社会－文化论导向。第三部分（第五章、第六章、第七章）是"技术哲学分论"，主要研究了俄罗斯技术哲学的历史轨迹和发展趋势。俄罗斯技术哲学 100 年的发展轨迹就是从"工具主义"回到"人本主义"，当代俄罗斯技术哲学的任务就是引领社会走出技术型文明危机，以库德林、高罗霍夫和罗津为代表的技术哲学家致力于恢复人本主义在俄罗斯技术哲学中的本来地位。

孙慕天先生在《跋涉的理性》"自序"中曾感慨道："当时代艰苦时，文以载道，文化人立德立功立言，甚至不惜以身相殉。方今盛世，市场勃兴，食利主义原则进入学术而使斯文扫地。"[①] 从校长不识字到博士乱翻书，从学者走江湖到精神犬儒化，从大学行政化、功利化到新"读书无用论"的泛起，凡此种种表明我们的治学环境并未得到根本改善。但这并不能成为我辈无所担当、敷衍塞责、怨天尤人乃至同流合污的借口。不可能每一位学者最后都能成为学界泰斗、高山仰止，更多的人则是默默无闻、平淡一生。但是，只要是知识分子，只要是读书人和写书人就要有责任担当，即便不能为万世开太平，多少也要为往圣继绝学。在中国俄苏科学技术哲学研究这门"绝学"上，龚育之、孙慕天等前辈已经完成了自己的历史使命和责任担当，我辈学人没有理由不接过薪火、代代相传。

马克思说得好："如果一个人只为自己劳动，他也许能够成为著名学者、大哲人、卓越诗人，然而他永远不能成为完美无疵的伟大人物。历史承认那些为共同目标劳动因而自己变得高尚的人是伟大人物；经验赞美那些为大多数人带来幸福的人是最幸福的人……我们的事业将默默地、但是永恒发挥作用地存在下去，而面对我们的骨灰，高尚的人们将洒下热泪。"[②] 我渴望这样的人生，也愿意为这样的人生而竭尽全力。

万长松

2016 年国庆节

---

① 孙慕天：《跋涉的理性》，北京：科学出版社，2006 年，第 iii 页。

② 马克思：《青年在选择职业时的考虑》，《马克思恩格斯全集》（第 40 卷），北京：人民出版社，1982 年，第 7 页。

目 录

绪　论

　　迄今为止，给俄苏哲学下一个确切的定义颇为困难。从时间上来看，十月革命之前的哲学可以称为"俄国哲学"（Русская философия，1917 年以前）；十月革命之后至苏联解体之前的哲学可以称为"苏联哲学"（Советская философия，1917—1991 年）；苏联解体之后至今的哲学可以称为"俄罗斯哲学"（Российская философия，1991 年以后）。俄国哲学"无始有终"或者说很难判断出它的准确起点[①]；俄罗斯哲学"有始无终"或者说至今仍然看不出它有衰落的迹象；只有苏联哲学是"有始有终"的哲学，即它的起点（1917 年十月革命或 1922 年"哲学船事件"[②]）和终点（1991 年苏联解体）都是非常明确的。从地域上来看，俄国哲学主要是指沙皇俄国领土之上的哲学，其核心地带是圣彼得堡—莫斯科；苏联哲学泛指苏联时期 15 个加盟共和国的哲学，其核心地区是俄罗斯（莫斯科—列宁格勒—新西伯利亚）、乌克兰（基辅—哈尔科夫）和白

[①] 根据俄国哲学家、东正教大司祭津科夫斯基（В. В. Зинковский，1881—1962）的观点："俄国哲学的发展只是从 19 世纪才开始（加上 18 世纪的最后两个十年），但在独立的哲学创作初次出现以前，曾经有过一个可以称之为俄国哲学序幕的漫长的时期。我指的是整个 18 世纪，那时的俄国如疾风暴雨般举国若狂地汲取欧洲文化的成果。"（В. В. 津科夫斯基：《俄国哲学史（上）》，张冰译，北京：人民出版社，2013 年，第 12 页）。而按照俄国哲学家洛斯基（Н. О. Лосский，1870—1965）的说法："独立的哲学思想在 19 世纪的俄罗斯开始形成，其起点是与斯拉夫主义者伊万·基列耶夫斯基和霍米亚科夫的名字联系在一起的，他们的哲学试图在对基督教进行俄国式的解释的基础上推翻德国式的哲学思维方式。这种俄国式的解释是以东方教父著作作为依据的，是作为俄罗斯精神生活的民族特性之结果而产生的。"（Н. О. 洛斯基：《俄国哲学史》，贾泽林，等译，杭州：浙江人民出版社，1999 年，第 6 页）。综合上述两位俄国哲学史权威的意见，尽管早在基辅罗斯时期就有了俄国宗教哲学的萌芽，但真正意义上的俄国哲学始于 18 世纪末至 19 世纪初，其存在时间最多不过是 150 多年。

[②] 1922 年夏，莫斯科、彼得格勒、基辅等地的布尔什维克党和地方政府对拟驱逐的旧俄知识分子开始采取强制行动。至 1922 年年底，约有 200 名俄国科学界、文化界的著名学者被分批驱逐出境，其中就包括别尔嘉耶夫（Н. А. Бердяев）、布尔加科夫（С. Н. Булгаков）、洛斯基、伊里因（В. Н. Ильин）等哲学家。这就是苏联哲学史上著名的"哲学船事件"。

俄罗斯（明斯克）；俄罗斯哲学则是活跃在今天俄罗斯联邦领土上的哲学。尽管俄罗斯哲学仍以莫斯科、圣彼得堡和新西伯利亚三个地区为中心，但哲学研究机构已经遍及全国①。从内容上来看，俄国哲学的主流就是宗教哲学（特别是在白银时期）；而苏联哲学往往就是马克思主义哲学的同义语；今天的俄罗斯哲学则是一个混合体，既没有主流哲学，也没有官方哲学。"俄罗斯"这个定语更多地体现时间和地域的意义，这里既有传统宗教哲学的复兴、时髦西方哲学的引入，也有马克思主义哲学的坚持和发展，但作为某种"国家的哲学"或"统一的哲学"的时代已经一去不返了。

一、20 世纪 20—50 年代：苏联哲学的形成和教条化

"十月革命一声炮响，给中国送来了马克思主义。"实事求是地讲，中国人是跟苏联人学习马克思主义哲学的，这一点在过去、现在和将来都不能否认。当然，我们的这位"老师"也是不断地修正自己观点的，但无论是"教条的"马克思主义者还是"批判的"马克思主义者，他们都是认真研读马克思主义经典著作的，所不同的是他们站在各自的政治立场上和历史背景下加以阐释，甚至得出截然相反的结论。苏联哲学深刻的矛盾性源自列宁。在国内研究俄苏哲学的著名学者孙慕天教授看来，从 1908 年到 1914 年，列宁的哲学思想发生了重大转变，仿效国际学术界的做法，可以把列宁分为列宁Ⅰ和列宁Ⅱ两个阶段。①列宁Ⅰ，即《唯物主义和经验批判主义》（1908 年）时期，强调"反映论"，即"对象、物、物体是在我们之外、不依赖于我们而存在的，我们的感觉是外部世界的映像"②。唯物主义以承认外部世界及其在人们意识中的反映作为自己认识论的基础。②列宁Ⅱ，即《哲学笔记》（1914 年）时期，强调"辩证法"，即"辩证法也就是（黑格尔和）马克思主义的认识论（这不是问题的一个'方面'，而是问题的实质）"③。在《哲学笔记》中，列宁提出了"逻辑、辩证法、认识论三者一致"的著名论断，即"唯物主义的逻辑、辩证法和认识论［不必

---

① 俄罗斯哲学学会（Российское философское общество，РФО）下属的分会多达 105 个，除了有莫斯科哲学学会、圣彼得堡哲学学会、新西伯利亚哲学学会等几个比较大的分会以外，还有阿尔泰分会、顿斯克分会、叶凯捷琳堡分会、伊尔库斯克分会、托木斯克分会、喀山分会、鞑靼斯坦分会等地方性哲学学会。此外，乌克兰第一哲学分会、明斯克分会、阿塞拜疆分部等苏联加盟共和国的哲学学会也参加俄罗斯哲学学会的活动。
② 列宁：《唯物主义和经验批判主义》，《列宁专题文集（论辩证唯物主义和历史唯物主义）》，北京：人民出版社，2009 年，第 24 页。
③ 列宁：《哲学笔记》，《列宁专题文集（论辩证唯物主义和历史唯物主义）》，北京：人民出版社，2009 年，第 151 页。

要三个词：它们是同一个东西〕都应用于一门科学，这种唯物主义从黑格尔那里吸取了全部有价值的东西并发展了这些有价值的东西"①。他还分析了辩证法的"三要素"：从事物的关系和发展观察事物——这是辩证法的基础；事物本身中的矛盾性——这是辩证法的核心；分析与综合的结合——这是辩证法的精髓。美国研究俄苏哲学的资深专家洛伦·格雷厄姆（Loren R. Graham）在他的名著《苏联自然科学、哲学和人的行为科学》中也表达了相似的观点："必须强调这样一个事实，即苏联以外对列宁哲学观点的研究多数都依据《唯物主义和经验批判主义》，然而《哲学笔记》却是对前一本著作的必要补充，因为后一本著作包含了对辩证唯物主义更为深刻的发展。列宁完全了解自己早期哲学思想的不足之处，他在《哲学笔记》中努力克服这些缺陷，而且令人印象深刻地提出了他后来的一些观点。《哲学笔记》出版后，对苏联哲学产生了日益增大的影响，这种影响通常是在对认识论和还原论危险的敏锐鉴别力方面，尽管当时对它的评价仍然低于《唯物主义和经验批判主义》。《哲学笔记》在首次出版以后就立刻成为辩证法派和机械论派争论的焦点，但它总是获得辩证唯物主义先锋学人的青睐，无疑是由于一种重要的认知，即列宁在《哲学笔记》中所展示的认识论的不可替代的思想。"②因此，从列宁Ⅰ到列宁Ⅱ的这一变化是苏联哲学矛盾发展的思想源头，很值得我们深入研究。

把马克思主义和列宁主义彻底本体论化和教条主义化的是斯大林。他在《论辩证唯物主义和历史唯物主义》（1938年）即《联共（布）党史简明教程》第四章第二节中指出，辩证法只是方法，唯物主义才是理论。"它所以叫做辩证唯物主义，是因为它对自然界现象的看法、它研究自然界现象的方法、它认识这些现象的方法是辩证的，而它对自然界现象的解释、它对自然界现象的了解、它的理论是唯物主义的。"③这样一来，斯大林就把唯物主义本体论化了，他割裂了辩证法和认识论的联系，把认识论等同于反映论，开创了正统教科书马克思主义哲学的先河，并借助自己崇高的威望和强硬的铁腕将马克思主义哲学上升至国家哲学，最终使苏联哲学走向了教条化、单一化、意识形态化的道路。苏联哲学（即教条主义的马克思主义哲学）是"斯大林模式"（即苏联社会主义模式）的主观形而上学基础。这就是一个"直接"和三个"绝对"：直接过

---

① 列宁：《哲学笔记》，《列宁专题文集（论辩证唯物主义和历史唯物主义）》，北京：人民出版社，2009年，第145页。
② Грэхэм Л. Р. *Естествознание, философия и науки о человеческом поведении в Советском Союзе*, М.: Политиздат, 1991, С.34.
③ 斯大林：《论辩证唯物主义和历史唯物主义》，《斯大林选集（下）》，北京：人民出版社，1979年，第424页。

渡论，即小生产向大经济、私有制向公有制直接过渡；绝对精确论，即社会历史科学像生物学一样精密；绝对适合论，即社会主义生产关系完全适合生产力；绝对斗争论，即阶级斗争不断尖锐化。今天看来，斯大林"工业化形而上学的唯物论"和列宁"新经济政策历史的辩证法"[①]相比，无论是在哲学理论水平方面上，还是在哲学应用效果方面上都大大退步了。

当然，马克思主义哲学最终能成为国家哲学，斯大林只是始作俑者，难以计数的苏联哲学工作者创作的同样难以计数的哲学作品最终完成了这一"勋业"。"在苏维埃政权年代里，整个国家变成一所巨大的大学，不仅在广大的高等学校系统内，而且在全国的无数小组、讲习班、专修班内，以及工厂、科研所、实验室内——在全国的城市和乡村都在研究，而且今天仍在研究马克思列宁主义哲学——当代最先进的哲学。……国内出版的哲学和社会学书籍数量的增多，毕竟是哲学在社会主义社会生活中的意义，以及精通哲学的干部增加的指标之一。"[②]而拉动苏联哲学这一"三驾马车"的就是米丁（М. Б. Митин，1901—1987）、尤金（П. Ф. Юдин，1899—1968）和康斯坦丁诺夫（Ф. В. Константинов，1901—1991）三大院士。不无巧合的是，他们三位都毕业于斯大林"宠幸"的苏联红色教授学院哲学系。借助宣传和颂扬斯大林的《论辩证唯物主义和历史唯物主义》，米丁当上了《在马克思主义旗帜下》和《哲学问题》杂志的主编，尤金当上了红色教授学院的院长和苏联科学院哲学研究所的所长，而康斯坦丁诺夫更是官至苏共中央宣传部部长。1929 年，米丁和尤金等联名在《真理报》上发表题为"论马克思列宁主义哲学的新任务"一文，在批判以德波林（А. М. Деборин，1881—1963）为首的学院派哲学中确立了自己的学术和政治地位；而康斯坦丁诺夫更善于领导和组织苏联学术界集体编写大部头著作，如《历史唯物主义》（1954年）和《马克思哲学的基础》（1962 年）。米丁等的工作就是"在每次批判运动中，根据官方确定的攻击目标，罗织罪状，按照主流意识形态的教条，到经典著作中寻章摘句，给科学理论贴上唯心主义、唯我主义、唯灵主义、信仰主义、实证主义、世界主义、形而上学等种种标签"[③]。为了讨好斯大林，他充当了李森科"伪科学"的吹鼓手，说李森科的学说不仅符合达尔文主义，而且符合辩证唯

[①] 主要内容是：a. 马克思主义中有决定意义的东西，即马克思主义的辩证法；b. 我们不得不承认我们对社会主义的整个看法根本改变了；c. 世界历史发展的一般规律，不仅丝毫不排斥个别发展阶段在发展的形式或顺序上表现出特殊性，反而是以前提的；d. 重视实际目的。实行新经济政策的实际目的就是要采用租让制，租让制就是纯粹的国家资本主义。

[②] Ф. В. 康斯坦丁诺夫：《马克思列宁主义：统一的完整的学说》，《当代学者视野中的马克思主义哲学——东欧和苏联学者卷》（上），北京：北京师范大学出版社，2008 年，第 217-218 页。

[③] 孙慕天：《跋涉的理性》，北京：科学出版社，2006 年，第 247 页。

物主义，而把孟德尔-摩尔根遗传学贬斥为"彻头彻尾的唯心主义和形而上学"。所以，像米丁这类既不熟悉本学科历史，也不熟悉国外文献，只会跟着主子的眼色挥舞意识形态大棒乱打一气的伪哲学家们，"是苏联极权主义体制下孳生出来的哲学怪胎，是在马克思主义的旗帜下进行政治投机的理论掮客"[①]。他们不仅玷污了马克思主义哲学，而且最终葬送了苏联哲学。

　　因此，苏联哲学是有特定含义的。俄苏哲学资深专家贾泽林教授指出：所谓"苏联哲学"，实际上指的是苏联时期在国家和社会生活中占"主导地位"（统治地位）的那种哲学，即所谓的"官方哲学"或"主流哲学"。它只是马克思主义哲学中的一种"独特表现形式"，即"苏联形态的马克思主义哲学"。这种独特性表现在以下五个方面：①苏联哲学是与政权和国家共存亡的哲学；②苏联哲学是有始有终的哲学；③苏联哲学是政治化很彻底的哲学，是一种特定的意识形态；④苏联哲学是一种违背自己本性的哲学；⑤所谓"'苏联哲学'和'苏联哲学界'是'统一'的"是一种假象，事实是自斯大林逝世之后，苏联哲学界就出现了披着马克思主义"外衣"的形形色色的哲学思潮和流派。[②]这些哲学流派和思潮在 20 世纪 60—80 年代汇成了一场"新哲学运动"，以"批判的马克思主义哲学"为代表的新哲学运动不仅保存了苏联马克思主义哲学的火种，不致使马克思主义哲学随苏联的解体而消亡，而且延续了俄国哲学的文脉，为宗教哲学、政治哲学、历史哲学、文化哲学、现象学-存在主义哲学日后在俄罗斯的复兴奠定了基础。

二、20 世纪 60—80 年代：新哲学运动对教条主义的挑战

　　相对于"主流"的正统教科书马克思主义哲学来说，"批判的马克思主义哲学"绝对是"非主流"的，从它诞生那天起就遭到官方舆论的严厉批评。苏共中央机关刊物《共产党人》1970 年第 3 期就以编辑部名义发文指出："把哲学对象归结为逻辑和认识论，反对马克思主义哲学研究存在的辩证法，是非辩证的态度，哲学研究的不良倾向。"时任苏共中央书记的伊利切夫（Л. Ф. Ильичев，1906—1990）更是直接批评道："某些哲学研究著作片面地以逻辑认识论问题为目标，轻视、有时竟然否定辩证唯物主义的本体论问题、客观的辩证法、发展理论；有些哲学家想要把马克思列宁主义哲学的多种多样的内容归结为逻辑和认识

① 孙慕天：《跋涉的理性》，北京：科学出版社，2006 年，第 247 页。
② 贾泽林：《二十世纪九十年代的俄罗斯哲学》，北京：商务印书馆，2008 年，第 30-35 页。

论问题（换句话说，归结为研究恩格斯称之为主观辩证法的东西）。"① 其实每个人都心知肚明，他所说的"有些哲学家"就是指 20 世纪 60—80 年代领导苏联新哲学运动的"老三驾马车"——伊里因科夫（Э. В. Ильенков，1924—1979）、科普宁（П. В. Копнин，1922—1971）和凯德洛夫（Б. М. Кедров，1903—1985）。众所周知，伊里因科夫是最彻底的认识论主义者，他认为"哲学就是关于思维的科学"，辩证法是"思维对存在进行反映的一般规律"。他特别重视列宁关于辩证法、认识论和逻辑学三者一致的思想。在他的代表作《马克思〈资本论〉中从抽象到具体的辩证法》（1960 年）中，伊里因科夫指出：辩证法是关于在人的思维中反映外部世界的过程的科学，是变现实为思想和变思想为现实的科学，是人从理论和实践上认识和改造世界的科学。他的观点遭到了"本体论派"的激烈批评，鲁特凯维奇（М. Н. Руткевич，1917—2009）在总结 20 世纪 60 年代中期苏联哲学界围绕马克思主义哲学的结构和职能的大辩论时，曾点名批评伊里因科夫，认为他"企图把唯物主义辩证法的对象归结为认识规律和思维规律"，就是"复活"苏联"学术出版物上曾经批评过的'认识论主义'"②。但伊里因科夫并没有屈服于上述来自官方和学界的"双重批评"。1977年 9 月，在阿拉木图举行的主题为"唯物辩证法是现代科学认识的逻辑和方法论"全苏第二次唯物辩证法讨论会上，伊里因科夫做了题为"辩证法和世界观"的学术报告，明确地阐述了他一贯坚持的"辩证法就是逻辑和唯物主义认识论"的观点，尖锐地反驳了批评他的人的观点。1980 年，鲁特凯维奇在他的《辩证法和社会学》一书中，再次点名批评了伊里因科夫，说他在阿拉木图讨论会上的报告，否定众所公认的恩格斯关于辩证法的定义，把这一定义看作是"似乎只适用于马克思主义以前的辩证法形式（如黑格尔的辩证法），而不适用于描述马克思主义的辩证法"③。麦柳欣（С. Т. Мелюхин，1927—2003）也赞成辩证唯物主义有"建立运动着的物质世界整体观念的任务"，并认为："要发展认识论、逻辑和方法论，首先必须对存在的规律、对各种物质系统的一般属性进行深入的研究，不懂这一点是一种浅薄之见。"④ 可见，麦柳欣坚持的是和鲁特凯维奇一样的本体论主义立场。

然而，科普宁和凯德洛夫等则力挺认识论主义。科普宁在《科学的逻辑基础》（1968 年）和《作为逻辑和认识论的辩证法》（1973 年）等著作中指出：人

---

① 伊利切夫：《哲学和科学进步》，潘培新译，北京：中国人民大学出版社，1982 年，第 90 页。
②③ 贾泽林：《一位引人注目的苏联哲学家——Э. 伊里因科夫》，《国外社会科学》1982 年第 6 期，第 66 页。
④ 孙慕天：《跋涉的理性》，北京：科学出版社，2006 年，第 168 页。

是理解自然的钥匙，自然以外的人和人以外的自然都不是世界观的对象，客观规律正在成为人的认识和实践的普遍原则。他坚决反对离开人的认识去谈客观规律，认为哲学不能同存在发生关系，实证科学同现实事物和过程打交道，而哲学面对的是人的认识成果——知识、概念和理论。凯德洛夫认为：辩证法的规律既是客观的，又是主观的。客观上，它描述了自然、社会和人类思维发展中的一般的实际过程；主观上，它是思维的规律，因为它表现了对这些一般过程的意识或认知。后来，在《辩证法的叙述方法》（1983 年）中，凯德洛夫再次强调：哲学研究的对象不是"整个世界"，哲学是世界观，主要内容是思维与存在、主体与客体的关系，辩证法不是关于存在所有规律的科学，而是关于自然、社会和思维最普遍规律的科学。发生在 20 世纪 60—80 年代的这场论战，尽管并未最终动摇本体论主义的官方哲学根基，但是给教条主义以沉重打击，导致苏联哲学在一定程度上发生了认识论转向。俄罗斯科学院哲学研究所（ИФРАН）的列克托尔斯基（В. А. Лекторский，1932—）院士在总结发生在 20 世纪 60—80 年代的这场新哲学运动时特别指出："在认识论领域伊里因科夫的思想影响了一系列哲学家。"[①] 当代俄罗斯学者叶拉赫金（А. В. Ерахтин）在《哲学的对象和科学地位》一文中回忆说："在苏联辩证唯物主义哲学中，认识论范式长期占主流地位，凯德洛夫、科普宁、伊里因科夫和其他著名哲学家证明，研究作为自在的独立于人的意识的外在世界的只是具体科学，马克思主义不研究那样的存在，不是本体论的问题，而只研究认识、逻辑、方法论的理论问题，思维和存在的关系问题，换言之，他们否认本体论作为马克思主义哲学部门的存在。"[②] 苏联哲学在 20 世纪 60—80 年代出现的非正统思潮和学派，是一场先导性的思想启蒙和解放运动。"这是一种具有启蒙性质的哲学运动。它的座右铭可以表述如下：'人可以也应该靠自己的头脑生活'。这是一场精神运动，同时也是一种社会立场，为了它必须进行斗争，甚至付出一定的代价。"[③] 其间对辩证唯物主义哲学本性的反思，关系到马克思主义的历史命运，也涉及社会主义的本质。如果我们把苏联的这场新哲学运动和同样发生在 20 世纪 70 年代末中国的思想解放运动相比较，就会发现更多的问题。正如孙慕天教授指出的，由于缺乏政权的支持、局限于抽象理论思辨和远离人民群众这三个主要原因，苏联时期的新哲学运动是一场"流产"的哲学改革。

---

① *Новая философская энциклопедия*, Том 4. М.: Мысль. 2001, С.203.
② Ерахтин А. В. Предмет и научный статус философии, *Философия и общество*, 2009(1), С.35-36.
③ А. А. 古谢伊诺夫：《俄罗斯 60 年代人哲学的人道主义背景》，安启念译，《世界哲学》2015 年第 3 期，第 101 页。

三、20 世纪 90 年代至今：苏联哲学的终结和俄罗斯哲学的振兴

1991 年苏联解体、苏共失去执政地位以后，马克思主义哲学的地位一落千丈，由从前的官方、正统和主流地位滑落至社会意识形态的边缘，甚至成为俄罗斯民众指责和谩骂的对象，而且这种情况至今尚未得到根本改善。但进入 21 世纪以来，当代俄罗斯的马克思主义哲学研究开始有了一定程度的恢复和发展，一些坚持从事马克思主义哲学研究的学者，开始出版具有学术性和创新性的大部头专著，对马克思主义哲学的本质和当代意义进行了系统研究，对当代俄罗斯资本主义发展现实进行了深刻批判。拉动俄罗斯马克思主义哲学的"三驾马车"是奥伊则尔曼（Т. И. Ойзерман，1914—）、梅茹耶夫（В. М. Межуев，1933—）和布兹加林（А. В. Бузгалин，1954—）。尽管这三位哲学家各自相差 20 岁，有着不同的成长背景（奥伊则尔曼主要成长在列宁-斯大林时代；梅茹耶夫主要成长在斯大林时代；布兹加林主要成长在赫鲁晓夫-勃列日涅夫时代），但他们全部进入了后苏联时代，至今仍旧健在并且笔耕不辍。特别是横跨沙皇俄国—苏联—俄罗斯三个历史时期的俄罗斯（苏联）科学院的百岁院士、欧洲哲学史家和马克思主义哲学家奥伊则尔曼，在 80 岁高龄以后摒弃过去的观点，另起炉灶，开始对马克思主义进行了全新的反思和研究，成为"反思的马克思主义哲学"的代表人物。进入 21 世纪，奥伊则尔曼先后推出了两本大部头著作——《马克思主义与乌托邦主义》（2003 年）和《为修正主义正名》（2005 年）。这两部著作堪称"姊妹篇"，前一部主要阐释了马克思主义和乌托邦主义之间的联系和区别，而后一部对长期遭到官方马克思主义批判和拒绝的、以伯恩施坦为代表的"修正主义"（ревизионизм）进行了辩护或正名，强调伯恩施坦关于资本主义仍具有一定调节能力的观点应当得到重视和承认。在奥伊则尔曼看来，"马克思主义中的科学成分和乌托邦成分不是绝对的对立关系，它们的对立是相对的。它们在相互制约着，离开这种制约它们就根本不能存在。马克思主义的不足和长处，就在科学成分和乌托邦成分的统一之中，在它们的相互渗透之中"①。这是奥伊则尔曼对马克思主义的总看法。奥伊则尔曼关于"马克思主义含有乌托邦主义因素"和"还伯恩施坦主义（修正主义）以历史的公正"这两个总观点在俄罗斯马克思主义学界引起了巨大反响。他的上述思想遭到了以科索拉波夫（Р. И. Косолапов）、肇哈泽（Д. В. Джохадзе）等为代表的"正统的马

---

① Ойзерман Т. И. *Марксизм и утопизм*, М.: Прогресс-Традиция, 2003, С.28.

克思主义哲学"学派的严厉批评，指责奥伊则尔曼作为老一辈马克思主义哲学家不仅在学术观点上，而且在学术道德和操守上都存在严重问题，把他说成是见风使舵、随行就市的势利小人。然而也有一些学者对奥伊则尔曼持同情和支持的态度，认为他的研究总体上仍属于严肃的学术探索，依然是在坚持马克思主义的立场之上，对马克思思想的不足所作的批判和补救。

　　事实上，关于马克思主义与乌托邦主义的关系，梅茹耶夫也持和奥伊则尔曼相同或相似的观点："毫无疑问，马克思的学说中有乌托邦的成分（正如与他同时代的一切其他思想派别中有乌托邦成分一样）。当马克思不仅想解释现实，而且想改变和改造现实时，他是乌托邦主义者。……批判资本主义是一回事，号召用暴力消灭资本主义是另一回事。批判是与科学性完全一致的，想要用暴力改变历史的进程，则在任何时候都是乌托邦。"[1]因此，梅茹耶夫得出结论，只有回归马克思、尊重马克思，才会使我们以一种马克思理应享有的严肃性来对待马克思。把马克思的名字不仅从苏联时期对他的虚假美化和吹捧中解放出来，而且从当前对他的不遗余力的诽谤和诋毁中解放出来。梅茹耶夫对马克思的兴趣并不在文本或者思想史方面，这是由他多年从事文化哲学（философия культуры）研究所决定的。"我之所以对马克思感兴趣，首先是因为他是现代社会（或者文明）的批判者，从文化的立场对现代社会的经济、政治和意识形态进行了批判。"[2]把马克思的学说阐释为一种历史理论，强调马克思是一位历史学家、社会学家和文化学家，这是梅茹耶夫从文化哲学的视角对马克思进行的评价，也是对马克思主义哲学的一种创新。在《反马克思主义的马克思》（2007 年）这本文集中，梅茹耶夫收入的第一篇论文就是《马克思主义与布尔什维克主义——论苏联马克思主义问题》。他对马克思主义是否构成布尔什维克主义的起源问题进行了探讨，对苏联马克思主义的性质进行了分析。梅茹耶夫认为，苏联马克思主义的产生并不是偶然的，但它与马克思本人的观点之间存在明显的差异；对布尔什维克主义的起源不应当从马克思主义当中去找，即使没有马克思主义，俄国也会产生布尔什维克主义运动；布尔什维克主义不是国家不民主的原因，而是国家不民主的结果，其产生的根源是俄国复杂的社会历史与落后的社会现实。"马克思主义在俄国所经历的、最终转变为很多人所敌视的官方意识形态的命运，事实上，尽管在马克思的学说中是存在着缺点和错误的，他的缺点和错误，恰恰是因为布尔什维克利用了这一学说，但是，我们不应该从马克思学说的内在缺陷和错误出发做出

---

① Межуев В. М. Был ли Маркс утопистом? *Карл Маркс и современная философия*, М.: ИФ РАН, 1999, С.72.

② Межуев В. М. *Маркс против марксизма*, М.: Культурная Революция, 2007, С.5.

解释。"①因此，马克思主义并不构成布尔什维克主义的根源，而布尔什维克非要这么做，结果葬送了这一学说的生命力。

如今，伊里因科夫的衣钵被以国立莫斯科大学经济系布兹加林教授为代表的"批判的马克思主义后苏联学派"（постсоветская школа критического марксизма）所传承，这一学派是一个具有人道主义、民主主义和社会主义价值取向的左翼组织，布兹加林本人曾担任过苏联共产党第二十八次代表大会（1990 年）选举的中央委员。和梅茹耶夫一样，布兹加林也在强调恢复马克思学说的精神实质，即在人道主义历史哲学（гуманистическая философия истории）的基础上，重新确立马克思主义的当代形象。但布兹加林的"批判的马克思主义"理论与马克思的劳动异化理论之间仍然存在着重大区别，这就是"批判的马克思主义"不仅要致力于批判资本主义的异化世界，而且要批判俄罗斯资本主义发展的现实；不仅要批判全球资本霸权对世界的统治，而且要批判苏联社会，特别是斯大林统治时期的苏联社会。因为苏联社会同样被视为一个异化的、与人的价值和尊严相悖的、极权主义盛行的刚性社会。布兹加林和科尔加诺夫（А. И. Колганов）合著的《全球资本》（2004 年）和《俄罗斯的后苏联马克思主义——对 21 世纪挑战的回答》（2005 年）是"姊妹篇"。他们指出：现代马克思主义研究要瞄准这一理论的新视野，回答 21 世纪的新挑战——信息社会的萌芽、全球化的滥觞和反帝国主义的兴起。他们认为，后苏联马克思主义这一正在形成的学派具有以下几个特征："第一，批判地继承了经典马克思主义和 20 世纪下半叶国内外人道主义思潮的遗产。第二，批判关于马克思主义的斯大林主义的教条，发展和修正过去几十年经验基础上的一系列提纲。第三，与其他哲学派别展开对话，首先是（但不限于）存在主义等人文主义流派和经典制度经济学派等。第四，把研究的重心放在以公共生活本身为基础的、全球性质变时代的现代（这个'现代'是广义的，始于 20 世纪）现实上，上述变化不仅为后资本主义、后工业社会，而且为后经济社会（自由王国）的产生创造了前提。在这个意义上也可以把这一学派称为'后工业社会的马克思主义'。第五，辩证地对待'现实社会主义'的经验，它是极端专制-官僚制度特征的矛盾集合体。一方面，它具有社会主义关系的进步萌芽，另一方面，这一态度也使我们能够完整地、系统辩证地在历史发展的语境中去研究现代经济生活。"②而这一学派的

---

① Межуев В. М. *Маркс против марксизма*, М.: Культурная Революция, 2007, С.17.

② Бузгалин А. В., Колганов А. И. *Постсоветский марксизм в России: ответы на вызовы XXI века*, М.: Едиториал УРСС, 2005, С.2-4.

任务就在于，在对全部异化世界的批判过程中，实现向新社会，即人类的自由王国的过渡和转变。可见，布兹加林的观点反映了当代俄罗斯马克思主义一些学者的态度：一方面，尊重并坚守社会主义的价值观；另一方面，对社会主义的当代复兴持谨慎的态度。

如果我们把俄苏马克思主义哲学的起点定为 1917 年十月革命（之前以普列汉诺夫为代表的只能算是马克思主义在俄国的传播）的话，那么这一理论和学科已经在这块广袤大地上生存繁衍了 100 年。在苏联时期，曾经有过好的"三驾马车"，也有过坏的"三驾马车"（当然不只是 3 个人，应该有更多人）。正如孙慕天教授指出的："像米丁这样的伪学者所留下的只能是一堆文化垃圾，而凯德洛夫的遗产却是哲学史上高高耸立的丰碑。"[①] 套用这句话来评价今日俄罗斯的马克思主义哲学研究——像某些标榜俄罗斯"公知"的伪学者（这样的人不胜枚举）一样对马克思主义的诋毁和谩骂，给俄罗斯民众留下的只能是"三观"颠覆和信仰真空，而布兹加林等对伊里因科夫"批判的马克思主义"的继承和发展，却给饱受"戾换式"（инверсия）思维方式困扰的俄罗斯知识界以某种启迪。正如列克托尔斯基院士所说："90 年代初出现了全新的局势，以至于使得很多哲学家想要从零开始研究文化和哲学。而完全从零开始是不可能的，因为正如我们很快就明白过来，缺乏传统任何创造性的事业都不可行。"[②] 问题倒是我们中国学者如何对待俄苏马克思主义哲学，最坏的做法就是当初我们跟着米丁、尤金等学习马克思主义哲学，而现在我们又要跟着俄罗斯那些"公知"们谩骂、诋毁和抛弃马克思主义哲学。这也是俄苏哲学史留给我们的深刻教训。

四、20 世纪 60 年代以来的俄苏科学技术哲学：回顾与展望

与马克思主义哲学在苏联和俄罗斯百年发展历程的大起大落、大喜大悲形成迥然对比的是，苏联自然科学哲学或俄罗斯科学技术哲学的发展一直是风平浪静、波澜不惊的，即使是发生了苏联解体、苏共垮台这样"断崖式"的政治革命和社会变革也未能中断这一领域的研究主题。倒是进入 21 世纪以后，诸如科学技术进步产生的负面后果、环境和生态问题、信息和互联网技术、纳米技术对未来社会的影响等具有全球性意义的话题，引起了俄罗斯科学哲学家的极大兴趣。究其原因，主要有以下几方面。首先，"由于与政治离得较远或与政治没

---

① 孙慕天：《跋涉的理性》，北京：科学出版社，2006 年，第 249 页。
② B. A. 列克托尔斯基：《纪念〈哲学问题〉创刊 60 周年》，王艳卿译，《俄罗斯文艺》2008 年第 3 期，第 69 页。

有直接关系，由于它的'专业性'极强，远非外行所能理解，故而所受到的干扰较少（所谓'干扰较少'指的是它们并不是没有受到干扰，而只是所受'干扰'的程度要小于其他领域而已），因而取得过相当可观的成绩"①。其次，正是由于长期处于被漠视、被排挤、被边缘化、被怀疑为"异端"的"非主流哲学"地位，反而使苏联的科学哲学和方法论专家们能够远离政治是非而潜心钻研学术，他们和自然科学家与工程师们比较容易达成某种默契，联手尝试挑战教条化的马克思主义哲学教义，在官方意识形态的壁垒上打开了缺口。最后，进入20世纪60年代以后，由于赫鲁晓夫的"解冻"（оттепель）已经深入政治、社会和文化生活的方方面面，在当时官方意识形态控制相对薄弱的地方，允许存在2—3个可以最大程度自由思考的人文学科，其中，"自然科学哲学问题"得以成为为数不多的几个"保护区"（заповедник）中的一个，而且发展成为俄苏人文主义思想的精华区。正如弗罗洛夫（И. Т. Фролов，1929—1999）指出的："尽管一代新人已经成长起来，尽管他们已经摆脱了干扰我们的那些东西。但我还是敢于肯定，正是在60至80年代，通过哲学家们和其他科学代表人物的努力，创立了强大的科学方法论（哲学）研究流派。它今天被公认在许多方面达到了世界思想水平。"②

　　20世纪60年代以后直到苏联解体之前，认识论主义的崛起（或转向）是改革（或"解冻"）思潮在苏联哲学领域最集中的表现，逐渐形成了几个源于马克思主义的科学哲学流派。①认识论主义（эпистемологизм）。这一学派直接地、明显地依赖于马克思列宁主义的辩证法和认识论，代表人物就是"老三驾马车"——伊里因科夫、科普宁、凯德洛夫。此外，弗罗洛夫和施维廖夫（В. С. Швырёв，1934—2008）在很大程度上也属于这一学派。②方法论主义（методологизм）。这一学派直接地、明显地使用或引用了马克思的观点和方法，例如，季诺维也夫（А. А. Зиновьев，1922—2006）就重新挖掘了马克思"从抽象上升到具体的方法"的哲学－方法论意义。这一学派的代表人物还有斯米尔诺夫（В. А. Смирнов，1931—1996），他对符号逻辑的研究达到了国际水平。③以谢德罗维茨基（Г. П. Щедровицкий，1929—1994）为核心的"莫斯科方法论小组"（ММК）继承和发展了马克思的"活动"或"实践"的进路，这一学派以马克思《关于费尔巴哈的提纲》第11条"哲学家们只是用不同的方式解释

① 贾泽林：《二十世纪九十年代的俄罗斯哲学》，北京：商务印书馆，2008年，第31页。
② И.Т. 弗罗洛夫：《哲学和科学伦理学：结论与前景》，舒白译，《哲学译丛》1996年第5-6期，第31页。

世界，问题在于改变世界"① 为座右铭。在谢德罗维茨基逝世之后，斯焦宾（В. С. Стёпин，1934—）成为这一学派的领军人物。④第四个学派比较松散，成员大多是自然科学家，他们最初并不依赖于马克思主义，但后来逐渐接近和接受了马克思主义的世界观和方法论，如物理学家福克（В. А. Фок，1898—1974）、奥美里扬诺夫斯基（М. Э. Омельяновский，1904—1979）和 М. А. 马尔科夫（М. А. Марков，1908—1994）等。苏联解体之后，随着马克思主义哲学的"失宠"，俄罗斯年轻一代的哲学家们并不关注马克思主义，写作时也不用像老一辈哲学家那样"引经据典"，他们的视野更具国际性，他们关心的更多的是具有全球意义的社会-文化问题和科学技术"元勘"问题。俄罗斯新一代科技哲学的代表人物主要有罗津（В. М. Розин）、阿胡京（А. В. Ахутин）、高罗霍夫（В. Г. Горохов）、卡萨文（И. Т. Касавин）、阿尔什诺夫（В. И. Аршинов）、布丹诺夫（В. Г. Буданов）、里普金（А. И. Липкин）等。

以上对 20 世纪 60 年代以来俄苏科学哲学学派的划分是相对的，主要依据就是上述哲学家们的学术兴趣和研究方向。概括地说，半个世纪以来俄苏科学技术哲学的研究主要集中于以下几个方面。

（1）以科普宁、季诺维也夫、斯米尔诺夫等为代表的科学逻辑（логика науки）研究。自 1965 年科普宁主编的论文集《科学研究的逻辑》问世以后，研究科学认识和科学逻辑问题就成为苏联自然科学哲学的主题。80 年代的头 5 年，仅《哲学问题》一家杂志就发表这一方面的论文多达 80 余篇。苏联学者不再把现代西方科学哲学视为逻辑实证主义的变种，而以新的眼光重新评价波普尔、库恩等西方科学哲学家的工作（《科学研究的逻辑》在一定程度上就是对波普尔《科学发现的逻辑》一书的回应）。但与西方学者研究范式不同，苏联学者在马克思主义内部确立了研究"科学的哲学根据"这一新的方向，把科学看成是一种被"理想与规范"调节的活动。

（2）首先是谢德罗维茨基和"莫斯科方法论小组"，晚些时候是斯焦宾关于科学方法论（методология науки）的研究。这个方向的研究成果也相当丰富，仅以谢德罗维茨基为例就可以看出。1995 年，也就是谢德罗维茨基逝世的第二年，俄罗斯就出版了厚达 800 页的《谢德罗维茨基文选》，高度评价这位杰出的思想家、文化和社会活动家。他是系统-思维活动方法论的创立者、"莫斯科方法论小组"的创始人和领导者、"方法论运动"的精神领袖。他留下了一份丰厚

---

① 马克思：《关于费尔巴哈的提纲》，《马克思恩格斯文集》（第 1 卷），北京：人民出版社，2009 年，第 502 页。

的哲学遗产，该文选收录了包括论文、著作、讲座讲稿、报告、手稿等在内多达 150 份作品，但也仅仅是这位极具创造性的哲学家著作的一小部分。特别是1964 年谢德罗维茨基出版了《系统研究方法论问题》一书，标志着"莫斯科方法论小组"研究阶段的结束，这一阶段的主要成就是"内容-遗传逻辑（认识论）和思维理论"；同时，也标志着一个新阶段的开始，这一阶段的研究对象是"活动方法和一般活动理论"。在 20 世纪 60—70 年代，谢德罗维茨基是以方法论活动来理解方法论的含义和意义的，如果说此前方法论运动只是作为科学认识活动（科学方法论）语境之下的一个方向，那么此后方法论就被诠释为"人的活动理论"，它的研究对象"原则上不同于任何具体科学的对象，这就是认知活动、思维，更准确地说，是整个人的活动，不仅包括认知而且包括生产活动"①。谢德罗维茨基的工作无疑是开创性的：首先，在方法论研究领域把对活动概念及其模型的分析作为一个重要问题提了出来；其次，在方法论范围内发展了系统-结构的思想和分析方法，并把它们作为解决其他问题的前提和条件，从而保证这些问题的提出和解决达到一定的理论和方法论水平。

（3）以巴热诺夫（Л. Б. Баженов）、阿列克谢耶夫（И. С. Алексеев）、伊拉利奥诺夫（С. В. Илларионов, 1938—2000）及俄罗斯科学院哲学研究所自然科学哲学问题研究部为代表的科学认识的逻辑-认识论分析（Логико-эпистемологический анализ）和以比布列尔（В. С. Библер, 1918—2000）、罗津、阿胡京、盖坚科（П. П. Гайденко）、马姆丘尔（Е. А. Мамчур）等为代表的科学认识的社会-文化分析（социо-культурный анализ）。

（4）以卡萨文为代表的社会认识论（социальная эпистемология），这个方向相当于"科学、技术与社会"（STS）理论与实践研究。

（5）以阿尔什诺夫、布丹诺夫为代表的协同学（синергетика）研究。在这一方向上，阿尔什诺夫和布丹诺夫合作出版了一系列著作，如《协同学——进化方面》（1994 年）、《协同学的认知基础》（2002 年）、《作为形成新世界图景工具的协同学》（2004 年）、《20—21 世纪之交的协同学》（2006 年）等。在论及协同学对于建立新的科学世界图景的意义时，阿尔什诺夫和布丹诺夫指出："引入自组织、分叉、动力学混沌、超循环等新的概念和范畴，可能会彻底改变旧的世界图景，使之成为多维的和歧义的世界图景。在协同学的世界图景中，现存的身体和心理、科学文化和人文文化、个体和社会、专科与跨学科教育等方面

---

① Щедровицкнй Г. П. *Избранные труды*, М.: Шк. Культ. Полит., 1995, С.158.

都会得到兼顾。对协同学系统所做的现代'后非经典'的理解必须结合'人的尺度'系统（斯焦宾），因此，协同学的路径就是人的路径。……总之，新的统一的世界图景必须在世界和人的复杂性范式的语境中建立起来，也就是自然界和来自自然界、参与自然界因而与自然界相对照的人的存在的复杂性，而后者在自己集体性的发展过程中形成了第二性的、'人工的'技术和社会建制的自然界。"[1]他们提出的"复杂性范式语境"（контекст парадигмы сложностности）和斯焦宾倡导的"后非经典科学语境"（контекст постнеклассической науки）具有异曲同工之妙，共同奠定了新的科学世界图景的基础。斯焦宾把科学发展分成三个历史阶段：经典阶段、非经典阶段和后非经典阶段。首先，这三个阶段根据各自研究的理想与规范区分开来；其次，根据对认知活动反思的程度，实质上就是根据把主体/观察者/设计者并入一个设计-认知语境的程度进行划分（反过来，与此相关的是科学固有理性类型的相应变化）。最后，根据"被科学掌握的对象系统组织（简单系统、复杂自调节系统和复杂自组织系统）"[2]的特点进行划分。而"每一种科学理性新的类型的产生并不会导致前一个类型的消失，只是限制了前一个类型的活动范围"[3]。后非经典理性的核心是系统论、控制论和协同学概念与人的进化非线性系统模型的跨学科集群，作为一种环境的后非经典理性又产生了"二阶"的跨学科性问题，它们围绕着中心问题汇总起来，如复杂性问题和与之相应的新兴复杂性世界的价值系统问题。因此，对后非经典理性问题的研究离不开复杂性范式的语境，反之亦然。

近一时期，阿尔什诺夫和布丹诺夫又撰文进一步阐述了"复杂性范式"与会聚技术（конвергентные технологии）[4]的社会-人文投影的关系问题，也就是现代会聚技术的认知问题。他们认为，为了预测会聚技术的进化和理解它们在社会与人的发展中所起的作用，必须把它们置于协同互动的语境中去，而且这种互动除了纳米技术（nanotechnology）、生物技术（biotechnology）、信息技术（information technology）和认知科学（cognitive science）以外，也应该包括社会-人文知识（social and humanities sciences）在内。他们还提出了一个"技术人圈"（техноантропосфера）进化模型，而这个技术人圈是由整个 NBICS 技术与

① Аршинов В. И., Буданов В. Г. Синергетика как инструмент формирования новой картины мира, *Человек, наука, цивилизация: К 70-Летию академика В.С.Степина*, М.: Канон+, 2004, С.428-463.
② Стёпин В.С. Исторические типы научной рациональности в их отношении к проблеме сложности, *Синергетическая парадигма. Синергетика инновационной сложности*. М.: Прогресс-Традиция, 2011. С.37.
③ Там же. С.45.
④ 所谓的"会聚技术"就是以 NBIC（Nano-, Bio-, Info-, and Cognitive Sciences）四门科学为基础的工程技术，主要包括纳米技术、生物技术和基因工程、信息和通信技术、认知科学。

人、社会协同作用产生的。尽管建立起这个模型很困难，但是他们相信在复杂性的后非经典范式的范围内能够解决这一问题。为什么 NBICS 是真正的跨学科的会聚技术呢？就是因为 NBICS 反映了人文科学、社会科学和自然科学整体进化的基本方向，而会聚技术的所有组成部分在复杂性范式的范围内都被看成是它们协同作用系统的一个"环节"。"在我们的 NBICS 技术的人-社会投影模型中，除了现有的自然-技术-人的现实（Umwelt-1.0，即客观世界 1.0）以外，还将引入三个理想的生活世界、三个 Umwelt-方案、价值矩阵、人和自然界的社会-生物形象，它们彼此干扰和创造了进化的现实矢量的合力。这三个客观世界就是：Umwelt-2.0（理性的和自我发展的技术世界，在越过人文主义极限之后人圈可以被技术世界所吸纳）；Umwelt-3.0（神经世界，逃避与物质现实接触而进入虚拟世界，在复制控制和头像闪烁的网络世界中人的主体性被消解，人与网络或竞争或合作，抑或完全融于其中）。NBICS 技术是这两个世界与我们现实世界的中介和基础。当然，还有一个人所向往的世界（Umwelt-0.0），即'回到伊甸园'，它以宗教和人本主义世界观为基础。在此我们改造的不是自然界和物质，而是通过精神文化实践改造自己，把本来属于人的完整性和完美性与智慧圈结合起来。"①所以，这四种生活世界（Umwelt）或人／技术／自然界综合体中的每一个都可以在个体、环境和社会的本体论中加以描述，其中每一个世界在马斯洛的需求金字塔上具有自己的位置，具有广义身体的量子-协同的一面，具有自己社会文化的至上命令②。阿尔什诺夫和布丹诺夫只是提出了认知布局或者技术人圈模型进化状态空间的一张草图，接下来还要思考这一模型进化的动力学机制，并在此基础上建立这四个 Umwelt-方案的战略并分析它们相互作用的前景，目的是把技术人圈的发展与对那些方法论、认识论和本体论问题的充分考虑置于人的控制之下，而这些问题是我们意识到已经处于日益进化的复杂世界的过程中必然产生的。

需要指出的是，当我们谈论从苏联自然科学哲学向俄罗斯科学技术哲学的范式转换时，必须要向起到承上启下作用的"新三驾马车"——弗罗洛夫院士、斯焦宾院士和施维廖夫教授表示敬意。在一定意义上，他们三位是俄苏科学技术哲学的真正奠基人和开创者，而"老三驾马车"（伊里因科夫、科普宁和凯德洛夫）只是实现了马克思主义哲学的"认识论革命"，他们关于自然科学哲学和科学逻辑的研究总体上并未突破传统马克思主义的框架。由于历史的原因，尽管

---

① Аршинов В. И., Буданов В. Г. Парадигма сложностности и социо-гуманитарные проекции конвергентных технологий, *Вопросы философии*, 2016(1), С.68.
② Буданов В. Г. Квантово-синергетическая антропология и проблемы искусственного интеллекта и трансгуманизма, *Философские науки*, 2013(9), С.25-37.

"新三驾马车"的科学哲学思想仍然打上了马克思主义辩证法和认识论的烙印，但从总体上看，他们已经开始和西方正统科学哲学的研究传统相接轨。他们不仅各自开创了独特的研究领域、提出了新的概念和范畴、创造了不同的研究方法，而且当俄罗斯科学技术哲学发生"范式转换"时不抱残守缺、墨守成规，或者可以说，俄罗斯科学技术哲学的新范式在很大程度上就是由他们制定的。

众所周知，弗罗洛夫是苏联"人学"（Человековедение）研究的开创者和奠基人，为苏联哲学人学的建立和发展做出过巨大贡献。他亲自撰写了大量关于人的著述，提出了"多方位综合研究人"的方法论原则，组织编写了全俄第一部《人辞典》，创办了《人》杂志并担任主编，建立了俄罗斯科学院"人研究所"并出任所长。弗罗洛夫自己也坦言，他的一生与对"人"的研究密切相关，始终在"人"的周围生活，"人"是其工作和生活的核心，直到1999年11月来华访问时不幸与世长辞。弗罗洛夫一生出版了30多部著作，像《科学伦理学》《人的前景》等都已经在中国等国家翻译出版。弗罗洛夫研究视野广阔，涵盖了科学技术发展的社会哲学问题，生、死和永生的人类学和伦理学问题，现代科学与人道主义问题等。在《全球性问题与人的未来》（1985年）和《论人和人道主义》（1989年）等著作中，弗罗洛夫指出：由于人完成了人类的起源，在保持自己生物学本性的同时，转化为社会主体；人的现实性不仅包含自然的、天然的东西，还包含人工的、超自然的、社会的、文化的东西。因此，需要在全球化的语境下确立"完整人"的概念，即不是人的一切规定的简单而机械地加和，而是人的生物的、社会的、文化的等方面特征的综合。因此，确定研究"完整人"的方法论只能在哲学而不能在具体科学的层面上产生。弗罗洛夫认为，在认识人、人的全面发展和人的未来方面，科学哲学面临着三位一体的任务："首先有助于在不同科学和不同人类文化领域的'接合部位'上提出新问题。这是哲学在科学和社会中的整体化、系统化的功能。其次，哲学还执行广义的批判功能。这种功能也可以看成是方法论的功能，它与批判（分析）认识途径和行动方式、认识的方法和逻辑形式有关。最后，哲学的价值调节的即价值观上的功能获得了日益重大的意义。这一功能在于把认识和行动的目的和途径，同人道主义的理想进行对比，就是对它们做出社会道德的评价。"①

和大名鼎鼎的弗罗洛夫不同，施维廖夫从苏联科学院哲学研究所研究生毕业之后就留在哲学所工作，一直到逝世，他的全部学术生涯都是在哲学研究所

---

① И. Т. 弗罗洛夫：《人和人的未来是当代的全球性问题》，陈爱容译，《现代外国哲学社会科学文摘》1986年第3期，第5页。

度过的，而且没有担任过任何行政职务，是一位一心向学的"纯"哲学家。从20 世纪 60 年代开始，施维廖夫从批判地分析新实证主义转向研究科学认识中"理论的东西"与"经验的东西"的辩证关系问题：一方面，运用规范、标准、公式、模型把握经验；另一方面，以概念形式实现集约功能，建构科学知识系统。1978 年，他在《科学认识中理论的东西与经验的东西》一书中提出并论证了这样一种思想，即"经验层次是把理论手段运用于经验材料的认识活动，旨在建立科学的理解机制与观念以外的实在的联系；而理论层次则是发展科学理解机制的概念手段，使之完善化和精确化的活动，是建构特殊理论世界的活动"①。理论和经验的研究，或者与之对应的理论和经验的知识在现实科学中的表现形式是多样化的，但同时也会发现一些特点，它们最大限度地把关于理论和经验的东西联系起来。"理论和经验研究互为前提，是作为一个统一整体的科学的组成部分，它们具有同等重要的地位。科学在整体上就是这两方面的结合。但是，在科学的范围内它们又可以彼此分开和相对独立。然而，即使是彼此相互独立，它们也永远互相推出。尽管经验研究并不取决于理论研究，但是它永远不能摆脱存在于该科学中的概念之网，透过这个网去看世界、观察研究对象。"②关于经验与理论相统一的思想在施维廖夫 80 年代的两部著作《作为活动的科学认识》（1984 年）和《对科学认识的分析：基本流派、形式和问题》（1988 年）中得到进一步阐发。"在理想气体分子运动模型框架内得到的认识（包括关于理想气体的温度、压力和体积的比例关系的著名定律）都不是直接从经验研究及其结果中导出的，为此需要足够的关于上述模型的思想实验。没有'纯经验'的科学知识，其中不包含任何概念元素。关于这一点是蕴含在科学内部矛盾中的：如果是一个科学知识，那么它就必须借助于科学的概念工具才能形成。但我们还是认为，应该对科学知识进行划分，即哪些科学知识的生产与外部信息有关，而哪些科学知识的形成不一定与外部信息有关。提出新的科学知识总是要有所创新、有所建构，不可能是对初始内容进行简单的消化和重置。但要做到这一点就需要掌握大量的外部信息，而且取决于科学认识方法本身。"③接下来，施维廖夫就以马克思《资本论》的逻辑——从抽象上升到具体的学说进一步进行阐述。"由抽象上升到具体的过程要求首先制定出作为出发点的理论结构。这一理论结构要能表达初始的抽象关系，而所有进一步的研究和理论体

① Швырев В. С. *Теоретическое и эмпирическое в научном познании*, М.: Наука, 1978, C.2.
② Там же. C.252.
③ Швырев В. С. *Научное познание как деятельность*, М.: Политиздат, 1984, C.199-200.

系展开的整个过程就是在这种关系的基础上实现的。这一过程具有富有内容的和基础性的性质，并以找到中间环节为前提。这种中间环节能够把由这种初始结构出发的理论体系中的经验上给予的具体性加以同化。"① 因此，《资本论》中由抽象上升到具体的原则，正是理论认识的原则和构建知识的理论体系的原则，具有普遍的指导意义。这是因为在建立《资本论》的体系过程中，初始的理论结构与数学化的理论自然科学的那些最初的被理想化了的客体是相似的。

　　进入 20 世纪 90 年代以后，俄罗斯科学哲学开始在更加广泛的历史和社会 - 文化背景中理解科学发展的深层规律，分析科学的本性及其在文化系统中的地位。施维廖夫的学术兴趣也发生了相应转变，开始对理性与文化的关系加以思考，主要反映在以下著作中：《可能性谱系中的理性：理性的历史类型》（1995 年）、《乌托邦理性和批判反思》（1996 年）、《十字路口上的理性》（1999 年）和《作为文化价值的理性》（2003 年）。施维廖夫把科学理性划分为三种类型：封闭型、开放型和虚假型。经典科学理性是封闭型的，"这种活动要求更准确地说明纳入观念系统的抽象和概念，揭示其诸要素之间的新关系，解释其含有的合理 - 认识内容，吸收该观念系统中的新的经验信息，在其基础上进行解释和预见……在任何情况下，工作都在某种封闭的观念空间、某些论断的确定内容中进行，这些论断在某种认识背景下表现为初始的、不属于批判性分析的论断"② 。施维廖夫指出，尽管封闭型理性本身并不要求确定其界限的观念结构教条化，但是，当一定的观念的原理及其初始前提变为难以领悟的真理，或者当这些真理的内容完全与现实混为一谈时，就会发生教条化。因此，这种经典科学理性很容易成为教条主义和国家哲学信仰的基础，从而蜕变为虚假型理性。而开放型的科学理性提出了新的认识论方针，探求超出已经确定的基本认识坐标界限和由前提确定的结构范围的出口。因此，对观念系统的原理和初始前提进行批判内省性分析，这是开放型科学理性和封闭型科学理性的本质区别。同时，在开放型的科学理性中，理论理性和实践理性应当是统一的（他把康德看成是现代后非经典理性的先驱）。为此，他提出两点主张：一是要建立公开性机制，尊重不同的世界观和文化传统；二是要弘扬自我批评机制，通过内在矛盾的解决实现科学理性的创造性潜能。总之，"开放和反思的理性既克服了封闭理性的局限性，又克服了伪理性的破坏性的退化了的形式，这些形式是在封闭理性发生教条化

① 易杰雄：《〈资本论〉的逻辑》，《哲学译丛》1990 年第 4 期，第 41-45 页。
② Швырев В. С. Рациональность как ценность культуры, *Вопросы философии*, 1992(6), С.94-95.

时产生的"①。他把斯大林时期以李森科主义为代表的苏联科学的悲剧看成是上述封闭型科学理性教条化的危险达到极致时的表现。

斯焦宾院士是"新三驾马车"中目前唯一健在的人,他是苏联新哲学运动中明斯克学派的创始人,号称俄罗斯科学哲学的"活化石",他不仅是伟大的科学哲学家,而且是伟大的学术活动组织者,曾长期担任苏联科学院哲学研究所和俄罗斯科学院哲学研究所所长、哲学学会(РФО)主席。斯焦宾科学哲学的核心是"前提性知识":①前提性知识用于知识的论证和证明、解释和描述、建构和组织,它包括两个层次——第一层次是所有科学研究普遍的标准,第二层次是这些普遍标准的具体化;②虽然依靠哲学原则,但前提性知识却不同于哲学世界观,是通过总结、综合科学内在的重要成就而建构起来的——保证科学知识的客观化,是知识综合的形式,发挥研究纲领的作用。上述思想体现在他的《科学理论的形成》(1976年)、《科学研究的理想与规范》(1981年)和《理论知识》(2000年)等一系列科学哲学著作中。此外,关于"技术型文明"(техногенная цивилизация)即"由技术决定的文明"的一系列思考也是斯焦宾的研究特色,主要反映在他的《技术型文明文化中的世界图景》(1994年)、《技术型文明的价值基础和前景》(1999年)和《文明与文化》(2011年)等一系列文化哲学著作中。

立足历史,放眼未来,在21世纪俄罗斯科学技术哲学将会继续围绕以下主题展开研究工作。①科学知识的结构(或称科学理论的发生与发展)。这是俄罗斯科学哲学的传统研究领域和"老根据地"。老一辈哲学家,如科普宁、施维廖夫等从马克思主义辩证法出发(作为分析工具);而新一辈哲学家对科学认识本身的分析不需再和马克思主义捆绑在一起。在这个主题上俄罗斯科学哲学成绩斐然,例如,施维廖夫关于科学认识的理论和经验层面的研究(认为二者之间没有严格的界限)。自然科学理论的结构问题则吸引了奥夫钦尼科夫(Н. Ф. Овчинников)、库普佐夫(В. И. Купцов)、阿尔什诺夫、阿克秋林(И. А. Акчурин)、尼基福罗夫(А. Л. Никифров)、米尔库洛夫(И. П. Меркулов)、阿列克谢耶夫(И. С. Алексеев)等众多哲学家的目光,库兹涅佐夫(И. В. Кузнецов,1911—1970)是研究这一问题的先行者,他的研究成果促进了俄罗斯新科学哲学和认识论的发展。在他20世纪60年代的两篇论文《物理理论的结构》(1967年)和《科学理论和对象的结构》(1968年)中,库兹涅佐夫认为

---

① Швырев В. С. Рациональность как ценность культуры, *Вопросы философии*, 1992(6), С.96.

成熟的科学理论主要有三个组成部分：基础（основание）、核心（ядро）和扩展（воспроизведение）。其中，理论基础是指经验基础和除了一些基本量及其测量规则以外的研究客体的理想模型；理论核心是指理论的基本方程和定律；理论扩展是指实现该理论的解释和预测功能，从而导致初始经验基础的扩展。此外，关于理想客体（斯焦宾、戈梁兹诺夫等）和理论术语的解释、寻找科学知识方法论分析新的统一、自然科学理论的公理化等都是在这一主题之下的常思常新的问题。②科学知识的基础。这是以斯焦宾、施维廖夫和奥古尔佐夫为代表的明斯克学派对俄罗斯科学哲学乃至对世界科学哲学的最为独特的贡献。众所周知，他们把科学的基础定义为科学的世界图景、科学活动的理想与规范和科学的哲学基础，但迄今为止，俄罗斯科学哲学界也未就其中的任一基础达成共识，为后来的发展留下了空间。③科学知识的社会文化制约性。科学知识的形成、发展与社会文化语境的关系问题一直得到马姆丘尔、科萨列娃（Л. М. Косарева）、盖坚科、斯焦宾、奥古尔佐夫等哲学家的关注，同时这也是俄罗斯科学哲学最有发展前途的一个方向。④后非经典科学中的科学知识及其基础。"后非经典科学"是斯焦宾提出的一个崭新概念，是继经典科学和非经典科学之后科学知识、科学理性发展的一个新阶段、新语境，对"后非经典科学""后非经典理性"性质与特点的阐发将继续成为研究的主题。⑤科学中的革命与传统。这是对波普尔、库恩、劳丹等西方科学哲学家思想引进、评介和深化的研究进路，虽然近些年趋冷，但仍有少数哲学家乐此不疲。⑥物理学哲学问题。这是苏联自然科学哲学问题的核心，在60年代以前物理学哲学甚至就是自然科学哲学的同义语。早在1947年第2期的《哲学问题》上，著名理论物理学家М. А. 马尔科夫就发表了《论物理学知识的本性》一文，对现代物理学知识的辩证性质做了完全不同于官方哲学主流观点的阐释，遭到教条主义者们的围攻，但是，该文却对新一代学者产生了重大影响，被看作是正确哲学思想的楷模。包括М. А. 马尔科夫本人也十分自信地指出："从那时起，过去了差不多半个世纪，国内外物理学家和哲学家发表了许多著作和论文，从诸多方面考察了这一问题。……本文所阐述的问题的一些方面，即使对现代读者仍然是具有一定意义的。我相信，文中出现的一些陈旧的词语不会对它的普遍意义造成多大影响。"① 由于物理学哲学具有很强的专业性，所以研究者较少，但这并不意味着这一主题从此衰落。当代物理学家和科学哲学家里普金就研究了物理学的两次方法论革

---

① 转引自：孙慕天：《跋涉的理性》，北京：科学出版社，2006年，第92页。

命：第一次是发生在 17 世纪的方法论革命，其结果是提出了"初级理想客体"（ПИО），包括机械力学的粒子（物体）、流体力学的液体等；第二次是发生在 19 世纪末 20 世纪初的方法论革命，其结果是提出了"次级理想客体"（ВИО），包括各种复杂对象和现象的模型。存在两种类型的理想客体，就会导致两个层次的自然科学研究工作：第一个层次是建立新的初级理想客体；第二个层次是在前者的基础上建构次级理想客体。这种区分类似于库恩把科学发展分成"常规科学"和"反常科学"（科学革命），也相当于爱因斯坦把科学理论分成"构造性理论"和"原理理论"（基础理论）。里普金认为，区分开这两次方法论革命及其后果是理解量子力学基础的关键。研究表明："'量子测量'和'波函数还原'问题的基础不是物理学的而是哲学的，问题的解决首先在于正确地提出问题，之后是注意到物理学结构理论-操作的异质性的特点，而不是在量子力学的基础上引入意识。"[①] 为此，他特意引用了爱因斯坦的话来证明自己的观点："如果你们想要从理论物理学家那里发现有关他们所用方法的任何东西，我劝你们就得严格遵守这样一条原则：不要听他们的言论，而要注意他们的行动"[②]。他还把自己的方法命名为"客体方法"（объектный подход），并用于分析自然科学知识的结构。像物理学哲学、化学哲学、生物学哲学这样专业性极强的课题在今后既不会成为热点和焦点，但也不会从俄罗斯科学技术哲学的视野中消失。

半个多世纪以来，与马克思主义哲学甚至和其他人文社会科学研究领域比较而言，俄苏科学技术哲学表现出难以想象的稳定性、连续性和创新性。在教条主义"官方哲学"甚嚣尘上、意识形态大棒漫天挥舞的岁月里，以"老三驾马车"为代表的 20 世纪 60 年代学人高举"理性主义"的大旗，通过挖掘马克思主义辩证法的真谛，向"本体论堡垒"发起了一次又一次的冲锋，终于使苏联哲学在 20 世纪中叶以后实现了"认识论革命"。尽管这场哲学改革最终"流产"告终，未能挽救苏联哲学大厦于倾覆，但其思想薪火在科学技术哲学中继续传承。苏联解体后，在"西方化""取消论""复古主义"等形形色色论调此消彼长、非理性主义和反理性主义一浪高过一浪的日子里，以"新三驾马车"为代表的 90 年代学人继续高举"理性主义"的大旗，通过向内挖掘、苦练内功，向外开放、兼容并包，在与西方主义和反理性主义的斗争中坚持住了老一辈开创的马克思主义传统，在 20—21 世纪之交正在进行着一场科学技术哲学的"社

① Липкин А. И. Две методологические революции в физике—ключ к пониманию оснований вантовой механики, *Вопросы философии*, 2010(4). C.74-75.
② 爱因斯坦：《爱因斯坦文集》第 1 卷，许良英，范岱年编译，北京：商务印书馆，1976 年，第 312 页。

会－文化论"改革。除了在科学哲学和科学方法论等传统领域继续保持优势地位和特色以外，不仅全面掌握了西方的文献，吸收了西方科学哲学的问题和成果，而且还有一些具有原创性的方向。在技术哲学和 STS 领域也在急起直追，努力追赶世界科学技术哲学的浪头。俄罗斯科学技术哲学之所以能做到"不管风吹浪打，胜似闲庭信步"，一个很重要的原因就是自始至终高举理性主义大旗。正如俄罗斯科学院院长奥西波夫（Ю.С.Осибов）院士指出的："不应忘记，某些自然科学家也曾企图借助伪哲学的华丽辞藻来维护其站不住脚的观点①。但他们都没能抹杀科学和自然知识的联系，也没能掩盖各科学领域的专家与哲学家合作这一思想自身的光辉。……在当今的条件下，伪科学在某些阶层的人（有时也包括学者）的意识中威力之大，已开始对科学本身的健康发展构成危险。所以必须深刻剖析科学方法的基础，剖析其与伪科学采用的推理方式之间的区别。"②主观上，坚持与"伪哲学"和"伪科学"划清界限，反对政治上"追风逐浪"，这是俄罗斯科学技术哲学之树常青的奥秘之一。又如弗罗洛夫院士指出的："科学的逻辑学、方法论和哲学有其深刻的、十分科学和客观的基础。因此它们在我国极少受到意识形态和政治因素的影响，而哲学认识的其他许多领域，尤其是社会哲学③，则遭受到这些因素的严重扭曲。"④客观上，研究对象的特殊性和研究内容的艰深晦涩，在一定程度上也保护了这一领域免受或少受"丑陋而愚昧"的教条主义干扰，这是俄罗斯科学技术哲学之树常青的又一个奥秘。

　　如何对待本国的哲学遗产，如何对待俄苏哲学对中国科学技术哲学的借鉴作用，俄中两位资深的科学哲学家，也是两位年逾古稀、亲身经历了 20 世纪 60 年代和 90 年代俄苏哲学两次惊心动魄的大变革的老者——斯焦宾院士和孙慕天教授的话最具有代表性和说服力。回顾 20 世纪俄苏哲学的历史，斯焦宾指出："在俄国的哲学中，既有悲剧，也有正剧。然而，在它的发展过程中，不仅有思想的低潮，也有思想的高潮。在评价俄国过去的事情时，往往采取极简单的转换：从前是从正的方面来评价规律，现在则从负的方面来评价规律。这样的评价——毕竟是意识形态化意识的表现，当然，意识形态上的控制，妨碍了哲学

① 最具代表性的就是苏联科学史上的三大"伪人"："伪细胞学家"勒柏辛斯卡（О. Б. Лепешинская）、"伪育种学家"李森科（Т. Д. Лысенко）和"伪化学家"切林采夫（Г. В. Челинцев）。1935 年，在莫斯科举行的一次集体农庄庄员会议上，当李森科攻击摩尔根派学者是阶级敌人时，斯大林站起为其叫好："好啊，李森科同志！"在《有机化学概论》（1949 年）中，切林采夫批判鲍林的共振论不仅是无效的，而且是把机械论导入化学，其本质是唯心主义的；而勒柏辛斯卡的《细胞起源》（1952 年）则是一本彻头彻尾的伪科学著作。
② Ю. С. 奥西波夫：《在第五届全俄科学技术的方法论（哲学）和伦理学问题会议上的开幕词，舒白译，《哲学译丛》1996 年第 5-6 期，第 28-29 页。
③ 如马克思主义哲学、政治哲学、历史哲学、哲学人学、宗教哲学等。
④ И. Т. 弗罗洛夫：《哲学和科学伦理学：结论与前景》，舒白译，《哲学译丛》1996 年第 5-6 期，第 31 页。

思想的自由发展。马克思主义被教条化，并在苏联社会的条件之下履行着独特的国家宗教的角色。然而，决不能认为，除了教条化的马克思主义，就没有其他任何哲学了，那是违反这一传统的。在70—80年代，在哲学史、逻辑、科学哲学的研究方面，取得了明显的成就，形成了独创的学派，获得了扬名西方、获得国外的同行高度评价的成果。"① 因此，当今俄罗斯科技哲学界必须率先摆脱"戾换式"的思维习惯，既不妄自菲薄，也不妄自尊大，尊重历史、面向未来、戮力前行，为在世界科学技术哲学领域占有一席之地继续努力。回顾30多年中国俄苏科学技术哲学研究的历史，孙慕天指出："苏联科学技术哲学最有价值的地方恰恰在于长期坚持马克思主义思想导向。虽然正是在这方面由于对马克思主义教条主义的曲解，造成了惨痛的思想教训，但这本身就是一笔思想财富。应该说，正是由于与教条主义的长期斗争，苏联一批具有改革思想的科学哲学家才形成了特殊的理论视角，提出了一系列原创性的主题，采用了独到的研究方法。由于我国也曾有过与苏联相似的历史经历，所以这一研究对我们更有直接的借鉴意义。"② 因此，当中国的科学技术哲学界一味地倒向西方科学哲学，试图在西方主流思想中挖掘建筑中国科学技术哲学大厦的材料时，请不要忘记我们曾有过共同语境和背景的俄苏哲学。与西方同行相比，俄苏哲学家的工作是两个不同的传统，是另外一个参照系。但这却是我们更为熟悉的传统和参照系，放弃这一传统和参照系无疑是舍近求远、远水不解近渴、得不偿失、事倍功半的非明智选择。恩格斯说过："自然界是检验辩证法的试金石。"③ 在某种意义上说，俄苏的科学技术哲学研究也是检验自然辩证法生命力的试金石。这也是今天我们一再强调重视俄苏哲学特别是科学技术哲学研究的原因所在。

① B. C. 斯捷平：《世纪之交的哲学（下）》，黄德兴译，《现代外国哲学社会科学文摘》，1998年第10期，第51页。
② 孙慕天，刘孝廷，万长松，等：《科学技术哲学研究的另一个维度——中国俄（苏）科学技术哲学研究的回顾与前瞻》，《自然辩证法通讯》2015年第5期，第157页。
③ 恩格斯：《反杜林论》，《马克思恩格斯文集》（第9卷），北京：人民出版社，2009年，第25页。

第一章 苏联新哲学运动及其对俄罗斯哲学的影响

　　长期以来，无论是西方还是俄罗斯哲学界对苏联哲学都是持否定或者虚无主义态度的[1]。他们认为整个苏联时期的哲学是完全失败的，与世界哲学思想联系是中断的。在我国，很多人也把苏联哲学视为"教条主义""烦琐哲学"的代名词，冠以"意识形态大棒""政治的婢女"等标签。一提到苏联哲学家，也往往想到米丁、尤金、康斯坦丁诺夫、伊利切夫等声名狼藉的官方哲学家。总之，贬低、嘲讽、轻蔑和"空白说"成了评价苏联哲学的主流态度和公认观点。但是进入 21 世纪以后，随着俄罗斯哲学界从情感发泄向理性思考回归，要求重新评价苏联哲学 70 多年[2]的发展历程，把狭义的苏联哲学，即在国家和社会生活中占统治地位的所谓"官方哲学"，与苏联时期的富有成效和创造性的哲学（包括马克思主义哲学）区分开来，并从后者寻找某些积极的因素和有益的成果来充实和发展当代俄罗斯哲学，成了以斯焦宾院士、列克托尔斯基院士为代表的一些有影响的俄罗斯哲学家的共识。其中，20 世纪 60—80 年代在苏联兴起的新哲学运动（Новое философское движение）得到了特别关注。2010 年，由俄罗斯科学院哲学研究所主编、"俄罗斯政治百科全书"出版的"20 世纪下半叶俄罗斯哲学"（Философия России второй половины XX века）系列丛书收录的年轻一代哲学家，如伊里因科夫、季诺维也夫、谢德罗维茨基、马马尔达什维里（М. К. Мамардашвили,1930—1990）等，都是这场新哲学运动的骨干分子。回

---

① 在今天的俄罗斯，彻底否定苏联哲学最具代表性的哲学家是霍鲁日（С. С. Хоружий）。贯穿霍鲁日哲学思想的核心观点是把白银时代宗教唯心主义哲学视为整个 20 世纪俄罗斯哲学最重要的甚至是唯一的成果，与此相应的是他对 20 世纪 30 年代形成的苏联哲学的彻底否定。他强调，俄罗斯的哲学传统在苏联哲学出现之后中断了。对苏联哲学和苏联社会制度的厌恶与批判是霍鲁日哲学思想的基本特点。他反对一切为它们所作的辩护（安启念：《俄罗斯哲学界关于苏联哲学的激烈争论》，《哲学动态》2015 年第 5 期，第 45 页）。

② 从 1917 年十月革命到 1991 年苏联解体。——编辑注

顾这段历史不仅对于客观公正地评价苏联哲学、挖掘其中富有创造性的思想具有积极意义，而且对于研究苏联自然科学哲学范式的形成与演变具有启发和帮助作用，进而为下一步研究俄罗斯科学技术哲学的范式转换奠定了理论基础。

一、新哲学运动的兴起和主要的哲学学派

20 世纪 90 年代末，俄罗斯哲学家就对戈尔巴乔夫时期（1985—1991 年）和叶利钦时期（1992—1999 年）对苏联哲学的全面否定进行了严肃批评。斯焦宾指出："这种在对我国哲学评价中的神话，是一种在对苏联过去的评价中只知道简单地反着说的假民主的意识形态，所有过去被认为是成就的，都被说成了缺点。"[①] 列克托尔斯基也认为：在一些人眼里，"苏联哲学家往好里说是一帮蠢货，往坏里说就是一群骗子和辩护士。果真如此，在苏联时期存在过的任何一种哲学都不足挂齿"。但事实并非如此，因为"我国哲学的生活图景是非常有趣和复杂的"[②]。一方面，在斯大林时期教条化和意识形态化了的"辩证唯物主义和历史唯物主义"在苏联社会生活中扮演了类似宗教的国家哲学的角色，也确实存在一大批所谓"马克思主义教区的神甫"，他们只知道注释党的方针和斯大林的讲话。另一方面，从 20 世纪 60 年代初赫鲁晓夫的"解冻"开始，作为全社会"去斯大林化"（десталинизация）复杂过程的组成部分，苏联哲学界逐渐形成了一个运动，产生了整整一代哲学家（当时还都是年轻人），他们呼吁真正的马克思主义，提出了认真地对马克思的一系列思想做出科学的和人文的解释。实质上，它是和官方对马克思主义的教条主义解释相对立的。而西方学者在研究苏联时期哲学发展状况时，往往依据教科书和其他在意识形态方面得到认可的文本进行分析。然而，这些文本与活跃于当时的新哲学思想之间存在着巨大的差异，这是每一个苏联哲学的研究者都必须充分意识到的事实。

"早在 60 年代中期，苏联哲学界已经形成了一个运动，它呼吁真正的马克思主义，首先是诉诸马克思主义对黑格尔辩证法的阐释，就实质上说，它是和官方对马克思主义的教条主义解释相对立的。"[③] 这场新哲学运动的发起者是两位青年哲学家——埃瓦尔德·瓦西里耶维奇·伊里因科夫和亚历山大·亚历山

---

① В. С. 斯焦宾：《今日俄罗斯哲学：现在的问题与对过去的评价》，安启念译，《哲学译丛》1999 年第 1 期，第 32 页。

② Лекторский В. А. Философия не кончается... Из истории отечественной философии. XX век, т.2, 1960-80, М.: РОССПЭН, 1998, С.3.

③ В. С. 斯焦宾：《今日俄罗斯哲学：现在的问题与对过去的评价》，安启念译，《哲学译丛》1999 年第 1 期，第 32 页。

大罗维奇·季诺维也夫。第二次世界大战之前，他二人先后考入莫斯科文史哲学院（МИФЛИ），后来积极投身于伟大的卫国战争，季诺维也夫还成为飞行员参加过数次空战并获得苏联红星勋章。战后，他们又都进入国立莫斯科大学哲学系学习。1953 年，伊里因科夫的论文《马克思〈政治经济学批判〉中的唯物辩证法问题》通过答辩，获得副博士学位；次年，季诺维也夫以"从抽象上升到具体的方法"为题通过了副博士论文答辩①。1960 年，季诺维也夫的《马克思〈资本论〉中的逻辑思想》通过了博士论文答辩；1968 年，伊里因科夫也以《论思维的性质》获得了哲学科学博士学位。从走出校门到英年早逝的 26 年间，伊里因科夫一直在苏联科学院哲学研究所工作，这期间，他著书立说，提出了许多发人深省的问题，他的观点影响了一代甚至几代俄罗斯哲学家，也成为当时被不断指名批评的对象。伊里因科夫的代表作有《〈资本论〉中抽象的和具体的辩证法》（1960 年）、《论信念与理念》（1968 年）、《人道主义与科学》（1971 年）和《列宁的辩证法和实证主义的形而上学》（1979 年）等，这些著作被翻译成包括中文在内的 18 种文字出版，获得了举世瞩目的成就。从 1955 年开始到 1976 年被当局免去公职为止，季诺维也夫也在哲学研究所担任高级研究员。在此期间，他出版了《命题逻辑和推论理论》（1962 年）、《科学知识的科学理论基础》（1967 年）、《综合逻辑》（1970 年）、《科学逻辑》（1972 年）和《逻辑物理》（1972 年）等著作，这些著作多数被翻译成英文和德文介绍到西方。伊里因科夫与季诺维也夫携手为苏联的认识论和逻辑学研究争得了国际地位和莫大荣誉。

　　耐人寻味的是，伊里因科夫和季诺维也夫最初不约而同地选择了马克思的《资本论》作为研究对象，反对把"整个世界"定义为哲学研究对象的本体论解释，主张哲学就是关于思维的科学的认识论阐释，两个人最大的不同是，一个主要从"辩证法"的角度出发，而另一个从"逻辑学"的角度出发。"伊里因科夫是在从斯宾诺莎到黑格尔的传统框架中研究思维问题，发展了对辩证逻辑的认识；季诺维也夫沿着 20 世纪分析哲学的路子前进，诉诸严格的几乎是按照自然科学来理解的科学性理念。"②在研究《资本论》的逻辑结构的过程中，他们提出了震动整个苏联哲学界的一系列辩证法问题：抽象的和具体的辩证法、历史的和逻辑的辩证法、理论知识的结构、理论知识和经验知识的关系等，对这些问题的争论一扫当时苏联哲学界的沉闷和迂腐。伊里因科夫是最坚决的认识

---

① 季诺维也夫的学位论文于 2002 年由俄罗斯科学院哲学研究所首次发表；伊里因科夫的学位论文至今未能公开问世，但它的思想在《马克思〈资本论〉中抽象的和具体的辩证法》（1960 年）中得到进一步发展。
② A. A. 古谢伊诺夫：《俄罗斯 60 年代人哲学的人道主义背景》，安启念译，《世界哲学》2015 年第 3 期，第 98 页。

论主义者，他特别重视列宁关于辩证法、认识论和逻辑学三者一致的思想，认为思维并不是同现实世界，同对自然界和社会发展规律的真正认识毫不相干的纯主观的能力。相反，思维规律从根本上和趋向上说，是同总的发展规律一致的。"逻辑和认识论与发展理论是一致的——这就是伊里因科夫的最重要的结论。"[①] 他进一步解释说，不能把马克思主义辩证法的对象定义为"存在和思维的普遍规律"，而应该是"在思维中反映存在的普遍规律"。这是因为：思维规律（逻辑规律）乃是被反映的、被认识和经实践检验过的现实本身发展的规律，乃是自然界和社会历史事件发展的规律；辩证法是关于在人的思维中反映外部世界的过程的科学，即变现实为思想和变思想为现实的科学。这样，理论和实践就结合为受同一规律（辩证法）制约的过程；而辩证法也就成为大写字母的逻辑，成为社会的人从理论和实践上把握和改造世界的科学。这才是辩证法具有的首要的、巨大的世界观意义。因此，没有任何理由担心贯彻辩证法、逻辑和认识论三者一致的思想会导致忽视哲学的世界观意义及其本体论方面，但这却是伊里因科夫不断受到抨击的主要原因。此外，他们还提出和解决了同时期国外同行关注的一系列认识论问题：科学知识的结构、经验命题的理论荷载、科学认识的历史分析等。在 20 世纪 60—70 年代苏联哲学关于科学认识论和方法论的研究主要是由伊里因科夫和季诺维也夫开创并由他们的追随者完成的。"围绕他们形成两个拥护者团体，这些拥护者后来自己成为新的哲学思想和小组的独立中心。由此出现一个完整的运动，形成一个交往群体，其内部存在分歧甚至对立，但在某些点上是共同的。这个运动的主要努力集中在对逻辑认识论问题、认识方法论和科学哲学的研究上，其最大成就也在这些方面。处于中心的是正确的思维与方法问题，这些问题主要借助于自然科学和技术科学来研究。"[②]

20 世纪 60—80 年代苏联新哲学运动的特点就是从本体论转向对于认识、思维和自然科学的哲学分析，这一转向绝非偶然。首先，与社会哲学（政治哲学、历史哲学、宗教哲学等）不同，在认识论、逻辑学、自然科学哲学问题等领域的研究与意识形态和政治只有间接的关系，因此有更多的机会进行独立的创造。其次，随着对斯大林时期哲学粗暴干涉科学做法的批判，苏联当局也意识到对于科学（至少是自然科学）进行意识形态干预的不可行和危害性。最后，20 世纪中叶兴起的新技术革命席卷西方世界，如何把现代科学技术革命与发展社会

① 贾泽林：《一位引人注目的苏联哲学家——Э.伊里因科夫》，《国外社会科学》1982 年第 6 期，第 66 页。
② A. A. 古谢伊诺夫：《俄罗斯 60 年代人哲学的人道主义背景》，安启念译，《世界哲学》2015 年第 3 期，第 98 页。

主义、实现共产主义协调起来成为一个迫切的现实问题。新哲学运动的领军人物认为，改变苏联社会现实的唯一可能就在于依靠科学认识、理论思想，以及作为这种思想的反省和方法论基础的哲学。基于上述理由，研究思维规律和构建一种科学认识论被认为是新哲学运动的使命，是哲学所固有的进行社会批判和实现现实人道化的独特方式。伊里因科夫和季诺维也夫对科学认识逻辑和方法论的这样一种分析从考察《资本论》的逻辑结构入手（这在当时是唯一稳妥和可行的做法）。随后，他们从这样的方法论研究及其连续变化出发，致力于其他科学领域的理论认识结构的分析。

　　尽管时至今日仍无定论，但根据创始人或领导者的学术兴趣及对后世思想的影响，我们还是可以从苏联新哲学运动中划分出六个学派，其中三个具有强有力的领导者，而另外三个似乎缺乏或难以分辨出这样的领袖[①]。

　　（1）"批判的马克思主义"（Критический марксизм）。这一学派的创始人和杰出领导者是伊里因科夫，主要成员有列克托尔斯基、巴吉舍夫（Г. С. Батищев, 1932—1990）、达维多夫（В. В. Давыдов）、科索拉波夫、布兹加林、卡西姆扎诺夫（А. Х. Касымжанов）等。该学派在地理分布上是最广的，除了首都圈以外，学术影响遍及阿拉木图、乌拉尔和西伯利亚。其理论"硬核"就是马克思主义的现代化和创新性问题。学术兴趣主要集中于辩证逻辑、人与社会活动的思想、意识和理念等问题。后来，在社会活动的研究进路上又出现了类似于"伊里因科夫小组"的学术分支，主要有哲学人学、伦理学和历史唯物论，代表人物是弗罗洛夫、布耶娃（Л. П. Буева）、梅茹耶夫、普里马克（Е. Г. Плимак）、托尔斯德赫（В. И. Толстых）、德罗布尼茨基（О. Г. Дробницкий）、达维多维奇（В. Е. Давидович）等。在苏联的新哲学运动中，"批判的马克思主义"学派是人数最多、影响最广、成果最为丰富的派别。

　　（2）方法论或方法论主义（Методологизм）。季诺维也夫和谢德罗维茨基是这一学派的创始人，他们也是著名的"莫斯科方法论小组"的发起人。该学派的主要成员有列斐伏尔（В. А. Лефевр）、罗津、斯米尔诺夫、格尼萨列茨基（О. И. Генисаретский）、果尔斯基（Д. П. Горский）、布劳贝格（И. В. Блауберг）、萨多夫斯基（В. Н. Садовский）、埃里克·尤金（Э. Г. Юдин）等。方法论是这一学派优先研究的内容，学术兴趣从形式逻辑、数理逻辑到系统方法。事实上，无论是逻辑方法、系统方法还是谢德罗维茨基的思维算法都是相当深奥的东西。

---

① См.: Красиков В. И. Советская философия 50-80 гг. XX в., *Credo New*, 2010(4), С.32.

这一学派能够得到关注和发展一方面是由于像季诺维也夫这样的持不同政见者对社会现实的激烈批判；另一方面是由于有谢德罗维茨基这样不问世事、一心向学的苦行僧。

（3）认识论（Эпистемология）或自然科学哲学。这一学派主要分布在莫斯科、列宁格勒、新西伯利亚、基辅和明斯克五个地区，研究主题是"自然科学哲学问题"和科学方法论。学派带头人是科普宁、斯焦宾、施托夫（В. А. Штофф,1915—1984）、罗佐夫和苏霍金（А. К. Сухотин），成员有斯维德尔斯基（В. Л. Свидерский）、阿克秋林、阿尔什诺夫、巴热诺夫、卡丘金斯基（В. В. Казютинский）、卡尔宾斯卡娅（Р. С. Карпинская）、马姆丘尔、奥美里扬诺夫斯基、萨奇科夫（Ю. В. Сачков,1926—）、丘赫金（В. С. Тюхтин）、乌尔苏尔（А. Д. Урсул）等。他们主要研究科学的世界图景、理论结构、形式（数理）系统、实际和思想实验互动背景下理论知识的起源等问题。这是苏联新哲学运动中又一个强大的思想流派，这一流派奠定了 20 世纪 90 年代以来俄罗斯科学哲学的基础。

（4）本体论或本体论主义（Онтологизм）。与"批判的马克思主义"学派不同，这一方向主要研究马克思主义的传统问题：辩证唯物主义及其范畴的系统化，唯物论、反映论和辩证法问题。其主要成员有鲁特凯维奇、萨加托夫斯基（В. Н. Сагатовский）、奥尔洛夫（В. В. Орлов）、舍普图林（А. П. Шептулин）、图加利诺夫（В. П. Тугаринов）等。这些"正统的"马克思主义哲学家忙于建立使哲学范畴系统化和等级化的各种理论模型，由于这一方向和官方哲学的要求最为接近，所以在 20 世纪 60—70 年代一度呈现出强势姿态。

（5）哲学史或世界哲学。这一学派由一些专业性很强的人员组成，主要有奥伊则尔曼、纳尔斯基（И. С. Нарский）、索科洛夫（В. В. Соколов）、盖坚科、佐托夫（А. Ф. Зотов）、索洛维约夫（Э. Ю. Соловьев）、尤里娜（Н. С. Юлина）、列伊宾（В. М. Лейбин）、米哈伊洛夫（А. А. Михайлов）等。这一流派的继承者们在 20 世纪 90 年代创立了俄罗斯的现象学、存在主义、批判理论、分析哲学和后现代主义哲学。值得一提的是，马马尔达什维里的现象学-存在主义哲学在马克思主义意识形态的国家里开创了非马克思主义的先河，他成为一批具有西方哲学素养的年轻哲学家，如波多罗加（В. А. Подорога）、李克林（М. К. Рыклин）、谢诺科索夫（Ю. П. Сенокосов）和彼比辛（В. В. Бибихин）等的精神领袖。

（6）文化学（Культурология）或文化主义。这一学派的代表人物有洛谢夫

（А. Ф. Лосев,1893—1988）、巴赫金（М. М. Бахтин,1895—1975）、比布列尔和洛特曼（Ю. М. Лотман,1922—1993）等，他们致力于哲学、美学、语言学、文学、符号学、文化史学的跨学科交叉性研究。因此，文化学表现为一种研究社会历史、政治生活、科学技术、文学艺术、宗教信仰等领域各种文化现象的互动的元学科。这些文化学的发起者都是文化巨擘，围绕他们每一个人几乎都会形成新的研究小组和学派。

二、新哲学运动对苏联哲学的创新发展

新哲学运动引发了苏联哲学的认知转向（когнитивный поворот），围绕着认知科学取得了一系列具有世界水平和普遍认可的研究成果。比如，鲁宾斯坦（С. Л. Рубинштейн）和列昂季耶夫（А. Н. Леонтьев）关于认知过程的心理学研究，斯米尔诺夫将符号逻辑应用于思维过程的模型化研究。此外，伊万诺夫（В. В. Иванов）的认知语言学、洛特曼的符号学、科尔莫戈罗夫（А. Н. Колмогоров）的控制论、布劳贝格等的系统论及自然科学史也都转向了认知研究。新哲学运动还掀起了全社会学习和研讨科学方法论的热潮，数学家 А. А. 马尔科夫（А. А. Марков）、物理学家卡皮察（П. С. Капица）、生物学家施马尔豪森（И. И. Шмальгаузен）和恩格尔哈特（В. А. Энгельгард）等著名科学家也开始关注哲学，积极参加与他们研究课题有关的方法论研讨班活动。哲学家、科学家和人文社会学家之间建立起了频繁的互动关系，定期举行探讨科学方法论的学术会议。正是有了这种跨学科的互动和相对宽松的学术环境，苏联哲学在20 世纪 60—80 年代产生了一系列前所未有的突破和创新性成果[①]。

1. 逻辑学和科学方法论问题在这一时期得到特别关注

把《资本论》的逻辑结构作为分析对象和研究起点，使得苏联哲学家比西方马克思主义学者更早地揭示出马克思的从抽象到具体的方法论意义。伊里因科夫依据古典哲学传统特别是在批判黑格尔的基础上来分析马克思这一方法。他认为："马克思虽然摒弃了黑格尔关于思维是对象世界造物主的概念，但并没有推翻黑格尔就理论认识运动所阐述的那个规律。马克思切合实际地指出，从抽象上升到具体的方法不是别的，而只是一种人的思维借助它来掌握外在于思

---

① См.: Лекторский В. А. О философии России второй половины ХХ в., *Вопросы философии*, 2009(7), С.3-11.

维的并不依赖于思维而存在的具体现实的方法。"换句话说,"理论思维的前提不仅是对象世界的存在,而且是感觉-实践过程中直接形成的其他意识形式——马克思称之为掌握世界的实践-精神的方式"①。季诺维也夫揭示了《资本论》中所使用的各种不同的逻辑方法和思维技术,提出了"马克思《资本论》中从抽象上升到具体的方法"②的著名命题。如果说黑格尔的辩证逻辑是一种思辨思维的逻辑,那么,体现在《资本论》中的马克思的辩证逻辑则是科学认识的逻辑。施维廖夫认为:"无论是在《资本论》中,还是在物理理论和一般的科学理论中,最初的被理想化了的客体都执行着某种主要理论结构的基础性框架的作用。理论知识的各种新的层次就是在理论结构的基础上形成的。这些新的层次往往分化为相对独立的理论甚至理论体系。"③斯焦宾也指出:"在发达的理论的内容中,除了它的基本图式,还可以区分出组织抽象客体的一个层次——局部理论图式的等级。这种局部理论图式把基本的理论图式具体化,使之适合于各种理论任务的情况,并保证由分析被研究客体及其基本规律的一般特征向考察相互作用的各种不同的具体类型过渡。"④而上述这种展开理论丰富内容的方法——发生-结构方法就是马克思在《资本论》中发展理论内容时所运用的一种基本方法,这种方法的意义首先在物理学的科学方法论方面被明显地意识到了。这一时期苏联哲学进行的科学逻辑-方法论研究的另一个特点在于,对科学理论的发生及其历史发展逻辑的强烈关注。斯焦宾等创造性地提出了"科学的世界图景"这一概念使科学理论的发生、发展与更加广泛的文化背景相联系。显然,这样的观点与科学理论的标准模式,即在西方科学哲学中占主导地位的假设-演绎模式形成了鲜明对比。

2. 提出并且研究了自然科学哲学的共有问题

例如,当代科学中的因果性问题、对应原理、互补原理、观察原则、还原原则、全球进化论等问题。以互补原理为例,这是苏联自然科学哲学的一个特殊命题。苏联学者把波尔诠释量子力学的这一概念用于解释科学知识进步,建立了新旧科学理论互补的理论。这一命题最早是由库兹涅佐夫在《现代物理学

① Э. В. 伊利延科夫:《马克思〈资本论〉中抽象和具体的辩证法》,郭铁民,等译,福州:福建人民出版社,1986年,第136-137页。
② Зиновьев А. А. *Всхождение от абстрактного к конкретному (на материале Капитала К. Маркса)*, М.: ИФ РАН, 2002, С.1.
③ 易杰雄:《〈资本论〉的逻辑》,《哲学译丛》1990年第4期,第44页。
④ Стёпин В. С. *Становление научной теории*, Минск: БГУ, 1976, С.42-43.

中的互补原理及其哲学意义》（1948 年）一书中提出的，他认为："那些其正确性通过某些物理现象域在实验上确立起来的理论，并没有随着新的更普遍的理论的出现而被当作错误理论废弃，作为新理论的极限情况和特殊场合，它对以往的现象域仍然有其意义。新的理论的推论在那些旧的'经典的'理论的地盘内转化为经典理论的推论。包括某些新特征参数的新的理论的数学工具，在适当的特征参数的意义下，会转变成旧的理论的数学工具。"[1] 互补原理在新哲学运动中得到了深入的研讨并出现了各自不同的阐释。1979 年，苏联学者出版了集体著作《互补原理》，其中，凯德洛夫通过元素周期律与原子结构理论的"缔和"来说明他所理解的互补原理[2]。苏联学者基于对唯物辩证法的深刻理解反对历史主义科学哲学关于新旧理论不可通约的观点，强调了科学理论发展的连续性和整体性。库兹涅佐夫还探讨了科学理论的结构与客体结构之间的关系，他指出："科学理论的结构不是对客体结构的亦步亦趋。认识主体活动特点会以某种方式渗透到理论结构中并影响它，但这些都必须以客体结构的确定性作用为基础。认知主体的积极性和个性特点主要表现在：他（她）能够从反映被探索客体结构的多种同质异构理论客体中做出选择。"[3] 这种看法与西方科学哲学反对中性观察，主张观察渗透理论的观点又是不谋而合的。正是在库兹涅佐夫的基础之上，他的学生和追随者（谢德罗维茨基、科斯捷洛夫斯基、罗津、斯焦宾、罗佐夫等）积极创造和形成了一个和传统本体论相对立的领域——认识论，而它所研究的问题也是不同于传统的认识论问题的，核心任务是对知识进行分析，不是关心真理问题，即知识和现实的对应问题，而是关注知识的结构问题，即揭示科学知识的结构。

3. 辩证法的研究出现了新特点

辩证法不应被看作是一个本体论公式，而是理论思维的发展的逻辑学，换句话说，辩证法是遵循黑格尔和马克思的批判传统用于解决思维矛盾的一个方法。正如科普宁指出的："辩证法首先是借助于批判分析具体事实材料增加实际知识的方法，是具体分析现实对象、真实事实的方法。"[4] 辩证法的范畴既是现

---

① Кузнецов И. В. *Принцип соответствия в современной физике и его философское значение*, М.: Гостехиздат, 1948, С.8.

② 孙慕天：《跋涉的理性》，北京：科学出版社，2006 年，第 255-258 页。

③ Кузнецов И. В. Структура научной теории и структура объекта, *Вопросы философии*, 1968(5), С.30.

④ П. В. 科普宁：《作为认识论和逻辑的辩证法》，彭漪涟、王天厚译，上海：华东师范大学出版社，1984 年，第 48 页。

实向知识转化的形式，即在思维中认识和反映世界的一个阶段；同时又是知识
向现实转化的形式，即通过实践实现和检验知识的一个阶段。因此，辩证法也
就直接表现为认识的方法（逻辑）和认识的理论（认识论）。伊里因科夫坚决反
对把辩证法变成"实例总和"的简单化的庸俗做法，即反对用从知识各个不同
领域中随手拈来的例子来说明现成的、众所周知的辩证法的规律和范畴。他指
出，如果这样做是为了对问题进行通俗易懂的说明，这还是可以理解的；但是
这对于创造性地发展辩证法来说，则是毫无益处的。这种做法实际上是用典型
的实证主义的方式来篡改唯物主义辩证法本身，只会破坏辩证法在自然科学家
心目中的威信，最终必将破坏列宁关于辩证唯物主义哲学与自然科学联盟的思
想。此外，洛谢夫提出要本着新柏拉图主义与黑格尔之间综合的精神来解释辩
证法；比布列尔在考察创造性思维的框架内，以分析科学史和文化史的材料为
基础，将辩证法理解为不同的理论乃至文化系统之间进行对话。总之，这一时
期的苏联学者反对将辩证法局限于关于存在的普遍规律的"正统观点"，而倾向
于把它看成是一种普遍的科学思维方法。

4. 提出了关于存在于人类活动中的"理念"（идеальное）的独特看法

科普宁把理念看成是客观真理的形式和认识论的标准。这是因为"在理念
中，客观的东西上升到主体目的和愿望的程度，被创造出来的客观真理的形象
成为主体的内在要求，成为主体借助于自己的实践活动应当给世界新增添的东
西。另一方面，在理念中，人的目的和愿望具有客观的性质，它们绝不会同客
观世界背道而驰，而由于自己的客观真理性，借助于物质活动，本身成为客观
实在"①。伊里因科夫也把理念理解为独立于个人心理的一个客观实在。上述观
点是与将理念同个人意识联系在一起的哲学传统对立的，但与波普尔的"世界
3"理论有着某种相似之处，二者的本质区别在于伊利因科夫认为理念只能存
在于人类活动的框架之内。"'理念'只能存在于人，除了人和在人之外没有任
何'理念'。但这里的人不能理解为具有健全大脑的单独个体，而应理解为共
同完成着人类特有生命活动的现实人的实际总和，理解为围绕着生产活动产生
的'一切社会关系的总和'。"②在当时，这一观点不仅受到来自官方的批判，持
反对观点的还有一些新哲学运动的哲学家。比如，里夫舍茨（М. А. Лифшиц,
1905—1983）提出应把理念解释为客观地存在于自然本身之物，而杜布罗夫斯

---

① П. В. 科普宁：《马克思主义认识论导论》，章云，等译，北京：求实出版社，1982 年，第 266 页。
② Ильенков Э. В. Проблема идеального. Статья вторая, *Вопросы философии*, 1979(7), С.15.

基（Д. И. Дубровский）以对于神经生理学、信息论和控制论的某些数据的哲学解释为依据批判了伊里因科夫的观点。

5. 在两个层面上对"活动方式"（деятельностный подход）展开研究

在 20 世纪 60—80 年代，这一问题的研究已经成为"当时苏联哲学克服僵化和教条的官方马克思主义最为进步的一个方向"[①]。苏联哲学家和心理学家广泛参照了马克思的早期著作，沿袭了从费希特到黑格尔的德国哲学传统，借鉴了当代世界哲学的一些研究成果。首先，把"活动"（行为）看成是解读人、人的创造性本质和超越一切特定状态的能力的方法；其次，还把它视为人文科学的一个重要的方法论原则，因为它可以打破外部世界与内部的、主观世界之间的壁垒[②]。基于第一个层面的哲学解释列昂季耶夫提出了行为心理学理论，这一研究与维果茨基（Л. С. Выготский）的传统一脉相承并成为理论与实验心理学研究的指南。基于第二个层面谢德罗维茨基提出了"一般活动论"，在这一范围内他和他的学派不仅将认知思维看成是一种特殊的活动方式，而且是设计和创建各种组织结构的方法论。在 90 年代以后，由于意识形态范式的转换，"活动方式"曾一度受到人们的冷落和指责，主要因为"首先，这一概念是与马克思主义密切相关的，因而需要否定；其次，在所谓的活动或者行为理论的范围内，不能解决所有社会现实的具体问题，比如交往；最后，过去对活动方式的哲学解释是非常狭隘的，是在当时国内研究者对现代外国哲学缺乏了解的条件下做出的"。但列克托尔斯基逐一批驳了上述说法，并指出："在现代条件下，活动方式这一理论不仅是有意义的，而且是大有前途的。"[③]基于这一理论的研究今天依然活跃，吸引着俄罗斯的哲学家、方法论专家、心理学家和社会学家。比如，方法论专家葛罗米柯（Ю. В. Громыко）撰文《活动方式：新的研究思路》指出：活动方式所确立的都是关乎整个生命活动对象再生产的问题：主体、个人、家庭、心理活动。这一研究的最大贡献就是可以对人与社会机构之间的关系做出新的阐释。而哲学家 Т. В. 纳乌门科（Т. В. Науменко）坚持把活动方式作为现代社会哲学的解释原则[④]。

[①] Швырёв В. С. О деятельностном подходе к истолкованию "феномена человека", *Вопросы философии*, 2001(2), С.107.
[②] См.: Касавин И. Т.(ред.) *Деятельность: теории, методология, проблемы*, М.: Политиздат, 1990.
[③] Лекторский В. А. Деятельностный подход: смерть или возрождение? *Вопросы философии*, 2001(2), С.56.
[④] Науменко Т. В. Деятельностный подход как объяснительный принцип современной социальной философии, *Credo New*, 2013(1) , С.95.

6. 哲学人学（философская антропология）问题的研究愈发受到关注

如果说此前活动方式被看作是认识人的关键，那么从 20 世纪 70 年代开始，许多苏联哲学家开始研究交往（общение）中人的存在的特点，强调人的存在不能完全还原为活动（行为）。诸如信仰、希望和爱情等其他一些存在状态，引起了愈来愈多的关注。巴吉舍夫认为："人——这意味着'人的世界'，这个世界是他在和其他人斗争中建立的。从这个意义上说，人就是他自己创造的东西。但不是在与人隔绝的孤立的小世界中，而是和他人一起、在与他人的联系中创造的；也不是在自己的意识中，而是在现实的、对象的、具体的社会活动中创造的。"[1] 弗罗洛夫在哲学与自然科学相互作用的背景下，分析了生命、死亡和不朽的意义问题。"诸如此类问题虽然贯穿人类思想史的始终，但在今天也许会以意想不到的方式被提出和解决。不仅在自然科学（比如生物学）方面，而且在社会-伦理和道德-人文方面。所以，需要站在新的（真正的）马克思主义的人本主义立场对生命、死亡和不朽等问题做出现代科学和哲学的回答。"[2] 人的生物学的生命期即人类的寿命，在发展过程中体现了遗传密码（генетический код）的作用；而作为历史活动的条件的个体的生命演替，则是一种完全不同的问题。弗罗洛夫认为，这里产生的许多新问题多半是属于生物学的，但研究这些问题不能离开人生的本质和意义，也就是不能离开这些问题的社会方面和人道主义方面。站在人道主义的立场上来看，"通过短暂而有限的各个个别生命的合理和人道的交替，生命达到了无限的历史的延长，如同一个独特的和不定自我的个人的诞生、成长和死亡的欢乐和悲哀一样"[3]。作为马克思主义哲学人学研究的开创者和组织者，弗罗洛夫院士为苏联哲学人学的发展做出了卓越贡献。他提出了"多方位综合研究人"的方法论原则，毕生追求建立"统一的人的科学"。这一时期，马马尔达什维里构建了一种以个人意识为核心的人学概念，这一理论吸收了现象学和存在主义的许多观点，并试图把这一理解和被客观化了的意识形式的实现与马克思关于活动方式转化等思想结合起来。而鲁宾斯坦提出了独特的本体论人学，认为意识并不与存在对立，而是借助人成为存在的组成部分，并改变着存在的结构与内容[4]。显然，上述对人与存在、意识的理解同

---

[1] Батищев Г. С. Общественно-историческая, деятельная сущность человека, *Вопросы философии*, 1967(3), C.29.

[2] Фролов И. Т. О жизни, смерти и бессмертии. Этюды нового (реального) гуманизма. Статья первая, *Вопросы философии*, 1983(1), C.11.

[3] И. Т. 弗罗洛夫：《生死与不朽》，姚永抗译，《现代外国哲学社会科学文摘》，1986 年第 3 期，第 47 页。

[4] Рубинштейн С. Л. Человек и мир, *Вопросы философии*, 1969(8), C.43.

当时通行的唯物主义解释是格格不入的。

　　尽管 20 世纪 60—80 年代苏联的新哲学运动主要发生在认识论、逻辑学和科学方法论领域，但其他领域的一些成就也不可小觑，尤其是哲学史研究空前繁荣，学术著作涵盖了古代、中世纪、文艺复兴、近代和现代等各个时期。需要指出的是，在 1963—1994 年出版了洛谢夫的《古代美学史》（八卷本）是当时一个引人瞩目的哲学事件。洛谢夫认为，古希腊文化与希腊化-罗马文化以共同的美学-宇宙论的倾向为特征，并从这一信念出发勾勒了一幅古代哲学的独特和完美的全景图。时至今日，这部巨著仍然代表着俄罗斯学者关于古代哲学的最高成就。这一时期还应该提到的就是文化学研究的复兴。巴赫金关于对话过程中自我与他者之间互动、自我意识与他者意识的复杂辩证法、意识与文化之间的对话和复调结构，以及"一种文化存在于其他文化的边界上"的论述，在他那个时代都是十分超前的。直至新哲学运动才开始在俄罗斯学界得到真正的研究和理解，而在西方国家则更晚，在今天西方还存在着一个所谓的"巴赫金产业"（Индустрия Бахтина）。

三、新哲学运动对俄罗斯哲学的深远影响

　　距离 20 世纪的那场"新哲学运动"已经过去了 1/4 个世纪，除了像奥伊则尔曼这样的长寿者之外，无论是开一代创新之风的先行者，还是抱残守缺的顽固派们大多都已作古，在那场运动中上演的一幕幕历史活剧随着苏联的解体永远谢幕了。旗帜可以变幻，政权可以更迭，但是"哲学并未终结……"俄罗斯哲学仍在继续。在苏联哲学和俄罗斯哲学之间并不存在一道鸿沟，相反，二者之间有着千丝万缕的联系。"俄罗斯哲学历史在苏联时期持续着，因为有新思想，有思想着的哲学家，有独创的学派，谈到在意识形态控制的情况下他们工作的困难时，我们不能贬低他们的成就，相反，应给予恰当的评价。"[①] 特别是新哲学运动中的先哲们突破教条主义的严密封锁在观点和方法上所做的创新发展，深深地影响着今日俄罗斯哲学的走向。正如列克托尔斯基所说："90 年代初出现了全新的局势，以至于很多哲学家想要从零开始研究文化和哲学。而完全从零开始是不可能的，因为正如我们很快就明白过来，缺乏传统任何创造性的事业

---

① В. С. 斯焦宾：《今日俄罗斯哲学：现在的问题与对过去的评价》，安启念译，《哲学译丛》1999 年第 1 期，第 39 页。

都不可行。"① 概而言之，新哲学运动至少在以下几个方面对今天的俄罗斯哲学产生了深远影响。

1. 教条主义的破产与批判的马克思主义的兴起

从 20 世纪 60 年代开始，苏联哲学迈开了现代化的步伐，"批判的马克思主义"学派的产生标志着在教条主义最牢固的堡垒上有了突破。正是由于伊里因科夫、巴吉舍夫等不同思想者当年勇于独立思考、不计个人荣辱的理论创新，才会使马克思主义哲学不至于随着官方哲学的破产而寿终正寝，而奥伊则尔曼、梅茹耶夫等健在者时至今日仍然没有停止对马克思主义和社会主义的再思考。

在苏联马克思主义发展史上，伊里因科夫毫无疑问地成为一座丰碑，这位被后人誉为"辩证法的骑士"的马克思主义哲学家，终生笃信"哲学就是关于思维的科学"，高举"反本体论"的旗帜，发动了"认识论革命"，创立了"批判的马克思主义"学派。伊里因科夫是马克思的忠实信徒，但同时也是一个受害者和悲剧人物。只有从那个时代过来的人才能理解他的伟大和卑微、强力和软弱。伊里因科夫的伟大在于他自己不仅是坚定的马克思主义者，而且在发展马克思主义基本原理，比如，关于人的全能性、对"理念"的活动的效能的诠释、提出想象力理论、创立唯物主义辩证逻辑等做出新的探索。他同时又是一个"堂吉诃德式"的悲剧人物，他的生平和命运被看成是"马克思主义在俄国的终结"。1980年 2 月，也就是伊里因科夫逝世的第二年，苏联科学院哲学研究所在列克托尔斯基的领导下召开了第一次他的诞辰纪念会，从那时起"二月纪念会"每年都会举行。1990 年，在马列耶夫（С. Н. Мареев）的倡议下举办了首届伊里因科夫学术思想研讨会并坚持至今。正是在 1995 年 11 月 24 日的伊里因科夫学术思想研讨会上斯焦宾做了题为"今日俄罗斯哲学：现在的问题与对过去的评价"的著名发言，高度评价了 60 年代苏联的新哲学运动，认为它呼吁真正的马克思主义，诉诸马克思主义对黑格尔辩证法的阐释，其实质是与官方对马克思主义的教条主义解释相对立的。"在 70—80 年代的苏联哲学中，已经没有了统一的、教条主义马克思主义的、为一切人所接受的范式。存在着各式各样的思想观点和对马克思主义的各种解释，这些解释运用了马克思主义所含有的启发性的潜在力量。"② 伊里因科夫就是反对哲学教条主义派别的最卓越的代表之一。

---

① В. А. 列克托尔斯基：《纪念〈哲学问题〉创刊 60 周年》，王艳卿译，《俄罗斯文艺》2008 年第 3 期，第 69 页。
② В. С. 斯焦宾：《今日俄罗斯哲学：现在的问题与对过去的评价》，安启念译，《哲学译丛》1999 年第 1 期，第 33 页。

　　作为伊里因科夫学派的另一代表人物，巴吉舍夫也是一个敢于挑战官方哲学权威的人。在20世纪60年代，在官方的意识形态看来对马克思进行"人道主义"或"人类学"的解读属于最大的异端，应当受到极大的谴责，但是这种解读方式却具有很大的魅力和影响力。以巴吉舍夫为代表的哲学家坚决反对官方的教条主义的马克思主义，他们开始尝试对令人生厌的社会现实进行哲学思考，满怀喜悦地把马克思主义作为一种人道主义加以解读。在《矛盾是辩证逻辑的范畴》（1963年）一书中，巴吉舍夫尝试着与伊里因科夫对方法论问题的分析相接轨，包括认识中的矛盾问题（在今天看来就是认识论或辩证逻辑问题）、哲学人类学、对青年马克思的理解（异化、物化、活动等概念）。尽管巴吉舍夫后来放弃了这本著作的部分观点，但是在这本处女作中表达的很多观点在自己的后续作品中都有了新的阐释。1969年，巴吉舍夫发表了他的代表作——《作为哲学原理的人的活动的本质》，这是他站在自己的费希特主义的马克思主义的立场上对本体论（实质上是唯物主义）进行批判的阶段，需要指出的是，马克思的早期作品就是持这一立场的。在这一时期巴吉舍夫的核心概念就是把人的活动理解为创造、批判，理解为对现存的社会和文化框架边界的革命性突破，他最喜欢使用的就是马克思关于"革命性批判活动"（революционно-критическая деятельность）的表述。他把人理解为拥有主权的个体，在自己个人信仰的基础上人有权评判一切。可以看出，这篇论文鲜明地表达出一种反对独裁的豪情。不难想象，巴吉舍夫遭到了意识形态暴风骤雨般的批判，多年以来他的作品难以发表，直到生命终点都被指责怀疑苏联共产党的领导。尽管巴吉舍夫的新思想是不可能和他的哲学导师伊里因科夫分开的，但最终导致他们产生分歧的倒不是巴吉舍夫反对官方哲学的豪情，而是因为伊里因科夫不能接受他对活动的反本体论的、费希特主义的诠释（这一时期伊里因科夫本人仍旧感受着斯宾诺莎本体论的魅力）。也就是从这时开始巴吉舍夫和伊里因科夫的分歧越来越大，而巴吉舍夫也有了自己的学生和学派，和伊里因科夫不同的是巴吉舍夫的影响力越来越大、学生越来越多。巴吉舍夫哲学发展的第三个阶段始于70年代中期，本体论和反本体论在某种程度上似乎走向一种"综合"，但事实上已经超出了这种对立本身，巴吉舍夫已经发现了新的地平线，理顺了哲学人学的一些新的问题关节点。

　　巴吉舍夫的一生都在探寻真理，这种探寻直到生命的最后一刻。在他的晚期著作中，他在一些新的题目和真理方面有所突破，揭示了某些此前讨论问题时被隐蔽的理论前提，写了一些此前来不及或者不能写的东西。最能完整而系统地反映巴吉舍夫晚期思想的著作是《创造辩证法导论——对本体论和反本体论的批判》(*Введение в диалектику творчества. Критика субстанциализма и анти-субстанциализма*)。这本书早在 1981 年就已经完成，但巴吉舍夫没有出版它的打算，而是将手稿保存在苏联科学院哲学研究所（事实上巴吉舍夫的很多作品在这一时期都不可能发表）。直到 1997 年，也就是巴吉舍夫逝世 7 年、苏联解体 6 年以后该书才得以出版。巴吉舍夫此书研究的目的就是要确立"创造"的本体论地位和价值论意义，为此，他把创造定义为一个过程，是人与自然以及人与自己之间客观的和谐关系。"当我们把创造作为一种客观的、和谐的关系来认真思考它的实际过程时，需要把这种关系的本质的主体间性特点与其他外部的、社会-心理的、现象学等的主体性区分开来。在某种意义上，就是肃清了与本体论主义的任何联盟与和声，可以而且必须说，这并无二致，要么定位于揭示创造的本体论内涵，要么就是努力建构创造本体论。这一方法恰好符合对创造进行哲学考量的古典传统的成熟经验；同时这种方法在马克思《资本论》辩证逻辑中也找到了自己实质的帮助——因为在这本著作中开始全面地展开了这一粗线条思想。"[1]巴吉舍夫着重批判了两大思潮——本体论思潮（以斯宾诺莎和黑格尔为代表）和反本体论思潮（从普罗泰哥拉到别尔嘉耶夫），为它们设置了一个"公约数"，即"人类中心论"(антропоцентризм)。巴吉舍夫占有并且分析了大量心理学的资料，指出了所谓活动方法的局限性；他还分析了鲁宾斯坦的哲学遗产，揭示了这些理论对于儿童心理学的永恒价值。在现代全球性生态问题的语境下，对创造问题的研究仍具有非常重要的意义。时过境迁，如何评价这位伟大哲学家的思想，正如列克托尔斯基在该书序言中指出的："我深信，巴吉舍夫的基本思想只有在今天才能够被真正地理解和评价。这是因为，巴吉舍夫的著作并非是应景之作，就像'停滞'或'改革'时期很多哲学家所做的那样，相反，他所研究的都是哲学人类学的一些基础问题。他的"创造辩证法"完全可以称作"哲学人类学"，因为在他看来，创造不仅仅是人的一个特点，而且是人的基本存在方式，通过对创造的分析可以建立起整个人类学的概念。由巴吉舍夫开创的对人的存在依赖性的深刻含义的分析在今天有了新的表现，因为可以按新的方式来理解我国过去和今天的很多东西。巴吉舍夫的一系列思想和自然科学、人文科学发展起来的一些现代方法不谋而合。"[2]舍尔达科夫(В. Н. Шердаков)在为该书

---

① Батищев Г. С. *Введение в диалектику творчества*, СПб.: РХГИ, 1997, С.59.
② Лекторский В. А. Генрих Степанович Батищев и его «Введение в диалектику творчества», *Введение в диалектику творчества*, СПб.: РХГИ, 1997, С.12.

撰写的跋中也写道："巴吉舍夫离开我们已经 4 年了，但是要想彻底地分析和评价他的著作尚待时日——我们需要认真地消化和理解他的这些思想，这些思想是复杂的、原创的，摆脱了我们熟悉的马克思主义和反马克思主义的思维范式。需要解释学的思考，其中最为重要的是这位哲学家那些尚未发表的作品。……哲学不是科学，对待哲学就像对待艺术一样，不适用进步的概念。我们不能说黑格尔一定高于柏拉图，也不能说莎士比亚一定强于索福克勒斯。尽管如此，我还要说：巴吉舍夫是 20 世纪下半叶最伟大的俄罗斯哲学家。"[1]

　　如今，伊里因科夫开创的"批判的马克思主义"学派被以布兹加林教授为代表的"批判的马克思主义后苏联学派"所继承。这一学派目前有 20 多位著名学者，如巴加图利亚（Г. А. Багатурия）、布拉夫卡（Л. А. Булавка）、科尔加诺夫、Л. К. 纳乌门科（Л. К. Науменко）、斯拉文（Б. Ф. Славин）、斯莫林（О. Н. Смолин）和潘京（И. К. Пантин）等，他们大都工作在俄罗斯科学院哲学研究所、国立莫斯科大学哲学系和其他科学中心。该学派出版了《批判的马克思主义》（1998 年）、《批判的马克思主义：继续讨论》（2001 年）、《社会主义-21 世纪：批判的马克思主义后苏联学派的 14 篇论文》（2009 年）、《马克思主义：21 世纪的抉择（批判的马克思主义后苏联学派的辩论）》（2009 年）、《今天谁在创造历史？全球主义还是俄罗斯》（2010 年）、《危机：未来的选择》（2010 年）等几十部著作，并在《哲学问题》《经济哲学》《抉择》等杂志上发表了上百篇论文。与伊里因科夫、里夫舍茨等从唯物辩证法和认识论方面创新马克思主义不同，"批判的马克思主义后苏联学派"侧重于历史唯物主义，研究社会主义意义上的全球改革和社会文化传统对一个国家改革的重要影响等社会-历史问题。按照布兹加林的解释，"批判的马克思主义"的首要任务就是"消极的批判"，即批判斯大林的教条主义版本；同样重要的还有"积极的批判"，批判各种现代哲学思潮。比如，后现代主义对待真理问题的冷漠，后结构主义忽视矛盾和本质问题，后实证主义对事实的强调等，都让该学派对作为社会行为的实践的实在性加以重新审视。"众所周知，在非线性整体性转换的现今时代，基于从抽象上升到具体范畴的传统辩证逻辑及其硬性编码和线型发展都必须进行方法论更新。我们尝试新的超越马克思和伊里因科夫的工作（站在巨人的肩膀上，即使那些'普通的'科学家也能够超过大前辈，如果创造性地掌握了他们的辩证方法），这就是制定'非线性多维转换的辩证法'。这一方法论不仅意味着进步、改革

---

[1] Шердаков В. Н. Г. С. Батищев: в поиске истины пути и жизни, *Введение в диалектику творчества*, СПб.: РХГИ, 1997, C.460-461.

和革命，还是社会时间的逆流；不仅是成熟的系统，还包括状态的转换；不仅是一个社会－时间过程，还是一个社会－空间结构。"① 具体地说，首先就是批判对社会主义传统的线性理解，即正统马克思主义的理解。一方面要辩证地看待"现实社会主义"的经验，另一方面要辩证地看待社会主义关系的进步萌芽，把社会主义看作从异化时代向"自由王国"的过渡阶段。其次需要重新认识 21 世纪的资本主义国家，把当今时代看作合作资本的全球霸权。虽然资本的源泉仍然是物质领域生产创造的剩余价值，但在创意领域生产的文化价值才是普遍财富。最后提出了后工业社会和全球化理论，认为全球化时代是一个为后资本主义（或后工业、后经济）社会，即为"自由王国"的产生建立前提和基础的时代。在这个意义上也可以把该流派称为"后工业时代的马克思主义"（Марксизм постиндустриальной эпохи）。总之，新老"批判的马克思主义"都在强调批判地继承经典马克思主义的遗产，不同的是后苏联学派侧重于在历史发展非线性模式的语境下，整体地、系统地、辩证地研究现代社会－经济生活。

2. 一元论的终结与俄罗斯哲学学科的"百花齐放"

20 世纪 60—80 年代也是苏联哲学开始分化的时期，"辩证唯物主义和历史唯物主义"一统天下的格局被打破。先是在认识论和科学哲学等领域产生了一批颇有建树的哲学家，他们的工作毫不逊色于同时代的西方学者，今天俄罗斯科学技术哲学就是在那时的基础上发展起来的。随着意识形态的"解冻"，社会哲学、政治哲学、文化哲学、哲学人类学、宗教哲学等相继恢复并走上独立发展的道路。最后，现象学－存在主义等非马克思主义哲学也在夹缝和边缘找到了生存土壤。苏联哲学呈现出一幅"文艺复兴"的景象。

无论是个人名气还是影响力，谢德罗维茨基都无法和同时期的伊里因科夫比肩，但在今天看来，他对俄罗斯逻辑学和方法论的影响都是极其深远的。谢德罗维茨基是一位"毕达哥拉斯式"的哲学家，正如季诺维也夫回忆的，他"具有超凡脱俗的科学气质、卓尔不群的教学才能和组织能力，责任意识和自信心时时刻刻发挥作用"，再加上禁欲主义和积极传道授业——这几乎成了"60 年代人"的标志。谢德罗维茨基的口号是："转向自己，转向自己个人的思维和行动，最主要的是把思维和行动理解为理念的对象和思维活动的世界。"② 而马马尔达什维里则另辟蹊径，专攻非马克思主义哲学，围绕在他周围的是一群不满

---

① Бузгалин А. В. Социальная философия XXI в.: ренессанс марксизма? *Вопросы философии*, 2011(3), C.37.
② *Московский Методологический Кружок* (ММК), http://www.fondgp.ru/gp/aboutgp[2015-11-15].

于马克思主义哲学及其问题，反倒对现代先验哲学即现象学和存在主义津津乐道的年轻哲学家。他是一位具有"苏格拉底风格"的哲学家，擅长即兴发挥和充满睿智的交谈，但并不精于写作。马马尔达什维里并没有创建独立的哲学学派，但是他却在各个高校中开设哲学讲座（曾担任马塞尔·普鲁斯特[①]讲座教授），这成为他历史哲学的工作基础。他的专著不多，主要有《笛卡尔的沉思》《康德变奏曲》等。正因如此，再加上他对艺术创作的哲学分析饶有兴趣，久而久之被外界称为"西方的俄罗斯哲学家"。当然，这种风格在当时的学术环境中只能秘密存在。尽管如此，他却奠定了今天俄罗斯的现象学和分析哲学的研究基础。马马尔达什维里主要研究方法论和认识论、意识和思维问题，他创造了原创性的哲学人类学概念，并以此为基础深入分析了柏拉图、笛卡儿、康德、马克思、胡塞尔和马塞尔·普鲁斯特的哲学，在自己的研究中他对基督教的传统、笛卡儿的形而上学、胡塞尔的现象学等进行了改造。[②]马马尔达什维里的哲学思想甚至在哈萨克斯坦都闻名遐迩，成为那里的哲学家、文化学家、社会学家和政治家可资利用的理论和科学材料。马马尔达什维里 1930 年 9 月 15 日生于格鲁吉亚，2001 年在第比利斯举行了纪念他的活动，格鲁吉亚政府为这位伟大的儿子定做了大幅遗像，2010 年在他的家乡还为他建起了纪念碑和塑像。马马尔达什维里生前备受争议和批判，死后却享尽了世间赞誉和荣耀，但是马马尔达什维里的哲学遗产在俄罗斯尚未得到充分研究和高度评价。[③]我们可以把马马尔达什维里的哲学称作"选择哲学"（философия выбора），这是一代人的选择，一代人的历史选择，反映在他的哲学中就是社会-历史现实与具有理性和思维规律的历史之间的深刻的存在主义对立这一主题。在这个意义上，他的哲学乃是深刻的个人的思想体验，这种体验所针对的就是与理性和思维规律格格不入的历史。马马尔达什维里营造了一种特殊的哲学思维空间，他在其中针对现代社会的许多迫切问题按照思维规律表达着自己的哲学立场，他多次谈到国家在思维上的"文盲"就是人类的灾难，也谈到人们的"贫乏"和幼稚。马马尔达什维里把苏联的社会现实评价为"一个与精神和文化历史脱节的社会"，他认为一个很重要的原因就是对理念、思维、思想的理解历史上形成了错误的传

[①] 马塞尔·普鲁斯特（Marcel Proust，1871—1922）是 20 世纪法国最伟大的小说家之一，也是 20 世纪世界文学史上最伟大的小说家之一，意识流文学的先驱与大师。其代表作有《追忆逝水年华》《让·桑德伊》和《驳圣伯夫》。

[②] Сенокосов Ю. П. Мераб Мамардашвили: вехи творчества, *Вопросы философии*, 2000(12), C.49-63.

[③] Бояринов С. Ю. Мартин Хайдеггер и Мераб Мамардашвили: два взгляда на кантовскую «Вещь в себе», *Адам әлемі*, 2000(1), C.41-46.

统，他把这种情况称为人类学的灾难。和精神创造一样，社会创造也需要有足够数量的人参与才有可能实现，这些参与的人能够独立思考，并不依赖外部权威。按照他的说法，起初哲学并不被人理解，因此人就应该鼓起勇气告诉自己："我不明白。"不应该教授和学习哲学，哲学拥有的必要条件是："只能靠自己，通过独立思考和培养独立自主的质疑和辨析的能力，才会打开哲学之门。"[①] 蒙特罗什洛娃（Н. В. Мотрошилова）也指出："无论是人的发展，还是哲学思维的发展，就像欧洲人及其危机问题一样，在马马尔达什维里那里已经与对意识的沉思联系在一起。这种联系在马马尔达什维里的著作中到处都可以找到证明，典型的就是《意识和文明》。"[②]

　　谢德罗维茨基所创立的方法论学派和马马尔达什维里所开创的现象学-存在主义传统如今在俄罗斯哲学中都可以找到影子。目前，俄罗斯哲学到底有多少部门哲学或哲学分支尚无定论，但我们可以从俄罗斯哲学大会的分组情况管窥一斑。2012年6月27—30日，第六届俄罗斯哲学大会在下诺夫哥罗德（Нижний Новгород）召开，大会的主题是"当代世界的哲学：世界观的对话"。大会分成本体论、认识论、逻辑学、认知哲学、自然科学哲学、科学哲学与方法论、技术哲学与经济哲学、美学、伦理学、宗教哲学、政治哲学、社会哲学、历史哲学、哲学人类学、文化哲学、教育哲学、法哲学、西方哲学史、俄罗斯哲学史、东方哲学、全球化哲学问题、人文社会科学哲学问题等22个小组，几乎涵盖了所有的哲学分支。其中，大部分研究方向都是苏联时期就已经存在的，有的甚至达到很高的研究水平（如逻辑学、自然科学哲学、科学哲学与方法论等），有的则是在去除了意识形态的监管之后恢复、发展和繁荣起来的（如宗教哲学、政治哲学、社会哲学等）。如果说在苏联时期自然界、自然科学及人的思维规律是哲学研究的重点并取得了显著成果的话，那么，当前俄罗斯哲学界对文化和与文化有关的问题产生了极大兴趣，出版了许多以研究文化和文化哲学为主题的著作，从其发展势头看，大有超过纯哲学研究的可能。早在20世纪80年代，比布列尔率先涉足这一研究领域，马马尔达什维里几乎同时转向文化哲学。比布列尔创造性地提出了"文化对话"（диалог культур）的学说[③]，提醒我们不能把文化看成是人类创造的财富的总和，而是人类精神生活的一种特殊的现象。

---

① Мамардашвили М. К. *Как я понимаю философию*, М.: Прогресс, 1990, С156.

② Кругликов В. А. *Конгениальность мысли. О философе Мерабе Мамардашвили*, М.: Прогресс, 1994, С.19.

③ См.: Библер В. С. *От наукоучения-к логике культуры: Два философских введения в XXI век*, М.: Политиздат, 1991; Его же. Культура. Диалог культур (Опыт определения), *Вопросы философии*, 1989(6), С.31-42; Его же. *Нравственность. Культура.Современность*, М.: Знание, 1990.

在他看来，"文化"主要有以下几种含义：①文化是个体自我决定的方式，从而使之不受外部决定；②文化是与野蛮相对立的独特的东西，它不同于文明，是可以延续和被延续的；③文化就是文化对话（культура как диалог культур）。对文化的这种理解并非同义语反复，在某种意义上它与人类生活的其他现象，如文明、教育等是相立的。而"文化对话学校"（школа диалога культур）的任务就是引导孩子做文化的学生，形成文化的人（而不是培养的、教育的和训练的人）。关于"对话"，比布列尔主要有以下观点：①对话、对话性乃是个体内容的组成部分；②世界的复调（即巴赫金的"处事态度嘉年华"）存在于个体的意识和内部对话的形式中；③对话中的主要事件就是进入文化现象对话中的每一个人的一切新的意义的无限扩展；④对话不是展示矛盾，而是让那些无法还原到一个统一意识中的东西能够共存和互通；对话不是总结，而是不同理解形式之间的沟通；⑤现代思维是根据文化模型和图式建造的，而后者又是以与过去一切世代人类思维、意识和存在的最高成就的对话交流为条件的。比布列尔还认为，在"文化对话学校"的技术中，"对话"还承载着两个负荷：一是被理解为学习的组织形式；二是被理解为科学内容的组织原则。总之，对话提供了一种可能性，即定义那些被掌握的和创造性提出的概念的实质和意义。可见，文化所在之处一定存在着两种文化，这才有文化对话，这是自巴赫金以来的共识。而在"文化对话学校"这一概念中，对话也有了特殊的含义。"对话"不是几个主体之间随便谈点儿什么东西，而是在一定范围内不同逻辑和理解方法的激烈冲突，在这个意义上，文化是永远的悲剧。"对于 20 世纪而言，在自己本质的激情中的文化是日益增多的、独立和独特的，在对话（而不是在'取消'）中共存的那些文化类型的'遗传'，'文化形成'既不是在彼此地还原，也不是在彼此地取代，而是在文艺复兴的阶梯中。"①

　　另一个文化哲学巨匠彼得罗夫（М. К. Петров，1923—1987）关于文化就是"交际系统"的原创思想也是在这一时期提出的，但大部分著作都是在 20 世纪 90 年代他逝世以后出版的，主要有《语言·符号·文化》（1991 年）、《希腊文化》（1997 年）。俄罗斯以研究文化哲学著称的哲学家有梅茹耶夫、马尔卡梁（Э. А. Маркарян）、卡冈（М. С. Каган）、П. 古列维奇（П. С. Гуревич）②、叶拉索夫（Б. С. Ерасов）和斯焦宾等。俄罗斯学者倾向于把文化理解为人的活动方式、手段和结果的总和，这样的解释早在 60 年代就已形成，关于文化的不同定义主要源

---

① Библер В. С. К философии культуры, *Замыслы*, М.: РГГУ, 2002, С.5.

② 下文中的古列维奇都是指 П. 古列维奇。

于和侧重于活动的不同方面。达维多维奇、法因贝格（З. И. Файнбург）认为文化首先是人活动的方式及其"技术语境"；斯焦宾认为文化是人的生命活动的超生物方案的总和；兹洛宾（Н. С. Злобин）、维日列佐夫（Г. П. Выжлецов）认为文化就是精神财富；古列维奇认为文化是"探寻存在的神圣意义"的创造性活动；等等。俄罗斯学者的文化观基本上是属于社会中心主义（其实质是马克思的历史唯物主义）的，还有基于哲学人类学、存在主义和解释学的。后者发展了人类中心主义（或人格主义）的概念，强调了人作为文化的主体、载体和创造者的个体意义。俄罗斯学者关于文化哲学的理解也是见仁见智的。马尔卡梁认为，尚不具备把文化理论列入哲学学科的理由，"毫无疑问，和其他社会现象一样，文化也应当作为哲学分析的对象，但文化理论仍然应该归入专门的社会科学知识领域，后者研究人们社会生活要素的任何一种基本类别"[①]。卡冈认为，文化哲学不是哲学的全部，而只是哲学的一部分，对"真正完整的文化及其存在的具体形式的完整性，其结构、功能和发展进行理论设计"是这一部分的目标[②]。古列维奇也持类似的观点，认为"文化的哲学（文化哲学）是一门哲学学科，旨在从哲学上把文化理解为一种普遍和全面的现象"[③]。而梅茹耶夫不赞同这种笼统说法，他严格区分了"文化学"与"文化哲学"，认为文化学是对不同文化之间相互区别的认识，文化哲学则是人对自我文化认同的意识，换句话说，是人的文化自我意识。"哲学规定了文化的理念，哲学就是对文化的认识。"[④]此外，俄罗斯学者对"文化"与"文明"的区别问题也颇感兴趣。叶拉索夫对"文明"和"文化"进行了多角度的研究，主编出版了"文明与文化"系列论文集。其中，《文明与文化：文明关系》（1995 年）对俄国社会与东方文化和文明的相互作用进行了研究；而《文明与文化：地缘政治与文明关系》（1996 年）则从欧亚主义的角度对俄罗斯与东方文明的关系进行了探讨。这一问题也同样吸引着斯焦宾院士，他新近出版的《文明与文化》（2011 年）一书认为现代文明的改变源于多种因素，如经济的、政治的、技术的，但居于中心地位的应该是文化因素。因此，在讨论文明变化问题时，文化学的进路提供了特别视角。他强调了意识的原型和价值的重要性，它们的转变在很多时候决定了人类的某种文明发展类型。这些价值表现在文化的各个领域，如科学、哲学、宗教、道德、艺术、政治和法律意识等。尽管上述领域彼此相互独立但又有千丝万缕的联系，

① Маркарян Э. С. Очерки теории культуры, Ереван: Изд-во АН Армянской ССР, 1969, C.57.
② Каган М. С. Философия культуры, СПб.: ТОО ТК "Петрополис", 1996, C.21.
③ Левит С. Я. (ред.) Культурология. XX век. Словарь, СПб.: Универсистетская книга, 1997, C.497.
④ В. М. 梅茹耶夫：哲学视野中的文化，粟瑞雪译，《世界哲学》2013 年第 2 期，第 109 页。

某一方面基本价值的改变必然波及其他领域。因此，要想寻找人类文明新的发展战略，首先就要弄清文化的基本价值发生了怎样的改变，在当今全球化时代各种文化的相遇和碰撞是如何影响文明进程的。仅从俄罗斯文化哲学的发展来看，如果没有巴赫金等文化学巨匠的开创性工作，特别是比布列尔、马马尔达什维里等的起承上启下作用的工作，就没有今天的学科独立和繁荣。

3."百家争鸣"为俄罗斯哲学复兴储备了人才

新哲学运动使苏联哲学又逐渐恢复了知识社会发展的社会-自然规律：学派（фракция）再次成为专业发展的形式和手段，而不是像 20 世纪 30—40 年代那样被"清洗"。众所周知，无论是自然科学还是社会科学，学派的形成和竞争都是学科发展的重要方式，极具创造性和生命力。学派往往是由具有共同学术思想的人组成的学术团体，围绕着共同的学术思想形成了公认的学术权威，以共同信守的思想和方法为线索往往会产生世代相继的师承关系。比如，数学中的布尔巴基学派、量子力学中的哥本哈根学派都对科学发展产生过重要的影响。在 20 世纪 20—30 年代，苏联也存在过几个著名的哲学学派，如机械论派、德波林派。机械论派是由一群政治立场、学术兴趣都不尽相同的人组成的较为松散的学术团体，主张机械主义的自然观；而德波林派则是以德波林为核心的学术观点比较一致的学派，坚决反对机械自然观，主张辩证自然观。无论是机械论还是辩证论，理应属于正常的学术观点的交锋，无所谓胜负。但在 1930 年 12 月 9 日斯大林与红色教授学院党支部委员会"谈话"以后，一切都变了味。不仅机械论派被打成"右倾机会主义"，就连德波林派也被斯大林亲自定性为"反马克思主义""孟什维克主义的唯心主义"。从此以后，学术问题变成了政治问题，哲学上的不同观点者变成了凶恶的阶级敌人，无论是思想还是人身都面临灭顶之灾。"大清洗"之后的苏联只有一个统一的哲学派别——辩证唯物主义和历史唯物主义。

随着新哲学运动的兴起，苏联的哲学学派如雨后春笋般恢复和发展起来。这些学派的划分要么是按照研究的主题，如本体论-认识论、哲学史、文化学等；要么是按照研究者的个人兴趣，像伊里因科夫、季诺维也夫-谢德罗维茨基、马马尔达什维里等这样的杰出领导者。如果按照时间的先后梳理一下苏联哲学家在 20 世纪 60—80 年代讨论的主题，排在第一位的就是本体论、认识论和方法论的问题；其次是在社会-历史领域或者历史唯物主义，永恒的主题就是社会和经济制度问题，特别是关于"亚细亚生产方式"的讨论；最后是关于文化和人的问题。新哲学运动中诞生的第一个哲学学派是"认识论小组"，主要成员有伊里因科夫、柯罗维科夫（В. И. Коровиков）、阿列费耶娃（Г. С. Арефьева）、列克托尔斯基、普里马克、卡尔亚金（Ю. Ф. Карякин）等，宣称思维与存在平等的原则，主张哲学的研究对象是认识而不是世界。诞生的第二个派别是"辩证法画家"（диастанкур），主要有季诺维也夫、格鲁辛（Б. А. Грушин, 1929—2007）、谢德罗维茨基和马马尔达什维里。他们认为，思维就是利用自己的工具和手段去分析客观世界的活动。因此，哲学的对象就是认识和通过认识给予的世界①。关于"辩证法、逻辑学和认识论"的关系问题是这一时期研究的热点，参与讨论的哲学家有很多，但大体上可以分成两个阵营：辩证派和逻辑派。辩证派的观点并不统一，以凯德洛夫、罗森塔尔（М. М. Розенталь, 1906—1975）为代表的"温和派"把辩证逻辑解释为马克思主义的认识论，而并不是作为严格意义上的逻辑；而以采列捷里（С. И. Церетели）、切尔凯索夫（В. И. Черкесов）、马尔采夫（В. А. Мальцев）等为代表的"激进派"则认为存在特殊的、超出形式逻辑规律的"辩证"概念、判断和推理。但即使是最温和的观点也认为，辩证逻辑是形式逻辑的思想基础，形式逻辑与辩证逻辑应该是一致的。随着讨论的逐渐深入，这一阵营中的杰出代表伊里因科夫脱颖而出，坚称："哲学就是马克思主义的认识论和逻辑学，哲学的研究对象就是思维。"② 总之，站在激进的立场上看思维和存在是平等的，辩证法、逻辑学和认识论是一个东西。"逻辑派"的主张植根于"方法主义"的基础上，季诺维也夫-谢得罗维茨基确信："逻辑是一门经验科学，思维是一个历史过程和智力活动（作为物化的符号工具和产品），它们都属于形式化和理论化的描述。"③"逻辑派"是一个观点一致的小组，还包括斯米尔诺夫、纳尔斯基、科普宁、施托夫等。这些辩证逻辑的反对者不能直接否认它的存在，因为这意味着反对列宁的提法，这在当时被看作是一种对意识形态的不忠。因此，他们委婉地把辩证逻辑解释为一种哲学方法论，它既不属于传统逻辑，也不属于数理逻辑，但必须符合逻辑规律。

这一时期苏联哲学生活的一个有趣现象是：那些被列入《20 世纪下半叶俄罗斯哲学》中的哲学家们似乎都属于同一个阵营，即官方哲学的反对者。但上述事实表明他们之间又进行着激烈的论战：先是伊里因科夫和季诺维也夫，接着谢德罗维茨基又和他们两个论战。此外，在巴吉舍夫和比布列尔，马马尔达什维里与伊里因科夫、巴季舍夫，里夫舍茨与伊里因科夫、马马尔达什维里之

---

① Щедровицкий Г. П. *Я всегда был идеалистом.*(Беседы с Колей Щукиным), http://metodolog.ru/people.html.
② Науменко Л. К. Эвальд Ильенков и мировая философия, *Вопросы философии,* 2005(5), С.75.
③ Розин В. М. Эволюция взглядов и особенности философии Г. П. Щедровицкого, *Вопросы философии*, 2004(3), С.69.

间都曾发生过程度不同的思想交锋。如此不同甚至相互否定的哲学家怎么能汇成统一的潮流？对这一问题的回答让我们想起黑格尔的著名比喻——"厮杀的战场"。古往今来，哲学派别林立，思想纷呈，各派哲学相互批判，甚至相互否定，因此哲学就犹如一个千军万马厮杀的战场。但是厮杀的结果并非是尸横遍野、一无所留；相反，在各派哲学思想的相互否定和批判下，哲学一步步向纵深处发展。整个哲学史就是一场永无终结的争辩，是关于人的存在的永恒辩论，哲学没有也不可能有唯一正确的思想和解决方案。所以，在各派哲学的角逐中没有哪派哲学获胜，而最终获益的只是哲学自身。在某种意义上，柏拉图和亚里士多德的争论是双赢的，因为正是这个争论诞生了整个西方哲学。问题不在于哪一种进路对错与否，而在于它是否影响了认识和文化中的实践活动，是否满足了某种研究和生活规划中提出的智力要求。当然，并不是每一个哲学思想都会有此好运。庆幸的是，20 世纪 60—80 年代苏联杰出的哲学家们对自己时代科学和哲学的每一个领域都产生了很大影响：自然科学、心理学、文化学、科学史、教育的理论与实践。他们的同盟军不仅是哲学家，还有自然科学家，他们创建的学派延续至今，他们的思想已成为现代哲学关注的焦点，深深地影响了当代俄罗斯科学技术哲学的走向。在俄国文学史上，像托尔斯泰、陀思妥耶夫斯基、屠格涅夫等大文豪之间也有互不喜欢和承认的时候，但不妨碍每一个人都是经典，没有他们俄罗斯文学就不可能有现在的地位。同样，也可以如此评价新哲学运动中的那些哲学派别和哲学家。

　　"作为结论可以说：由于有 60 年代人哲学家的创作所代表的最高成就，20 世纪后半叶俄罗斯哲学是俄罗斯哲学的一个崭新阶段，它以自己的人道主义背景，以自己对个人精神和道德至高无上地位的捍卫，在社会民主化的过程中发挥了重要作用。"[1]20 世纪 60 年代，苏联的马克思主义哲学开启破冰之旅；60—70 年代，苏联哲学门派林立、人才辈出、异彩纷呈；70—80 年代，苏联哲学完成了细分化、专业化和建制化。这些都标志着继 20 年代的俄国哲学传统中断以后，俄罗斯哲学形成了新的"基础"。光阴荏苒，斗转星移，斯人已逝，遗泽犹存。需要再次强调的是，在那些艰苦的岁月里苏联哲学家提出的思想以及其中被分析的范畴，不仅不应该埋没于历史的岩层中，而且要大力宣扬。苏联哲学的那段"苦难辉煌"不应成为被埋没的历史，更不应成为被扭曲的历史。今天看来，这些思想不仅不落伍，而且会与现代世界哲学产生卓有成效的互动。

---

[1] A. A. 古谢伊诺夫：《俄罗斯 60 年代人哲学的人道主义背景》，安启念译，《世界哲学》2015 年第 3 期，第 103 页。

第二章

从苏联自然科学哲学到俄罗斯科学技术哲学
——基于范式转换的视角

　　1991 年以后，"苏联自然科学哲学"逐渐被"俄罗斯科学技术哲学"所取代。这不仅是学科名称的改变，更意味着在研究范式、研究主题、研究重心、研究方法和研究机构①等方面均发生了一系列显著的变化。范式转换（paradigm shift）是指长期形成的思维习惯、价值观念的改变和转移。在托马斯·库恩（Thomas S. Kuhn）看来，"一切危机都是从一种规范变模糊开始的，同时一切危机都随着规范的新的候补者出现，以及随后为接受它斗争而告终"②。科学研究的每一次重大突破几乎都是先打破道统和旧思维后才获得成功的，哲学研究亦如此。从苏联哲学的全面危机到俄罗斯科学技术哲学的率先复兴就与这种范式转换密不可分。如上所述，从 20 世纪 60 年代开始，正统的"教科书式"的教条主义哲学就遭到了苏联学术界的强烈质疑，而"科学哲学在苏联的兴起"③充当了范式转换的急先锋。因此，当下俄罗斯科学技术哲学的范式转换可以而且必须上溯到 20 世纪那场具有改革意味的新哲学运动。需要指出的是，俄罗斯科学技术哲学的范式转换并不是完成式，而是仍在继续推进。经历了 90 年代的混乱和曲折之后，俄罗斯科学技术哲学研究的新范式正趋于明朗化。

---

① 目前，俄罗斯科学院哲学研究所下属的 29 个部门中仍然保留了自然科学哲学问题研究部，凯德洛夫、萨奇科夫和马姆丘尔都曾担任过该部门的领导。苏联时期，这一部门主要研究物理学（相对论和量子论）哲学问题和科学方法论，而目前主要关注复杂系统研究和自然科学在文化系统中的地位和作用问题。科学哲学教学与研究主要归属科学哲学和科学史教研部。为了加强技术哲学研究，哲学研究所还成立了技术哲学和工程伦理学研究中心，由高罗霍夫担任主任。为了整合资源，哲学研究所还确立了 10 个大的学科方向，"科学技术哲学和科技发展新趋势"就是其中一个，由斯焦宾院士和阿尔什诺夫博士担任学科带头人。1992 年，国立莫斯科大学哲学系也组建了科学哲学和方法论教研室，该教研室在生物学和医学哲学问题、人文科学方法论、科学中心主义和反科学中心主义等方面的研究处于领先地位。

② T. S. 库恩：《科学革命的结构》，李宝恒，纪树立译，上海：上海科学技术出版社，1980 年，第 70 页。

③ 孙慕天：《科学哲学在苏联的兴起》，《自然辩证法通讯》1987 年第 1 期，第 12 页。

一、从马克思列宁主义一元论范式转向多元论范式

随着苏联的解体和苏共的垮台，苏联哲学即苏联时期在国家和社会生活中占主导和统治地位的斯大林钦定的"马克思列宁主义哲学"失去了"官方哲学"的地位。广义地讲，这一马克思主义哲学的"变种"始于 1917 年十月革命，终于 1991 年的苏联解体。狭义地讲，1930 年 12 月 9 日，斯大林与"哲学和自然科学红色教授学院党支部委员会"就"哲学战线上的形势问题"进行的"谈话"[①]是苏联哲学彻底国家化、政治化、官方化和意识形态化的标志，从那时起直到 80 年代中叶的半个多世纪里，无论是苏共领导人还是苏联学术界都众口一词：在苏联只有由一块整钢铸成的、统一的马克思列宁主义，包括自然科学哲学在内的一切学术研究都必须置于它的指导和监督之下，否则均被视为"异端"加以批判。"斯大林'谈话'从理论和实际方面造成极为严重的后果。正常的学术争论从此终止。许多社会科学家（哲学家、经济学家、语言学家等）和自然科学家被扣上'反革命'的帽子而遭到镇压。"[②]30 年代，通过对机械论派和辩证论派（德波林派）的两次大批判，苏联哲学确立了自己的官方地位。40 年代，以反对"世界主义"为借口，苏联哲学对物理学、化学和生物学进行了全面清剿，滋生出李森科、切林采夫、勒柏辛斯卡娅等伪科学怪胎，留下了教条主义哲学粗暴干涉自然科学的斑斑劣迹，但同时进一步强化了马克思列宁主义一元论的统治地位，苏联自然科学哲学就是在这一范式下展开研究的。科洛茨尼斯基在总结苏联自然科学哲学问题四十年（1917—1957 年）研究成就时指出："概括自然科学的材料，这是苏联哲学家尽最大努力去完成的马克思列宁主义哲学的最重要的任务之一。……我们的任务是利用自然科学当中的每一个新发现，作为唯物主义辩证法的新的证明，当作哲学和自然科学进一步发展的起点。"[③]一句话，自然科学要为马克思列宁主义哲学服务，而哲学要为政治服务。

在这种密不透风的思想控制和话语权垄断的背景下，即使是那些在 20 世纪 60—80 年代苏联新哲学运动中起到先锋作用的富有创造性的哲学家，在今天看来仍属于正统的马克思主义者。他们反对的只是那些被教条化了的马克思主

---

① М.Б.米丁：《斯大林与哲学和自然科学红色教授学院党支部委员会的谈话》，李静杰译，《哲学译丛》1999 年第 2 期，第 49-51 页。

② 贾泽林：《斯大林 1930 年 12 月 9 日"谈话"与苏联哲学和苏联意识形态的"政治化"》，《哲学译丛》1999 年第 2 期，第 48 页。

③ 科洛茨尼斯基：《苏联四十年来自然科学哲学问题研究的成就》，刘群译，《自然辩证法研究通讯》1957 年第 3 期，第 15 页。

义命题，然而"问题不在于这些命题，问题毋宁说在于它们被描述得不容丝毫疑问，仿佛上帝让摩西转达的戒律一样的终极绝对真理"①。比如，新哲学运动的发起者之一——伊里因科夫就是一个彻底的认识论主义者，他认为哲学的本质就是认识论（更为准确地说，应该是科学认识论）。他在当时提出的两个著名命题"哲学就是关于思维的科学"和"辩证法就是思维对存在进行反映的一般规律"宛如射向教条主义沉沉黑夜的一枪，就连大名鼎鼎的伊利切夫都点名批评他宣扬"抽象的认识论主义"和抹杀马克思主义哲学的世界观意义。在今天看来，这些观点都是马克思主义哲学的题中之意，是对列宁关于辩证法、认识论和逻辑学三者一致学说的坚持，但在当时却被视为离经叛道。对此，当代马克思主义哲学家梅茹耶夫感慨道："伊里因科夫是最后一个天才，他极其严肃地尝试向马克思主义哲学注入新的生命力，在各种思想的斗争过程中努力提高其竞争力，但是最终他还是失败了。直到生命的终点他对年轻人的影响开始下滑，他的学生数量也在减少。我认为他是更敏锐地意识到他的哲学孤独，也许，这是他个人的悲剧。"②但这又何尝不是整个苏联哲学和一代苏联哲学家的悲剧呢？又如，被誉为苏联哲学的"圣芳济修士"和"高耸丰碑"的凯德洛夫也是坚定的马克思主义者，他对马克思主义的信仰贯穿生命始终。弗罗洛夫在评价他时说："众多的天才人物，尤其是博尼法季·米哈依洛维奇③的事业表明，在马克思主义这一方向上可以有重大的创造性的推进，并且能够比其他方向更富有成效。"④但事实表明，凯德洛夫在科学史和自然科学哲学上的成就远远大于马克思主义。凯德洛夫对化学家门捷列夫的研究迄今无人能敌，事实上他是苏联"门捷列夫学"的创始人；他在研究恩格斯遗产方面多有建树，宣传了恩格斯的《自然辩证法》；他先于许多西方学者提出了科学知识分析的历史方法，把科学哲学与历史主义结合起来；他还是苏联哲学界的卓越领导者，目前活跃在俄罗斯科学技术哲学领域的知名学者都是他的学生或合作者。晚年的凯德洛夫转向构建唯物辩证法的体系，准备写一本名为"作为一门科学的唯物辩证法"的马克思主义哲学专著，主要运用从抽象上升到具体的方法，而不是"原则加例子"的折中主义和主观主义的方法，阐明辩证法是整个人类思想史、全部科

---

① A. A. 侯赛因诺夫，B. A. 列克托尔斯基：《俄罗斯哲学——历史与现状》，陆象淦译，《第欧根尼》2010第1期，第10页。

② Межуев В. М. Эвальд Ильенков и конец классической марксистской философии, *Драма советской философии*, М.: ИФ РАН, 1997, С.54.

③ 凯德洛夫是姓，博尼法季·米哈依洛维奇是他的名和父称。——编辑注

④ 转引自：孙慕天：《跋涉的理性》，北京：科学出版社，2006年，第248页。

学技术史和全部实践活动史的总结。虽然这部书最终未能面世，但从凯德洛夫已经发表的论文和出版的著作来看，其理论创造性并未超出伊里因科夫、季诺维也夫等关于抽象的和具体的辩证法研究。李醒民教授对凯德洛夫的代表作《列宁与科学革命》①中的一些僵化思想和简单化做法提出了批评："凯德洛夫这本并非是革命导师经典著作研究专著的书中，引用的马克思、恩格斯语录达 36 条之多，引用的列宁语录竟达 92 条……像凯德洛夫这类著作家，他们似乎觉得不大量引用语录，就显示不出自己是马克思主义哲学家。其实，这恰恰暴露了他们创造才能的缺陷，也暴露了他们有时懒于对具体问题进行具体的分析和论证。"② 由此可见，在教条主义盛行的一元论范式下，任何理论上的创新火花都会被闷死在过分茂密的保守的体系之中。

早在苏联解体之前，苏联哲学界就已经对这种情况口诛笔伐了。1988 年，由苏联电影家协会下属的"自由论坛"俱乐部召开了主题为"马克思主义是否已经死了？"的圆桌会议，参加该俱乐部的哲学家和其他知名人士表达了自己对马克思列宁主义一元论意识形态的不满，但也有一些哲学家对取消或埋葬马克思主义的论调表示担忧。苏联马克思主义哲学家托尔斯德赫做了"开场白"："埋葬马克思主义的勾当很早就开始了，但此前干这种勾当的人，通常被我们称为'意识形态的敌人'和'社会主义的敌人'。但今天，干这种勾当的人却是某些昨天的马克思主义的解释者和辩护者以及德高望重的作家和政治家。"他坚信："马克思主义并没有死去而且在可以预见的未来它还将经历自己的'第二次新生'。"③ 斯焦宾在发言中指出：对"马克思主义活着还是死了"这一命题要进行具体的历史的分析。任何很早以前产生的理论，它的各个组成部分从来都不可能全都活着，它的所有原理和预见也都不可能永远不被推翻。梅茹耶夫认为，为了解决实际问题，我们的确应当摆脱教条主义的意识形态，但这并不意味着要摆脱一切理论指导，抛弃真正的社会主义思想和丢掉马克思主义。今天必须为了未来而捍卫马克思主义，特别是要反对两种极端片面的态度："今天我们很难相信这样的人，他们把对马克思主义的任何一点点偏离都看成是对自己民族和整个人类的蓄意阴谋；但我们也很难相信那样的人，他们把忠于马克思主义的人说成是站在应该受到谴责的仇视人类的立场上。"他的态度是："应当心平气和地、清醒冷静地和不抱成见地评价马克思主义。"④ 而齐普科（А. С. Чипко）

① Кедров Б. М. *Ленин и научные революции. Естествознание. Физика*, М.: Наука, 1990.
② 李醒民：《覆车之辙，不可不鉴》，《曲阜师范大学学报》1989 年第 1 期，第 101-102 页。
③ Материалы круглого стола: Умер ли марксизм?, *Вопросы философии*, 1990(10), С.19-20.
④ Там же. С.47.

和布登科（А. П. Будыко）大概就属于梅茹耶夫说的后一种人，当年他们都是以激烈反对斯大林主义而闻名学界和政界的。时任苏共中央委员、苏共中央政策研究室副主任的齐普科不仅参加了上述的圆桌会议，认为提出"马克思主义是否已经死了"这样的问题本身就是苏联马克思主义知识分子的一种"病态"心理，而且在《科学与生活》杂志1988年第11、12期和1989年第1、2期分4期连载了长文《斯大林主义的根源》，不仅对斯大林的"罪行"进行了无情揭露，而且对其产生的根源进行了深揭猛批。齐普科的目的在于提请读者对斯大林几次"跃进"的实践及斯大林政治思维的尚未得到充分研究的世界观根源予以注意。同时，这样做必定促使人们积极地对待马克思主义的"起码真理"，把过时的、经不住实践检验的那些关于未来的某些论断，从马克思主义的坚实内核中清理出去。他指出：一方面，"人们认为，从经典著作中引证的某句话，比与之相悖的实践，比与之不符的几百、几千件事实，具有更大的真理性，这种情况能说是正常的吗？要知道，斯大林主义就是从这类对教条的盲目崇拜和缺乏正当怀疑的环境中孳生起来的"。另一方面，像斯大林这样的革命家也"需要将马克思主义神秘化，给它加上宗教的救世说色彩，将其变成关于伟大事业的学说。革命目的愈宏伟壮丽，愈遥远模糊，这类革命者就会愈加感到信心十足"①。因此，斯大林主义的根源在于斯大林有意将马克思主义教条化、神圣化和整个社会对教条主义的盲目崇拜、迷信。而布登科则在对苏联社会的历史进行"科学"解读的基础上指出："很难让人相信，个人崇拜时期的政治制度，连同该制度的大镇压、反人道主义和技治主义立场，还是工人阶级及其同盟军的政治统治。不如这样认为更正确：斯大林及其亲信篡夺了阶级统治权，全面地歪曲、改变了工人阶级政权，重演了背叛工人、农民和职员利益的波拿巴故伎。"②事实上，这是继20世纪50年代赫鲁晓夫"秘密报告"之后对斯大林进行攻击、指责甚至谩骂的又一高潮。项庄舞剑，意在沛公。尽管齐普科等的剑锋是指向斯大林的，但其背后的用意是直指马克思列宁主义在苏联的合法性问题。

在苏联，彻底终结马克思列宁主义一元论统治地位的是一场关于哲学性质的大讨论。1989年，《哲学科学》第6期发表了尼基福罗夫的《哲学是不是科学？》一文，该文对哲学具有科学性的定论提出挑战，矛头直指马克思主义哲学的实质和地位问题。作者认为"哲学过去从来不是，现在不是，而且我希望

---

① A. С. 齐普科：《斯大林主义的根源》，池超波译，《哲学译丛》1989年第5期，第39，34页。
② 同上，第3-4页。

将来也永远不是科学（马克思主义哲学亦然）"①。一石激起千层浪，尼基福罗夫的这篇论文给本来就已经摇摇欲坠的教条主义官方哲学以致命一击。但在同一期的《哲学科学》上也刊登了柳布金（К. Н. Любутин）和皮沃瓦罗夫（Д. В. Пивоваров）的与尼基福罗夫针锋相对的论文《哲学的科学性问题和"反哲学"》。他们认为，"反哲学"的本质是装成超哲学的代表的样子，以"先进的"持不同政见者的名义讲话，玩弄健全的思想术语，"反哲学"的目的就是大反苏联哲学生活和社会生活的黑暗面。"和《哲学是不是科学？》一文作者的论断相反，在现时代哲学的社会作用和人们对哲学最终能够阐释现实能力的信仰不是降低了，而是在不断提高。"② 接下来，《哲学问题》用 4 期（1989 年第 12 期、1990 年第 1—3 期）连续登载了对这两篇论文的"反应"文章，可见，苏联哲学界对这场争论极为重视。当然，有站在保卫哲学立场上痛心疾首的，有站在取消哲学立场上拍手称快的，但也不乏站在辩证法立场上不偏不倚公正评判的。其中，阿诺辛（В. Б. Аносин）的观点很具有代表性："被宣布为'科学'的不是科学的哲学（包括马克思主义的观点体系），而是以权威自居的哲学。这些真理没有得到科学的解释，而是建立在信仰之上。没有得到权威支持的其他哲学知识（甚至是马克思主义哲学发展之继续的哲学知识）则受到贬斥。不言而喻，类似的观点体系和这种被选择出来的原则必然要退化，其原因不在于该体系被称为科学，恰恰相反，在于它以权威自居。"③

面对苏联哲学界毁誉参半的各种"反应"，尼基福罗夫给出了总结性的回答。他在 1991 年第 1 期《哲学科学》上发表了《这场争论实际上涉及的是什么？》一文，承认对"哲学是不是科学"问题本身并没有太大兴趣，因为这个问题的解决取决于人们如何理解科学和科学性，取决于人们关于哲学的各种概念，但是这些概念又是相当模糊和不断变化的，希望一劳永逸地解决这一问题是不恰当的。尼基福罗夫把这场讨论中坚持认为马克思主义是最高的科学，甚至对马克思主义是否具有科学性的提法本身都会感到明显不快的观点称为"第一种立场"；把造成苏联社会不幸和失败的原因归罪于斯大林歪曲了马克思主义，而真正的马克思主义是科学的观点，称为"第二种立场"。他自己则属于"第三种立场"："当一个哲学体系不再表达任何社会集团或阶层的世界观时，它就会变成意识形态——一种关于世界和现实社会关系的被歪曲了的和虚幻的观念。所

① Никифров А. Л. Является ли философия наукой, *Философские науки*, 1989(6), С.6.
② Любутин К. Н., Пивоваров Д. В. Проблема научности философии и «контрфилософия», *Философские науки*, 1989(6), С.62.
③ В. Б. 阿诺辛：《破坏哲学知识威信的是科学性吗？》，舒白译，《哲学译丛》1990 年第 4 期，第 49 页。

以，试图维持马克思主义范式的垄断，或是号召回到马克思和列宁的'真正的'思想上去，这都意味着让我们重新坠入我们曾在其生活了 70 年的那个魑魅世界中去。"① 图穷匕见，"彻底终结马克思列宁主义一元论范式"才是尼基福罗夫挑起这场关于哲学科学性大讨论的真正目的。在苏联行将就木的前夜开展的这场哲学大讨论，最终动摇了教条主义意识形态的统治地位，从根基上彻底否定了马克思主义在苏联的科学性和合法性，实际上也就是在思想上埋葬了苏联和苏共。对此，资深马克思主义哲学家奥伊则尔曼院士做出客观、公正的评判："在苏联存在的几十年里，马克思主义凌驾于所有科学之上，从而使它丧失了正常的科学地位。这门科学成了神圣不可侵犯的国家学说，成为法定的国家思维方式，成了占绝对主导地位的知识和最高的权威，它的指令不仅适用于它自己的领域，而且也适用于各门科学（如控制论、遗传学、生物学等）。然而，任何科学的有效范围都是由它的对象和它业已达到的水平限定的，这当然也适用于马克思主义。"② 可见，并不是马克思主义本身，而是对它的绝对化、神圣化和不加限制的滥用最终葬送了自己。

"1917 年以后，马克思主义的一元化哲学彻底取代了俄国原有的多元化哲学，而现在即 1991 年以后则是多元化哲学重又取代了马克思主义哲学。"③ 俄罗斯哲学学会常务副会长丘马科夫的这番话可谓是对俄罗斯科学技术哲学范式转换的精准表白。而在此多元化的思潮中，源自西方的后现代主义和源自俄罗斯本土的宗教哲学来势汹汹、引领风骚。众所周知，反对基础主义和理性主义（科学主义）是后现代思潮的主要特征，这一点在俄罗斯哲学界也得到了反响。2000 年 2 月 16 日的《独立报》"科学"副刊刊登了由该报编辑部组织的一组圆桌会议的材料，主题是"科学理性在 21 世纪的前景——下一世纪会不会终结自然科学在社会生活中的强制作用？"参加圆桌会议的学者主要有俄罗斯科学院哲学研究所的罗津教授、高等经济学校应用政治学系主任伊奥宁（Л. Г. Ионин）教授、方法论年鉴《半人马》主编科佩洛夫（Г. Г. Копылов）教授、系列丛书"价值研究"主编库德林（Б. И. Кудрин）教授、战略评估研究所副所长拉茨（М. В. Рац）教授，主持人是《独立报》"科学"副刊的责任编辑瓦加诺夫（А. Г. Ваганов）。圆桌会议的议题有后现代时代理性的经典公理、如何实现科学-哲学的和宗教的思维方法的结合、自然科学能否起到世界观的作用、客观实在是杂

---

① А. Л. 尼基福罗夫：《这场争论实际上涉及的是什么？》，张参译，《哲学译丛》1991 年第 5 期，第 48 页。
② 贾泽林：《二十世纪九十年代的俄罗斯哲学》，北京：商务印书馆，2008 年，第 22-23 页。
③ 同上，第 42 页。

多的还是单一的、谁能引导和监督机器的进攻等。大多数与会者都对科学和科学理性提出了尖锐的批评。其主要观点是：直到现在科学都被视为能够回答和解决一切问题的"最高统治者"，而科学家则被认为是人类命运的主宰。现在科学的权威已经被动摇，科学和科学理性的强制统治正在终结。而且，对自然科学描绘的世界图景只能做负面的评价，因为它是"文化的解构因素"。自然科学只是服务于"技术统治论"，后者正在日益成为人类的一种威胁。总之，"21 世纪完全不可能是科学的世纪"①。

罗津把科学家建构的世界图景称为"传统的科学-工程世界图景"，这一世界图景作为理解世界的直接形式在科学家、工程师和普通的操作人员中间广泛流行。这一图景首先是关于不仅在地球而且在宇宙中的自然界拥有无限储量的物质和能源的思想，自然科学就是研究自然界规律的，然后以此为基础创造工程设计和进行工业生产，最后生产出满足消费者的东西来。然而，人的需要是不断增长的，不难发现，在这个世界图景中交织着两种截然相反的图式：一个是自然科学理想语境中被理解的知识，另一个是人的需要语境中被理解的知识。这两个图式一旦汇合就会生出恶（змея）：科学和技术为满足需要工作；而无限增长的需要肯定着传统的科学-工程世界图景的成效。反过来，以上述世界图景为基础生长出整个技术型文明，而技术型文明通过自己的体制也在对传统的科学-工程世界图景投桃报李。因此，对于罗津而言，自然科学和其他类型科学提出的问题是完全不同的。哲学家和科学学家眼中的科学是不相同的（一种理解为自然科学，而另一种理解为人文科学），相应地也存在不同的科学理想，如古典的科学理想、自然科学理想和人文科学理想。最为狭义的科学活动就是建立理想客体、理论和解释等，在这个意义上，在所有此类科学中有的只是对上述组件的不同理解。但如果在广义上也去这样理解科学，那问题就会变得严重了，这就意味着"真正的科学就是 Science，即自然科学（естественная наука）；而其余的都是准科学或不够格的科学（недонаука）"。罗津认为还有一个非常严肃的问题，即推动社会进步的发动机早已经不是源自自然界理念的工程（инженерия），而是技术（технология）。和工程相比，后者完全用另一种方式来生产产品，甚至按照其他方式来利用科学。工程方法是首先发现自然界创造的效果，然后制造出"铁家伙"来实现这一效果的；而技术方法是活动范围的综合、联合。例如，通过什么来建造一个虚拟系统？就是通过不同知识领

---

① Ваганов А. Г. Перспективы научной рациональности в XXI веке, *Независимая газета*, 2000-02-16(28).

域、活动范围和技术——作家的想象力（这个创意首先是作家想出来的），心理学理论（所有的模式识别、认知规律），在信息控制和传输、计算机技术、信息传输技术等领域的科学研究——的联合。结果是建成了一个技术虚拟系统，其中实现了从生理到心理的最不相同的过程。"而这一切都是人造的东西（人工物），这是原则上的不同，而我们仍旧坚持传统的世界图景：自然界—自然科学—工程。这是最为深刻的危机！"自然科学与这一图景密切相关，与服务于它的技术统治论密不可分（反之亦然）。可现实已经完全是另外的样子，二者绝对不同！我们已经生活在一个全新的世界，而想法和看法依旧。结果是"一方面，人并没有因为科学而变得更加幸福，反而落入了全球性的烦恼和无法解决的问题的漩涡中；另一方面，产生了更为重要的也是更为迫切的需要。对人而言，现在更重要的是怎样继续生存，就是寻找另外的生活形式，制定新的价值目标。由此形成新的现实世界的图景，在这个图景中，科学的地位与现在完全不同，人们将不再有'认识不止，发现不止'如此强烈的兴趣"[①]。

伊奥宁认为，科学自己陷入一种僵局，而且科学、技术和设计均是如此。在生活的各个领域中广泛存在巨大网络的结果是，这个网络并不依赖于设计者的愿望而自我运行，网络产生的效果连他们自己都没有预料到，例如，他们开始学习网上购物。伊奥宁指出：互联网越是发展，作为交往网络它越是超出了人的控制。他把这种情况称为"上帝来自互联网"（Бог приходит из Интернета），上帝出现于互联网，诞生于互联网。科学本身产生了它无法认识的东西，产生了支配它及人的全部生活的东西，产生了独立的不服从于人的控制的行为。这表明，上帝真的降临人间。他认为罗津提出的"多世界"（многомирие）的概念主要是因为科学的地盘在缩小，而剩下的领域——艺术创作、宗教信仰、高深学问都会寻找并且找到自己的理性。总的说来，伊奥宁并不否认科学理性的积极作用，但他认为科学理性不会像今天一样主宰一切。"在将来科学文化和以科学技术为基础的文化都将消亡。它不会再以现在的形式和规模存在，它将与其他文化并存。"[②]

和上述两位学者相比，其他学者的观点可能更为偏激一些。例如，拉茨认为，从传统经典科学及其推论出发我们既不能预测车臣战争的结果，也不能控制生态问题的后果，那么，该如何去揭示此类现象呢？首先，这一新思想应该取消科学理性一种类型作为其他各种理性类型的集合地位，也就是要采取"多

---

①② Ваганов А. Г. Перспективы научной рациональности в XXI веке, *Независимая газета*, 2000-02-16(28).

世界"的思想。他把科学理性等同于设计理性，把自然的方法等同于人工的方法，拉茨认为，"今天在俄罗斯和全世界遇到的种种不愉快，都是科学理性的产物。或者说，科学在它完全无能为力的地方蛮横地扩张地盘。科学在有些地方工作得很好，在这些地方让我们感兴趣的是材料的自然生命；而在其他地方使我们感兴趣的是别的东西，并不需要经典科学。此时需要的不是科学理性，也就是不需要设计理性。"① 本来有无限多样的选择，却只能在一个地方原地踏步。和传统科学相比较，我们当代人必须迈出这第一步。正像我们的老师谢德罗维茨基所说：我们所处的情势和伽利略（Галилей）当时一样。而科佩洛夫认为，为了分析科学的前景必须严格区分四种东西：①科学活动；②体制结构，它的存在是因为科学本身，首先是技术的和教育的体制；③科学的自我认识；④科学的外部认识，即社会如何看待科学和对它有何期待。然而，科学的自我认识并不对应于科学活动的现实，对科学的外部反省又是与制度中的理念相矛盾的，等等。关于科学的前景在上述四个领域中是完全不同的，而现在进行的历史和文化的研究却可以逐渐澄清这种情形。社会文化实践（今天也叫做"泛工程"）表明自然科学的核心是工程，如果科学自我认识的形式最终与它的活动结果相对应，那么这就意味着科学处在自己应有的位置上。这就意味着科学变成了一种工程活动，它同样创造了一定的技术世界，只不过不是现实世界。因而，科学不能把自己看成是灵丹妙药或一般等价物。为此，科佩洛夫做了一个类比："150 年前宗教被理解为社会生活的主要形式，今天它在哪呢？它存在于自己的地方。宗教思想家写书说明宗教是如何存在于人世间的技术世界中的，即宗教有自己的存在方式。科学也是这样，将按照修道院的类型把自己的祭司、自己的科学寺庙、实验室安置在另一个社会世界中。"他以微软为例，指出从事科学研究的人不多于 1%，从事编程的人不多于 10%，剩下的人全部从事营销活动。所以，为了消化已有的成果，人类应该把基础研究停顿 50 年或更长时间。

　　而库德林提请大家注意的是，除了经典科学以外还存在着大量的技术科学，目前在俄罗斯大概就有 4 万个技术工种。如果我们看一下现今的化学教科书，其中 80% 甚至 90% 都不属于经典科学意义上的化学，而是在讲述制造新材料的方法，这些材料无论是在何时何地都不曾有过的。因此，从前把自然科学理解为如何改造自然，这种观点在今天也已经不再适用了，今天在现实中遇到的任何材料都不能说是自然的。从前意义上的自然界已经没有了，现在有的只

---

① Ваганов А. Г. Перспективы научной рациональности в XXI веке, *Независимая газета*, 2000-02-16(28).

是新的实在。工业社会是在 19 世纪末建立起来的，但在库德林看来，工业社会向后工业社会、信息社会的转变是不可阻挡的，在新的社会中将没有单个的机器、材料，也没有单一的技术、工艺；我们面对的是由机器、机械及技术群落（техноценоз）构成的复合体。从前对生物群落（биоценоз）的那种理解已经终结了，它已经成为技术群落的组成部分，整个自然界都是人的劳动成果。总之，"我们走进的那个世界除了技术物以外，什么也没有。我们不可能走出这个世界，无论是谁！"[1]针对大家对科学及科学理性的种种谴责，库德林提醒大家别忘了每天我们都要走进卫生间，有人需要使用卫生间，而有人需要制造卫生间。被物化成包围着我们那些东西的科学永远都会存在，将来也会存在。整个"КБ"（"红与白"购物网站）都在卖雨伞，而"微软"雇用了 2.5 万人！说到底，这都是因为科学。

我们暂且不论上述观点是否正确，这些对科学进行激烈批判的人的出发点就是形形色色的，这里面既有对现代工业发展造成的生态危机的深沉忧虑，也有后现代主义时髦的反科学主义立场和装腔作势，还有对苏联时期教条主义一元论的摒弃，等等。当然，这次圆桌会议上表现出来的反理性主义思潮也引起了一些人的警觉。俄罗斯科学院哲学研究所随即组织了一个具有针对性的圆桌会议，在会上列克托尔斯基、马姆丘尔、巴热诺夫等科学哲学家对这种任意贬低现代科学的地位和用后现代主义对科学进行解构的做法提出了尖锐批评。正如俄罗斯科学院自然科学和技术史研究所的凯列（В. Ж. Келле，1920—2010）教授所说："苏联解体以后，许多意识形态标准具有了相反的意义，但是在科学哲学领域实际上不需要进行任何的改革。15—20 年前取得的那些成果现在仍然能为我们提供知识。"[2]因此，后现代主义语境也许会改变俄罗斯科学技术哲学的某些兴趣点和叙事方式，但不会彻底消除理性主义和唯物辩证法研究传统的影响。

多元化的另一种表现则是向俄罗斯传统宗教哲学的回归，认为西方工业社会的科学主义、工具主义、理性主义陷入了危机，而俄罗斯文化中的信仰主义传统恰恰是一剂济世良方。宗教哲学家弗兰克（С. Л. Франк，1877—1950）对俄国哲学的本质和俄国思想的特点做了精确解读："俄国哲学思想在其典型的民族形式上从来都不是'纯粹的认知'，即对世界冷冰冰的、理论的理解，而总是对神圣性的宗教探求的一种表达。""俄国哲学和所有的俄国思想的特点是其杰出的代表都不把人的精神生活简单地看作现象世界和主体的特殊领域，或者外部世界

---

① TВаганов А. Г. Перспективы научной рациональности в XXI веке, *Независимая газета*, 2000-02-16(28).
② В. Ж. 凯列：《论当代俄罗斯的科学哲学》，《山西大学学报（哲学社会科学版）》2003 年第 2 期，第 2 页。

的附属物或附属现象，相反，他们总是把它视作其自身的一个特殊世界，视作一个在其深度上与宇宙的和神灵的存在相吻合的独一无二的现实。"①所以，因马克思列宁主义一元论范式被抛弃，科学主义和理性主义被驱逐之后形成的真空地带，理所当然地由俄罗斯传统的宗教哲学和信仰主义来填补。索洛维约夫（B. C. Соловьев，1853—1900）对理性主义的批判还是十分深刻的，他认为，纯理性主义的实质在于相信人的理性不仅是自然合理的，而且要为实践和社会领域存在的一切立法。我们只能根据不带任何陈规和任何天真信仰的个人理性所制定的原理，来建立和管理全部社会生活。他把这种对人类理性的自信和自我肯定看成是一种"智的傲慢"，而这种"智的傲慢"无论是在实践领域还是在理论领域必然导致最终的衰落和屈辱，因为理性主义原则既不能建立公正的社会，也不能建立真正的科学。因此，除了两个低级因素（理性因素和物质因素）以外，必须还有要第三个因素——神的因素，并且使前两个因素自愿和自由地与神的因素保持一致。这样一来，"由东方保持下来的基督教神的因素，可以在人类中达到自身的完善，因为它现在拥有发挥作用的对象和施展自己内在力量的场所，而这恰恰靠的是在西方获得了解放和发展的人的因素。这不仅有历史意义，而且有宇宙意义"②。因此，当在西方得到充分发展了的人的因素，即理性主义陷入泥淖之时，一直保存在东方的神的因素，即信仰主义必将取而代之成为主流意识形态。在 2008 年第 3 期《哲学问题》上，沙赫玛托娃（E. B. Шахматова）发表的《作为白银时代文化的万物统一思想的形而上学范式的东方》一文进一步发展了索洛维约夫的思想。她把 19 世纪末至 20 世纪初，以索洛维约夫为代表的宗教哲学中关于信仰、目的、心灵等理念作为东方的思想范式，以拯救"黑铁时代"（工业时代）人类精神的沉沦。她认为，"人是创造之巅"这一自文艺复兴以来的信念到了 19 世纪末 20 世纪初已经破产。尼采宣布"上帝死了"，达尔文发现了人有一个当猴子的尴尬过去，爱因斯坦揭示了时空相对性的本质。在这条意识危机的分界线上，所有先前的价值观和本体论都发生了转变。在寻找不幸之起源的过程中，"白银时代"转向文化之初，即转向古代欧洲、古希腊，但是精英们很快就意识到，这种开始的开始（原初）只能到东方去寻找，正是在这一时期东方形成了对于白银时代文化而言的构型样板。这种转向意味着放弃欧洲中心论，彻底改变文化中的文艺复兴范式。在很多时候，对于建立新的世界图景而言东方形而上学都是一种典范，这一世界图景可以把 19—20 世纪之交的精神探索整合起来。

---

① C. Л. 弗兰克：《俄国哲学的本质和主题》，马寅卯译，《哲学译丛》1996 年第 5-6 期，第 36，39 页。
② B. C. 索洛维约夫：《神人论讲座》，张凡琪译，《哲学译丛》1991 年第 4 期，第 14-15 页。

白银时代文化中的"万物统一思想"（идея всеединства）来自索洛维约夫，他试图建立一种全球性的综合体系，把哲学、科学、宗教和艺术都整合成一个统一整体。在索洛维约夫看来，作为抽象理论知识的哲学应该留在过去，"完整知识"旨在使人面对生活。万物统一或者统一具有多重含义，沙赫玛托娃认为索洛维约夫的如下解释具有代表性："我所说的真的或者正的万物统一，其中统一的存在不是由于它损害了万物，而是对万物有益；而假的或者负的统一抑制或消耗了输入的元素，从而使自己变得空虚。真的统一保存和加强了自己的元素，因此使作为整体的存在得以在其中实现。"①

从多元论到一元论再到多元论的范式转换，充分显现了俄罗斯民族思维方式的一个突出特点——"戾换式"（инверсия），即从一个极端滑向另一个极端，强调非此即彼，要么全盘肯定要么全盘否定。在苏联时期，学术界长期把马克思列宁主义一元论奉为圭臬，而现在又完全转向了长期被批判的西方后现代主义和被轻蔑的本土宗教哲学，应该说都是不理智和不明智的做法，俄罗斯哲学家并未从深刻的历史剧变中汲取有益的教训。在新的多元化范式的形成过程中，俄国传统宗教哲学的大举复兴，甚至有一枝独秀的发展势头，则集中体现了俄罗斯民族精神的实质——"聚合性"（соборность），即反对个人主义，崇尚将个人利益与国家和民族利益、与人类和宇宙的利益联结在一起的集体主义理想。用别尔嘉耶夫的话说，这种"聚合性"就是"自由的社会性"，即共同性、集体主义、关心他人、与其他民族的命运休戚相关、追求社会公正等。蕴藏于俄罗斯民族精神中的这种"聚合性"特质，不可能允许俄罗斯人的精神生活和信仰长期处于真空或混乱状态。苏联解体后，宗教哲学（特别是以别尔嘉耶夫、布尔加科夫等为代表的白银时代的宗教哲学家的思想）一度填补了马克思主义哲学终结后所产生的信仰真空，对形成俄罗斯哲学和社会发展的新范式具有积极意义。但是，如果据此就认为宗教哲学已经成为俄罗斯哲学新的一元论范式，或者把俄罗斯国家和民族复兴与发展寄托于信仰主义，这一判断则为时过早。

二、从科学的逻辑-认识论范式转向社会-文化论范式

直到 20 世纪 50 年代末，苏联自然科学哲学主要研究物理学、宇宙学、生物学和信息论中的哲学问题，即自然哲学或本体论问题。而那些不属于对各门具

---

① Шахматова Е. В. Восток как метафизическая парадигма идеи всеединства в культуре Серебряного века, *Вопросы философии*, 2008(3), C.147.

体科学进行哲学思考，但是具有普遍性的问题被称作方法论或者认识论问题。当时苏联哲学教科书的"标准"表述是："辩证唯物主义是关于自然界、社会和认识的运动、变化和发展的最一般规律的科学，对这些规律的研究，给世界提供了一幅协调的科学的图景。"正因为辩证唯物主义是研究整个现实世界的最一般的规律，所以它就能够正确地提供一个"最广泛的世界图景"，它就变成了"概括了所有科学发现的总的世界观"。在这样的范式之下，苏联自然科学哲学必定要以自然哲学为中心，不遗余力地利用自然科学中的每一个新发现，作为唯物辩证法正确性的新证明。同时，还要对这些科学新发现做出辩证唯物主义的解释，以打退来自唯心主义、主观主义和机械论的居心叵测的进攻。进入60年代，随着赫鲁晓夫的"解冻"和全社会的"去斯大林化"，教条主义意识形态成分显著减少，哲学领域悄悄地发生了一场革命，即研究重心从本体论向认识论转移。领导这场革命的是一批深谙世界哲学发展趋势、具有扎实的哲学和自然科学功底的年轻哲学家，他们试图认真地对马克思的一系列思想做出科学的、人文的阐释，并且能够带着自己的问题、著述和影响力创建独特的哲学学派。其中的优秀代表是"批判的马克思主义"学派创始人伊里因科夫，逻辑学-方法论主义学派创始人季诺维也夫和谢德罗维茨基，以及现象学-存在主义学派领袖马马尔达什维里等。

这场"认识论革命"的实质就是认为哲学的研究对象不是"存在和思维的普遍规律"，而是"在思维中反映存在的普遍规律"，坚决主张辩证法就是逻辑和唯物主义认识论。从那时起到20世纪80年代中叶，苏联自然科学哲学既是在这一范式下展开研究，它本身也是这一范式的一部分。在这一时期，苏联自然科学哲学许多的研究成果真正达到了世界级。比如，基辅学派创始人科普宁所倡导的科学逻辑-认识论研究。1973年，他的遗作《作为逻辑和认识论的辩证法》出版，在"导言"中科普宁明确表达了自己的认识论主张：唯物辩证法作为一种哲学方法，不同于以往的哲学体系，它不去绘制包罗万象的世界图景。如今正在绘制这幅图景的是各门科学本身及它们之间的相互联系。但是，认识和实践活动的经验总和成了辩证法赖以创建它的范畴的基础。因此，自然哲学在历史上注定要失败，唯物辩证法表现为最一般的科学认识方法。"唯物辩证法作为马克思主义的逻辑和认识论，乃是对现代科学知识进行逻辑分析的哲学基础。"[1] 但是，如果"不分析各个科学知识部门及其基本理论和方法，科学逻辑就不能得到顺利发展"。在历史上，尽管没有也不可能有一种什么专门的科学发

---

① П. В. 科普宁:《作为认识论和逻辑的辩证法》，彭漪涟、王天厚译，上海：华东师范大学出版社，1984年，第28页。

现逻辑，但逻辑在它的发展中越来越应当回答与科学发现进程有关的问题，为科学家指明科学探索方向，从而更接近科学研究过程本身。因此，科普宁所倡导的"科学研究的逻辑"乃是一种广义逻辑，也就是科学研究的方法论。不能把科学逻辑理解为"某种封闭的逻辑演算系统"，它首先是一种"内容丰富的逻辑-认识论系统"，它能够提出有关科学研究过程及其组成要素的完整知识。科普宁反对在科学逻辑上的两种观点：一是"严格的形式逻辑方法"，即把科学逻辑仅限于运用一定的运算符号来检验提出的思想，以及对这些思想进行证明的方式，而不探求新思想、新理论产生过程本身的实质。二是"以非严格的一般哲学观点看待科学的逻辑本性"，虽然无条件地涉及一切东西但又不提出任何确定的具体东西，也不揭示科学研究过程的任何规律性。[①]科普宁既批判了逻辑经验主义把科学逻辑等同于对知识的逻辑分析的做法，也批判了传统辩证唯物主义的宏大叙事和笼统含混的做法。"基辅学派"提出的科学逻辑不仅包括已有知识结构的"静力学"（形式逻辑）分析，而且包括科学知识形成和发展的"动力学"（辩证逻辑）分析，在科学研究中具有启发、定向和规范的重要意义。可以说，科普宁站在马克思主义立场上对科学逻辑的研究，堪比波普尔的《科学发现的逻辑》。更为重要的是，"科学研究的逻辑同西方科学哲学相比有其特点和优势，它对科学思维的范畴的分析，很容易进入到科学的理论和发展问题，并且通过对问题、事实、假说、理论的各种因素的分析很容易过渡到对其社会文化背景的分析，也就是科学知识的社会文化导向"[②]。而西方科学哲学则是经过了长时间的争论以后才得出这一结论的。

又如，以斯焦宾为代表的明斯克学派对科学知识的结构-发生学研究。在20世纪70年代，斯焦宾出版了《论科学理论的结构和发生问题》（1972年）《科学理论的形成》（1976年）、《科学认识的性质》（1979年）和《科学研究的理想与规范》（1981年）等一系列科学认识论著作。斯焦宾提出了一个具有深远意义的概念——"科学理论的结构和发生"，这一概念被广泛用于自然科学和技术科学方法论。他还发现和阐述了从未被研究的"建构理论的操作"（即理论客体结构的引入），尝试解决了包括解题的范式（样式）理论在内所产生的问题。在这个范围内，斯焦宾揭示了科学的基础结构（科学的世界图景、研究的理想和规范、哲学基础），阐述了它们与理论和经验的关系，以及在科学发现过程中的

① Π. В. 科普宁：《作为认识论和逻辑的辩证法》，彭漪涟、王天厚译，上海：华东师范大学出版社，1984年，第200-202页。
② 王彦君：《Π. В. 科普宁：俄罗斯科学哲学的开拓者》，《科学技术与辩证法》2006年第1期，第45页。

功能。其中，在系统研究前提性知识的结构和功能基础上，明斯克学派提出的"科学研究的理想和规范"这一概念在科学哲学中的地位不亚于库恩的"范式"。"尽管东西方学者用各不相同的名称为这种前提性知识命名，但从认识论上说，其本质规定是基本一致的。库恩认为科学革命是新范式取代旧范式的过程，斯焦宾则把科学革命看作是'科学根据'亦即'科学研究的规范和理想'的根本变革。"①而斯焦宾等主要是基于辩证唯物主义认识论通过对"前提性知识"的结构和作用的分析得出这一结论的。

　　无论是本体论导向还是认识论导向，苏联自然科学哲学研究基本上都是内史论的，即主要研究自然界的内部结构和自然科学发生发展的内在问题，基本上没有考虑社会-文化因素对科学的影响。②这种情况在 20 世纪 80 年代中期发生了变化。1987 年 2 月，全苏第四次自然科学哲学会议召开，和前三次不同的是这次会议有了主题——"科学和技术的哲学和社会问题"，以强调对科学技术的社会研究的重要性。弗罗洛夫在大会发言中指出："当我们以辩证唯物主义观点分析科学技术的哲学问题和社会问题研究的途径与前景的时候，必须看到这些问题的演变。它们的演变不仅（主要不）是由纯属科学内部的因素决定的，而且是由作为社会领域的科学发挥社会功能的某些一般条件决定的。"③以此为起点，苏联学术界对科学技术的研究已经走出狭隘的内史框架，进入广阔的社会-文化视野。苏联自然科学哲学开始由逻辑-认识论范式转向社会-文化论范式。1987 年 4 月，《哲学问题》编辑部召开了以"哲学与生活"为题的哲学积极分子座谈会，在向与会者进行问卷的结果表明：多数人认为过去研究比较好的是逻辑学、认识论、自然科学哲学问题。而离社会现实越近的问题越是研究得不好，如社会科学的哲学问题、伦理学和历史唯物主义。苏联解体之后，这种情况出现了逆转。曾经代表苏联哲学世界水平的逻辑学、认识论和科学哲学出现了萎缩的趋势，而彻底摆脱了意识形态控制的社会哲学、历史哲学、政治哲学、文化哲学及传统宗教哲学却呈现出异常繁荣的局面。这是因为：一方面，自然科

① 孙慕天：《论科学动力学的两种趋同——西方和俄（苏）科学哲学的一个比较》，《自然辩证法通讯》2007 年第 3 期，第 18 页。
② 苏联（俄罗斯）两本重要的哲学杂志《哲学问题》和《哲学科学》几乎每期都刊登自然科学哲学方面的论文，仅从 1977 年、1978 年刊登的一些讨论自然科学哲学问题的文章，如戈特的《科学知识的统一问题》、卡尔宾斯卡娅的《现代生物学在科学世界观形成中的作用》、茹科夫的《普通系统论和控制论的产生所引起的科学世界图景的变化问题》、拉贾波夫的《宇宙起源的几种假说》，可以看出直至 20 世纪 70 年代末，苏联学者的学术兴趣仍旧停留在天文学、物理学、生物学哲学及一般科学哲学问题上，在这些论文中几乎看不到像文化、社会、经济及相互作用这样的词汇。参见：《自然科学哲学的若干问题》，《国外社会科学》1978 年第 6 期，第 70-79 页。
③ И. Т. 弗罗洛夫：《科学技术的哲学问题和社会问题研究的回顾与展望》，戴凤文译，《哲学译丛》1987 年第 5 期，第 16 页。

学哲学属于哲学学科专业性很强的领域，很难成为公众瞩目的中心（也正因如此才会在教条主义重压之下一枝独秀）；另一方面，社会科学哲学与社会和人的发展问题密切相关，在经历了经济和政治双重阵痛之后的俄罗斯急于找到振兴之路，而抛弃了马克思主义后的俄罗斯人也急于寻找新的精神支柱，急于到社会哲学而不是科学哲学中去寻找答案，这也再次印证了弗兰克的说法："历史哲学和社会哲学一直是俄国哲学的两个主要课题。俄罗斯思想家创造的最显赫和最独到的成果都在这一领域。"①1994年10月，全俄第五届也是最后一届自然科学哲学会议召开，会议的主题是"科学技术的方法论（哲学）和伦理学问题"，再次强调实现哲学的三位一体任务（整体化演示任务、方法论批判任务和价值调节任务）不仅仅也不单纯是个综合性问题，而且是俄罗斯科学技术哲学的研究纲领；再次肯定科学认识和各种价值（包括社会价值、世界观价值和伦理人道主义价值）之间存在着根本的统一性②。

正是在社会-文化论这一范式下，俄罗斯学者开始把科学技术置于广泛的社会-文化背景之下加以研究。以斯焦宾为代表的一批哲学家把他们的科学哲学、技术哲学研究同社会哲学和文化学研究联系起来，科学知识的社会-文化属性、科学知识形成的社会-文化前提和价值前提、技术起源和发展的社会-文化背景、技术与人类文明类型的关系等成为当今俄罗斯科学技术哲学研究的重点。尤其是斯焦宾的《理论知识》（2000年）一书成为社会-文化范式下科学哲学研究的代表作。他把科学理性分为经典、非经典和后非经典三种类型，与此相对应也有三类主客体关系和三种科学发展的模式。第一个模式是建立在笛卡儿唯理论基础上的经典科学，这种经典科学认为认识客体完全不依赖于认识主体，它的原则是机械决定论。第二个模式是反映微观世界认识过程中主客体相互关系的非经典科学。认识主体不可能直接把握微观客体，它必须借助于仪器即认识手段。但是宏观仪器必然会对微观客体发生作用，而且这一作用是不可消除的。斯焦宾的贡献在于提出了被他统称为"后非经典模式"的第三个模式③。这个模式反映了对把人也包括在内的大系统（如生态系统）的认识的特殊性，在这个大系统中，不仅认识主体对客体的作用不可消除，而且人的利益即客体本身的人的尺度也不可消除，彻底终结了主体与客体、真理与价值的二分法。2011年，斯焦宾出版的《文明与文化》一书主要研究了文化的世界观共相功能问题，研

① Франк С. Л. "Сущность и ведущие мотивы русской философии", Перевод на рус.яз. А.Г.Власкина и А.А.Ермичева, *Философские науки*, 1990(5), С.86.
② И. Т. 弗罗洛夫：《哲学和科学伦理学：结论与前景》，舒白译，《哲学译丛》1996年第5-6期，第32-33页。
③ Стёпин В. С. *Теоретическое Знание*, М.: Прогресс-Традиция, 2000, С.619-636.

究了它在历史经验的转译、生活方式的再生产及文明发展的特殊性中的作用。在他看来，文化共相系统是每一种文明物种的"遗传密码"，哲学则是对文化共相的反思。当把世界观共相转化为在一定程度上的理论概念时，哲学范畴就是它的简化和图示。因此，哲学可以产生一些超越自己时代文化共相的新思想，这样的思想可以成为面向文明与文化未来发展的世界观指南。[①]斯焦宾还特别注意结合俄罗斯的社会现实来谈文明与文化，对诸如我们怎样才能找到一个可以与西方竞争的新面孔，我们是否已经创建了一个文明的市场和法治的国家，作为俄罗斯独特现象的知识分子的前途命运如何，人类要去哪里，俄罗斯又将面临什么等当代俄罗斯人关心的问题逐一作答。一个把大半生精力都用于研究科学哲学和认识论的大师在晚年转向思考文明和文化问题，也从一个侧面反映出当代俄罗斯科学技术哲学对现实生活的关照。

　　除了像斯焦宾这样的大师级人物，其他哲学和社会科学工作者也在关心着科学知识的社会-文化问题，比如，俄罗斯科学院通讯院士、《认识论和科学哲学》杂志主编卡萨文关于"社会认识论"的研究颇有特色。在后马克思主义时期的初始阶段，俄罗斯科学哲学面临着非常艰难的抉择，特别是经常陷入内史论和外史论的两难境地，但是后来表明这远非逻辑学立场上的二律背反的矛盾。一方面，俄罗斯哲学家开始认识到为了建构一个现实的科学模型，如果把科学发展的内容完全理解为一个逻辑思维运动过程是无法理解它的真正内涵的，反之，哲学家们必须掌握新的方法论工具，允许他们去关注科学的社会-文化维度；另一方面，基于马克思主义的直线论解释，即总是把某些学者看成是一定社会-阶级利益的代言人和扬声器的教训，又使俄罗斯哲学家对科学模型的任何社会化形式都抱有谨慎态度。众所周知，科学哲学是俄苏哲学中最远离意识形态领域的分支，如果要转向科学实在的社会方面将会意味着科学哲学自动地后退一大步。总之，不可能不转向对知识的社会-文化思考，但是对这一方向发展前景的评价还是众说纷纭的。卡萨文在《社会语境中的知识》（1994年）、《社会认识论入门》（1997年）、《社会认识论：迁移隐喻、认识类型、文本时代与非传统入门》（2003年）、《社会认识论：基础和应用问题》（2013年）等著作中，利用"建构主义""语境主义""自然主义""话语"及"跨学科性"等概念建构了自己关于"社会认识论"的基本思想。卡萨文认为，作为研究认知过程的一个非古典分支学科，社会认识论的研究对象就是根据某些人文学科和认知科学分

① Стёпин В. С. *Цивилизация и культура*, СПб.: СПбГУП, 2011, С.210.

析出的社会-文化语境中的知识。一般说来，知识主要由三个因素决定：客体、主体（包括与主体相适应的认知能力）及社会-文化认知条件。其中，每一个因素都具有知识来源的作用。古典认识论强调客体的意义，知识的实证、真实内容主要与客体有关（恩格斯、列宁的反映论，卡尔纳普的逻辑经验主义）；而来自主体的知识或者被视为一种阻碍（马克思主义的真理观），或者恰好相反，被视为主体认知的基础（康德的先验形式、笛卡儿的天赋观念）；至于社会-文化认知条件，直到 20 世纪 80 年代之前，大多数仍被视为知识的否定因素，即错觉或错误信念的来源。但随着认识论研究的逐渐深入，发现知识的社会决定因素不仅对于人文社会科学，并且对于自然科学来讲都具有积极意义。卡萨文把社会-文化语境中存在的知识分成四种类型：①交流-符号学模型，其研究重点是作为一个全面涵盖社会关系和文化的特定体系的语言；②文化-人类学模型，强调研究非形式和非语言交流的重要性；③社会-制度模型，强调对于作为一种社会亚体系的认知的分析；④认知-自然主义模型，研究或者作为关于人类行为的工具性解释的一种方式，或者作为知识的自然-进化决定因素的一种形式的社会关系与文化。这四种知识模型的共同点是，面对的既不是主体和客体，也不是社会条件，而是各种各样的人工的和自然的介质或文本，这些介质或文本以这样或那样的方式保存了这种知识。卡萨文还指出了社会认识论在本体论（认知状况的结构改造）、认识论（使用的研究方法）和实用论（对于应用研究）三个方面的特点，将社会认识论的研究纲领概括为以下四点：①所有的知识（包括真理和谬误在内在这个问题上都是无矛盾的）都应视为社会产品；②必须透过主体与环境（大至一般文化小到微小环境）关系这一棱镜才能掌握语境中的知识；③知识建构于个体行为与社会过程的统一之中（与古典认识论相比，社会认识论的一个特点就是通过个体表现社会，即二者统一的思想是知识的社会前提条件）；④人的知识不能还原为一般过程（如不可能还原为信息运动的范畴）。此外，社会认识论研究纲领还包括两个方法论原则：①积极地利用现有的具体科学（这里指的不仅仅是知识研究的传统的自然科学基础，首先是现代人文科学，如理论语言学的材料）；②借助于实际材料进行的论证要具有合理性，卡萨文把这种研究方法称作"个案研究"（case studies），并且指出这是"社会认识论者的责任"。而这些社会认识论者，包括尼基福罗夫、马姆丘尔、米凯什娜（Л. А. Микешина）、罗佐夫、彼得连科（В. Ф. Петренко）等在内，都持有和卡萨文相同或相近的观点，从而形成了俄罗斯科学哲学的一个新学派。总之，自20 世纪 80 年代以来，社会认识论的理论演变就一直偏离自然科学的理想和规范，结果是理论被方案和进路取代，方法被话语取代，概念被隐喻取代，真理被共识取代。"在现代科学中知识并非始于掌握理论，而是始于方法和进路。"①因此，卡萨文的社会认识论学派与西方科学知识社会学（SSK）的代表人物布鲁尔、柯林斯、马尔凯、拉图尔和伍尔加等一样都转向了情境或语境（context）研究，即从某一知识体系必然行使的社会文化功能出发，去揭示这个知识体系在限定条件语境下的内容，从而取代了波普尔提出的批判理性主义（critical rationalism）的方法论。"情境研究的方法论颠覆了认识论与历史和知识社会学之间的普遍与特殊的传统相互关联。如今，历史和社会学例证与其说是证实或说明认知理论，不如说是'证明'了构成认知实际过程的知识的类型和形式的多样。因而对整个认识论的理论地位施加了影响。"②

又如，俄罗斯人文科学院主席、经济学家普里亚耶夫（В. Т. Пуляев）将社会-文化论范式与寻找俄罗斯新的社会发展范式结合起来思考，认为新的社会发展范式的实质在于把人的发展而不是把资本积累置于历史的中心位置，即不仅仅把人看作社会和人类自身存在的手段，而是首先看成上述存在的目的、结果和意义。只有这种范式才能充当俄罗斯社会经济进一步发展过程的思想基础。他强调"在'经济-政治-文化'的关系中，文化具有主导意义。人的作用、人的社会力量及其与社会的联系的实际增长，今天不仅仅表现为资本、商品、货币和黄金，更表现在人的文化教养等的发展水平上。这种观点要求重新审视民族发展的重点，承认并加强人所蕴含的文化因素的作用，重视社会的历史文化传统"③。此外，我们还可以从《哲学问题》杂志组织的一系列圆桌会议议题中看到这种社会-文化论范式的影响力，比如，当代文化中的哲学、新的前景、哲学与人文社会科学知识一体化、当代文化中的伪科学现象、新信息技术与理性的命运、马克思主义与乌托邦、跨学科视野下的恐怖主义、科学哲学的当代问题、认识论和有关人的科学中的结构主义等。正如主编列克托尔斯基院士所说："实际上，我们的杂志不仅可以被看作哲学的，甚至不仅仅是普通人文的杂志，还可以被看作是俄罗斯的一本一般文化的杂志。"④同样，在对20世纪俄罗斯科学哲学"带有障碍的马拉松"式的发展历程进行全景式回顾之后，奥

---

① Касавин И. Т. *Социальная эпистемология: Фундаментальные и прикладные проблемы*, М.: Альфа-М, 2013, С.196.

② И. Т. 卡萨文：《当代认识论中的跨学科观念》，萧俊明译，《第欧根尼》2010第2期，第148页。

③ В. Т. 普里亚耶夫：《21世纪前夜的俄国：寻求新的社会发展范式》，吴铮译，《哲学译丛》1997年第3期，第53页。

④ В. А. 列克托尔斯基：《纪念〈哲学问题〉创刊60周年》，王艳卿译，《俄罗斯文艺》2008年第3期，第71页。

古尔佐夫也指出："当代科学哲学至少存在两种范式：逻辑－认识论范式（以标准化的命题为主，以语言语义学为补充）和社会－文化范式（把历史具体的科学理论和科学方法与文化的价值和理想相结合进行分析）。这两种范式建构了自己的科学样式，采取自己的工具对科学进行分析，结果把科学知识分割成不同的主题。因此，未来的科学哲学不会因为科学研究的社会文化进路的兴起，从而放弃科学的逻辑－认识论进路。即使这两种范式难以融合，也应该设法让它们彼此接近。"①

三、从技术中心论范式转向人中心论范式

十月革命之后的苏维埃俄国无疑是非常落后的国家，和西方发达国家相比远未完成近代工业化的任务。因此，实现工业化和现代化就成为从列宁到勃列日涅夫苏联历代领导人关心的头等大事。1920 年 12 月，在全俄苏维埃第八次代表大会上，列宁提出了"共产主义就是苏维埃政权加全国电气化"的著名口号，强调了现代技术对于巩固政权的基础性作用。1925 年 12 月，联共（布）第十四次代表大会正式确立了"优先发展重工业"的社会主义工业化指导方针。1931年 2 月，斯大林在全苏社会主义工业工作者第一次代表大会上提出"在改造时期，技术决定一切"的口号，号召布尔什维克应当精通技术，自己成为专家。"技术决定一切"这一口号既强调了精通技术的重要性，又突出了技术至高无上的地位，是苏联时期技术中心论（或者专家治国论、技治主义）的极端表达。尽管赫鲁晓夫和勃列日涅夫对斯大林模式进行了程度不同的批判和修正，但是对待技术的崇拜和对优先发展重工业道路的坚定却是一脉相承的。正像美国学者哈里·巴尔泽（Harly D. Balzer）说的那样："苏联领导人对科学技术解决经济困难的能力一直抱有极大的信心。不断地祈福于作为人类发展新阶段的'科学技术革命'，就是他们相信科学技术这剂灵丹妙药的例证。"② 技术中心论是苏联自然科学哲学特别是技术哲学的独特范式。

严格地说，苏联时期并没有技术哲学③。如果说有，也仅仅是作为批判的对

---

① Огурцов А. П. Философия науки в России: Марафон с барьерами, *Эпистемология и философия науки*, 2004(1), C.113.
② 转引自：孙慕天：《跋涉的理性》，北京：科学出版社，2006 年，第 118 页。
③ 但十月革命前的俄国却是技术哲学的故乡，这主要归功于俄国工程师、哲学家 П. К. 恩格尔迈尔。1911 年，他以"技术哲学"为题的论文提交给在意大利波伦亚（Bologna）召开的第四届世界哲学大会，这是技术哲学第一次登上世界哲学的舞台。他出版了四卷本的《技术哲学》（1912—1913 年），对技术哲学的讨论与同时期德国从工程学角度进行的分析有很多共通之处。

象。把技术哲学斥为唯心主义在苏联哲学界是"正统观点"。1976 年，斯米尔诺娃（Г. Е. Смирнова）出版了她的《资产阶级技术哲学批判》一书。该书站在马克思主义的立场上对西方技术哲学各流派的共同点、关于工程技术活动中立的观点、抽象的人道主义、非理性主义的技术观等进行了全面的分析和批判。斯米尔诺娃认为，"技术哲学是资产阶级意识形态的一种尝试，主要是在唯心主义的框架之下解决一些哲学问题，对科学技术进步产生的轰动一时的问题给予回答。技术哲学是资产阶级哲学体系本身的一个'翻版'，目的是证明这一体系的'现代性'"[①]。然而，斯米尔诺娃也不得不承认，技术哲学的产生一方面是因为科学技术发展的内部过程；另一方面是因为技术的社会-经济作用不断增强，需要对科学技术知识和发明及技术发展的历史问题进行论证。"随着自身的发展技术哲学在对技术、科学技术知识和发明、技术进步的后果和趋势进行唯心主义论证的过程形成了独特的体系。"[②] 因此，斯米尔诺娃反复强调：资产阶级的技术哲学是与马克思主义对技术的理解相对立的。当它企图建立一般的技术理论时，最终会陷入唯心主义之中。但是，这并不意味着苏联时期就没有对技术进行哲学思考。在 20 世纪 60—70 年代，苏联朝野上下对"科学技术革命"（научно-техническая революция，HTP）的狂热追求和研究反倒构成了技术研究一道特殊的风景线。以至于德国技术哲学家拉普（F. Rapp）十分肯定地说"马克思列宁主义的技术哲学最接近于一个确定的思想流派"，因为它的中心概念就是"科学技术革命"。关于科学技术革命的性质、结构、作用、过程、模式和类型的研究成果不计其数，其中最具代表性的著作是《人·科学·技术：关于科技革命的马克思主义分析》（1973 年）。这本书是苏联科学院和捷克斯洛伐克科学院合作的成果，从对科学技术的分析、科学与技术的内在联系及它们对生产的影响入手，阐明"科学与技术的革命性变革融合成一个统一的过程，科学成为技术和生产的最重要的因素，并为其进一步发展铺平道路"[③]。然而，关于科技革命连篇累牍的抽象论述就像一件"皇帝的新装"，它掩盖不住苏联经济社会发展全面"停滞"的颓势，高度集中的政治经济体制将一切创新的思想和举措都扼杀在摇篮里。直到苏联解体的前夜，才有人剥去了这件只是看起来很美好的伪装。1991 年第 11 期《哲学科学》发表了奥萨特钦科（З. Н. Осадченко）的《我国的科学是社会生产力吗？》一文，矛头直指科学技术革命的理论基础，即

[①] Смирнова Г. Е. *Критика буржуазной философии техники*, Л.: Лениздат, 1976, С.5.

[②] Там же. С.10.

[③] *Человек-наука-техника: Опыт марксистского анализа научно-технической революции*, М.: Политиздат, 1973. С.24.

对马克思关于"科学是社会生产力"命题的误读。在他看来，科学不会"自动地"转化为生产力，社会主义也不会"必然地"保障科学技术进步，至于把科学变为直接生产力的进程说成是"始于社会主义制度，完成于共产主义制度"更是无稽之谈。残酷的现实表明：科学转化为生产力并在此基础上形成生产力的其他要素，所有发达资本主义国家做得比苏联和其他社会主义国家快得多。奥萨特钦科最后指出："如果说科学是社会生产力而且是最重要的生产力的话，那么，科学的发展就要求任何其他生产力同样要求的东西——首先给予人事的和物质技术的保证。"① 显然，如此深刻的自我剖析和批判来得太迟，对待科学技术的功利主义态度和技治主义思维让整个国家和民族付出了沉重的代价。

早在 20 世纪 80 年代初，著名科学家莫伊谢耶夫（Н. Н. Моисеев，1917—2000）院士和弗罗洛夫联合撰写的《高度契合》一文就指出，在以微电子学、信息学和生物工艺学为标志的高技术时代，必须实现科技进步与社会、人和自然的进化的"高度契合"（высокое соприкосновение）。作者提出了高技术与社会、人和自然的三个方面的"契合"。首先，"社会的契合"（социальное соприкосновение）是指高技术（特别是信息技术）的应用深刻地改变了人们的生产和生活，其中，劳动生产率的提高、机器人对劳动者的取代引起了失业率暴增，而如何解决产生的这些问题就取决于现存的社会关系。"社会主义在解决这些问题时具有无限的可能性，但是，这种可能性不能自动地实现，而是需要极大的努力、创造性的方法，学会克服那些有时妨碍新社会性质中的潜力发挥的惰性与保守主义。特别是直接依赖于主体因素的东西，主体因素使我们转而关注与人本身的发展有关的更普遍的问题。"② 尽管作者仍旧半遮半掩，但对社会主义可以无条件地促进科技进步与人的发展相协调的观点已经提出质疑。距离这篇论文发表已经过去了 30 多年，而这一时期正是现代技术飞速发展的阶段。尽管现在人们对"社会的契合"也有了新的看法，但是这篇论文提出的人与新技术"高度契合"领域的基本趋势至今仍然适用。俄罗斯宣布在 21 世纪走创新发展道路，事实上就是要着手解决上述问题，而这些问题也是长期困扰苏联经济发展的问题。其次，"人的契合"（человеческое соприкосновение）就是高技术对人的生活条件的影响，是对人的活动范围的扩展，是对人的新的需要乃至文化水平和自我发展的需要的满足。这是因为，人是"一切事物的尺度"

---

① Осадченко З. Н. Является ли наша наука производительной силой общества? *Философские науки*, 1991(11), С.37-50.

② Моисеев Н. Н., Фролов И. Т. Высокое соприкосновение, *Вопросы философии*, 1984(9), С.35.

和"历史的自身目的"。人和高技术的"契合"面临着一个两难：要么是人进入这样一个世界，在那里实现了人道主义理想，人是目的，那个世界有人的自由、创造、发展和自我肯定等生活规范；要么是人从这种技术进步中不会得到任何好处。作者积极主张为了实现新的人道主义理想而创造技术基础，"这种完整的协调发展的人的创造性活动可以使他充分实现与今天和明天任何新的或最新技术的'高度相关'"①，而微电子学、信息学，特别是生物工艺学恰好可以成为这样的技术基础。最后，他们把"自然界的契合"（природное соприкосновение）与智慧圈的思想联系起来作为"我们星球发展的自然阶段"，在这一时期"只有智慧才能确保生物圈的继续发展"。他们指出智慧圈理论的两个基本点：第一，"智慧圈理论是自然科学知识和人文科学知识的融合，是寻求人的积极性容许界限的问题与人的问题的融合"；第二，"人的问题显然是智慧圈理论的最困难和最有争议的问题"②。其中，包含着很多不确定性和不可预测性。因为我们并不清楚，当人类步入智慧圈时代以后会产生什么问题，将会给人提出哪些要求。这里涉及的不仅是整个人类，而且是每个个体的积极性。归根结底，三个"契合"的本质是高技术与人的"高度契合"。

　　1983年3月，由苏联科学院"科学技术的哲学问题和社会问题学术委员会"组织的"全苏关于人的综合研究问题会议"召开，参加会议的除了哲学还有应用技术专业的代表。这次会议第一次提出一个尖锐的问题：依据哪些逻辑-认识论原理，才能够把通过人的各种特殊现象研究人的各部门科学的总和，改造成关于人的综合的统一的科学？这一问题实质上是对苏联学术界长期忽视人的需要和价值的做法表示不满。与会者同时还认识到不能把自然科学和技术科学的方法移植到社会科学领域，必须采取综合的研究方法，建立统一的人的科学。这次会议可以看成是苏联学界由技术中心主义向人中心主义转向的开端。1987年4月，在《哲学问题》杂志编辑部主办的"哲学与生活"座谈会上，来自全国各地的60多位专家学者在为期三天的发言中，再次表达了对苏联哲学研究现状的不满，分析了造成苏联哲学发展差强人意的主客观原因。会议结束后，《哲学问题》杂志编辑部进行了总结，指出苏联哲学未来改革的首要任务就是"加强对人的问题的研究，使人（作为社会进步目的本身）的问题成为贯穿哲学全部内容的东西。为此，哲学家应当对以释放蕴含在人的因素中的巨大潜能为目

---

① Моисеев Н. Н., Фролов И. Т. Высокое соприкосновение, *Вопросы философии*, 1984(9), C.38.

② Там же. C.40.

的而采取的那些行动，做出理论上的论证"①。正是由于弗罗洛夫的大力推动及他在学界和政界的双重影响力②，20世纪80—90年代在苏联和俄罗斯掀起了"人研究"的高潮。比如，1989年，成立人学研究中心；1990年，《人》杂志创刊；1991年，人研究所成立；《人辞典》和《人百科全书》陆续编纂出版。这些都表明"人"开始从苏联时期的边缘地带走向了俄罗斯哲学的中心。1993年8月，第十九届世界哲学大会在莫斯科召开，大会主题"处在转折阶段上的人类：哲学的前景"就是世界哲学对俄罗斯人学研究成果的认可。1997年6月，俄罗斯第一届哲学大会在圣彼得堡召开，这是苏联解体之后第一次综合性的哲学盛会，大会的主题仍旧是"人-哲学-人道主义"。尽管时过境迁，"走向人道的民主的社会主义"行动路线随着苏联解体、苏共垮台而彻底失败，但俄罗斯哲学对人和人道主义问题的关注却一如既往。在苏联时期研究人的问题主要是出于对长期奉行的技术中心论的反感，出于对现代科技可能危及人的自然的、文化的和社会的同一性的担忧；今日俄罗斯深刻的社会经济变革在文化、道德和精神生活领域都有明显的表现，价值观或世界观的冲突和矛盾带来种种困惑使人学研究热度不减。

1996年11—12月，国立莫斯科大学哲学系举办了首届"哲学和社会学人学"讲习班，涵盖了俄罗斯人学研究的主要方向、领域和问题，对80年代以来俄罗斯哲学发生的人学转向进行了总结。斯焦宾院士在他所承担的"哲学人学与科学哲学"讲座中指出，作为科学研究主体的人的问题应该在科学哲学研究中占有突出的地位。比如，以前的科学哲学研究忽视了人的问题，人的社会性及人的个性等都没有成为科学哲学研究的对象，这些因素被当作主观的、与科学精神不符的东西加以排斥。同样，在以前的认识论研究中，认识主体只是被动地反映客体，主体不能干预客体，主体远离客体；在现代的科学认识中，认识主体不再是被动地参与主客体的反映关系，而是主动地进入客体之中，主体对客体的反映结果直接依赖于主体的情绪、体验及主体的社会关系等。此外，科学哲学中的许多问题，如科学增长的机制、科学发展的特点、科学在文化中的作用等都直接关涉到人的问题，忽略人的因素便无法解决这些问题。③斯焦

---

① 《哲学的新思维——苏联"哲学与生活"会议材料选登》，贾泽林，等译，《哲学译丛》1988年第4期，第40页。
② 弗罗洛夫是苏联科学院和俄罗斯科学院院士，长期担任俄罗斯哲学学会主席、俄罗斯科学院人学研究所所长；曾任苏共中央政治局委员、书记处书记，兼任《共产党人》和《真理报》主编，是戈尔巴乔夫的哲学顾问；曾是第八届国际逻辑、方法论和科学哲学大会（1987年）和第十九届世界哲学大会（1993年）组委会主席。
③ 张百春：《俄罗斯的人学研究》，《哲学动态》1998年第4期，第43页。

宾院士深刻地分析了认识主体与客体在科学认识中的不同作用，分析了科学与文化在人类发展中的不同作用，揭示了科学哲学和哲学人学之间的内在联系，从科学哲学的角度对人学转向做出了积极反应。对人类前途和命运的深切关注，也使俄罗斯技术哲学转向技术价值论和工程技术伦理学研究。莫伊谢耶夫院士继承和发展了维尔纳茨基（В. И. Вернадский，1863—1945）关于"智力圈"（носфера）的思想，认为人类社会有三种相对独立的作用和循环，即生物圈、技术圈和理性圈，人类历史也相应地分为这三个不同的时代。三个时代有三种起决定性作用的因素，在生物圈中是生物自身的规律，在技术圈中是技术的内在要求，在理性圈中是人的理性。我们正处于从技术圈向理性圈过渡的阶段，在人类活动中起支配作用的不是技术理性，也不是某一个或一类人的理性，而是人类集体的理性，是理智地处理人与自然的关系，实现人类社会和自然界协同进化的理性。唯此才有可能走出生态危机，实现可持续发展。在维尔纳茨基"智力圈"和阿尔贝特·史怀泽（Albert Schweitzer，1875—1965）"敬畏生命"原则的基础上，生态学家西姆金（Г. Н. Симкин）进一步提出了"道德圈"（этносфера）的概念。他指出："白人"技术文明当前的发展正处于超工业阶段，它产生了实际波及整个"白人"居住区的严重生态危机，甚至有使自然的和人工的生态系统解体的危险。同时，以寡头政治和技治主义为基础的智力圈，极有可能建成一个冷酷无情的和纯理性主义的智力圈，其中，既缺乏道德始因，又没有对这个地球上的人和一切生物的伟大的爱。这样一个智力圈是违背维尔纳茨基初衷的。而史怀泽在1915年提出的"敬畏生命"原则给作者以极大启发，希望这一原则能成为人与人之间、人与其周围的生物界，以及整个生物圈的相互关系的绝对原则。因此，"道德圈，这是地球生物圈发展的一个比智力圈更高级的发展阶段。在这个阶段，伦理原则，特别是其中最重要的'崇敬生命原则'，应成为人们相互间，人以及全人类与整个生物界之间，与地球上的各种有机体之间，各种至关重要的关系的主要调节因素"[1]。在21世纪，以"敬畏生命"原则为核心的伦理学成了人和人类的一切身体与精神活动的最高标准；而随着道德圈的诞生，不仅人与周围世界的关系在改变，而且人类的文化和艺术的基础也会得到根本改造。

　　俄罗斯当代技术哲学家罗津在《技术哲学：历史与现实》（1997年）和它的姊妹篇《传统和现代的工艺》（1999年）两部著作中，都用了很大的篇幅阐述传

---

[1] Г. Н. 西姆金：《道德圈的诞生》，吴铮译，《哲学译丛》1992年第6期，第32页。

统的科学-工程世界图景的危机，这一世界图景的形成始于开普勒-哥白尼天文学和伽利略-牛顿力学体系，其基本观点就是均匀宇宙实在的"统一样式"，它既是物理的又是数学的，无论是天上的还是地上的物体都服从于自然的和数学的规律。而这一世界图景今天至少带来三种危机：自然界的变化和损害（生态学危机）、人的变化和损害（人类学危机）、第二自然和第三自然，即活动、组织和社会基础的失控变化（发展危机）[①]。传统世界图景的危机使我们站在新的层次上向对自然界的"非同质"的理解复归。需要进行"总体自然"和"地球自然"的区分，而"地球自然"的规律不是永恒的而是历史的，它取决于每一时代的文化状况。走出上述危机的有效做法之一就是实现工程教育的人道化。2006年，罗津又出版了《技术的概念及其现代观点》一书，再次谈到了技术文明的危机及摆脱危机的道路问题。他说："毫无疑问，我们需要从根本上改变对技术的理解。首先，必须克服把技术理解为自然的或工具的东西。一方面，应该把技术理解为复杂的智力和社会过程（包括认识与研究、工程和设计活动、工艺的发展、政治与经济决策层面等）的展现；另一方面，技术还是人生存的特殊环境，它把环境原型、运行节奏、审美方式等强加给人。新的工程和技术产生新的科学-工程世界图景，这样的图景不能建立在任意使用自然界的力量、能源和物质的思想上，也不能建立在随意创造的思想上。新的工程和技术应该学会和各种自然界（第一、第二自然和文化自然）打交道，这就需要注意倾听自己和文化的声音。而倾听意味着理解，为了发展技术和技术文明我们限制了哪些自由，技术发展的哪些价值对于我们是有机的，哪些是与我们对人和人的尊严的理解、和我们对文化、历史和未来的理解不兼容的。"[②] 如果说俄罗斯科学哲学历史上经历了一个从本体论向认识论再向人学转向的话，技术哲学则从它诞生的那天起就与人的问题密不可分，俄罗斯技术哲学对技术和技术文明的思考与对人和人道主义的思考是一对"双生子"。

从苏联自然科学哲学到俄罗斯科学技术哲学，发生的种种变化是远非上述内容所能概括的，难免挂一漏万。但是从中可以看出，这一正在形成中的范式至少包含这样一些元素：反思苏联时期技治主义的经验教训，倡导以人学研究为基础的科学技术人本主义；吸纳辩证法和唯物史观的思想资源，确认科学技术对其发展的经济、社会、文化条件的依赖；借鉴俄罗斯宗教哲学的救世精神和整体信仰观——所有这些都显示了鲜明的俄罗斯民族特色。研究范式的转换

---

① Розин В. М. *Философия техники: история и современность*, М.: ИФ РАН, 1997, С.154.
② Розин В. М. *Понятие и современные концепции техники*, М.: ИФ РАН, 2006, С.246.

必然引起研究方向、研究旨趣、研究进路、研究方法的一连串变化。但是，俄苏科学技术哲学毕竟是一个比较特殊的研究领域，由于专业性较强，远离政治和"时髦"思想而具有相对稳定性（这也是苏联时期这一领域取得重大成果的原因）。过去这样，今天也如此。事实上，在"变"的过程中还保持着很多不变。众所周知，苏联自然科学哲学的特色就是从马克思主义的立场出发的。这就是承认科学知识的客观性，承认被逐渐认识的客观真理；这就是要确认认识过程中的复杂的矛盾辩证法，确认认识主体的能动作用；这就是了解科学对其发展的经济、社会、文化条件的依赖，以及它对文化和社会发展的影响。正如凯列指出的："现代俄罗斯科学哲学的基本宗旨依然如此。"① 与以往不同的是，非理性主义和传统宗教哲学的复兴正在出现一些对待科学的新态度，宗教成为与科学抗衡的重要文化力量。面对俄国社会出现了严重的精神危机，而当局企图通过"宗教复兴"的途径加以摆脱却致使危机更加深刻的"两难"，以老资格哲学家谢苗诺夫（В. С. Семёнов，1927—）为代表的有识之士指出："在与宗教对抗中，科学具有更多成功的资源、经过检验的知识、素养、经验、创造性的潜能和力量。与宗教及其'真正信仰'相比，科学有各种实在的可能去获得和接近人们最重要、最主要的真理，即关于生命与存在的意义、关于历史的进程、关于当今与未来、关于不死的和不朽的、关于解决人和各民族的紧迫问题的实际途径的理性化的和科学的真理。"② 笔者认为，这也应该成为我们对待科学和俄罗斯科学技术哲学应该具有的坚定不移的信念和客观公正的态度。

---

① В. Ж. 凯列：《论当代俄罗斯的科学哲学》，《山西大学学报（哲学社会科学版）》2003 年第 2 期，第 2-3 页。
② В. С. 谢苗诺夫：《科学与宗教：相互关系、对抗与前景》，郑镇译，《世界哲学》2009 年第 1 期，第 151 页。

第三章 从科学哲学到文化哲学
——从斯焦宾的角度看俄苏科学哲学的发展轨迹

　　维亚切斯拉夫·谢苗诺维奇·斯焦宾（Вячеслав Семёнович Стёпин）是享誉世界的苏联和俄罗斯科学哲学家，在科学认识论、科学史和科学哲学、文化哲学等研究领域具有很深的造诣。他长期担任俄罗斯（苏联）科学院哲学研究所所长和俄罗斯哲学学会会长。他既是俄罗斯科学院院士，也是乌克兰科学院和白俄罗斯科学院外籍院士、国际哲学学院（巴黎）荣誉院士。作为中国社会科学院的名誉教授，他曾多次来华讲学。斯焦宾历经苏联和俄罗斯两个历史时期，他不仅是 20 世纪 60—80 年代苏联新哲学运动的积极参与者，而且也是 90 年代以来俄罗斯哲学全方位改革的主要领导者。斯焦宾是俄苏科学哲学的奠基人之一，因其对俄苏科学和哲学的杰出贡献，在他 70 岁生日时被授予国家科学技术奖。

　　在苏联时期，斯焦宾主要研究了科学的结构和发生、科学基础等问题。他通过建构性地引入抽象客体并建立起它们之间的联系即理论图式，阐明了理论知识的结构和发生机理；他创造性地提出了研究的理想与规范、文化共相等概念，论证了科学的哲学-方法论基础的启发和预见功能。苏联解体后，斯焦宾主要关注了科学理性的历史进化、文明发展的类型等问题。他认为，当从传统文明向技术型文明转变时，经典理性和非经典理性找到了生存的文化土壤；当技术型文明的基本价值观被打破时，后非经典理性才是克服全球性危机的唯一选择。2014 年是斯焦宾院士诞辰 80 周年，在半个多世纪的学术生涯中，他从科学哲学到文化哲学的思想演变过程，就是俄苏科学哲学发展轨迹的缩影。以斯焦宾院士思想演变为例，可以以点带面地管窥俄苏科学哲学的历史全貌。

一、科学结构：从引入抽象客体到建立理论图式

1934 年 8 月 19 日，斯焦宾出生于俄罗斯、白俄罗斯和乌克兰三国接壤的布良斯克地区（Брянская область）。1951 年，17 岁的斯焦宾考入国立白俄罗斯大学历史系学习哲学，同时在物理系学习物理学。"我之所以倾心于科学哲学，是因为在当时社会哲学已经完全意识形态化了。无孔不入的教条主义和口号式的教学体系不能吸引我，倒不是我不接受这些思想，恰相反，我们这一代人完全是被共产主义精神培养起来的。"[1] 大学期间（1951—1956 年），斯焦宾和他的物理系同学托米里奇克[2]经常在一起探讨量子力学特别是量子电动力学和量子场论问题，他的大学毕业论文就是关于量子力学哥本哈根解释的哲学分析。研究生期间（1956—1959 年），他继续研究现代物理理论的哲学解释问题，把对逻辑实证主义的批判分析作为主攻方向。在学期间接受的严格的自然科学和哲学训练，为他日后从事科学哲学研究奠定了坚实基础。1959 年研究生毕业以后，直到 1987 年离开白俄罗斯，斯焦宾先后在白俄罗斯工学院和白俄罗斯大学从事哲学教学和研究工作。1965 年，他的学位论文《科学认识的一般方法论问题和现代实证主义》通过答辩，获得副博士学位。1975 年，他的学位论文《物理学理论的结构和发生问题》通过答辩，获得哲学科学博士学位。次年，斯焦宾出版了具有里程碑意义的科学哲学著作《科学理论的形成》，他提出的"科学理论的结构和发生"（структура и генезис научной теории）这一独特概念不仅不逊色于当今世界科学哲学最流行的观点，而且在很多方面给予世界科学哲学以巨大影响[3]。

20 世纪 60 年代末 70 年代初，斯焦宾形成了关于科学理论的结构和发生的基本观点，当时正值苏联哲学研究重心从本体论转向认识论。在科学哲学领域主要表现为从探讨自然科学哲学中的本体论问题转向对科学知识结构-动力的逻辑-方法论分析，这也是同时期西方科学哲学关注的焦点。斯焦宾对科学理论结构的研究是建立在近现代物理学史料基础之上的，他和托米里奇克实现了对麦克斯韦电动力学和狄拉克电子相对论思想史的重构；斯焦宾对科学知识发展动力的分析同时受到谢德罗维茨基和埃里克·尤金关于"活动方式"思想的影响，

---

[1] Касавин И. Т. Важно, чтобы работа не прекращалась (Интервью И.Т.Касавина с В.С.Степиным), *Вопросы философии*, 2004(9), C.18.

[2] 列夫·托米里奇克（Л. М. Томильчик, 1931—），苏联和白俄罗斯物理学家，数理科学博士。现任白俄罗斯科学院通讯院士，物理研究所理论物理实验室主任。

[3] См.: Стёпин В. С. *Становление научной теории*, Минск: БГУ, 1976.

从人的活动或实践方式出发他们分析了量子力学的概念结构。1970 年，他们合作出版了《认识的实践本质和现代物理学方法论问题》一书，对前一段研究成果进行了总结：揭示了科学理论模型的层次及其操作性的性质，发现了基础理论不是经验归纳总结的产物，而是从其他理论知识领域移植来一套概念工具创造出来的，经验只是用来论证理论综合的方法和手段的选择问题[①]。

斯焦宾认为，"应用于科学研究的思想客体至少可以划分为两个基本类型：经验客体和理论客体"[②]。经验客体（эмпирический объект）是反映现实经验对象特征的一种抽象，它是现实世界某一现象的图式。任何一个以经验客体为载体的特征，都可以在与之相对应的现实对象中找到（但是不能反过来，因为经验客体不能代表一切，它只是根据认识和实践的任务从实际中抽象出来现实对象的某些特征）。经验客体往往采用经验性的理论术语，如"地球""电流线""地月距离"等建构起来。理论客体（теоретический объект）是一种理想化了的客体，是对现实世界的"逻辑重构"。它反映出来的可以是现实对象具有的特点和关系，也可以是任何现实对象不具有的特征。理论客体往往采用理论性的术语，如"点""理想气体""理想黑体"等加以描述。在经典力学体系中，几乎所有理论命题都是对理论客体性质和关系的直接描述，如质点、力、惯性系等，它们都是一些理想化的概念，不可能在现实物质实体中找到。其中最为明显的就是质点，它被定义为没有大小的物体；而力和惯性系则是一种理想化的定义，只能在现实世界中找到它们的雏形。尽管经典力学的理论客体都会在自然界找到一些与之对应的"片段"，但是这并不意味着理论要想得到客观证明就一定要对应上这样的"片段"。"在人类实践产生的客观现实结果和理论的抽象客体系统之间存在着相当复杂的联系。只有一少部分理论客体才能被独立地应用于现实中去，而大部分理论客体与被研究的现实之间是间接联系。"[③]

在对科学理论结构的逻辑-方法论研究中，斯焦宾也常常把理论客体称作"理论建构"（теоретический конструкт）或"抽象客体"（абстрактный объект），科学理论的结构就是由理想化的抽象客体（或抽象的理论建构）的系统组织决定的。斯焦宾提出了关于抽象客体（理论建构）之网的独特思想，指出这个网络的个别要素与经验相连，而其余的要素与经验无涉。但后者并不是可有可无的，正是由于它们发挥着辅助作用才使整个网络得以存在。斯焦宾关于科学

① См.: Стёпин В. С., Томильчик Л. М. *Практическая природа познания и методологические проблемы современной физики*, Минск: Наука и техника, 1970.
② Стёпин В. С. *Теоретическое знание (структура, историческая эволюция)*, М.: Прогресс-Традиция, 2000, C.104.
③ Там же. C.107.

结构的思想深受美国逻辑实证主义者、耶鲁大学科学哲学教授亨利·马吉诺（Henry Margenau）的影响，马吉诺在《物理实在的本质——现代物理学哲学》一书中把物理实在分成了两个层次：直接被感知的材料和逻辑的建构或建构（constructs）。二者之间的关系如图 3-1 所示。

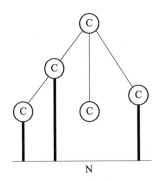

图 3-1　理论建构和经验事实关系示意图[①]

在图 3-1 中，C 代表理论建构，N 代表在观察和实验中直接呈现的物理实在；细线是指理论建构的内部联系；粗线是指理论建构和经验层次的联系（经验联系）。斯焦宾认为，图 3-1 虽然基本包括了理论知识结构的一般特征，但这只是初步的或近似的描述，马吉诺并没有结合一般认识论理论做出进一步分析。要想揭示理论知识的复杂结构及其与经验层次的关系，首先就要分析理论建构网络的内部组织结构，从中就会发现那些相对独立的子系统之间的从属关系；而在理论内容的分析中，首先要找到那些通过定义和假设的方法引入理论的基本抽象客体的相关性，如质点、力和惯性系这些抽象客体之间的关系，它们是作为初始公理和公设被引入牛顿力学的。斯焦宾指出，哪怕这些基本抽象客体中的某一个发生改变或被剔除，都会导致整个理论发生变化。比如，如果把质点这样的抽象客体排除掉，那么整个牛顿力学就会垮塌；如果用能量代替力这样的基本抽象客体，那么牛顿力学就会得到另外一种理论结构——哈密顿力学；而如果把能量和力都排除掉，就会转变为赫兹力学的基本原理，只不过相对于牛顿力学来说这已经是描述机械运动的另一种理论结构了。因此，在那些复杂理论的基础上总能发现抽象客体彼此协调一致形成一个网络，这一网络决定了该理论的基本特性。

斯焦宾把这个由抽象客体建立起来的网络称作"理论图式"（теоретическая

---

① Margenau H. *The Nature of Physical Reality*, New York: McGraw-Hill, 1950, P.85.

схема），理论图式中的抽象客体及其关系的初始特征总是反映着该理论所研究的对象领域的本质和规律。在理论的发展中还可以分出基本的和特殊的理论图式：相对于基本的理论图式形成了基本理论定律；而相对于特殊的理论图式形成了次一级普遍性的理论定律。作为理论研究的对象关系的抽象模型，基本的理论图式在认知的深刻性和本质性方面揭示这些对象关系的结构特点，而特殊的理论图式则针对不同的任务将基本理论图式加以具体化和专门化。理论图式与科学的世界图景和经验材料相互作用并在其中得以反映，这一反映的结果作为一组特殊的命题，无论是在世界图景的术语中，还是在以现实经验为基础的思想实验术语中都表征着抽象的理论客体。斯焦宾把后者称作操作性的定义（операциональное определение）。"事实表明，并非理论体系所有的而只是某些术语应该具有操作性的意义，即通过一些特殊的对应规则（操作性定义）与能够转化为经验的对象相联系。其他的理论术语只需要在一定的语境下，在某一理论体系的内部加以定义，这一语境就是这些术语之间及其与具有操作性意义的术语之间彼此关联。前者可以视为理论内部的关联，而后者由于超出了理论语言的界限被看成是认知关联。"[1]众所周知，操作性定义即对应规则或 C 假说，最初是由逻辑实证论者卡尔纳普在所谓的"双语模型"中提出的，是联结理论语言和观察语言的陈述。斯焦宾借助"操作性定义"阐明了抽象客体的本体论基础（即经验材料），利用马克思主义一般认识论原理（即实践活动）说明了科学认识的发生机制，其思考的深刻性和视野的宽广性略胜出一筹。

　　在斯焦宾看来，要想弄清科学理论的结构首先就要分析作为理论基础的抽象客体的特殊组织形式——基本理论图式，而理论图式又是和它的数学公式分不开的。二者形成了一个相互协调的双层架构：第一层为数学形式，第二层为基本理论图式。这种协调性在狭义上主要表现在：根据理论规律的数学表述建立的方程成为理论图式中抽象客体基本关系的独特记录，客体特征发生改变，方程也要随之更正，反之亦然。在广义上主要表现在：用于描述某些物理过程的数学结构的类型和基本理论图式中研究这些过程的方法之间的互动。历史上，当牛顿着手建立机械运动的理论图式的时候，也就是把运动的物体看成是在时空惯性系力的作用下改变自己动量和坐标的质点，这个机械运动的模型就提出了相应的数学工具的要求，而且机械运动每一次理论图式的改变都提出了对数学工具的新要求。事实上，由牛顿特别是莱布尼茨创立的微积分已经成

① Стёпин В. С. *Теоретическое знание (структура, историческая эволюция)*, М.: Прогресс-Традиция, 2000, С.107.

为描述机械运动的基本数学工具。此外，在新的数学工具的影响下已经形成的某些理论图式也会发生调整。例如，量子力学最初出现了两个等价的量子过程理论——薛定谔的波动力学和海森堡的矩阵力学，每一个模型都有和自己理论图式相对应的数学工具。在量子力学接下来的发展中，这两种理论图式综合于一种新的以希尔伯特无限空间为数学工具的理论表述中。数学工具的改变同时要求建立新的基本理论图式，波动力学中采用的三维空间波函数，在希尔伯特空间中就成为描述量子状态的一个矢量，它与仪器状态矢量一起实现了对量子过程更为深刻的描述。相对于新的理论图式而言，先前薛定谔和海森堡提出的量子过程理论模型显然不够完美，而新的理论图式不仅综合了这两个模型，而且在更加宽广的范围描述和揭示了原子世界。可见，在新的数学结构的影响下，理论图式的定义域被拓宽了：一方面，为新事实提供了更为有效的描述和解释；另一方面，为认识新的物理对象的理论知识提供了基础。因此，"基本理论图式与应用于该理论的数学公式的互动不仅是理论的基本功能，而且是理论知识自身发展的条件"[①]。

在科学世界图景中反映出来的理论图式与数学工具之间的联系，提供了科学语义学解释的可能；而理论图式与经验之间的联系，则提供了科学经验论解释的可能。如果从定义概念的角度来看建立理论，核心问题就是一个概念工具的问题，即首先提出假设而后用经验去证明的理论图式的发生学问题。建立假设模型的途径主要有两个：概念内容的可操作化和提出数学假设（与假设方程一同提出的还有对方程进行解释的假设模型）。而抽象客体假设模型被赋予了一些新的特征，因为这些特征已经进入了新的关系系统中，用经验去证明假设模型的前提是抽象客体的新特征必须能够得到理想化，这种理想化以测量和实验为基础，而建立假设模型的目的恰恰是为了解释这些测量和实验。斯焦宾把这一程序称作理论图式的"结构证明"（конструктивное обоснование）。今天看来，引入这一程序具有重要理论意义，它不仅有助于完善科学概念的发展机制，提供检验理论知识一致性的可能性；而且有助于发现隐藏在科学理论中但尚未在一般认识过程中暴露出来的悖论，甚至会"解决作为科学理论组成部分的范式的发生问题（尽管这一问题是由库恩提出的，但并未在西方科学哲学中得到解决）"[②]。德国技术哲学家汉斯·伦克（Hans Lenk）也认为："斯焦宾当时提出的假设抽象客体的结构引入，也就是今天我们通常所说的理论本质的建构（特

---

① Стёпин В. С. Теоретическое знание (структура, историческая эволюция), М.: Прогресс-Традиция, 2000, C.121.

② Мостинская А. Ю. Масштаб личности, Вопросы философии, 2009(9), C.8.

别是理论物理学），我们关于不可观察的微观客体的概念就属于这样的理论本质（上世纪初的原子，今天的基本粒子、夸克）。但是斯焦宾强调了这些抽象客体之间的关系，提出了科学理论或科学共同体的'范型'和理论图式或范式的'结构证明'等思想，与库恩的'范式'思想形成对照或补充。他采取了隐喻、类比、示例、图式等分析方法，批判和发展了库恩的模型。"①

二、科学基础：世界图景、理想与规范、哲学基础

尽管斯焦宾把科学理论的建立看成是提出假设然后用经验去证明推论的理论图式的发生学问题，但他很快就发现了新的问题：提出科学假设的前提是什么？这就涉及理论模型的本体论前提问题。②20世纪70年代末80年代初，斯焦宾开始从科学的结构和发生学研究转向探寻科学的基础，此时苏联科学哲学也发生了从分析科学的内部动力向强调它的社会文化制约的转变。然而，斯焦宾并不满足于提出和描述几个影响科学认识的社会文化因素和事实，而是想发现某种影响机制，通过这一机制社会文化外部因素被整合到经验和理论知识内部增长的过程中。这一问题，即如何克服描述和解释科学发展的外史论（экстернализм）和内史论（интернализм）的片面性问题是科学哲学的传统问题。对此，斯焦宾自始至终都坚持一个观点，即科学根据主要来自两方面：一是科学的内部结构；二是科学的基础结构。后者间接表现为社会文化因素对科学认识的影响和科学知识向所处时代文化的渗透。斯焦宾把科学的基础结构主要分为三个方面：①科学的世界图景（научноя картину мира），它在系统-结构基本特点方面表征着研究对象；②研究的理想与规范（идеалы и нормы исследования），即描述和解释、证明和辩护、知识建构和组织的理想与规范；③科学的哲学基础（философское основание науки），它主要用于证明科学世界图景和研究的理想与规范，使科学知识得以向自己时代的文化渗透。斯焦宾把科学基础视为一个联系着科学与文化的特殊环节，既属于科学的内部结构也属于科学的基础结构。科学基础既包括本学科的组分也包括跨学科的组分，后者首先是作为一般的科学世界图景，即自然科学和社会科学综合的特殊形式；其

① Ленк Х. О значении философских идей В. С. Стёпина, *Вопросы философии*, 2009(9), С.9.
② 实际上，随着后实证主义科学哲学的兴起，逻辑实证主义"拒斥形而上学"的观点式微，关于科学形而上学基础的研究再次回归到西方科学哲学的中心。比如，库恩的"范式"（парадигма）、拉卡托斯的"研究纲领硬核"（ядро исследовательской программы）、图尔敏的"自然秩序理想"（идеалы естественного порядка）、霍尔顿的"科学基旨"（основные темы науки）、劳丹的"研究传统"（исследовательская традиция）等。其中，受到关注最多、引起争议最大、对后世影响最为深远的是库恩的"范式"。

次表现为研究的理想与规范和科学的哲学基础，从中反映出贯穿某一历史时期科学理论稳定不变的特征。斯焦宾之所以使用本学科和跨学科这样的说法，是为了强调理论知识的功能发挥和自身发展都是通过学科内外互动实现的。

（一）科学的世界图景

斯焦宾认为，广义的世界图景等同于世界观；而狭义的世界图景是指科学本体论，即作为科学理论特殊形式的关于世界的基本观点。作为科学知识系统化的具体形式，世界图景提出了一定时期关于科学研究对象世界的整体观点。历史上，"世界图景"概念的这一含义是逐渐发展起来的，只是随着对科学活动的哲学-方法论反思的不断深入，出现了在整体上阐释世界并作为科学特殊组成部分的可能，结果是不同科学研究领域的知识不断地综合，最后产生了所谓的"科学世界图景"。"科学世界图景就是知识系统化的一种形式，其中具体科学的研究成果与作为人类全部实践和认识经验完整概括的世界观认识进行理论综合。科学世界图景既与自然科学理论和其他具体科学的理论体系联系在一起，又与知识和经验系统化的最广义形式——世界观联系在一起。"[1] 随着科学的产生及对社会生活影响的日益增强，近代以降的世界观主要来自科学世界图景的内容；而作为科学世界观的组成部分（这部分只是在科学发展的某一历史阶段得到的关于世界构造的知识），科学世界图景又常常决定着科学活动的方向。因此，尽管不能把科学世界图景和世界观相提并论，但也不能截然分开。在科学史上，维尔纳茨基很早就注意到了世界图景和科学世界观的关系问题。他指出，包括一般科学世界图景及其哲学基础在内的科学世界观，是在与社会精神生活其他方面的密切联系中发展的。科学世界图景和构成技术文明基础的世界观之间的互动是一个非常重要的方面，因为它可以把科学发展的内外因素相统一的问题具体化。当科学世界观发生急剧变化的时候，无论是对部门科学还是整个科学的发展都会产生重要影响[2]。在哲学上，我们至少可以把世界观分成本体论、认识论和价值论三个方面，科学世界图景无疑对世界观本体论方面的形成和发展产生了影响。"科学世界图景总是依赖于某些哲学原理，但后者并不能直接产生前者也不能取而代之。世界图景只能通过科学内部重大成就的归纳和综合之路产生，哲学原理只是为这一综合过程确定方向和对得到的结论加以辩护。"[3] 因

---

① Черноволенко В. Ф. *Мировоззрение и научное познание*, Киев: Изд-во Киевского ун-та, 1970, C.122.

② Вернадский В. И. *Избранные труды по истории науки*, М.: Наука, 1981, C.229-232.

③ Стёпин В.С. *Теоретическое знание (структура, историческая эволюция)*, М.: Прогресс-Традиция, 2000, C.197.

此，无论是直接的还是间接的影响，科学世界图景都是通过哲学思想系统与作为文化基础的世界观结构发生作用，这些哲学思想都是对世界观内涵的理性解答。

斯焦宾及其领导的明斯克方法论学派从思想客体组织的视角去分析科学结构时，产生了一系列重要的认识论和方法论问题：为什么针对同一个研究对象会有不同的描述和模型？又是什么把这些描述语言整合到一个科学语言系统中的？要想回答这些问题就离不开科学本体论的诠释，即专门的科学世界图景。为此，斯焦宾引入了科学研究对象系统–结构基本特点的概念，以此为基础无论是在经验图式还是理论图式中各种不同形式的客体彼此联系并且同属于一个对象领域。历史上，最富代表性的就是物理世界图景，但并非仅此而已。只要能够成为独立的知识领域，任何科学都会有类似的世界图景。斯焦宾认为，研究对象的系统–结构特点要想转变为科学世界图景主要通过以下四种方式实现：①提出基本（基础）的客体（对象），从中可以建构出所在学科的其他客体；②提出被研究客体的类型；③提出这些客体相互作用的一般规律；④提出现实世界的时空结构。以上概念必须能够转化为本体论原则并成为相应学科的理论基础，通过这些概念被研究的现实图景得到详尽的说明。例如，世界是由不可分的粒子组成的，它们之间的联系是通过"超距作用"完成的，这些粒子及被它们构成的物体存在于绝对时空中，上述本体论原则就是对形成于17世纪下半叶的物理世界图景的阐释，今天我们称之为机械的世界图景。19世纪70年代，当麦克斯韦理论在物理学领域取得巨大成功以后，电动世界图景开始取代统治两个半世纪的机械世界图景。这一世界图景主要是借助于抽象化系统（理想客体）描述自然过程，即不可分的原子和电子（电原子）；充满宇宙的以太，它的状态可以视为根据"近距作用"点对点传播的电力、磁力和重力；绝对时空。从机械力学世界图景向电动力学世界图景再向相对论–量子力学世界图景的转变伴随着物理学本体论原则的改变，这一变化在20世纪上半叶相对论–量子力学的形成时期尤为剧烈，之前的不可分的原子、绝对的时空、物理过程的拉普拉斯决定论等原则统统被修正。

理论图式中的抽象客体和世界图景的建构是两类不同的思想客体。如果说相对于前者形成的是科学定律的话，相对于后者则形成了本体论原则。作为一种理想化结果的抽象客体显著区别于现实对象，而世界图景建构则是被本体化和同一化了的现实对象。例如，每一位物理学家都能理解"质点"这样的概念，尽管在自然界中找不到这样的物体；而18—19世纪接受了机械世界图景的物理学家却坚持不可分的原子不仅真实地存在于自然界中，而且是自然界的基石。

但是，这两类不同的思想客体同时又是彼此相关的，这种联系反映在理论图式的抽象客体和世界图景各自特点相互作用的过程中。例如，经典电磁场理论图式与电动世界图景的关系如表 3-1 所示[①]。

表 3-1 理论图式的抽象客体与世界图景的建构术语对应表

麦克斯韦-洛伦兹电动力学理论图式的抽象客体	电动世界图景的建构
点电压矢量	作为世界以太状态的电场
点磁压矢量	作为世界以太状态的磁场
点电流密度矢量	电子的运动
时空参考系	绝对的时空

由于世界图景建构与理论图式抽象客体之间的联系，它们经常使用同一个术语，然而这一术语在不同的语境下又具有不同的含义。以电子为例，在麦克斯韦-洛伦兹电动力学定律中这一术语是指基本的点电荷；但把它看成是世界图景的组成要素时则意味着遍布各种物体上的最小带电粒子（电原子）。因此，对这两种形式思想客体特点之间关系的研究已经成为定义科学概念的一种方法。在牛顿力学中之所以把"质量"定义为物质的数量，就是基于物体是由不可分的基本粒子（原子）构成的考虑，物质的数量与原子的不可分和不可入的特点密切相关。科学概念具有多种定义类型并在它们的相互作用中发展，其中就包括理论图式和世界图景的相互作用。"这就是为什么在概念这个层面上不能把世界图景和理论明确划分开，但是，当我们注意到理论图式和世界图景两种思想客体的特点、联系以及与经验的关系时，完全可以作为一种解决方案对科学概念工具的发展产生影响。"[②]

（二）科学的理想与规范

和任何人类活动一样，科学研究也要遵循一定的规则、原则与模式，斯焦宾称之为科学认识的"理想与规范"，它们反映了科学活动的目的和价值取向，以及达到目的的方法和手段。理想与规范至少可以分成彼此联系的两个方面：①科学特有的认知规则，它对各种形式科学知识再造客观对象的过程起到调节作用；②社会的规范，它决定了一定历史发展阶段科学对于社会生活的意义和价值，对研究者的交流过程，以及学术界、研究机构与整个社会之间的关系起到调控作用。这两个方面分别对应着科学的两个功能：认知活动和社会建

① Стёпин В.С. *Теоретическое знание (структура, историческая эволюция)*, М.: Прогресс-Традиция, 2000, С.223.
② Там же. С.224.

制[①]。20 世纪 70 年代末 80 年代初，苏联学者开始关注和讨论科学认识的理想
与规范问题，而这一问题在西方科学哲学中也是研究热点。德什列维（П. С.
Дышлевый）、丘季诺夫（Э. М. Чудинов）、奥夫钦尼科夫和库普佐夫等最早开
始分析理想与规范问题，他们关注的是在科学研究和建立新理论的过程中方
法论原则的调控作用；马姆丘尔则着手研究在理论选择过程中方法论原则的
功能问题；莫特罗什洛娃（Н. В. Мотрошилова）、奥古尔佐夫和鲍里斯·尤金
（Б. Г. Юдин）等分析了科学认识和社会建制两类理想与规范之间的关系问题。
对科学理想与规范的社会文化前提性和定向性功能的研究成为公认的热点问题，
吸引了众多的研究者，正是在这一时期围绕着这一问题形成了明斯克、基辅、
莫斯科、列宁格勒、新西伯利亚、罗斯托夫等多个方法论学派[②]。斯焦宾及其领
导的明斯克方法论学派重点研究了科学哲学实践的和历史-文化的范式，特别是
从科学知识的结构和动力学角度提出以下任务：理想与规范是怎样嵌入科学结
构中去的？理想与规范的内部组织结构是什么样的？它们与经验知识、理论知
识和科学世界图景的关系如何？它们的历史的和社会文化的维度是什么？正是
基于对这些问题的思考，斯焦宾创造性地提出了关于科学理想与规范结构的思
想，阐述了理想与规范在整个知识系统发展中的功能[③]。

在斯焦宾看来，科学认识的理想与规范是一个相当复杂的组织结构，至少
可以分为三种类型：①知识的解释和描述的理想与规范；②知识的证明与辩护
的理想与规范；③知识的建构与组织的理想与规范。它们在整体上形成了一个
特殊的研究方法图式，从而把握一定类型的研究对象。对科学与事实的形成起
到调控作用的理想与规范，表现为一系列基本特征的综合。例如，库恩把"好
的理论"（理想的理论）的原则确定为：普遍性，即理论要有广阔的应用领域；
准确性，这是描述和解释的理想；简单性，这是理论知识组织的理想。而每一
种类型的科学理想与规范至少又可以分为三个层次：①第一层次是把科学与其
他认识形式（日常的、自然-经验的认识；艺术；宗教-神话的认识）区分开来
的特征。这是整个科学研究共有的规范，主要是对认识结果的客观性和对象性
要求。例如，尽管在不同的历史时期对科学知识的性质、证明的程序和证实的

---

① Мотрошилова Н. В. Нормы науки и ориентации ученого, *Идеалы и нормы научного исследования*, Минск: БГУ, 1981, С.91.
② См.: Мамчур Е. А., Овчинников Н. Ф., Огурцов А. П. *Отечественная философия науки: предварительные итоги*, М.: РОССПЭН, 1997, С.294-296.
③ 上述研究成果除了参见斯焦宾的专著《科学理论的形成》（明斯克，1976 年）以外，还可以参见斯焦宾为论文集《科学知识的性质》（明斯克，1979 年）和《研究的理想与规范》（明斯克，1981 年）撰写的相关章节。

标准都有不同的理解，但是，科学知识毕竟不同于个人见解，它需要证明和辩护；科学也不能局限于现象的白描，它必须揭示必然性。所有这些规范性的要求无论是古希腊、中世纪还是当代科学都必须要满足。②研究理想与规范第二层次的内容被确定为历史上变化的指导方针，即在科学发展一定阶段起支配作用的思维方式（стиль мышления）。例如，中世纪的科学不是诉诸经验而是诉诸权威；近代科学开始于人们发现实验是知识的源泉和它的真理性的标准；18世纪科学家的思维所依据的是拉普拉斯决定论和机械还原论，而概率性思维后来在科学中被赋予了更多的意义。目前，科学的思维方式日益服从于系统方法，服从于关于非平衡系统的自组织理论和普利高津的耗散结构理论。③第三层次则是第二层次指导方针具体应用于各个科学部门的对象域（数学、物理学、生物学、社会科学等）。例如，在数学中就没有理论需要实验检验的理想，但在经验科学中这是必不可少的。而从内在结构上又可以把科学理想与规范分成两个部分：①基础部分，由基本原理和科学方法构成；②基准部分，由世界图景和思维方式构成。"基础部分属于科学层面，基准部分属于哲学层面。其中世界图景是本体论的原则，即关于自然界存在和发展的最一般的观念；而思维方式则是认识论和价值论的原则，是一定历史时代人们对主体-客体关系的特定的规范性认识。"① 可见，研究的理想与规范是一个具有复杂结构的系统，斯焦宾把它比喻成"方法之网"（сетка метода）。一方面，它是由社会文化因素，即在某一历史时期文化中起支配作用的世界观决定的；另一方面，它是由研究对象的特性决定的。这就意味着，"方法之网"随着理想与规范的转换而改变，从而获得了认识新的对象的可能性。反过来，那些从属于某种方法图式的客体，往往也是该学科新的研究对象。

　　总之，科学的理想与规范不仅影响着各门科学专有的世界图景的形成和发展，而且与具体的理论模型和理论定律相联系，甚至关乎如何观察和形成历史事实。理想与规范以知识标准的形式固定下来并被研究者所掌握，这样一来，研究者在规范结构下的探索活动无需另起炉灶，很多东西对他而言已经是理所当然的了。因此，随着科学理论的建立还会产生对研究者起到定向作用的标准形式，例如，欧几里得几何学就是牛顿理论知识组织的理想与规范，牛顿就是以此为标准形式建立自己的力学体系的；接下来，当安培决定建立电磁综合理论时，牛顿力学又成为他的标准形式。从这个意义上说，无论是在科学理论的

① 孙慕天：《跋涉的理性》，北京：科学出版社，2006年，第259页。

建立还是运行的过程中都可以找到理想与规范的影子。

（三）科学的哲学基础

科学基础第三个重要组成部分就是科学的哲学基础。在逻辑实证主义占统治地位的科学哲学中，科学的哲学基础问题是被排斥在方法论研究之外的。只是在后实证主义科学哲学兴起之后，形而上学在科学知识增长过程中的作用问题重新被提及，要求重新评价"知识的形而上学前提"问题的是那些明确反对在科学和哲学之间严格划界，强调要把哲学思想和原则纳入到科学探索语境中的科学哲学家，主要有波普尔、库恩、拉卡托斯、霍尔顿等。正如瓦托夫斯基（M. Вартофский）指出的："毫无疑问，在科学史上无论是在科学理论的创立还是关于替代理论的争论中'形而上学模型'都发挥着重要作用。无论是物质、运动、力、场、基本粒子这样的概念，还是原子论、还原论、连续和间断、进化和突变、整体和部分、变化中的不变性、空间、时间、因果性这样的概念结构一开始都有'形而上学'的性质，对科学理论及其概念的建构以巨大影响。"①与西方科学哲学时断时续的研究不同，哲学对于科学认识的作用问题自始至终都处于苏联科学哲学的中心地位。20世纪60—80年代的新哲学运动围绕着这一问题形成了几个研究方向，特别是分析了科学与哲学的双向互动问题：一方面，分析了20世纪基础科学理论给哲学范畴（因果性、发展、时间、空间等）内容带来的变化；另一方面，研究了在这些理论的形成过程中哲学的启发功能。阿克秋林、巴热诺夫、卡秋金斯基、马姆丘尔、奥美里扬诺夫斯基、卡尔宾斯卡娅、凯德洛夫、弗罗洛夫等苏联著名哲学家都曾涉猎过这一领域。70年代末80年代初，科学哲学和科学史的交叉研究使这一问题域进一步拓宽。例如，盖坚科、科萨列娃等研究了古希腊数学形成时期和近代欧洲自然科学产生时期哲学和科学相互作用的类型。但同时也提出了新的问题：在认识的过程中哲学为什么和怎样启发科学？哲学是怎样影响新的科学知识向文化转化的？要想回答这些问题就必须在原则上把哲学整体和构成科学基础的哲学特殊区分开，沿着这一思路斯焦宾重点研究了科学哲学基础的历史-文化维度。

斯焦宾认为，科学知识要想成为文化的组成部分就需要借助于哲学的观念和原则，它们为科学的世界图景即本体论假设和科学的理想与规范提供辩护。众所周知，在基础科学的研究领域中通常要和那些未被生产、生活经验

---

① Вартофский М. Эвристическая роль метафизики в науке, *Структура и развитие науки*, М.: Прогресс, 1978, C.63.

掌握的对象打交道，虽然这些对象对于日常思维而言可能是陌生和难以理解的。要想获得这类对象的知识和方法，就不能在该历史时期关于世界的惯常知识和思维中实现。因此，无论是在形成时期还是后来的调整时期，科学的世界图景（客体图式）和科学的理想与规范（方法图式）都需要和某一历史时期占统治地位的世界观和文化范畴实现特有的"对接"，而科学的哲学基础确保了这一"对接"得以完成。这一基础包括两类哲学观念和原则：一类是用于论证科学的本体论假设；另一类是用来启发研究者。前者主要是在科学理论的创立阶段起作用，后者在科学的规范结构和现实图景发生转换时发挥作用。斯焦宾之所以特别关注上述问题，是因为在对世界的哲学思考中，预见和启发这两个功能是科学发展的前提条件。那么，哲学为什么会对专门的科学研究有预见和启发功能呢？这一问题的实质是在对世界的哲学认识中如何系统生成思想、原则和范畴，它们对于描述已知世界来说往往显得多余，但对于科学活动和实践将要认识的对象来说是必需的前提性知识。只要把哲学史和科学史进行简单的比较就会找出很多哲学启示科学的例子。比如，原子论最早出现在古代哲学体系中，之后在各个哲学学派内部发展，直到科学技术达到了可以把哲学思辨的性质转变为科学事实的水平为止。又如，在莱布尼茨的"单子论"中就提出了一系列取代机械论概念的思想，涉及整体和部分的关系、非力作用、因果性、可能性和现实性的联系，提出了与现代宇宙学和基本粒子物理学具有惊人相似性的概念和模型。在对哲学史和科学史进行了充分比较之后，斯焦宾指出哲学之所以对科学探索具有启示作用，就在于哲学事先为科学准备好了范畴结构（категориальные структуры），使科学越出日常思维和实际上已经掌握的对象结构的限制。历史上，哲学建立了各种"可能世界"，并且为科学掌握新的现实对象提供了范畴结构。斯焦宾还举出黑格尔的辩证法，按照恩格斯的说法，黑格尔处处都在追寻发展的线索。

　　但接下来的问题是，怎样才能提出这样的哲学范畴？这就需要在文化动力学语境下阐明哲学的功能，即当历史具体的文化类型基础发生调整时，哲学如何发挥自己的作用。对上述哲学功能的理解必须结合对"文化共相"[①]的批判性分析，这一工作是斯焦宾在苏联解体之后特别是近些年来研究的重点。斯焦宾把文化看成是"人类生命活动的超生物学的纲领的复杂的体系"，看成是独特

---

① 斯焦宾在研究文化哲学时经常把"文化共相"（универсалии культуры）、"世界观共相"（мировоззренческие универсалии）、文化范畴（категории культуры）三个概念作为同义语使用。而 A. 古列维奇（А. Я. Гуревич）在研究中世纪文化时则主要采用了"文化范畴"的提法（См.: Гуревич А. Я. *Категории средневековой культуры*, М.: Искусство, 1972）。

的"遗传密码"，它使人类在发展的同时能够保持自己社会-文化的"脸谱"。斯焦宾把文化发展（超生物程序）分成三个阶段：①残留程序（前文化的残余碎片），它们在新的社会中已经失去了价值，但仍然对人们的交往和行为方式产生着影响；②能够确保与当前社会类型相适应的活动方式再生产的程序；③与未来社会活动方式相适应的程序。斯焦宾认为，不同文化类型是由世界观共相决定的，而世界观共相积累了人类历史的经验，在共相系统中"一定文化背景下的人评价、了解和经历着世界，完整把握进入人的经验领域内的一切实际现象"①。文化共相是一种普遍性，它对于不同文化类型具有不变的特点，这些特点反映了人类生存的深层结构；文化共相还具有特殊性，它包括反映每一个历史类型文化特点的特殊内容。总之，"文化共相是人类积累的经验的精华，它包括人类经验的所有形式，而不仅仅是它的理论知识范畴。文化共相结构体现为某种历史类型的社会文化精神和物质方面的所有表现形式：日常语言，道德认识，以艺术的方式对世界的感悟，技术的作用等。文化共相并不局限于文化的某一领域，而是贯穿于文化的所有形式"②。

"文化共相"是斯焦宾文化哲学中的一个独特概念，他主要关注了文化共相在历史经验的转译、人类生活方式和文明发展特点的再生产中的意义。斯焦宾分析了文化共相和哲学范畴之间的关系，揭示了新的范畴结构在文化中的发生机理，而这些范畴又是我们理解各类自然系统客体的前提。斯焦宾把文化共相分成两类范畴。①第一类是表现在活动中被改造的客体的最一般特征的范畴，如空间、时间、运动、物体、性质、关系、质量、因果性、偶然性、必然性等。这些在人类活动中被改造的对象不仅包括自然客体，还包括社会客体、人及人的意识。因此，这一类"客体范畴"具有普遍适用性。②第二类由关于人的范畴构成，即把人作为描述的具体对象，如人、社会、我、他者、劳动、意识、善、美、信念、希望、责任、良心、公平、自由等。这类范畴反映了人类交往的结构、人与人以及人与社会的关系、人与社会目标和价值的关系等。这类"主体范畴"只适用于社会关系，但在人类社会活动中的作用不亚于"客体范畴"。它们用最一般的形式记录着包括个体经验在内的历史经验，并以此构成社会关系和交往体系的总和，表现着活动主体的各种属性③。斯焦宾又把文化共相的功能分成三个方面。①作为对历史-社会经验进行选择性筛选和传播的形

---

① Стёпин В. С. Культура, *Новая философская энциклопедия: Т.2.*, М.: Мысль, 2001, С.343.
② Стёпин В. С. *Эпоха перемен и сценарии будущего*, М.: Институт философии, 1996, С.4.
③ Стёпин В. С. *Теоретическое знание (структура, историческая эволюция)*, М.: Прогресс-Традиция, 2000, С.269-270.

式，文化共相为不断变化的、多种多样的历史-社会经验提供了独特的结构和分类。这个经验按照文化共相的意义加以分类并形成聚集，借助这个"范畴包装"在人与人、代与代之间实现了转译和传递。②作为人的认识的基础结构，文化共相的意义决定了每一具体历史时期意识的范畴结构。③作为人类生活世界的最为普遍的世界图景，通过它引入关于人与世界的一般概念，确定在一定文化类型中认可的价值尺度。因此，这一图景不仅决定了人对世界的理性思考，而且决定了人对世界的情感体验。总之，文化共相系统是每一种文明物种的"遗传密码"，哲学则是对文化共相的反思。当把世界观共相转化为在一定程度上的理论概念时，哲学范畴是文化共相的简化和图式。"正是依靠这种简化的形式，为运用具有特殊本质的范畴提供了可能性，提出理论问题，并拟定新的范畴定义。而这些定义将超越在这个时代的文化的多样性中反映出的那些对世界认识的界限。"① 因此，哲学可以产生一些超越自己时代文化共相的新思想，这样的思想可以成为面向未来文明、文化发展新阶段的世界观指南。而"某门具体科学在解决它的问题过程中所运用的哲学思想和原理，构成了这门学科的哲学基础。它们并不等同于哲学创造的一切知识部分"②。每一历史时期都会产生大量的哲学问题及其解答，能够成为科学辩护范畴结构的仅仅是一部分思想和原则，能够完成这样选择、提炼和借用哲学范畴工作的人，大多是在自己的创造中把科学家和哲学家的角色结合起来的伟大学者，如伽利略、牛顿、爱因斯坦、波尔等。爱因斯坦认为，理论可能源自经验，但不可能从经验资料中归纳出来。他认为这种情况是现代物理学最重要的历史经验，同时也是对科学的哲学基础功能的最好说明。

　　综上所述，世界图景、理想与规范及个别哲学范畴共同构成了科学的基础。科学基础不仅是科学的内部结构和深层结构，而且是联系科学和文化的特殊环节。关于科学基础在科学知识系统中的地位以及与理论和经验的关系，斯焦宾认为如图 3-2 所示③：在这个三维立体示意图中，仪器的状态和观察的数据形成了理论的事实基础，理论对事实基础存在着经验的依赖性；世界图景（包括一般的和专门的科学世界图景）、科学的理想与规范、科学的哲学基础共同构成了科学的本体论和方法论基础；两个基础的互动产生了科学理论，而文化（文化共相）则作为科学知识的背景而存在，通过科学基础这个特殊环节影响着每一

---

① B. C. 斯捷平:《世纪之交的哲学（上）》，黄德兴译，《国外社会科学文摘》1998 年第 9 期，第 11 页。
② 同上，第 9 页。
③ Стёпин В. С. *Теоретическое знание (структура, историческая эволюция)*, M.: Прогресс-Традиция, 2000, C.287.

具体历史时期科学的结构与发生。理论图式是科学理论知识的核心内容，其表现形式就是数学化和形式化了的科学定律；理论图式向下的投影表明获得了经验的诠释，向左的投影表明获得了概念的诠释。

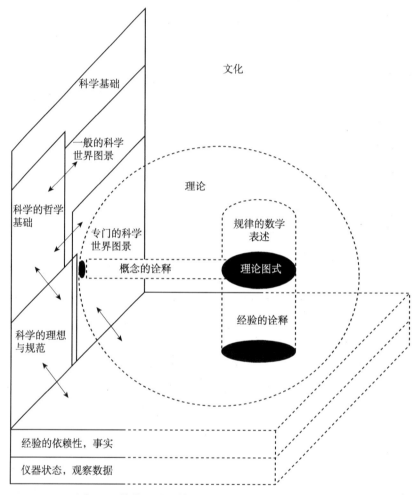

图 3-2　科学基础、科学理论与经验事实关系示意图

　　一方面，通过操作性的定义把经验客体转变为理论客体（抽象客体），再通过数学和形式化的方法建立起反映理论客体之间本质关系的理论图式（科学定律），通过引入抽象客体和建立理论图式斯焦宾阐明了科学知识内部的结构与发生机制；另一方面，通过科学的世界图景和理想与规范阐明了提出抽象客体的本体论和方法论前提，再通过科学的哲学基础论证了不同历史时期科学与文化的融合问题，借助对科学基础的解析斯焦宾阐明了科学知识深层结构与外部发生问题。

"斯焦宾不仅从科学知识内部结构的角度分析了科学基础，而且把科学基础看成是科学知识和文化传统之间独特的中间环节。从这个意义上，他认为在科学基础的所有向量中都可以分出特别的意义，反映了科学基础的社会文化制约性。对科学基础如此详尽的分析引起了一系列结果，斯焦宾称之为科学知识的哲学-方法论分析的新思想和新方法。"[1] 上述两个方面就是在苏联解体之前（20 世纪 60 年代中期到 80 年代中期）、在反对教条主义的新哲学运动中、在远离学术中心莫斯科的艰苦条件下，作为明斯克方法论学派领袖的斯焦宾在科学哲学方面所做的创造性工作。

三、科学革命：从经典、非经典到后非经典科学理性

因在哲学研究和教学活动方面成就卓著，1986 年斯焦宾被授予"人民友谊"勋章。1987 年，斯焦宾当选为苏联科学院通讯院士并被调往首都莫斯科工作，先是担任苏联科学院科学技术史研究所（ИИНТ）所长，第二年调任哲学研究所所长直至 2006 年卸任。而从 1989 年至今斯焦宾一直担任国立莫斯科大学哲学系哲学人类学教研室主任，始终坚持工作在教学一线。1994 年，斯焦宾当选为俄罗斯科学院正式院士，2009 年当选为俄罗斯科学院社会科学学部委员会主席。斯焦宾集科研、教学和组织才能于一身，在 20 世纪 90 年代初国家发展的特殊历史时期，这位来自明斯克的新所长担起了改革的重任。一方面，俄罗斯哲学逐渐形成了一些新的研究方向，如进化认识论、哲学人类学、文化哲学、政治哲学和法哲学等；另一方面，他对哲学研究所的机构设置也进行了相应改革，巩固了它的国际声誉，扩大了与世界哲学的交往，在过去的二十多年里斯焦宾多次被邀请为世界哲学大会做报告。晚年之际，斯焦宾的学术创造热情依旧不减，在莫斯科工作期间他又提出了两个全新的概念——科学理性的历史进化（историческая эволюция научной рациональности）和文明发展的类型（тип цивилизационного развития），目前这两个概念都得到了国际哲学界的普遍认同。2000 年，斯焦宾又出版了一部具有里程碑意义的科学哲学著作《理论知识：结构、历史进化》[2]。斯焦宾不仅系统地阐述了苏联时期自己关于科学结构和发生的经典理论，而且从文化动力学出发对文明发展的类型、科学理性的历史进化等新观点进行了阐发。《哲学问题》杂志主编列克托尔斯基院士指出："这部书是作者多年思考的结果，比如'理论知识的结构和发生'这一概念就不仅提供

---

① Мостинская А. Ю. Масштаб личности, *Вопросы философии*, 2009(9), С.8.
② 该书于 2003 年再版，2004 年被译成西班牙文出版，2005 年被译成英文出版。

了评价现代科学哲学在俄罗斯、在学科范围内研究状况的可能性，而且对在向技术型文明转变中涉及的科学理性和理论知识评价等问题也做出回答。"①《科学学》杂志主编谢苗诺夫（E. B. Семёнов）则认为："当下讨论科学问题必须和社会、经济以及'国家定制'型的市场联系起来，因此，革命意味着从对科学特有的逻辑-方法论分析向科学的社会-文化基础分析的转变尚未完成。在这个意义上斯焦宾的书不只是多年耕耘大功告成，而且是对某些尚未开发领域的特殊贡献，它对这些领域研究具有推动作用。"②贾泽林教授也认为："斯焦平③在'科学哲学'方面的工作受到哲学界的好评，他的《理论知识》一书受到赞扬。以斯焦平为代表的一批俄罗斯'科学哲学'家把他们的'科学哲学'研究同'文化学'和'社会哲学'研究联系起来的倾向，引起人们的密切关注。"④

斯焦宾指出："当我们对科学进行动力学的考察时，就会发现在科学发展的过程中理论探索的战略会经常发生变化，即科学基础发生调整和转型。这种科学基础的自我调整就是科学革命（научная революция）。"⑤斯焦宾把科学的革命性变化分为两种类型。

第一种类型与学科内部知识的发展相关，当有新的客体类型进入研究领域，而掌握这个新客体需要改变本学科基础时，就会发生该种类型的科学革命，悖论和问题情势是学科内部发生科学革命的前提。"一般说来，某一理论体系愈是完善、成熟，愈是抽象、规范，也就愈容易产生悖论。"⑥悖论只是发出一个信号，即科学把新型的客体和过程吸纳进来，但现有的世界图景却不能反映它们的主要特征。例如，机械力学中形成的绝对时空的观念允许采用一致性的方法去描述低于光速的运动过程，而在电动力学中研究者要与具有光速或准光速特点的过程打交道，如果继续使用旧观念就会导致物理知识基础本身的矛盾。因此，这个特别的理论任务就转变为如下问题：知识体系不能自相矛盾（理论的无矛盾性乃是理论组织规范之一），为了消除悖论就必须改变物理世界图景（这一图景把研究者看成是活动的完全复制）。要想消除科学悖论就必须改变先前形成的科学基础，特别是要改变科学的世界图景，但这实属不易。因为这一图景在前一时期不仅是促进理论和经验研究的动力，而且还被视为被研究对象和过

① Пружинин Б. И. Российская философия продолжается: из XX века в XXI, М.: РОССПЭН, 2010, С.36.
② Там же. С.39-40.
③ 斯焦宾在该书中被译为"斯焦平"。
④ 贾泽林：《二十世纪九十年代的俄罗斯哲学》，北京：商务印书馆，2008 年，第 54 页。
⑤ Стёпин В. С. Теоретическое знание (структура, историческая эволюция), М.: Прогресс-Традиция, 2000, С.533.
⑥ 万长松，樊玉红：《悖论与科学革命》，《东北大学学报（社会科学版）》1997 第 3 期，第 39 页。

程本质的表征。比如，尽管洛伦兹把打破电动世界图景当作自己的工作，但他并未在相对论上迈出决定性的一步；而彻底摧毁电动世界图景是由爱因斯坦完成的，他完全拒斥了"以太"的概念并且修改了"绝对时空"的观念。事实上，爱因斯坦的前辈们在保留原有世界图景的前提下消除悖论的尝试，无非是把悖论置于科学基础的更深层次，但结果是最终引发更为剧烈的科学革命。此外，爱因斯坦还完成了科学的理想与规范的转换，认为理论不仅要满足经验证明的规范，而且在组织理想方面实现把对那些完全相异现象的解释和预测建立在尽量少的原理之上，这些原理揭示了被研究对象的本质。

第二种类型主要是通过学科间的互动，以"范式移植"（парадигмальная трансплантация）为基础发生的科学革命，也就是一个学科专门的科学世界图景和研究的理想与规范向另一个学科转移。这种范式原则和指南的转移虽然引起了科学基础的改变，但并不意味着学科内部发展出现了悖论和危机。众所周知，机械的世界图景尽管是在物理学研究范围内形成的，但在当时却是作为自然科学乃至一般科学世界图景发挥作用的。机械唯物主义自然观不仅是物理学家的指南，而且是其他领域科学家的指南，这些领域的研究战略几乎都是在机械自然图景的直接影响下形成的。如果我们不考虑机械世界图景向其他研究领域扩散这种"范式移植"，就不能理解 17—18 世纪的化学、生物学、技术科学和社会科学的历史 ①。因此，"可以把一般科学世界图景看作这样的知识形式，它对基础科学问题的提出起到限定作用，对一门科学的观念和原则向另一门科学转移起到定向作用。换句话说，一般科学世界图景是作为全球科学研究纲领起作用的，在此之上形成具体的、学科的研究纲领"②。斯焦宾关于跨学科互动发生科学革命的观点是开创性的，因为无论是库恩，还是其他西方科学哲学家都没有深入研究过这种类型的科学革命。"在发展、修改和补充库恩思想的基础上斯焦宾提出了所谓的'范式移植'概念，这是一种新型的、在库恩常规科学危机之外的科学革命。由于不同学科的相互作用，在一定的条件下一个、两个或者多个相关学科就会发生科学转折。斯焦宾是第一个用这一思想丰富了科学-理论哲学的人，早在历史建构论即爱丁堡学派的'强纲领'之前，他就尝试分析了价值动力和社会反响对科学的影响。"③

当科学后续发展可能性的"星座"被观察到时，斯焦宾把科学革命看成是知识发展的"分叉点"，从中分出的那些研究方向不仅确保了一定的"问题转

---

① Стёпин В. С., Кузнецова Л. Ф. Идеалы объяснения и проблема взаимодействия наук, *Идеалы и нормы научного исследования*, Минск: БГУ, 1981, С.260-279.

② Стёпин В. С. *Теоретическое знание (структура, историческая эволюция)*, М.: Прогресс-Традиция, 2000, С.610.

③ Ленк Х. О значении философских идей В. С. Стёпина, *Вопросы философии*, 2009(9), С.10.

换"（拉卡托斯用语），而且在符合世界观共相的前提下可以融入相应历史时期的文化。在科学革命时期，未来的科学史存在着多种潜在的发展路线，文化只选择那些与在该文化中占统治地位的基本价值观和世界观最为吻合的方向。当科学基础的所有组成部分都发生变化的时候，斯焦宾把这一时期称作"全球科学革命"（глобальная научная революция）。历史上可以列举出四次这样的科学革命。第一次革命是在 17 世纪，力学学科的成熟标志着经典科学的形成。第二次革命发生在 18 世纪末到 19 世纪上半叶，决定了向学科-组织化了的科学转变。在这一时期，机械图景已经失去了一般科学世界图景的地位，在化学、生物学和其他知识领域均已形成了不能还原为机械图景的专门的世界图景。这两次全球科学革命使经典科学及其思维方式得以形成和发展。第三次革命发生在 19 世纪末到 20 世纪中叶，主要是经典科学思维方式的变革和新的非经典科学理想与规范的形成。新范式的特点就是拒斥线性的本体主义，把一定阶段的科学理论和自然图景视为相对真理。科学第四次革命发生在 20 世纪 70 年代以来，不仅科学基础发生了根本改变，而且后非经典科学（постнеклассическая наука）应运而生。具有开放性和自我发展特点的特殊系统越来越成为现代跨学科研究的对象，这类对象不仅决定了基础科学研究领域的特点，而且决定了现代后非经典科学的面貌。和自适应的系统相比较，自我发展的系统要更为复杂，具有协作效应和不可逆性。斯焦宾是最早采用哈肯的协同学思想——"协作效应"的哲学家之一，在混沌理论兴起之前他就把综合的（非线性的）动力系统用于精确的哲学论证。当人类与上述系统发生相互影响的时候，人活动本身不是作为某种外部的因素，而是每一次都会改变系统可能状态的因素被纳入系统内部。在此过程中，人不仅与硬性的物体和属性打交道，而且与特有的可能性"星座"打交道，每一次人类活动都要面临着从系统进化诸多可能途径中选择某一发展路线的问题，而这个选择是不可逆的而且往往是不可能得到唯一解的。

在全球科学革命时期，不仅科学基础的全部组件（世界图景、理想与规范、哲学基础）要进行重构，而且科学理性的类型也要发生相应改变。斯焦宾分出三种进化的科学理性类型：①与经典科学两种状态——学科化和学科-组织化相对应的经典理性（классическая рациональность）；②与非经典科学相对应的非经典理性（неклассическая рациональность）；③与后非经典科学相对应的后非经典理性（постнеклассическая рациональность）。面向客观-真理知识的不断增长，每一阶段的科学活动都会有特有的形态。斯焦宾认为，如果把科学活动概括成"主体—手段—客体"（科学活动的价值-目的结构、应用方法和手段的知识与技能等包含在对主体的理解中）之间关系的话，那么就可以把上述科学发展的各个阶段看成是科学理性历史进化的不同类型，因为科学理性就是对科学活动本身在不同深度上的反思、批判。经典科学理性关注客观对象，力求把与主体、与活动手段和操作有关的一切都要素化了，这种要素化是实现对世界客观真理性认识的前提。在这一时期，科学内部的价值和目的是指向对世界进行分门别类研究的战略和方法的，而这个价值和目的是由文化中的主流世界观决定的。显然，经典科学并未对此加以反思。经典科学理性类型如图 3-3 所示[1]。

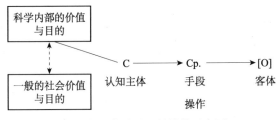

图 3-3　经典科学理性结构示意图

非经典科学理性充分考虑了对客体的认识和活动的手段、操作特点密不可分，而发现这种联系则是对世界客观真理性描述和解释的必要前提。尽管科学内部价值和社会目的之间的联系已经潜在地决定着知识的特点（决定我们以何种方式分析和思考世界），但是，这仍不属于非经典科学反思的对象。非经典科学理性类型如图 3-4 所示[2]。

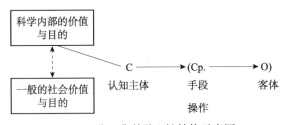

图 3-4　非经典科学理性结构示意图

后非经典科学理性拓宽了对活动进行反思的范围，不仅包含了客观知识与活动手段和操作特点的联系，还包括了与价值-目的结构的联系，其中最为明显的是科学内部目的与科学外部的、社会目的的和价值的联系。后非经典科学理性类型如图 3-5 所示[3]。

① Стёпин В. С. *Теоретическое знание (структура, историческая эволюция)*, М.: Прогресс-Традиция, 2000, С.633.
② Там же. С.634.
③ Там же. С.635.

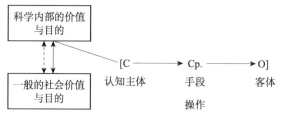

图 3-5　后非经典科学理性结构示意图

"斯焦宾认为，任何科学研究都离不开主客体关系，科学所研究的那个东西在任何时候和任何地方都是客体，从事研究的那个人永远都是主体。但是主客体关系的类型是不断变化的，科学发展的模式也在相应地变化着。……斯焦宾的贡献在于他把它们作为科学发展的不同模式提出来，同时提出了被他统称为后非经典模式的第三个模式。这个模式反映了对把人也包括在内的大系统（例如生态系统）的认识的特殊性，在这样的系统中，不仅认识主体对客体的作用不可消除，而且人的利益即客体本身的人的尺度也不可消除。因此，科学认识的也是客观认识的后非经典模式包含了人的价值。"[①] 当考察三种科学理性的关系时斯焦宾指出，新型的科学理性并不否定先前的理性形式，但是会对其作用加以限制。在解决一些问题时研究者可以利用传统经典科学的范式，非经典科学的观点可能显得多余（例如，在解决天体力学的一些问题时并不需要量子-相对论规范，采用经典力学的规范就足够了）；同样，后非经典科学也不会把经典和非经典科学确立的观点全部取代，它们在某些情况下仍然会发挥作用，只不过已经失去了主导地位和决定科学面貌的作用。随着科学理性的历史进化，科学的世界观"贴花"必然随之改变。如果说经典和非经典科学理性只能在技术型文明的价值中找到支点的话，那么后非经典科学理性则大大拓宽了可能世界观的含义，而后非经典科学的发展直接受其影响。后非经典科学理性主要表现为把全球性问题的解决、人类生存战略的选择、为文明发展寻找新的世界观取向等统统纳入现代化进程中去。后非经典科学理性不仅与技术型文明的文化相适应，而且在东西方跨文化交流的前提下，与其他文明传统中的文化相适应。

四、科学知识：技术型文明语境中的文化

在斯焦宾看来，科学知识是一个置身于社会文化环境中的历史发展系统，

① В. Ж. 凯列:《论当代俄罗斯的科学哲学》,《山西大学学报（哲学社会科学版）》2003 年第 2 期, 第 3-4 页。

具有从一种自适应类型向另一种类型转变的特点。这就意味着科学知识的所有组成部分，从经验事实、科学理论、科学方法到反映着某一类型科学理性的目的和价值指针等，都具有历史发展性。斯焦宾对科学内部结构和动力的分析是与对科学知识社会文化条件及其作用方式的阐释分不开的，正是借助后者在科学发展中实现了内外部因素的互动。这样的研究进路不仅克服了科学解释的外因论和内因论的片面性，而且使科学理性也找到了新的衡量标准，即为各种不同文化传统之间的对话、为寻找文明发展新的世界观取向开辟道路。

当人类走出愚昧和野蛮阶段以后，在人类的发展过程中就存在着多种文明即具体的社会类型，其中每一种类型都有自己独特的历史。著名的哲学家和历史学家汤因比曾经描述过 21 种文明类型，但斯焦宾把它们归结为两大文明发展类型，即传统文明（традиционные цивилизации）和技术型文明（техногенная цивилизация）[①]。技术型文明是人类历史足够晚些的产物，在人类历史的漫长时期内都是传统社会。只是到了 15—17 世纪在欧洲地区开始形成与技术型社会相联系的特殊的发展类型，随后扩展到世界的其他地区，在它的影响之下传统文明开始发生改变。有的传统社会直接被技术型文明所消化和吸收，有的传统社会通过现代化阶段转化为典型的技术型社会；还有一些尝试着引进西方的技术和文化，同时保存着一些传统特征，进而变成了一种混合体社会。"从历史角度来看最先出现的传统主义的模型（汤因比所描述的大部分文明都属于这种模型）和另一种文明模型——人们虽然经常按照它从中出现的那部分世界而称之为西方文明模型，但它却不再仅仅为西方国家所独有。我倾向于把这种文明叫做技术成因型文明，因为在这种文明的发展过程中，人们对新技术（包括对那些与社会取向和社会沟通有关的新技术）的不断追求和使用发挥着决定性的作用。"[②] 传统文明的特点就是社会变化非常缓慢，尽管在生产领域和调整社会关系领域也会出现一些创新，但是和个体和世代寿命相比进步速度相当缓慢。传统社会，在同一种社会生活结构中可以更迭很多代人，并且将这种社会结构代代相传。创新在传统社会中并不具有最高价值，相反，它被局限在有限的范围之内。古代中国、印度、埃及，以及中世纪时期中东的阿拉伯国家都属于传统社会。这种社会类型直到今天仍然存在：尽管在与现代西方（技术型）文明的

---

① "техногенная" 是斯焦宾用俄语中的两个单词组合构成的形容词，"техно" 即技术，"ген" 即基因，整个词的意义就是由 "技术决定的"，"техногенная цивилизация" 就是 "由技术决定的文明"。国内也有把该词组译为 "技术基因型文明" "技术成因型文明" 和 "技术文明" 的，本书使用 "技术型文明" 这一用法。参见李兴耕：《俄科学院斯捷平院士谈 "俄罗斯与 21 世纪"》，《国外理论动态》2000 年第 6 期，第 6-7 页。

② В. С. 斯捷平：《新的发展模型和价值观念问题》，霍桂桓译，《第欧根尼》2010 年第 1 期，第 105 页。

碰撞中或早或晚，传统文化和生活方式都会发生彻底改变，但很多第三世界国家依旧保持着传统社会的特征。与此相反，当技术型文明在相对成熟的形式上形成和发展起来的时候，社会变化以加速度的方式越来越快。"一句话，历史上粗放式的发展被集约式的发展所取代，空间性的存在被时间性的存在所取代。"[①] 从传统社会到技术型文明最主要的和真正具有划时代意义的变化是形成了新的价值体系，创新具有了最高意义上的价值。

技术型文明的文化样式形成于文艺复兴时期，从 17 世纪开始独立发展并经历了前后三个阶段：前工业时期、工业时期和后工业时期。技术型文明的生活活动基础首先就是技术、工艺的发展，这种技术发展不仅是通过生产领域中的常规革新表现出来的，而且是通过所有新的科学知识生成并被引入到技术、工艺过程中表现出来的。这种发展类型是以人生活在其中的自然环境、对象世界的加速度变化为基础的，这种变化同时也在使人们的社会关系发生急剧改变。在技术型文明下，技术进步不断地改变人们的沟通方法、交往形式、生活方式和个性类型，对于技术型社会的文化而言，其特点就是关于不可逆的历史时间的概念，这一时间只能是从过去经过现在指向未来。比较而言，大多数传统文化则是另一种时间观念：当世界可以定期回到起点的时候，时间常常被理解为周期性的。传统文化认为"黄金时代"属于久远的过去，过去的英雄创造了应该为后代模仿的行为和行动的楷模。但在技术型社会中却是另一种价值取向：社会进步的思想刺激了面向未来改革的愿望和行动，而随着文明的发展未来被想象成越来越幸福、快乐的世界。改造自然和使自然界服从于人类在技术型文明文化的任何阶段（包括今天在内）都是主导思想，也可以说，这个思想是组成技术型社会最重要的"遗传密码"，它决定了技术型社会存在本身及其进化。技术型文明在其自身存在的意义上被定义为不断改造自己基础的社会，因此，植根于技术型文明文化中的是对不断产生的新范例、新思想、新观念的大力支持和高度评价。但其中只有一部分能够在我们今天的世界实现，大部分都作为未来活动的可能方案留给了后代。"在技术成因型文化中，作为社会进步之源泉的改革行动的成功，会受到有关改变对象的法则的知识的限制。而这样一来，人们便认为科学具有首要的价值，因为它使得人们有认识这些法则的可能。科学理性支配着人类知识的体系，对这种体系的所有形式都具有积极的影响。"[②] 因此，只有在技术型文明价值系统中，科学理性和科学活动才会获得优先地位。

① Стёпин В. С. *Эпоха перемен и сценарии будущего*, М.: Институт философии, 1996, C.15.

② В. С.斯捷平：《新的发展模型和价值观念问题》，霍桂桓译，《第欧根尼》2010 年第 1 期，第 107 页。

在斯焦宾看来，在技术型文明的背景和语境下，科学知识是主流文化的重要组成部分和表现形式，科学活动是最为重要的认识和改造人与自然关系的实践活动。总之，"在技术型文明价值系统中科学理性的特殊地位和关于世界的科学技术观点的特殊意义都是基于一个理由，这就是科学知识是人类扩大改造世界范围的条件，科学使人相信自己能够揭示自然界和社会生活规律，人类能够按照自己的目的改造自然和社会过程。因此，在近代欧洲文化和技术型社会的后续发展中，科学性这一范畴获得了象征性的意义。科学被视为繁荣和进步的必要条件，科学理性价值及其对其他文化领域的深刻影响已经成为技术型社会生活的独特标志"[1]。

然而，20世纪下半叶以来出现的全球性问题和危机表明，技术型这种文明类型已经走到了危险的边缘。斯焦宾把由技术型文明产生的并且威胁到人类自身存在的全球性问题分成三大类。①不断增多的大规模杀伤性武器。在核时代，人类濒临自我毁灭的边缘，这个沮丧的结论来自科学技术进步的"负面效应"，它开启了军事技术发展的新的可能性。②全球范围内的生态危机。一方面，人的存在是自然界的一部分；另一方面，人又是改造自然界的活动性的存在，人的存在的这两方面发生激烈冲突。③保存人的个性问题，即在异化或疏离（отчуждение）的生长和扩展过程的条件下如何保护好作为生物结构的人。这一全球性问题有时也被看成是现代人类学的危机。早在20世纪60年代，马尔库塞就指出了现代技术发展的一个后果就是出现了作为大众文化产品的"单向度的人"。尽管医学治好了很多疾病，技术型文明大大延长了人的寿命，但是它也排除了自然选择的作用，在人形成的初期自然选择就把来自下一代的遗传错误的载体消灭了。随着人的生物生产现代条件中诱变因素的增加，出现了人类基因库急剧恶化的危险。所有人类承受的这些问题都是技术型文明产生的。现代全球性危机对上述技术型文明所产生的那种进步类型提出了质疑，而任何新的文明发展类型都需要制定新的价值观和世界观取向，首先就要转变对待自然界的态度，改变统治自然界和社会的思想；必须制定人类活动的新思想，提出人类前景的新视角。但是"走出技术型文明危机并不意味着拒斥科学技术的发展，而是要使科学技术进步具有人文主义维度，进而提出新型科学理性的问题，其中明确地包括人文主义取向和价值"[2]。这就引发了一系列问题：科学认识如何引入外部的价值取向？这个引入机制是什么样的？对科学进行社会价值

---

[1] Стёпин В. С. *Теоретическое знание (структура, историческая эволюция)*, М.: Прогресс-Традиция, 2000, С.29.
[2] Там же. С.35.

方面的考量会不会导致真理的变形和严格的意识形态检查？对于科学转向新的形态而言是否在科学内部出现新的条件？而这个新状态是如何影响到理论知识的命运的，即如何作用于理论知识的相对自主性和社会价值？上述问题是当代科学哲学的基本问题，要想回答这些问题就必须了解科学知识的特性、它的发生和发展的机制，了解科学理性类型的历史变化，了解这一变化的现代趋势。

斯焦宾区分了前科学（преднаука）和严格意义上的科学的含义和特征，研究了在传统文化中理论知识的前提是如何产生的问题。在前科学阶段，理论知识的最初形象是以哲学知识作为它的唯一形式；而从前科学向科学的转变导致科学理论知识的形成，科学在后来的文化中逐渐成为理论知识的代表。在对科学史具体材料进行分析的基础上，斯焦宾指出，理论研究方法最早应用于数学，后来逐渐在自然科学、技术科学、人文社会科学中普及开来。理论知识发展的每一阶段不仅是思想内部逻辑的展现，而且是外部社会文化维度的表达。例如，在古希腊城邦的文化背景下，作为理论科学的数学的产生与满足公开辩论的目的分不开，作为辩护和证明理想的数学把知识和个人见解区分开来。而产生于文艺复兴、宗教改革和启蒙运动时期的数学-实验自然科学的前提，则是由技术型文明的世界观共相提供的，即"把人理解成与自然对立的活动的生物；把活动理解成旨在对客体进行改造并使自然臣服于人类的创造性过程；把自然理解成无机界，是改造活动的材料和资源的客体的合乎规律的、有序的领域；活跃的、独立自主的人的价值；创新和进步的价值；科学理性的价值。这一具有非常重要意义的体系，是技术文明的特殊的染色体组；在它们的基础上，实现文明的进步"①。而人文社会科学形成的前提是工业化时代社会结构的快速转型，用"物的依赖性"关系取代先前的"个性依赖性"关系，出现了把人的本质对象化的新型话语等。如果说在前科学阶段最初的理想客体及其关系直接来自实践，后来新的理想客体则形成于被建立的知识（语言）系统的内部。作为对现实实践的一种"超越"，科学开始建立新知识系统的基础，在此之后才通过一系列的操作来检验从理想客体中创造的建构是否与实际对象关系相符。这种研究方法在发达的科学中比比皆是。例如，随着数学的进化，数已经不再被看成是以物品的累计为原型的实际操作，而是被看成是被系统研究的相对独立的数学对象。从这时开始的数学研究来自早期自然数研究中被建立起来新的理想客体，例如，在对任何一对正数进行运算时都可以得到负数（小数减去大数）。发现自

---

① B. C. 斯捷平：《世纪之交的哲学（下）》，黄德兴译，《国外社会科学文摘》1998 年第 10 期，第 50 页。

己还有负数，数学便前进了一大步。凡是可以进行正数运算的地方也可以进行负数运算，借此创造了新的知识，它的特点是以前未被研究的实际结构。接下来的研究进一步扩大了数的种类：对负数进行开平方运算从而得到新的抽象客体——虚数。而对此类理想客体所进行的所有运算，又都可以应用于自然数中。"上述建构知识的方法不仅可以应用于数学，而且适用于所有的自然科学领域。在自然科学中这种建构知识的方法被称作假设演绎法，即首先提出一个假设的模型，之后用经验对它的推论进行验证。"[①] 因为科学认识开始定位于寻找不可能在日常生活和生产实践中表现出来的对象结构，所以它不可能再在实践形式的基础上有所发展，于是，产生了新的服务于科学发展的实践形式。这种新的实践形式就是科学实验。又因为前科学和科学的划界问题，与知识产生的新方法相关联，科学发生问题就成了科学研究方法本身的一个前提问题。这个前提产生在某种思维方式的文化中，这种思维方式允许产生科学方法，而它的形成乃是文明长期发展的产物。传统社会（古代中国、印度、埃及和巴比伦）的文化并未创造出这样的前提条件来，尽管在这些传统社会中也产生了大量的具体的科学知识形式和解决问题的诀窍，但这些知识和诀窍最终未能突破前科学的藩篱。过渡到严格意义上的科学与文明和文化发展的两个关键状态有关：一是在古代文化中发生的变化使科学方法得以应用于数学，同时把科学方法提高到理论研究的水平；二是发生在文艺复兴和向近代过渡时期的欧洲文化中的变化，当时科学的思维方法已经成为自然科学的成就[②]。不难看出，在上述文明中发生的种种改变最终形成了技术型文明。科学的进化主要就是按照这条文明发展轨迹前行的，但是历史的发展道路不是简单直线型的，在不同的文化背景下科学方法的选择和适用条件都是不尽相同的。其中有一些思想和方法会马上汇入到主流文化中去，而有一些则长期在外围徘徊，有朝一日重新获得进入主流的机会，例如，古代社会的很多思想直到文艺复兴时期才得以重见天日。综上所述，无论是科学知识的发生和发展，还是科学方法的发明和应用都离不开技术型文明的世界观共相和西方文化中自古希腊时期就有的逻辑（数学）思维方式。

　　与所有精神生产方式一样，科学活动的最终目的也是调节人的活动。各种认知活动实现这一目的的具体途径也是各不相同的，而分析这一差异乃是揭示科学认识特点的首要和必要的条件。当一种活动的产品向另一种活动转变并成

---

① Стёпин В. С. *Теоретическое знание (структура, историческая эволюция)*, М.: Прогресс-Традиция, 2000, С.58.
② 一般认为这一成就主要表现为将实验确定为研究自然界的方法，把数学方法和实验方法结合起来，再就是形成了理论自然科学。

为其组成部分时，可以把活动看成是由改变客体的各种行为构成的网络。包括
按照一定的目的实现了对客体进行改造的活动主体的人，在一定程度上也可以
看成是学习和教育活动的结果，这种教育活动确保主体掌握了在改造客体活动
中所必需的知识、行为、方法和机能的范例。活动的基本行为的结构特点如图
3-6 所示[①]。

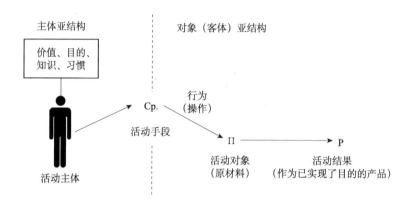

图 3-6　人的活动的基本结构示意图

　　在图 3-6 中，虚线左面是主体亚结构（包括活动主体的价值、目的、知识、
习惯），活动主体实现了目的性行动并且为此目的应用了某些手段；虚线右面是
对象（客体）亚结构，即活动手段与活动对象的互动并且借助某些行为（操作）
把活动对象转化为产品。因为手段（工具）和行为（操作）具有双重属性，所
以它们既属于客体结构，又属于主体结构。一方面，可以把工具看成是人类活
动的人工器官；另一方面，也可以把它们看成是与其他客体发生作用的自然物
体。而同样的操作既可以看成是人的行为，也可以看成是自然客体的相互作用。
活动总是按照一定价值和目的发生的，价值回答"为什么需要进行某种活动"
的问题，目的回答"在活动中应该得到什么"的问题，目的就是产品的理想形
式，它在产品——对客体的改造结果中得到实现和具体化。科学把预测实践活
动的对象（初始状态的客体）向相应产品（终结状态的客体）的转化过程作为
自己的终极目的，这种转化总要受到客体的本质联系即变化和发展规律所决定，
而实践活动本身也只有符合这些规律才能获得成功。因此，科学的基本任务就
是揭示客体变化和发展的规律。"自然科学和技术科学研究自然界的转化过程，
而社会科学研究社会客体的变化过程。在实践活动中发生改变的是各种客体，

比如自然对象、人及其意识状态、社会有机体的子系统、作为文化因素起作用的符号系统等，所有这些东西都可以成为科学研究的对象。"[①] 科学把那些可以纳入人类活动的客体（或是现实的，或是潜在的）作为研究对象，研究它们的存在和发展是如何服从于客观规律的，这不仅是科学认识的重要特点，也是它区别于人类其他认知活动形式的特征。虽然科学是以活动的对象和客体研究为指向的，但是这并不意味着科学家的个性因素和价值取向在他的科学创造中不起作用和对其研究结果没有影响。在斯焦宾看来，科学认识过程不仅取决于被研究对象的特点，而且取决于社会文化性质的诸多因素。纵观科学发展的历史可以发现，随着文化的转型，科学知识的叙述标准、发现科学事实的方法和思维方式都在发生转变，后者就是在文化的语境中形成的并且对科学现象产生多重影响，这种影响表现在各种社会文化因素被吸纳到科学知识本身的生成过程中。

尽管传统文明与技术型文明不能截然分开[②]，但斯焦宾仍坚持认为产生于技术型文明文化中的科学是具有自己的识别标志的。在把谢德罗维茨基关于"活动方式"的思想用于分析科学活动的基础上时，斯焦宾得出了科学区别于人类对于世界的其他认识方式（包括日常认识）的特殊性：①以研究客体转化规律为指针并且通过科学知识的物化和对象化实现这一指针；②科学的优点就是超出了对象结构现有形式和人类实践把握世界现有方法的局限，发现了人类未来活动可能涉及的新的对象世界；③在科学中采用一种特殊的知识生成方法，借助这一方法建立的现实对象关系的模型"超越"了实践关系；④制定了适合描述研究对象的专门的科学语言，科学语言明显区别于日常语言的意义；⑤有实践活动的特殊手段；⑥有认识活动的特殊方法；⑦作为科学活动产品的知识具有系统性和条理性的特点；⑧科学活动主体的特殊性在于不仅受制于他所掌握的研究手段和方法，而且受制于他所熟悉的价值取向和目标指针系统。需要指出的是，科学认识不仅要以客体的特点为前提，而且还应考虑社会文化因素的多重影响，这种影响主要表现为各种社会文化因素渗透于科学知识的生成过程中。但是，说在任何科学认识过程中主体因素和客体因素相互纠结也好，说科学必然是与其他人类精神活动相互作用的综合研究也罢，都不能消解科学与这

---

① Стёпин В.С. *Теоретическое знание (структура, историческая эволюция)*, М.: Прогресс-Традиция, 2000, С.40.

② 斯焦宾认为，技术型文明在计算机甚至蒸汽机发明之前很长时间就产生了，可以把古希腊文化的发展看成是技术型文明的曙光。古希腊城邦文化为人类贡献了两大发明：民主和理论科学（欧几里得几何学第一个理论知识形态）。前者是在调节社会关系领域，后者是关于认识世界的方法，这两大发明是未来的、新型的文明进步的前提。См.: Стёпин В. С. *Эпоха перемен и сценарии будущего*, М.: Институт философии, 1996, С.15.

些形式（日常认识、艺术思维等）的本质区别。首先，这种区别首要的和必要的标志就是科学认识的客观性和对象性。在人类的活动中科学只是对研究对象的结构加以分析，并且透过这个结构来审视一切。斯焦宾借用古代传说中的皇帝米达斯（Мидас）的一句话："不管他摸着什么东西，最后还是要转向金子。"——不论科学接触到什么，最终还是离不开对象，按照客观规律存在、起作用和发展的客观对象。其次，"科学研究的目的不仅是指向在当下实践中已经发现了的对象，而且指向在未来的实践中可能掌握的对象，这是科学认识区别于其他精神活动的第二个标志。这一特点把科学认识和日常的、自然-经验的认识区别开来，而且演绎出一系列具有科学性质的具体定义。同时，也使我们明白了为什么理论研究是成熟科学最为重要的特征"[1]。总之，当我们谈及科学认识的本质和科学知识的特征时，斯焦宾认为最重要的就是这两点：一是以研究对象的转换规律为指针，并且把这一指针变成科学知识的对象性和客观性；二是科学超越了日常经验和生产对象结构的局限，科学的研究对象相对独立于目前生产力所能掌握的可能性（科学知识总是属于当下和未来的那个广阔的实践领域，这一领域任何时候都无法预料）。其余的把科学与其他认知活动区别开的特点都取决于这两个标志并以它们为条件。

尽管在人类所有的文明类型中，当下的技术型文明以其强大的物质性和丰富性正处于巅峰；尽管在技术型文明的文化共相中，科学理性以其深刻性、预见性和对象性成为其他精神活动的范例，但无论是技术型文明还是科学理性都引起了全球性危机："由于制造了大规模毁灭性的武器，使永生的人类必死无疑，并导致生态危机日趋严重；导致空前异化的规模，以及破坏人类生命活动生物遗传基础的现实可能性[2]。看来，技术文明在实际上已结束，向某个另外的、新的文明发展形式的过渡已势不可挡。"[3] 因此，整个世界哲学不是对当代世界日新月异的变化做好一切准备，而是必须探索新的世界观取向。在 20 世纪下半叶，西方哲学家就开始谈论转变价值取向的必然性，并指出只有在改变文明发展战略的条件下，才有可能摆脱全球性危机。斯焦宾认为，这是今天最迫切的课题，俄罗斯哲学家应当积极参与这一课题的研究。

---

① Стёпин В.С. *Теоретическое знание (структура, историческая эволюция)*, М.: Прогресс-Традиция, 2000, C.44-45.

② 在 2009 年 7 月 7 日的《消息报》上，斯焦宾发表文章《在通往另一种思维实体之路上人会成为中间环节吗?》，他写道："对人进行遗传改良的尝试可能不会创造出更加完善的智慧生命，但却会毁坏人的生命根基。" См.: Стёпин В. С., Станет ли человек промежуточным звеном на пути к другой мыслящей субстанции? *Известия*, 2009-07-07 (9).

③ B. C. 斯捷平：《世纪之交的哲学（下）》，黄德兴译，《国外社会科学文摘》1998 年第 10 期，第 50 页。

　　纵观斯焦宾院士从科学哲学到文化哲学、从专注于科学内部的逻辑-认识论分析到全面关注科学外部的社会-文化因素的治学历程，充分代表和反映了俄罗斯科学哲学的第二次范式转换（第一次是从科学的本体论或自然哲学范式转向科学的逻辑-认识论范式）的整个过程。斯焦宾的学术贡献可以概括为以下五个方面。①斯焦宾采取了对基础科学理论进行历史重构的进路，不仅揭示了科学发现的起点和机制，而且研究了科学知识的结构和动力，以及社会文化因素对科学的决定作用。在斯焦宾看来，包括"科学的世界图景""研究的理想与规范"和"哲学基础"在内的科学基础，不仅决定了科学探索的战略、科学知识的系统化，以及科学如何被相应历史时期的文化所吸收[1]，而且决定了科学如何与世界观取向和价值选择相"对接"[2]。②斯焦宾研究了科学从前科学（经典科学之前）状态到现代科学状态的发展历程，提出了"后非经典科学"的概念。他发现，基于经典物理学的机械论和决定论的经典科学，已经被非经典科学所补充进而取代，这一过程始于20世纪初的相对论和量子力学，实验的主体（至少在量子力学中）开始发挥决定性作用。他认为，在后非经典科学中，社会价值和历史发展会引起对主体-客体的限制，甚至对研究手段的限制，即对科学认识主体、研究对象（根据他的观点，在进一步的结构描述中）、采用的研究手段的总体限制。20世纪80年代中期以来，持相似观点的还有美国科学哲学家罗纳德·吉尔（Ronald N. Giere）和加拿大科学哲学家伊恩·哈金（Ian Hacking），但在汉斯·伦克看来，"斯焦宾是走在前列的人"[3]。③斯焦宾把科学知识看成是具有"建构-活动性质"的"历史发展的社会-文化现象"[4]，他在发展、修改和补充库恩思想的基础上提出了所谓"范式移植"的概念，这是一种新型的、在库恩常规科学危机之外的科学革命。④文化（世界观）共相是"独特的社会生活的基因组，据此再生产着不同类型的社会。要想彻底改变社会，就得改变这些基因"[5]。斯焦宾认为，哲学就是对文化的基础即世界观共相的反思，以及如何在新的意义上加以重构。在这个意义上，哲学就是"彻底的实践工作，目的是寻找人类活动的新基础"[6]。因此，哲学不仅是"智慧的文化"，而且是"关于

① Стёпин В. С. Структура и эволюция теоретических знаний, *Природа научного познания*, Минск: БГУ, 1979, C.212.

② Стёпин В. С. *Философская антропология и философия науки*, М.: Высшая школа, 1992, C.134.

③ Ленк Х. О значении философских идей В. С. Стёпина, *Вопросы философии*, 2009(9), C.10.

④ Стёпин В. С. Конструктивизм и проблема научных онтологий, *Конструктивистский подход в эпистемологии и науках о человеке*, М.: «Канон +» РООИ «Реабилитация», 2009, C.41.

⑤ Стёпин В. С. Конструктивные и прогностические функции философии, *Вопросы философии*, 2009(1), C.6.

⑥ Там же. C.5.

人类生活可能世界的科学”，它承担着科学与文化中的建构与预测的功能。⑤当技术型文明的基本价值观被打破之时，斯焦宾提出了哲学家应该思考的问题："在现代文明转型的系统中如何确立新的价值观前提"，"在现代文明核心如何产生新的价值观的生长点"①。上述研究成果不仅是斯焦宾院士本人，而且是整个俄罗斯科学哲学界对世界哲学和文化、文明发展的贡献。弥足珍贵，源远流长。

　　需要补充说明的是，为了庆祝斯焦宾的80华诞，俄罗斯和白俄罗斯哲学界都举行了一系列学术活动，出版了数本纪念文集。其中，值得一提的是在他的母校国立白俄罗斯大学出版的《哲学、科学、文化的综合——献给 B. C. 斯焦宾院士 80 华诞》（2014 年），这是因为：首先，斯焦宾院士在明斯克生活了40 多年，他领导的国立白俄罗斯大学人文系哲学教研室创建了明斯克方法论学派。正是在白俄罗斯期间他成长为哲学家和著名学者，为白俄罗斯的哲学和文化事业发展做出了杰出的贡献。其次，该论文集的大部分作者都是白俄罗斯的著名哲学家，如托米里奇克、科尔萨科夫（C. H. Корсаков）、达尼洛夫（A. H. Данилов）等，他们都曾是斯焦宾的同学或者同事，不仅对斯焦宾的学术贡献进行了分析，而且都阐述了各自的见解。此外，该论文集还收录了俄罗斯科学院通讯院士卡萨文对斯焦宾的采访。该论文集作者一致认为，斯焦宾院士的学术贡献主要是：①对科学知识的结构进行了全面分析，建立了完整的科学知识动力学；②发现了理论结构证明的程序，解决了作为科学理论组成部分的范式的发生问题；③分析了科学基础的结构和功能；④提出了哲学知识是对文化基础价值进行反省的概念；⑤提出并且详尽分析了科学理性的历史类型；⑥提出了文明发展类型的概念，借此分析了现代文明的基本价值观及其未来发展走向。白俄罗斯哲学家们的研究成果主要集中在以下三个专题：①哲学和现代文明的系统转型；②现代科学技术的人文价值；③在现代文化中的后非经典的实践。②从白俄罗斯哲学家的学术兴趣中也可以明显看出科学哲学向社会-文化论范式转型的趋势。

---

① Стёпин В. С. Конструктивные и прогностические функции философии, *Вопросы философии*, 2009(1),С.10.
② *Синтез философии, науки, культуры. К 80-летию академика В. С. Степина*, Минск: БГУ, 2014.

第四章

沿着社会文化论道路
——俄罗斯科学哲学的趋势

在俄苏科学哲学的历史画卷上，不单单镌刻着斯焦宾一个人的名字，还有很多科学哲学家不仅为苏联自然科学哲学的逻辑-认识论转向，而且为俄罗斯科学哲学的社会-文化转向做出了杰出贡献。在他们当中，有些人永远留在了苏联时代（如伊里因科夫、科普宁、凯德洛夫、施托夫、科萨列娃等）；有些人虽然进入了俄罗斯联邦时代，但却未能迎接21世纪的曙光（如斯米尔诺夫、弗罗洛夫、卡尔宾斯卡娅等）；有些人则幸运地跨过了千年之交，在有生之年目睹了俄罗斯科学哲学走向复兴（如莫伊谢耶夫、季诺维也夫、施维廖夫、罗佐夫、奥古尔佐夫、凯列等）；还有少数人至今健在而且仍旧笔耕不辍（如萨奇科夫、列克托尔斯基、斯焦宾、米凯什娜、盖坚科、马姆丘尔等）。这些名字不仅是俄苏科学哲学的骄傲，而且他们在世界科学哲学舞台上也占有一席之地。在俄罗斯本土学者对俄苏科学哲学回顾与展望、批判与反思的众多作品中，值得称道的有三部代表作：萨奇科夫主编的《自然科学哲学——回顾的视角》（2000年）、马姆丘尔等主编的《祖国的科学哲学——初步总结》（1997年）和奥古尔佐夫主编的《20世纪的科学哲学——概念和问题》（2011年）。

一、当代俄罗斯科学哲学的"三部曲"

1.《自然科学哲学——回顾的视角》

《自然科学哲学——回顾的视角》是为了纪念苏联自然科学哲学的奠基人——瓦维洛夫（С. И. Вавилов）、凯德洛夫、库兹涅佐夫和奥美里扬诺夫斯基，也是为了庆祝苏联（俄罗斯）科学院哲学研究所自然科学哲学部成立50周年编辑出版的。该书由三个单元组成。第一单元"苏联科学院哲学研究所自然科学哲学部的建立"回忆了一些当时有趣而重要的事件。这一时期是非经典科学（特别是非经典物理学）大放异彩的时代，与之相伴的是科学哲学崛起于世界哲学舞台。因此，在科学哲学中具有重要意义的是把知识看成是非经典自然科学的发展，分析它的基础和研究方法，研究其对科学思维、社会物质和精神生活发展的影响。随着维也纳学派即逻辑实证主义的兴起，像卡尔纳普、赖欣巴赫、弗兰克、波普尔等科学哲学家的名字变得家喻户晓。与此同时，俄苏的一些学者也对非经典科学进行了深入的哲学研究，如约飞（А. Ф. Иоффе）、科尔莫戈罗夫、辛钦（А. Я. Хинчин）、福克、亚历山大罗夫（А. Д. Александров）、布洛欣采夫（Д. И. Блохинцев）和恩格尔哈特等。自然科学哲学部成立之时，整个苏联社会精神生活处于意识形态高压之下，科学本身也未能幸免，而自然科学哲学就充当了意识形态的工具。然而，由于自然科学哲学立足于揭示认识发展的真理，所以它并不能简单地沦为意识形态肆虐的一个帮凶。第二单元"问题动力学"涉及这一时期自然科学哲学研究的主要问题。任何一个研究领域都会逐渐完善自己的研究方法，丰富自己的研究问题，哲学问题属于那些关于存在和认识的永恒问题。而自然科学哲学关注的存在和认识的问题主要与非经典物理学的基础有关，特别是关于复杂组织动力系统的认识问题。此外，还包括对社会生活中科学方法和科学价值问题进行论证。第三单元"科学学派"分析了在认识发展过程中学派的作用和意义。现代科学的发展离开了具有权威的团队几乎是不可能的，正如米格达尔（А. Б. Мигдал）所说：在现代理论物理学的发展，也就是我们所说的在主导科学问题的发展中产生了"新的罗曼蒂克，团队工作的罗曼蒂克"[①]。那些重要的科学学派被全世界的研究所和大学承认，正是这些学派保持了科学认识的一致性和继承性，同时，在学派的活动过程中也产生了新的研究方法（让我们想想波尔领导下的量子力学哥本哈根学派就足够了）。萨奇科夫最后指出，自然科学哲学部这一组织及其活动极大地促进了科学技术哲学在俄苏的发展，很多地区性的、专业性的学会和学术讨论会都是以此为基础发展起来的。苏联自然科学哲学是一个开放的系统。事实表明，"只有开放的系统才有发展前途，在封闭的系统中进行内部转换最终导致崩溃。对于自然科学哲学而言，开放就意味着与人类精神活动的其他领域持续不断地互动，以后者的活动产品为营养，包括其他领域的哲学知识和艺术。需要指出的是，自然科学哲学与自然科学本身以及科学发现、科学理论和科学方法的互动具有

---

① Мигдал А. Б. *Поиски истины*, М.: Знание, 1978, С.31.

特别重要的意义。这是因为自然科学提供出第一手的思想材料，只有吸收这些营养自然科学哲学才会发展出自己的论据和思想，发展出关于世界以及它的进化和认知基本模式的概念"①。

2.《祖国的科学哲学——初步总结》

《祖国的科学哲学——初步总结》是第一本对俄苏科学哲学进行全面回顾和总结的著作。事实上，这本"迟来的"著作是对 10 年前美国科学史家洛伦·格雷厄姆的名著《苏联自然科学、哲学和人的行为科学》（1987 年出版英文版，1991 年出版俄文版）的回应，二者互相补充、相得益彰。不同的是，格雷厄姆的著作更多的是"从外部"（извне）来考察苏联的科学和哲学，而马姆丘尔等更多的是"从内部"（изнутри）加以考量。无论是作者本人（马姆丘尔、奥夫钦尼科夫、奥古尔佐夫）还是被描述和研究的人，都是亲自参加和经历了那些历史事件和过程，这一写作优势是格雷厄姆望尘莫及的。该书包括四章内容。第一章"苏联文化中的科学形象"介绍了苏联不同历史时期科学的不同形象，包括无产阶级文化派眼中科学的工具主义–意识形态形象，科学的人格主义形象，科学的社会组织形象，科学的理性主义形象，科学的符号学、文化历史的形象等。此外，还对科学共同体进行了社会–统计学的分析，指出随着生态意识的加强科学技术面临着重新定位的问题。第二章"知识和宇宙：宇宙主义认识论"是具有俄罗斯思想传统和特色的科学哲学，研究了齐奥尔科夫斯基（К. Э. Циолковский）的认识论、姆拉维耶夫（В. Н. Муравьев）的作为行动哲学分支的科学哲学、哈洛德内伊（Н. Г. Холодный）的人本宇宙论和进化认识论，特别是对 20 世纪 20—40 年代的科学成就进行了哲学评价。第三章"作为方法论研究对象的科学"主要是对 1945—1987 年苏联自然科学哲学发展状况进行了介绍，包括科学性如何屈服于意识形态性、互补原理的提出和对其批判性的分析、方法论的若干原理、科学及其历史等内容。"与其他智力劳动的结果有所不同，科学知识主要表现在三位一体的三个特征上：第一，科学必须是真实可靠的知识；第二，这种知识必须通过特殊的、专门的工作方法才能获得；第三，科学知识必须具有普遍性。"② 第四章"60—90 年代祖国的科学哲学：结构、基础和科学知识的发展"是全书的重中之重，重点研究了科学哲学如何从本体论向科学知

---

① Сачков Ю. В. *Философия естествознания: ретроспективный взгляд*, М.: ИФ РАН, 2000, С.26.

② Мамчур Е. А., Овчинников Н. Ф., Огурцов А. П. *Отечественная философия науки: предварительные итоги*, М.: РОССПЭН, 1997, С.233.

识现象本身和科学方法论研究转向的问题，特别注重研究认知的方法论原理的
性质及其在认知过程中的作用等问题。例如，科学知识的结构（科学理论的发
生和发展），科学知识的基础（世界图景、理想与规范、哲学基础），科学知识
的社会文化制约性，科学中的革命和传统（科学知识的连续性），科学知识及其
在后非经典科学中的基础。马姆丘尔认为，20世纪90年代以来祖国科学哲学
侧重于分析后非经典科学研究范式的基础，而后非经典科学的研究对象越来越
多地表现为趋向于自组织的复杂组织系统，这一新兴范式涉及复杂性、自组织、
非线性和相干性等概念。这一时期对现代科学范式基础进行分析的专著有《世
纪之交科学的价值地位问题》（巴热诺夫和萨奇科夫主编）、《物理学和逻辑学中
的可能世界的概念》（阿克秋林主编）、《对相干性概念的哲学-方法论分析》（科
尼亚耶夫主编）、《现代科学范式中的因果性和目的论》（马姆丘尔主编）。一些
研究者认为，"自组织（самоорганизация）这一概念在新兴的科学范式的基础上
占有特别重要的地位。甚至可以认为，自组织将成为后非经典科学新的认知模
型，从而取代'钟表模型'和'生物模型'"[1]。还有一些研究者把后非经典科学
的基本原理称为"全球进化论"（глобальный эволюционизм）。对全球进化论思
想的自然科学、世界观、价值基础和哲学前提进行分析的专著有费谢科夫（Л.
В. Фесенков）主编的《全球进化论思想的现状》（1986年）和《全球进化论》
（1994年），以及斯焦宾和库兹涅佐娃的《论作为后非经典科学哲学基础成分的
全球进化论》（1994年）[2]。此外，由巴赫金首先提出的，后来被比布列尔发展了
的关于现代思维的对话性（диалогичность）思想被阿尔什诺夫借用来，作为后
非经典科学的一个重要特点的对话性，反映出对待各种不同的自然对象原则上
要采取多元化的研究方法。特别是对量子力学实在性的解释和这一理论固有的
主客体关系方面，就会涉及这样的对话性质，阿尔什诺夫把这样的后非经典科
学的认识论定义为"量子认识论"（квантовая эпистемология）[3]。

3.《20世纪的科学哲学——概念和问题》

《20世纪的科学哲学——概念和问题》是奥古尔佐夫临终前的鼎力之作，是

---

① Мамчур Е. А., Овчинников Н. Ф., Огурцов А. П. *Отечественная философия науки: предварительные итоги*, М.: РОССПЭН, 1997,С.350.

② Степин В. С., Кузнецова Л. Ф. *Научная картина мира в культуре техногенной цивилизации*, М.: ИФ РАН, 1994, С.196-226.

③ Аршинов В. И. На пути к квантовой эпистемологии, *Проблемы методологии постнеклассической науки*, М.: ИФ РАН, 1992.

俄罗斯本土科学哲学研究的又一件大事，作者集半个多世纪在该领域笔耕之功力，深入分析了科学哲学（包括俄罗斯科学哲学）在 20 世纪发生的若干变化。该书由三卷本组成。在第一卷"科学哲学：研究纲领"中，作者深入研究了 20 世纪社会-文化语境之下科学概念的进化，详细分析了哲学概念及其相互关系，批判性地揭示了科学哲学的研究纲领，指出这些纲领是"以一般基本原则为基础的科学理论的连续统，它们转向某一科学理论，使其具体化，补充一系列由某一哲学理论提出和解决的问题"[①]。实际上把科学研究的哲学纲领最好称为形而上学，但在 20 世纪初形成了形而上学批判的传统，不得以称之为"研究纲领"。作者指出，各种研究纲领——经验主义和建构主义、实在论和约定论、非理性主义与逻辑经验主义、批判理性主义与结构主义——之间的矛盾和斗争，完善了科学哲学的概念工具和手段。在"物理学时代的形而上学命运"一章中作者指出，实证主义的进化使得形而上学的启发意义得到承认，科学哲学家们开始分析研究纲领和科学范式的形而上学内核。在"科学革命的理念：它的历史背景和价值性质"一章中，奥古尔佐夫再现了把"科学革命"的隐喻引入科学哲学的历史。"科学革命的理念既是一种自我评价的方式，因为使用这一术语的科学家属于采用新的革命性概念的科学共同体，同时，也是把自己与在科学基础上实现转变的科学共同体等同起来的方式。"[②]在第二卷"科学哲学：社会文化系统中的科学"中，奥古尔佐夫对社会-文化语境中的科学案例进行了大量分析，一个突出的变化就是科学认识的价值荷载问题。首先是在逻辑实证主义中出现了价值判断的问题，接下来波普尔又对科学思维的原则进行了形而上学诠释，科学社会学把与科学共同体风气有关的研究加以推广。在马克思主义学说的语境下，在苏联认识论研究中，对上述各个方面的思考和综合导致形成了一个新的研究方向，即研究科学活动的理想和规范问题。涉及科学理想和文化价值的那些章节对于今天的研究者来说大有裨益，作者提出了一个重要概念——"科学理想"（идеалы науки），并且对其进行了深入研究，特别是以生物学史为主要材料揭示了"科学理想"的进化过程。

　　需要指出的是，《20 世纪的科学哲学——概念和问题》第二卷有大量的内容涉及苏联政权和科学的关系、在俄国哲学传统中科学哲学和科学史的形成和发展、在苏联时期科学哲学的形成等问题。其在具体的历史资料中展示了如何定义科学哲学的地位和功能，在不同的历史时期科学哲学有何目的和价值，以及

---

① Огурцов А. П. *Философия науки.Двадцатый век: концепции и проблемы*, ч.I, СПб.: Мiръ, 2011, С.7.

② Там же. С.333.

科学的主流形象（技术中心的、反技术中心的和工程的形象）在对待科学和科学家方面如何影响到国家政权政策。作者对"苏联科学"的研究主要是基于科学历史社会学的原则和方法，揭示了社会群体与科学专业形象之间的联系。奥古尔佐夫把俄苏科学哲学的发展分为以下三个时期。①机械论科学世界观和新的科学世界观（物理学的唯能论、生物学的活力论）矛盾发展时期。科学世界观是一个分析单位，借助它可以实现对科学的哲学研究，最早基于这一视角对科学史进行分析的是维尔纳茨基的论文《论科学世界观》（1902 年）。②对理论概念的地位和存在方式加以思考时期。理论概念及其意义成为对科学知识进行哲学分析的单位，科学-理论知识的发展被视为概念意义的发展，以及概念的澄清和修改。施别特（Г. Г. Шпет）是这一进路的代表人物，他在《现象与意义》（1914 年）一书中指出，任何感受都能转化为经验并且用词语表达出来。基于概念理论研究的立场，乌耶莫夫（А. И. Уемов）提出了科学逻辑，而在《概念发展分析》（1967 年）一书中阿尔谢尼耶夫（А. С. Арсеньев）、比布列尔和凯德洛夫从动态的角度分析了概念的形成和应用。③ 20 世纪是科学哲学发展的第三个时期，这一时期涉及理论的命题方式问题，而在这一时期理论被视为由不同级别语句组成的系统。数学-哲学家格鲁津采夫（Г. А. Грузинцев）提出的理论解决了科学知识的证明问题。奥古尔佐夫也指出，从 20 世纪 60 年代初开始，苏联科学哲学的研发者转向研究科学逻辑，并且提出了各种研究纲领。这一时期的代表作有《现代形式逻辑的哲学问题》（1962 年）、《形式逻辑和科学方法论》（1964 年）、《科学认识的逻辑问题》（1964 年）、《科学知识的逻辑结构》（1965 年）、《逻辑和科学方法论》（1967 年）等。这一方向上的代表人物有季诺维也夫、斯米尔诺夫、科普宁、斯焦宾和彼得罗夫。需要指出的是，奥古尔佐夫对俄罗斯科学哲学建立过程的分析是与对西方科学哲学基本趋势的描述相辅相成的，二者之间是作用与反作用的关系。

在《20 世纪的科学哲学——概念和问题》第三卷"科学哲学和历史编纂学（историография）"中，作者对自然科学历史编纂学的研究方向进行了重新构建。作者对 20 世纪初维尔纳茨基的新历史编纂学纲要给予特别关注，这一研究纲要不是面对各个学科的历史，而是站在科学世界观进步的视角对整个自然科学的发展加以关照。为此，奥古尔佐夫从微观和宏观两个进路对 20 世纪下半叶的科学史进行了总结（表 4-1）。

表 4-1　20 世纪下半叶历史编纂学的进路

研究进路	宏观进路		微观进路
哲学 – 方法论基础	马克思主义	结构-功能主义	后现代主义
代表人物	Б. 格森，Д. 贝尔纳	Ф. 兹纳涅茨基，P. 默顿	K. 金兹伯格
主要观点	在研究中着重分析科学知识的发生和发展问题，研究的中心是科学发展的外部因素，技术进步和社会阶层的利益	主要研究调节科学家活动的价值和规范，在已有的科学的社会结构及其功能的内部考察以上作用的变化	证据范式（уликовая парадигма）就是寻找科学知识中的间接证据和通过这些证据"解读现实"，作为依据个人因素决定的知识总是反中心主义和民族中心主义的
研究目的	覆盖了大历史跨度和全球范围社会结构的研究		"案例研究"，个别情况

奥古尔佐夫还饶有兴趣地审视了科学哲学中自然主义和建构主义的矛盾，发现转向自然主义是 20—21 世纪之交科学哲学的一个发展趋势。现代科学发展的不同方向导致它们偏离了统一科学的理想，但是当在分析的视野中出现认知主体及其具体偏好和评价时，通过转向对科学家创造的心理学-人类学研究是可以保持住这一理想的。"随之而来的是科学哲学和科学认识论是否会转向心理学和人类学？"① 他认为，在未来的几十年里科学哲学和认识论中的各个方向之间的斗争会愈加激烈，但这也意味着哲学知识的上述领域将会继续进步，它的基础和认知前提将会得到进一步说明。美中不足的是，在这部 20 世纪科学史和科学哲学的巨著中未能见到关于科学方法论及其历史的内容，由于作者的辞世已经变成永远的遗憾。

以上三部著作从纵向（历史）的角度对俄罗斯科学哲学的发展和未来趋势进行了回顾与展望，除此之外，还需要从横向（逻辑）的角度对俄罗斯科学哲学的发展历程进行加工和浓缩，特别是选取几个具有代表性的人物（类似于斯焦宾）及其观点进行重点论述，以点带面、提纲挈领，从而对俄罗斯科学哲学的研究现状和未来走向有更加深入的把握。除了上述的"老三驾马车"（伊里因科夫、科普宁和凯德洛夫）和"新三驾马车"（弗罗洛夫、斯焦宾和施维廖夫）之外，笔者认为在俄罗斯科学哲学界值得关注的还有"后三驾马车"——罗佐夫、奥古尔佐夫和盖坚科，他们在俄苏科学哲学史上都曾留下过浓墨重彩。

① Огурцов А. П. *Философия науки. Двадцатый век: концепции и проблемы*, ч.III, СПб.: Міръ, 2011, С.306.

二、罗佐夫和"社会记忆"

米哈伊尔·亚历山大洛维奇·罗佐夫（Михаил Александрович Розов，
1930—2011）生前是俄罗斯科学院哲学研究所的资深教授，哲学博士，科学认
识论、科学哲学和方法论领域专家。在国内外方法论研究成果的基础上，罗佐
夫提出了科学认识和认知活动的一些原创的思想，对已有的方法论概念的内容
进行了重新思考。他主要研究了科学抽象及其形式的性质、科学客体存在的方
式、科学发展中的传统和创新机制等问题，主要的代表作有《科学抽象及其形
式》（1965 年）、《科学知识的经验分析问题》（1977 年）、《科学技术哲学》（1996
年）、《新视野中的科学哲学》（2012 年）等。他把科学定义为一种"反省系统"，
而科学发展类似于一种"社会接力"（социальные эстафеты）——通过存在于科
学和文化中的范例的再生产，从而实现活动规范和行为方式从一个人到另一个
人、从一代人到另一代人的传递。他提出了"社会记忆"（социальная память）
的概念，即通过模仿从而实现活动的复制；他还引入了一个隐喻"类波体"
（куматоид），意思就是知识、传统、习俗、生活方式都类似于波，它们随着时
间被转移和被传递，与它们的"载体"无关。以下我们以他的"社会记忆"这
一观点为例简单评介一下罗佐夫的科学哲学思想，而关于"社会接力"和"类
波体"的思想将在第六章第三节中介绍。

罗佐夫提醒我们注意一个司空见惯的事实，即科学不仅与知识的生产有关，
而且与知识的逐渐系统化有关。专著、概论、教程等都是对研究结果的汇总，
这些成果是在不同时间、不同地点由大量的研究者分别获得的。"从这一观点出
发，可以把科学看成是一种社会记忆的集中机制，社会记忆把人类的实践和理
论经验加以富集并使之转化为公共财富。这里说的不是形成记忆基本机制的那
种接力，而是一种以口述知识、文字和印刷术为前提的更为复杂的构成物。"[①]
科学发现的特点是什么呢？地理学家在发现新大陆时早已解决了这一问题：那
些首次造访新大陆、对之有文字记录和地图标记的人被称为地理发现者。罗佐
夫特别强调后者，也就是地理学家必须把自己所有的观察与地图，即与被研究
的地形的某一模型联系起来，而后者又是在认识早期发展过程中得到的。正如
经济地理学家布兰斯基（Н. Н. Баранский，1881—1963）指出的："任何一个关
于领土的地理学研究——除非它只是一个地理名称，实质上都必须从已有的地

---

① Степин В. С., Горохов В. Г., Розов М. А. *Философия науки и техники: учебное пособие для вузов*, М.: Гардарики，
1996, C.95-96.

图出发以达到对其做进一步的补充和完善，使其内容更加丰富。"换言之，地图决定了地理学家的工作程序，为这一工作结果指明了方向。为一个小的区域绘制地图可能在原始人那里就有了，那时候地图只是起到了情景交流手段的作用，这完全不意味着科学的产生。当所有的地图汇集成一张地图从而作为人类的社会记忆发挥功能的时候，科学便随之诞生了。因此，只有在地图上做了新的标记，才意味着新的发现。上述罗佐夫对地理学所做的说明完全可以推广到一般的科学认识领域。总之，科学的形成就是"社会记忆"全球集中机制，即人类得到的全部知识累积和整理机制的形成过程。可以肯定地说，当没有产生相关的范例和教程，即尚未形成知识组织传统时，还没有哪一门科学认为自己已经达到了完善的程度。遗憾的是这些传统常常被人忽视，人们也没有对其方法论的意义进行研究。当然，方法具有非常重要的意义。但是，建立新的科学学科往往不仅与方法有关，而且与新的知识组织纲领的出现有关。罗佐夫以生态学的奠基人恩斯特·海克尔（Ernst Haeckel，1834—1919）为例加以说明，海克尔把生态学定义为研究生物与环境之间相互作用的科学。当时关于此类相互作用的大量材料都集中到了另一些生物学科的门下，正是海克尔慧眼识金，把这些材料集中于一门新的学科——生态学——之下。

然而，不是所有的人都同意罗佐夫关于"社会记忆"的观点的，在他低估了知识系统化纲领的重要性的背景下完全可以遇到相反的观点。俄罗斯著名文艺学家雅尔霍（Б. И. Ярхо, 1889—1942）指出：知识是科学的祖母，而知识交流才是科学的母亲。"事实上，不存在任何科学认识（与非科学认识不同的）：发现的最佳状态就是直觉、想象和精神紧张，它们与智力一样发挥巨大作用。科学是一种对认识的理性叙述，逻辑地描述被我们所认识了的那部分世界。科学只是一种交流（叙述）的形式，而不是认识本身。"[1]罗佐夫认为，雅尔霍陷入一种极端矛盾之中，他把科学认识过程的两个方面完全对立起来，即一方面是获得知识的方式方法，另一方面是知识的"叙述"、凝结和升华。但是这却有助于我们正确而深刻地理解科学的本质。而强调知识组织的纲领与传统的重要性是否会低估科学方法的作用呢？真的不存在任何不同于非科学的获取知识的科学方法吗？罗佐夫的答案当然是否定的。存在全球性"社会记忆"这一事实本身就向获取知识的程序提出了新的要求，其中最重要的就是标准化（стандартизация）。标准化是创立科学的一个必要条件，否则每个人必然各行其

---

[1] Степин В. С., Горохов В. Г., Розов М. А. *Философия науки и техники: учебное пособие для вузов,* М.: Гардарики,1996, С.97.

是。科学要求对样本进行描述，对研究规则进行表述，但科学家必须表明他们是如何得到这一结论的，以及为什么认为这一结论是真的。因此，作为工作方法的证据、证明和描述的此类现象是科学认识的必要条件，与"社会记忆"的集中密切相关。

因为地图是说明"社会记忆"机制的最好例证，所以罗佐夫再次回到地图并阐明它的功能。毫无疑问，地图为我们提供了地理观察的记录方法，地图上的任一小块区域都可以看成是一个记忆单元，包括与之相应的地表信息，如地形、植被、土壤、道路等信息，行政区划就是分解这些记忆单元的一种方法。因此，地图给我们提供了统一的、标准化的叙述原则，即把我们已有的材料和某一实际地形对应起来的原则。但是，地图最终还是要把这些个别的资料组织成一个统一的整体，即关于地球表面的系统知识。在地图的功能中经常让人想起的就是分类功能，这一功能既可以表现为一组记忆单元，又可以表现为关于某一类对象的知识。如果这些单元在地图上的分布是连续的，那么分类就是这些单元的离散集。此外，各个单元的组织方式原则上是互不相同的，例如，在同一个分类单元中我们可以描述那些从未在领土上彼此毗邻的对象，这在经典版本的地图上是做不到的。我们和一套规则或样本打交道，或者和某种知识记录和系统化的纲领打交道，这是两类不同的情况。事实上，形成"社会记忆"的集中机制就是形成类似的研究纲领。记忆的集中和知识的综合具有非常深远的影响，特别是能导致不同观点的碰撞，因为没有讨论和争辩科学就无法发展。在科学中，知识系统化纲领起到的作用即使不完全一样也是相似的，即揭露矛盾和引发思想斗争。为了说明这一问题，罗佐夫援引了德国动物学家、胚胎学的奠基人卡尔·贝尔（Karl E. von Baer，1792—1876）的观点，卡尔·贝尔把科学的形成和批评的产生联系起来，认为后者出现在亚历山大里亚时期，与知识的集中化和概念化密切相关。"在亚历山大里亚时期最早出现了批评。此时尽管已经产生了三个民族（埃及人、希腊人和犹太人）的汇流，但他们关于科学研究对象的概念仍然存在分歧，这就导致了相互批评。但即使这样，也不会对埃及祭司和犹太人产生重大影响，事实上晚些时候在藏于博物馆的那些书中也发现了这一点，这里自然会产生一个问题：谁的观点理由更为充分？因此，有必要采取这样的行动，把站在同一个天花板之下的来自各个科学领域的完全独立的人联合起来。"①

① Степин В. С., Горохов В. Г., Розов М. А. *Философия науки и техники: учебное пособие для вузов*, М.: Гардарики, 1996, С.98-99.

　　无论是地图还是分类都可以看作是一个有组织的记忆单元的范本，与此类似的还有专著和教科书的目录，各个章节同样也是记忆单元，我们从中也会得到一定的信息。罗佐夫认为，尽管这些记忆单元的组织形式是多种多样的，但往往要依据以下原则：给定被研究现实某种一般图景，而记忆单元的提出要和这一图景部分元素相对应。尽管并不全面，但罗佐夫还是提出了五种这样的组织方式[①]。①图示法。这种方法关键是建立起研究对象的一个图式（графическое изображение），对于记录补充的信息而言，这个图示的每个元素都是一个记忆单元。例如，首先画出房屋或建筑的平面图，然后在图纸上标注出相应的尺寸。地图就是这种组织方式的典型。②分类法。一个大类（集）的研究对象根据一定的规则划分为若干小类（子集），针对每个小类建立起知识。我们经常看到一些材料汇编或者教程就是这样组织记忆单元的，例如，我们随便翻看一本关于矿物学的教程，会发现都是如此。③分析法。这里的关键是把研究对象分解成若干部分或者子系统，针对每个子系统形成部门知识。例如，动物解剖学或植物解剖学就是这样建立起来的，地理区划也是主要基于记忆的分析法。④学科法。这个方法主要是基于同一个研究对象可以从不同的学科角度进行描述，例如，同一个海洋学可以从物理学（海洋物理学）、化学（海水的化学性质）、生物学（海洋生物学）等多个学科进行建设。⑤范畴法。在描述任何对象的时候都可以从根据范畴原则来对知识进行分组，如性质、结构、种类和品种、起源与发展……在此基础上形成关于某一实在的范畴的即最一般的观念。尽管"罗佐夫五法"难以与"穆勒五法"相媲美，但它是科学方法论的一大创新，是关于科学知识的"社会记忆学说"的必然结果。"罗佐夫五法"站在辩证法的立场上对"社会记忆"的组织形式，进而对科学知识和学科的形成和建设机制做出了独特说明。

　　罗佐夫一生笔耕不辍，80多岁高龄仍然坚持思考和创作，他的最新研究成果《新视野中的科学哲学》[②]甚至是在他逝世一年以后出版的。这部著作分成看似独立，实际上彼此相互联系的两个部分：一部分是他自己近些年来对科学哲学问题的思考，另一部分是他对谢德罗维茨基哲学思想的研究。罗佐夫的哲学生涯是从结识谢德罗维茨基及其哲学思想开始的，受谢德罗维茨基思想的影响，罗佐夫早在1960年就提出应该把认识论发展成为一门实证科学的观点，即把认识论看成是统一的科学与工程活动[③]。此外，曾经"被谢德罗维茨基抛弃的短语"

---

① Степин В. С., Горохов В. Г., Розов М. А. *Философия науки и техники: учебное пособие для вузов*, М.: Гардарики, 1996, С.103-104.

② Розов М. А. *Философия науки в новом видении*, М.: Новый хронограф, 2012.

③ Там же. С.42, 138, 146, 159.

也和罗佐夫的"社会接力"不谋而合，而后者恰好是罗佐夫的核心思想。通过对谢德罗维茨基方法论大纲的分析，罗佐夫不断地和这位既是合作者又是对手进行着对话和辩论。尽管这两位思想家都采取了活动的方法论进路，但是他们思想的发展轨迹却是不尽相同的，罗佐夫主要是采用了"社会接力"这一术语作为基本概念与谢德罗维茨基进行论战。罗佐夫经常以发生在波尔身上的事举例。为了说明自己的互补原理，波尔经常以日本画家葛饰北斋①笔下不同节气、天气和时间的富士山为例，一幅幅具体的绘画展现了同一座山在不同的条件下的壮丽，但只有翻阅了葛饰北斋所有的画卷之后才能充分了解富士山的壮美。这个例子也适合于评价罗佐夫的这本著作，书中的每一章都和"社会接力"这一范畴相关，但只有读完全书以后才会对"社会接力"的全景有一个充分的认识。

在《新视野中的科学哲学》一书中，罗佐夫表示对"科学哲学的发展现状极其不满意"②，并且把它比喻成人体解剖学和生理学。当回忆起科学哲学起步阶段时，罗佐夫指出在 20 世纪中叶把国内哲学家进行了可笑的划分：懂英语的和不懂英语的。前者的首要工作是对西方资产阶级的哲学思想进行批判，而提出原创性的思想倒是第二位的了。而事实上，谢德罗维茨基和罗佐夫都属于那些几乎不引用西方文献的人（值得注意的是，他们也不怎么引用国内同行的文献），关于这一点罗佐夫还专门撰写了论文《无交往的哲学》，他对现代交往使人原子化和个人观点沉寂的现状表达了不满③。然而，罗佐夫并不排斥现代西方哲学，他也"想延续波普尔、库恩和拉卡托斯的传统"④。"我们当时全都工作在马克思主义传统之下"⑤，但是，罗佐夫却在马克思主义的康庄大道之外另辟蹊径，他把它称作"影子"（теневая）哲学（或许更为准确地称之为"异端""外围"或"地下"哲学）。在罗佐夫看来，之所以把它称为"影子"哲学，是因为它没有受到苏联国家意识形态"光辉"的普照，和"影子"经济和"影子"科学的含义不一样。此外，罗佐夫还公正地指出，一些受人尊敬的苏联哲学家避开了社会问题转而研究逻辑学、认识论和自然科学哲学问题。实际上这并非是"影子"哲学，而恰好是最"正宗"（стержневая）的哲学，在 20 世纪后 1/3 的时间里并不逊色于西方样式。

---

① 葛饰北斋（Katsushika Hokusai，1760—1849），日本江户时代的浮世绘画家，他的绘画风格对后来的欧洲画坛影响很大，德加、马奈、梵·高、高更等许多印象派绘画大师都临摹过他的作品。他还是入选"千禧年影响世界的一百位名人"中的唯一一位日本人。

② Розов М. А. *Философия науки в новом видении*, М.: Новый хронограф, 2012, С.15.

③ Розов М. А. Философия без сообщества, *Вопросы философии*, 1988(8).

④ Розов М. А. *Философия науки в новом видении*, М.: Новый хронограф, 2012, С.59.

⑤ Там же. С.306.

　　罗佐夫对待哲学的独特进路在构建哲学体系的基本原则中已经体现出来。根据他的观点，应该把哲学建设成一门实证科学，其中"社会接力"就好像"原子"一样，形成了这门科学的"物体"。而这一核心概念的基础是对作为社会程序、规划的活动的理解，这个程序或规划预测了行为方式的存在。然而任何时候这个行为方式也没有一个实现它的确定集合；最直接的实现方式就是语境（社会文化背景）。可以把这个活动本身看成是一个波动过程，也就是在社会环境中传播的"类波体"。被认识的对象并非是我们直接作用的客体、物体，而是我们的行动；从本质上说，认识对象乃是"我们双手的产品"、作用于世界的活动本身，而认识内容则完全是社会的[①]。如果采取一个隐喻——"自然界的大书"，那么人类在认识自然的过程就不仅仅是读书（揭示自然界的奥秘），而且是与自然界一起写书。罗佐夫的这一结论让我们重新审视经典的真理传播理论并寻找相关证据，只有在把得到的知识和现实的比较中才能理解人的活动本身，"我们把得到的知识和我们创造的东西进行比较"[②]。知识的内容并不是来自感觉而是来自活动的；正是活动把一些性质和关系从一般背景中分离出来，而这些性质和关系汇集成一幅整体图景。因此，在理论和实践、科学发现和工程创造之间存在着某种同构；不存在无理论的事实，对观察作出的解释存在于直接观察的前一刻。

　　人的活动是与反省意志密切相关的，而后者不仅决定了目标设置的转换，而且把科学研究的对象转变成学科体系。科学知识表现为对活动方式进行"笔录"（вербализация, verbaliser）的结果。罗佐夫指出，无论是经验还是理论都可以看成是同一个不断复制的社会接力结构的反省的"投影"，而反省的转换主要表现为将活动的外部结果加以同化，把研究对象有意识地转化为手段[③]。科学认识的机制可以用于精确描述某一个概念的应用性方面，反过来，这种描述又预示了某种定义，它意味着出现了理想结构。因为相应的理想化并不能提供使自己现实化的准确范围，所以就出现了一种被波尔互补性原理所支配的状态：概念的实际应用就会影响到概念的准确定义；而概念的准确定义就意味着失去了实际应用的可能性。不难理解，罗佐夫为什么对此进行了反复思考[④]，因为这里已经涉及了精细认知现象，在康德以后它就迫使我们思考准确认知的界限，而且意识到客观存在一些被我们的活动所决定的东西。"社会接力"是一种不稳定的构造，而这种不稳定性主要表现在认识或实践活动中的创新。创新经常表现

① Розов М. А. *Философия науки в новом видении*, М.: Новый хронограф, 2012, C.41, 129, 182.
② Там же. C.51.
③ Там же. C.48, 104.
④ Там же. C.69, 158, 242.

为一种"借鉴",即从应用于一个领域的方法论指南转移到另一个被修正了的领域,而这种修正常常是在术语隐喻中被思考。在此,罗佐夫注意到了语境的变化,它是一种类似于不同学科之间相互作用的典型的创新机制。不被稳定装置束缚的"外星人"必然会出现,创新往往就是在新的活动领域提出新的想法和"疯狂的"思想。当这种想法或思想产生之后,接下来就是提出调查方案、收集资料和整理经验数据,最后是创建和巩固科学共同体。科学研究类似于工程设计,特别是作为一种"整体设计"的现代科学研究更为类似。尽管罗佐夫几乎没有涉及数学哲学,但是他却认为"数的世界是我们创造的"[①]。遗憾的是,我们已经不可能知道他会找到什么证据能够推翻数学中的现代实在论(柏拉图主义),或许他已经找到了令人信服的证据;我们也不知道他是否倾向于数学哲学中的现代反实在论,特别是数学唯名论(直觉主义)。总之,从活动论的角度去解释数学的性质、数的性质和交替逻辑思想的大门依然是开放的,这一任务留给了那些沿着罗佐夫开拓的道路前进的后人。

总体上看,罗佐夫的科学认识论和科学哲学属于一种现象学的科学哲学,他提出的一些原理、原则和规则还有待于在科学发展中进行检验,而基于社会接力思想的"案例研究"(case studies)的研究风格还要继续推进。但我们不得不承认,罗佐夫是和谢德罗维茨基一样的哲学大师,面对听众他们又是如此谦虚,以至于他们的演讲很多时候是没有录音备份的。《新视野中的科学哲学》这本书收入了罗佐夫与卡萨文、列克托尔斯基和其他同事的笔谈,篇幅虽然短小但内容却很重要[②],正是这些片段让我们可以再一次看到这位科学哲学家在"社会接力"这一思想上深入细致的思考。

三、奥古尔佐夫和"后现代科学哲学"

亚历山大·巴甫洛维奇·奥古尔佐夫(Александр Павлович Огурцов,1936—2014)生前是俄罗斯科学院哲学研究所的主要研究人员,"认知价值和科学伦理"研究室主任,哲学博士,教授,科学哲学和方法论、科学史、认识论领域专家。曾任四卷本的《新哲学百科全书》(2000—2001年)编委会的学术秘书。他把哲学看成是对文化的反省,研究了科学的社会文化形象问题,分析了科学的学科内部结构及跨学科的相互作用,阐述了自然科学史、科学社会史

[①] Розов М. А. *Философия науки в новом видении*, М.: Новый хронограф, 2012, С.124.
[②] Там же. С.117-122.

和科学发展战略等思想。他的代表作有《马克思主义的自然科学史概念（19 世纪）》（1978 年，合著）、《马克思主义的自然科学史概念（1900—1925）》（1988年）、《科学的学科结构：发生与证明》（1988 年）、《启蒙时代的科学哲学》（1994年）、《祖国的科学哲学：初步总结》（1997 年，合著）、《人和教育的后现代形象》（2002 年）、《文化学史》（2006 年，合著）、《20 世纪的科学哲学——概念和问题》（2011 年）等。

奥古尔佐夫对科学哲学的贡献之一就是对科学的学科结构的发生、发展所做的批判。他认为，早在古罗马文化时期就已经产生和发展起来了我们称之为科学的学科形象，对待科学的个人立场已经被纳入到"教师"和"学生"之间的教学行为中去。换句话说，对于判断科学知识的现状和结构而言，教师与学生之间的等级-差距关系显然具有决定性的特征，在教育系统履行各种社会责任的个体交往行为中，知识存在的方式就是"教师"和"学生"。与知识这一特点相对应的是结构的多样性：对于受教育者而言，知识就是学科（дисциплина），而对于教育者而言，知识就是学说（доктрина）。当我们从向后代传播和被后代所掌握的角度看待整个科学知识的时候，知识就以学科方式组织起来了。在那些从事教育的人眼中，知识大厦就是由学说构成的。"毫无疑问，在诸如此类的科学知识组织方式中，发现了罗马教育和科学的书面特点。"[1] 所以，科学的学科形象最终得以在罗马文化中产生，能够被罗马文化特有的价值标准系统所解释，它允许把知识解释为一种客观思维结构，整个教学被定位于把所有知识都进行统一的分解和重组，定位于在各种各样的百科全书、教科书和纲要中对知识进行分门别类的表述。而罗马文化的特点恰好是对组织化、系统化的不懈追求，强调秩序和理性路径。正是罗马文化的这种服从和路径依赖导致罗马教育的系统化取向，导致把学科作为决定性的价值和标准，导致通过学科的服从来定义知识的结构。知识的发展只有一个目标，那就是成为学科；学科是科学知识结构的基本要素。

知识系统化的层级（иерархия）原理假定所有科学组成单位都是分布在各个层次上的，可以对知识的各个阶段进行排序，最终建成学科的某种阶梯。不同的认知参数形成了多种层级序列标准，如递增的复杂性、递减的共同性、复杂性或简单性的程度等。"知识系统的层级与学习对象的等级和对现实片段的整理是分不开的。"[2] 如果把 19 世纪在各种科学中发展起来的理论-方法论分析的

---

① Огурцов А. П. *Дисциплинарная структура науки. Ее генезис и обоснование*, М.: Наука, 1988, C.133.

② Там же. C.138-139.

方法进行比较，就会发现在科学研究的方法、分门别类的分析和研究的对象中都发生了实质性转变。我们可以把它看成是从"类型学"的思维方法向"增长式"的思维方法的转变。在 19—20 世纪之交，这一转变发生在对科学的哲学-方法论反思中，在对分析对象、单位及科学本身的解释中，在对知识整合过程的解释中，而这种整合已经成为科学知识的特征并且是 20 世纪科学技术革命的实质①。在每一种方法论取向的内部都会形成和发展起来不同的研究纲领，它们是基本原理和基本方法统一中的差异。科学的哲学和认识论概念解决不同任务，应按照不同甚至矛盾的形象来思考科学知识的结构和组成，但是，这些哲学和认识论概念的多样性都被认为是统一的取向。这些取向不仅与科学自我意识的深化有关，而且与存在某种一般"参考系"，即引入对于一系列哲学-认识论-逻辑概念而言共同的坐标系有关，这些概念决定了科学分析的单位和科学知识分类的方法。类型学思维方法的一个基本特征就是研究者的注意力是集中把科学作为客观理想状态之下的知识，这样的态度就决定了把科学结构及其组成要素的不变性呈现出来。诸如此类的哲学方法论态度必然导致人们把知识的变化和科学的增长看成是次要现象，并且忽略它们，顶多是把科学知识的变化看成是这一稳定知识结构的变形，或者是原型缺陷的和虚幻的反映。通过这种方式，作为一门学科的哲学或逻辑的目的就是揭示科学知识的这种不变的结构。哲学知识的结构提供了某种"类本质"，是整个科学知识"艾多斯"②的分析者。发展到某一阶段的科学学科就表现出一种状态，在完美的"转换"的形式上明确反映被哲学知识所代表的原型。因此，科学知识的变化与哲学知识密切相关，在这一理论框架之下专门科学知识只能是一种粗放型的增长，只是在基础和原理不变的前提下真理的累积。在类型学思维方法的范围内涉及的只是不同思维、认知的结构（思想、理论、学科）的关系，知识和它的构件统统被当作"泯灭个性的"（деперсонифицированные）构成物和客观思维结构，与之相关的是对科学知识主体的解释，为此必须引入普遍的经验、先验的主体、绝对精神和自足的真理等概念。正是这个"泯灭个性的"的知识主体在这样一个范围内，证明了真知识的"超个性"的地位和经验概括的可重复性。

在这一时期，科学学科的关系问题首先是科学分类问题，即在某一个科学

---

① Огурцов А. П. *Дисциплинарная структура науки. Ее генезис и обоснование*, М.: Наука, 1988, С.217.

② 艾多斯（эйдос），来自希腊语 eidos，本意是表相、样式、面貌，后来被现象学大师胡塞尔借用并改造成一个德语单词 wesen。传统哲学的本质是隐藏在直观现象背后的抽象概念，而现象学的本质（eidos, wesen）则是直接呈现的纯粹意识可能性。本质问题是胡塞尔现象学的核心，胡塞尔认为，现象学应被确立为一门本质科学——一门"先天的"或者说"艾多斯"的科学。

发展阶段科学知识及其要素的结构研究，揭示科学理论或者学科"原本的"分门别类及其相互关系问题。科学知识分类、分类的原则和标准问题都曾经吸引过康德、安培、拉马克和黑格尔等。建成层级化的知识体系是科学分类的基本形式，换句话说，确定某些科学知识高级形式具有的特征（共性、必要性、可靠性、输出性、证明性、可检验性等），再确定一些低级形式具有的特征（统计性、逼真性、问题性、假定性、可反驳性等）。关于科学知识结构层级化的概念的特点就是引入基础科学和派生科学，把科学知识的总和划分成若干"层级"，对部门科学进行排序，而为这一概念辩护的是各种各样的科学哲学、科学逻辑和科学方法论。可以说，最常见的就是对各门科学的关系和科学知识的整个结构进行解释[①]。19世纪形成了新的科学研究的方法论取向——增长式的（популяционистская）。这种方法论的形成与三个名字密切相关，即英国科学家弗朗西斯·高尔顿（Francis Galton）、瑞士博物学家阿方斯·德·坎多勒（Alphonse de Candolle）和俄国生物学家维什尼亚科夫（Ф. П. Вешняков），他们分别采取了人类学、统计学和遗传学的方法研究科学共同体的人员组成。20世纪上半叶出现了知识社会学，其把知识现象和社会团体联系起来［马克斯·舍勒（Max Scheler）等］。在增长式思维方法范围内发展起来的研究内容包括：对现实的科学家小组的分析，这些小组是在科学史的某一时期由科学家创建的；研究科学家的交流方式；研究把某一科学家与其他科学共同体区分开的方法；研究他属于科学家小组的标准及某些社会团体和知识的相关性。在这样的路径下，科学知识就不是作为一种具有不变结构的同质教育，而是被看成是在各个组成部分之间存在复杂关系的异质教育，如相互论战、相互叠加、彼此"干扰"、彼此平行等[②]。

　　从增长式思维方法出发的科学学研究的对象并非是一成不变的科学知识结构，而是科学共同体的组成、工作在科学前沿的科学家的交流、分布在各个科学领域的研究小组、在某些科学组织方式下的科学家的产品等。所有诸如此类的现象都是发展的和动态的构成物，而且，与社会交往结构相生相伴的知识也是一种动态和变化的构成物。奥古尔佐夫强调，基于这一进路的认知现象被剥夺的不仅是自己的均质性，还有应然的、客观理想的状态，为了适应社会集团，认识现象也必须具有另外的"性质"。在增长式框架之下，针对其错误和误解，科学知识被诠释为有问题的、原则上允许反驳的东西。总之，科学知识就是一

① Огурцов А. П. *Дисциплинарная структура науки. Ее генезис и обоснование*, М.: Наука, 1988, C.218-219.
② Там же. C.220-221.

种具有自己的规范和启发原则的解决问题的过程，科学知识正是存在于不断提出问题和解决问题的动态过程，而不是客观理想真理的大统一中。在提出和解决问题的过程中，活动和主动的思想就成了这一进路的内部核心。科学家之间的协作、服从于一定规范和调节的协作取代了科学知识客观思维结构（思想、理论、学科），成为科学哲学研究的对象。但是，这些规范和方法论调节本身并不是独立的、规范的社会价值子系统，而是个人行动的组织方式和他们思维活动必要的内部要素。因此，作为反映被科学家内化了的、成为他思维活动要素规范和价值的理解方法，乃是展现人活动的内部意义调节的过程。换句话说，奥古尔佐夫主要强调分析科学家的价值取向、他们的偏好、他们活动和交流的组织方法、确保认知行动秩序和程序的调节及学科标准，这些标准在提出问题、解决问题和学术交流中都是有意义的。

为了进一步阐明科学、科学家与社会制度、大众心理、社会价值取向的关系，奥古尔佐夫深入剖析了法国大革命语境下的科学与科学家命运这一案例。众所周知，在法国的启蒙思想中同时存在着对科学所持的两种针锋相对的态度，这一对立贯穿于法国革命前和革命中的许多年代。狄德罗主编的 35 卷本的《百科全书》的编纂和出版、科学论文在理论知识和实用知识各个领域的传播，都极其鲜明地体现出启蒙派对科学的捍卫；反科学的路线则表现在卢梭对科学的批判中，表现在各种神秘主义的教派和运动中，也表现在民众反对革命前存在的科学组织的粗俗狂热中。"各个领域知识的不断丰富，科学成就的普及，毕竟是革命前法国精神文明的实际情况。然而，法国社会各阶层中间反科学的情绪在革命爆发之前不断蔓延，科学主义-启蒙思想的世界观与玄妙主义、神秘主义、星相术的及公开反科学的世界观奇怪地混杂起来，这种情况也是毋庸置疑的。"[①] 而在法国科学家中间，化学家拉瓦锡始终对抗这种反科学的情绪和方针，特别是反对摧残科学的政策。他宣称法国科学正在经历的是迫害科学家和把科学家赶出巴黎的时代。他强调，如果科学得不到援助，它将在国内衰落，甚至难以恢复其原有水平。事实上，拉瓦锡领导了火药和硝石生产管理局，重建了法国军事工业，振兴了火药生产，这不仅对于发展化学生产，而且对于法国国防都是至关重要的。然而，拉瓦锡却遭到了国民公会中反科学势力的迫害，并于 1894 年 3 月 8 日被斩首。在审判拉瓦锡的时候，甚至有人喊出了"共和国不需要科学家！"这样愚昧透顶的话。

---

① А. П. 奥古尔佐夫：《法国大革命与科学》，封文译，《哲学译丛》1989 年第 6 期，第 23 页。

随着拉瓦锡的人头落地，大革命时代中法国社会意识对待科学的两条路线的对立以此而告终："首先是形成了国家对科研活动的援助，改组了原科学院，组建了新的由国家资助的研究所，形成了职业的学者阶层，创办了旗帜上写着'进步与利益'的新型科学。"而这种社会对科学的援助制度导致了这样的结果："对发展革命的法国的工业、工艺、商业和技术来说非常重要的应用研究往往提到首位。"[①] 奥古尔佐夫指出，在创立与生活和工业相关的"新型科学"的过程中，反映了处于革命中的法国的现实需要。但必须看到这种对"学院科学"进行批判的另一方面，即隐蔽的和公开的反科学情绪和方针。为争取与原有的、古老的思辨科学根本不同的新的、自由的科学而斗争，同时也就是使法国科学面向实用的、重要的（从国家角度看）任务的手段，也是批判科学认识、以革命任务和革命理想的名义驳斥科学认识的形式。综上所述，法国各社会阶层对科学持何种立场和科学应是什么样子，这既是对法国革命前和革命中流行的各种思潮的最重要的评定依据，也是考察科学与社会-文化关系问题的最好的试验场。遗憾的是，法国革命前和革命中精神生活和思想生活中的这些方面，既没有成为历史研究的课题，也没有成为哲学研究的课题。

从上述分析可以看出，奥古尔佐夫反对把科学作为一种客观的、永恒的真理来看待，坚持把科学看成是一种与社会文化互动的过程。如果说从前科学认识论和方法论对科学知识发展的社会因素的观点还是第二位的，仅仅把它们归结为决定科学发展速度和条件的"外部"因素；那么在今天，这些因素显然被内化为科学研究过程中，并且已经成为科学知识的重要特点。因此，"早年间几乎被公认的科学发展的内部因素和外部因素划分今天受到了公正的批判，这种划分已经转变为把科学诠释为一种复杂的综合的构成物，它在各个系统层级上保留着整体性质"[②]。

奥古尔佐夫另一个重大贡献就是对后现代科学哲学的研究。他指出，后现代主义者提出了一系列重要思想，如关于权力的机制及其建制、知识的交往性质、科学真理强制性的界限、知识合法化的方法等研究；然而，更为重要的是，他们把一些在20世纪哲学发展起来的思想推到了极致，甚至推到了荒谬的地步，比如，对经典理性和经典形而上学的批判、拓宽了对合理性原则的解释、拒斥强制性和必然性的标准、转向人类学和意识到交往在人类生活中的意义、对语言在人的认识乃至人存在本身中的意义的思考等。后现代主义并非简单地普及

---

① А. П. 奥古尔佐夫：《法国大革命与科学》，封文译，《哲学译丛》1989年第6期，第28页。
② Огурцов А. П. *Дисциплинарная структура науки. Ее генезис и обоснование*, М.: Наука, 1988, C.222.

和应用现代哲学思想，而是将其推向极端，转化为反对社会制度和普遍价值规范的政治和思想斗争的手段。在奥古尔佐夫看来，后现代主义反映了一种虚幻的综合体，它总是伴随着和将要伴随着科学技术知识的成就和对现代社会价值和规范的确认[①]。后现代主义哲学批评了对人类的趋同和疏离都承担责任的科学。根据沃尔夫冈·韦尔施（Wolfgang Welsch）的观点，自笛卡儿开始科学知识就是"精确科学，mathesis universalis[②]，对世界的系统把握，科学技术文明——这一主线引导着我们"。自笛卡儿起工具理性开始成为一种主宰并贯穿整个近代社会。被后现代主义者批判的科学，首先是作为意识形态和权力工具的科学。科学知识失去了自己客观公正的知识地位，失去了自己客观的意义，进而变成针对自然界、针对他人及自身的权力意志的表达[③]。

　　奥古尔佐夫特别关心后现代主义与教育的关系问题，研究了后现代主义视野中的人的教育问题。在后现代主义者看来，改革教育的唯一途径就是打破现有的学校体制，在师生关系中降低教师的作用，借助于"语言游戏"将所有的教学内容和教学方法加以美化（эстетизация）。这就意味着，后现代主义否定的不仅是教育和培养具有某些唯一的目的和价值的提法，而且破坏了长期以来的不对称的教育关系本身，因为在这种关系中教师总是扮演着教育者、培养者和陶冶者的角色。对于来自教育界的后现代主义者来说，他们强调的是师生之间对称性的关系，反对教学过程中的任何一种模式，因为这将导致师生关系的模式化和僵化，导致教师一方独大。为了使各方面平等，也为了师生关系的对称，后现代主义者拒斥"教学关系"（педагогическое отношение），在这种关系基础上建成了和正在被建设着教育和教学，而这种关系中的一方（教育者）旨在向年轻一代传递自己的经验，按照一定的教育目的和思想去培养他们。为了打破这种教学关系，后现代主义者尝试着放弃理性的理想和教育过程和内容。拓宽培养和教育的手段和渠道，特别是转向影视手段和现代计算机技术创造出来的虚拟世界，被后现代主义者解释为扩大了可视教育的可能性，并且在整个教育体系中正在被绝对化。在视听手段中，后现代主义者分辨出一条由消费和享乐文化创造的道路，但这并不需要来自消费者方面的任何努力。把消费社会视为一个精神分裂的社会加以批判，是所有后现代主义哲学的特点，特别是福

---

① Огурцов А. П. Постмодернистский образ человека и педагогика, *Субъект, познание, деятельность*, М.: Канон+ ОИ «Реабилитация», 2002, C. 301.

② 笛卡儿用语，可以译为"普遍科学"或"普遍数学"。

③ Огурцов А. П. Постмодернистский образ человека и педагогика, *Субъект, познание, деятельность*, М.: Канон+ ОИ «Реабилитация», 2002, C.309.

柯、巴塔耶和德里达，他们认为正是这些消费价值观和价值取向引导人们无节制地消费影视产品。之所以对经典理性、对价值和规范的强制性和客观性标准，以及对理性原则本身进行批判，原因就在于后现代主义者把塑造人这一唯一的目的和价值作为教育的目的和决定性价值，而事实上，人已经是被影视产品消费所吸引的人，在陷入生活困境之时既不能自我控制，也不能找到自己的位置。但奥古尔佐夫认为，后现代主义者无论是对科学技术理性还是伦理道德理性的批判，无论是对欧洲文明还是对欧洲教育传统命运而言都无大碍。正如拉普-瓦格纳（R. Rapp-Wagner）指出的："我们今天面对着后现代主义对人的形象、对哲学和教育、对学校和教学的抨击，面对着对由此产生的教育和培养现有共识的破坏，首先就是要有对知识的公平的评价，欧洲传统就是以此为前提的，而且也是在设计实践中得到确认的。只有在这个人类学和科学证明基础之上才能建设某些新东西。"①

综上所述，奥古尔佐夫认为后现代主义并非是一种起源于欧洲大陆的怪诞哲学，它在教育理论和实践中得到运用，改变了教育的概念工具，转变了教育者的意识结构及其价值和哲学理论取向。但是，这些发生在教育者理论工具和价值取向中的变化，已经成为一个独立的研究对象②。

四、盖坚科和"科学文化"

比阿玛·巴甫洛夫娜·盖坚科（Пиама Павловна Гайденко，1934—），教授，哲学博士，俄罗斯科学院通讯院士，哲学研究所"科学知识的历史类型"研究室主任，是和斯焦宾院士同龄并且依然健在的俄罗斯女哲学家，在哲学史、科学与文化领域造诣颇深。盖坚科的科学哲学研究主要集中在西方哲学、文化和科学思维历史发展语境下科学知识的形成问题领域。她具有扎实的西方哲学功底，对胡塞尔、海德格尔、雅斯贝尔斯、基尔凯郭尔和马克斯·韦伯哲学思想的诠释与对现代哲学的基本问题的思考密不可分，比如，理性及其重要源泉（西方科学）问题；认知中的时间，即哲学史研究中的方法问题等。她在自己的著作中分析了科学发生问题，研究了在科学知识形成过程中基于社会文化和宗教的视角，科学和科学性概念的历史转换问题。她的代表作主要有《科学概念

① Rapp-Wagner R. *Postmoderne Denken und Padagogik: eine kritische Analyse aus philosophisch-futurologischer Perspektive*. Bern-Stuttgart-Wien, 1997, S.436.
② Огурцов А. П. Постмодернистский образ человека и педагогика, *Субъект, познание, деятельность*, М.: Канон+ ОИ «Реабилитация», 2002, С.326-327.

的进化：早期科学纲领的形成和发展》（1980年）、《科学概念的进化：17—18世纪》（1987年）、《希腊哲学史及其与科学的关系》（2000年）、《新西方哲学史及其与科学的关系》（2000年）、《科学理性与哲学理性》（2003年）、《时间·持久·永恒：欧洲哲学和科学中的时间问题》（2006年）。

　　早在20世纪80年代，盖坚科的主要研究对象就是社会-文化语境下科学概念的产生及其进化问题。盖坚科认为，如果不去具体分析科学本身的历史，也不去关注科学与社会、科学与文化联系的大系统，那么，就不能揭示科学概念的内容，更不要说科学概念的进化了。一句话，科学在和文化-历史密切联系的语境中存在和发展。但是，这样一来问题就变得更为复杂，因为科学与文化并不是完全不同、互不相容的两个对象：科学同时也是文化现象；科学认识也是一种文化创作，在某种程度上，科学在一定时期从整体上对文化特征和社会结构具有很大影响，这种影响是伴随着科学转化为直接生产力实现的。

　　科学与文化的关系问题变得愈加突出，而分析科学的两种方法论进路，即内史论和外史论也各自变得更加片面和不足。内史论要求在研究科学史时从科学发展的内在规律出发，而外史论假定科学的变化主要是由纯粹的外部因素决定的。盖坚科认为，要想考察文化系统中的科学就要避免片面性，还要揭示科学与社会之间如何实现互动和"物质交换"（обмен веществ），同时仍然保持科学知识的特征。科学史家主要和发展的对象打交道，研究任何发展的对象都必须采取历史的方法。乍一看的确不错：一切尽在研究文化系统中科学的地位和功能的研究者掌控之中，有完全明确的研究领域——科学史和文化史，而文化史又可分成一般史和专门史——艺术史（各类艺术）、宗教史、法律史、政治形式史和学说史等。显而易见，可以把艺术、法律等发展的各个阶段和科学发展的相应阶段进行充分比较，将科学思维方式与当时主导的艺术风格、经济政治体制进行类比，之后任务就算完成了。但实际上任务相当复杂，诸如此类的外部类比对于研究而言的确是有趣的和有益的，因为它们有时在科学中具有启发作用。但是和任何类比一样，它们既不能提供足够的知识，也不能给出科学与其他文化生活圈相互作用的内部机制。类比只是提出问题，并不能解决问题。可以进行外部的类比，但这种类比未必总是存在的，因为科学思维的方式有时候并不能与当时的艺术风格相对应——类比往往是工作的开始，并非是结束[①]。

---

① Гайденко П. П. Эволюция понятия науки. Становление и развитие первых научных программ, М.: Наука, 1980, C.5-7.

为了使类比不仅仅停留在外部，一方面，必须向科学家思维的内部逻辑进行渗透；另一方面，需要向某一历史时期定型化了的意识结构渗透。不能把定型化的意识简单地理解为某些文化现象的加和，它是一种心态和世界观的整合，这种完整性贯穿于人的活动的方方面面，隐藏于作为物质文化和精神文化产品的印刷品中。反过来，这种对科学认识内部逻辑的揭示又是以对像科学这样的复杂系统的细致分析为前提的。如果把自然科学知识放在最一般形式上，那么它是由以下构件组成的：①经验基础，或者理论的对象领域；②理论本身，是一系列彼此联系的原理（规律），它们之间不应该彼此矛盾；③理论的数学工具；④实验-经验的活动。以上构件在内部紧密相关。借助于专门的方法和原则从理论规律中得到的结果，解释和预测了构成理论的对象领域的一些事实，而且在此基础上这些结果并不能简单地成为任何经验事实，这一点是非常必要的。理论必须决定接下来的事情，如应该怎样观察，必须测量哪些量值，怎样实现实验和测量的程序等。在科学知识系统中，无论是对于研究的对象域、数学工具，还是对于测量的方法和技术而言，理论的作用都是决定性的。

这样一来，自然而然地会产生一些问题：从以上列举的科学知识的构件中拿出哪部分和文化现象进行比较及如何进行比较？怎样才能避免数量太大的可能的比较和基于完全随机特征的随意性？因为在自然科学知识起到决定性作用的是理论，所以首先就应该把理论作为文化-历史整体系统中的研究对象，但这又会产生一些困难。实际上，理论与数学工具，与实验和测量方法，与研究对象域（被观察的事实）的关系并不是外在的，所有这些因素统一决定了理论结构本身，所以理论原理之间的联系表现出逻辑特点而且是由该理论"从内部"决定的。这就是为什么选择理论作为知识"分析单位"的科学哲学家和科学史学家，经常要去探索科学发展的纯内部特点，而并不需要任何其他的阐释科学进化的外部逻辑。但是在20世纪科学哲学、科学史和科学学的研究成果中却发现了科学理论的一个特殊地带，在任何科学理论中都存在着这样的观点和假设，它们在理论自身的框架内无法得到证明，只能被视为某些自足的前提接受下来。这些前提在理论中起到非常重要的作用，以至于修改或取消它们就会带来该理论被修改或取消的后果。每一个科学理论都要提出解释、证明和组织知识的理想，这个理想并不能从理论本身得出，相反，它却决定了理论本身。正如斯焦宾指出的，诸如此类的理想植根于时代文化之中，大多时候它们是被每一个社会发展历史阶段形成的精神生产方式所决定的（对这个前提条件进行分析是一个特别重要而紧迫的任务）。

　　盖坚科发现，无论是在俄罗斯国内还是在国外的现代科学逻辑和方法论的哲学文献中，都有一个不同于科学理论的概念，即科学研究纲领（научная программа）①。在科学纲领的范围内形成了科学理论最一般的基础原理和最重要的前提；科学纲领提出了科学解释和组织知识的理想，并且创造了一些条件，正是在这些条件得以满足的前提下科学知识才被看成是真实的和可证明的。因此，科学知识总是在一定科学纲领的基础上发展壮大的。然而在一个研究纲领的范围内却可以产生两个乃至更多的理论。那么，科学纲领到底是什么？为什么要提出这样一个概念呢？其中一个原因就是在自然科学的发展中发生了实质性的变化，可以称之为科学革命，显然，我们不可能仅仅借助于理论内部因素，即借助于理论发展的内部逻辑去解释这场革命。与此同时，我们也可以通过引入外部知识去解释科学革命，但盖坚科也发现了这一做法的不足之处：在这种情况下，实质上所有科学内容都被归结为某种其他的东西，而科学自身的独立性却被剥夺了。上述原因激励着科学史学家另辟蹊径，在不失去科学的特征及其相对独立性的前提下去揭示科学的进化，与此同时既不把这种独立性绝对化，也不割断自然科学与精神物质文化和自己历史的有机联系。

　　与科学理论不同，科学纲领力求对所有事实的现象和详尽解释进行全覆盖，也就是要对整个现存物进行通用解释，能够被研究纲领解释的原理或原理体系因此具有了一般性的特点。著名的毕达哥拉斯原理——"万物皆数"就是对研究纲领的典型的、简练的表述。科学纲领并非总是但却是经常在哲学的范围内产生的：有别于科学理论，哲学系统未被分配到"自己的"事实的一组；追求一般意义是哲学自己提出的原则和原则系统。此外，科学纲领也不等同于哲学体系或者某个哲学流派，并不是所有的哲学学说都能够成为科学纲领的基础。科学纲领应该不仅包括研究对象的特征，而且还包括与该特征密切相关的制定相应研究方法的可能性。因此，科学纲领不仅能够为建构科学理论提供最一般的前提，而且能够为从哲学体系提供的世界观原则向揭示经验世界的现象关系转变提供手段。科学纲领是一个稳定的结构，那些发现的新事实并不是都能被该纲领所解释的，这就导致必须修改旧纲领或者换成新纲领。通常情况下，科学纲领要么提出某一世界图景，要么提出某些基本原则，而世界图景具有很大

① 在国外文献中，主要是拉卡托斯在自己的科学方法论语境中使用了"科学研究纲领"这一概念，参见：Lakatos I. History of science and its rational reconstructions, *Boston Studies in the Philosophy of Science*, Dordrecht, 1970, vol.VIII.；在国内文献中使用"科学纲领"这一概念的主要有罗德内伊、斯焦宾和拉基托夫，参见：Родный Н. И. *Очерки по истории и методологии естествознания*, М.:Наука, 1975; Стёпин В. С. *Становление научной теории*, Минск:БГУ, 1976; Ракитов А. И. *Философские проблемы науки*, М.:Мысль, 1977.

的稳定性和保守性。世界图景的变化等同于科学纲领的改变，接下来导致了科学思维方式的改变，引起了科学理论特点的重大改变。盖坚科认为，科学纲领的概念对于研究文化系统中的科学来说是卓有成效的：因为正是通过科学纲领科学才表现出与自己时代的社会生活和精神境界的最紧密的联系。在科学纲领中那些微妙的心态、那些作为无意识前提的不确定的发展趋势第一次被理性化，而在任何科学理论中它们都属于"理所当然"的假设的内容。这些科学纲领是文化-历史整体和它的组件科学之间的"渠道"（каналы），通过这一渠道完成了"循环"（кровообращение）：一方面，科学受到社会体的"滋养"；另一方面，科学创造了社会体生命所必需的"催化剂"。科学成为社会结构和自然界关系的中介物，科学实现了社会结构自我保持、自我再生产所必需的自我意识和自我反省的方法。

　　当然，科学纲领并非是连接科学与社会文化的唯一现实"渠道"，因为科学是一个复杂的、多功能的系统，所以科学与社会文化之间的联系是纷繁复杂的。为了防止我们在这种无限可能性中迷路，应该借助某些框架限制一下研究。我们对科学纲领的形成、进化和死亡的研究，对新纲领的提出和巩固的研究，乃至对科学纲领与建基于其上的科学理论关系形式变化的研究提供了一个可能性，这就是揭示科学与文化-历史整体的内部联系（在一定范围内存在着这种联系）。这种方法甚至可以追溯至这一联系的历史变化特点，即表明科学史是如何与社会史、文化史进行内部联系的。在某一历史时期可以并存两个以上的研究纲领，这些纲领的初始原理甚至都是相互矛盾的，这一情况就不允许从该文化的某种"原始本能"中简化地"得出"这些纲领的内容，要求更加深入地分析这一文化的"组成"，发现其中存在的不同趋势。同时，在科学发展的每一个历史时期都存在多个科学纲领，这表明，在科学史中希望发现确定的、从一开始就提出原理和问题的、连续和"线性"的发展都是不正确的。纵观历史而言，科学所能解决的那些问题本身在每一个历史时期都会得到新的诠释。

　　站在科学与文化密切相关的立场上研究科学知识的发展，盖坚科发现了一个有趣的问题——在从一种文化向另一种文化转变的过程中，某种科学研究纲领是如何转换的。要想回答这个问题就必须对科学革命问题进行新的解释，一般来说，科学革命不仅意味着在科学思维方面发生激烈变化，而且在整个社会意识方面也发生了实质性变化。科学研究纲领是如何形成、生长和转换甚至被取消了的，从而失去了在此基础之上提出科学理论的力量？所有这些问题都可以在科学概念进化的历史研究的基础上加以考察。科学史学家的研究应该转向哲学史，因为主要科学纲领的形成与转换都和哲学体系的形成和发展、各种哲学派别的联系和斗争密切相关。反过来，科学史的研究也给哲学史投下新的光芒，为研究哲学和科学在它们的历史发展中的联系和相互作用带来了额外的机会[①]。

　　进入 21 世纪以后，盖坚科把对科学与文化关系问题的探讨，进一步延伸到对科学（合）理性（научная рациональность）和哲学理性（философский разум）关系问题的思考中。科学理性不仅是现代科学哲学，而且是文化哲学、社会哲学的关键词之一。2003 年，盖坚科出版了《科学理性与哲学理性》一书，考察了近代科学的诞生过程，她特别关注了宗教、文化和社会等有助于科学理性原理形成的因素。她还对古代和近代西方科学理性类型进行了比较分析，并讨论了一些 20 世纪的思想家（柏格森、胡塞尔、韦伯、海德格尔、雅斯贝尔斯等）试图克服对理性的狭隘理解，积极寻找走出由工业-技术文明带来的危机的道路。近几十年来，哲学家、社会学家和科学学家越来越热烈地讨论理性问题，而在科学哲学中这个问题已成为最紧迫的问题之一。无论是在欧洲还是在英美哲学中，理性及其界限都是一个基本的和关键的问题。在俄罗斯也有很多哲学家著书立说探讨这个问题[②]。但是，站在 21 世纪的门口讨论理性问题具有自己的特点：这一讨论被置于科学哲学的自身范围，就不能不使该问题的讨论性质和方式包含一些新的重要方面。无论是在 20 世纪初还是在 30—40 年代，对科学理性的批判都不可能在科学方法论和逻辑学的研究者中间找到知音，也不可能在那些寻找科学知识可靠性基础和试图提出科学发展理论构想的人中得到共鸣。科学就是合理性的典范。今天恰好相反，正如德国哲学家汉斯·伦克指出的，"在理性事物、理性和起源于西方的科学之间建立如此紧密的联系大概是西方的错误"。所以，西方科学不是真正的合理性的典范，理性和科学性也不是同一个东西。科学哲学界是从 20 世纪 60 年代，也就是所谓的后实证主义出现以后才开始对理性问题进行重新审视的，主要有库恩、拉卡托斯、图尔敏、阿伽

---

① Гайденко П. П. *Эволюция понятия науки. Становление и развитие первых научных программ*, М.: Наука, 1980, С.7-13.

② См.: Грязнов Б. С. *Логика и рациональность. Методологические проблемы историко-научных исследований*, М., 1982; Автономова Н.С. *Рассудок, разум, рациональность*, М.,1988; Пружинин Б. И. *Рациональность и историческое единство научного знания*, М., 1986; Никифоров А. Л. Научная рациональность и цель науки, *Логика научного познания: актуальные проблемы*, М., 1987; Касавин И. Т., Сокулер З. А. *Рациональность в познании и практике*, М., 1989; Порус В. Н. *Парадоксальная рациональность (Очерки о научной рациональности)*, М., 1999; Швырев В. С. Рациональность как ценность культуры, *Вопросы философии*, 1992(6), С. 91-105; Швырев В. С. Судьбы рациональности в современной философии, *Субъект, познание, деятельность. К 70-летию В. А. Лекторского*, М., 2002.

西、瓦托夫斯基和费耶阿本德等哲学家。与新实证主义不同，这一方向力图创造科学的历史-方法论模型并且提供了一系列可供选择的模型。于是，科学哲学在这里不能不与理性的历史性问题相遭遇。

直至20世纪初仍有一个领域未接受历史主义的理性观点，这就是自然科学领域及相应的自然科学哲学领域。20世纪初科学革命在这个领域打开了第一个缺口：非经典物理学的诞生揭示了科学理性问题，而且科学家和哲学家的意识已准备重新思考这个问题，因为发生了一系列其他事件：数学基础发生危机，发现了多种逻辑体系的事实，出现了关于下意识及其对意识影响的分析心理学学说，人们开始注意非西方的文化，等等。但直至50年代末和60年代初，对科学理性采取历史主义立场的做法还不普遍。此后，历史学家和科学哲学家才密切注意科学革命。这场革命改变了理性认识的标准本身，在这个意义上说很像库恩所说的"完形的转换"（переключения гештальта）。注重科学革命导致对历史上相互替代的理性形式多元论的确定，产生了多种类型的合理性从而取代了一种理性，结果对科学认识的普遍性和必要性提出质疑。哲学中的唯历史主义所特有的怀疑论和相对论，现在也扩大到了自然科学领域。结果一些哲学家，如费耶阿本德，趋向于贬低理性原理在科学及人的整个生命活动中的作用和意义。

在文化体系中研究科学，分析作为文化史组成部分的科学发展，都是一种基于解释学（герменевтика）角度来考察知识，这样的研究效果不错。但是盖坚科认为，今天需要做的不仅是分析科学知识的基础，而且是文化本身，因此需要再迈出一步。关于这样做的必要性，一是由于今天我们越来越关注理性问题；二是因为对深陷于相对性和"科学真理多元化"的不满；三是因为对不能圆满解释从文化中如何"演绎"出科学，特别是作为它的研究对象自然界的不满，而这就意味着仍然无法克服科学与文化的二元论。为此她提出一个尖锐的问题：解释学是否能够作为全部人类知识的基础，它是否能够成为新本体论？要想回答这个问题仍然少不了对历史的回顾，正是当17—18世纪即数学-实验自然科学开始形成的时候，当时形成的对理性的那种理解，大多数含义至今仍然保存了下来。众所周知，在这一时期，力学成为关于自然的基础科学，力学的创立者把目的这一概念从科学的用法中驱逐出去。无论当时的唯理论者还是经验论者，都确信一点：自然科学的任务是确定现实原因而非目的原因的系统。但我们不要忘记，在力学诞生的时代，目的原因并非完全不存在，它仍是形而上学的对象。只是形而上学不像力学那样研究物体运动，而是研究精神和灵魂的本质。

但到了 18 世纪末，我们已经发现对这种合理性概念的反驳。康德发现，以机械主义的态度对待人，会对道德和自由产生威胁，并试图拯救它们，于是他把理性区分为理论理性和实践理性，即把科学和道德分开。康德认为，在科学中没有目的概念的地位，但在自由世界中目的却是第一范畴：人是道德的存在，用康德的话说，这种存在认为新原因序列的开端就是目的本身。可见，从 18 世纪末开始，物理学和形而上学的二元论被科学和伦理学、自然世界和自由世界所取代，而到了 19 世纪，它又转化为我们熟知的自然科学和文化科学的二元论。实际上，现代解释学同样立于这个二元论基础之上，尽管它的代表人物，如伽达默尔也很想克服这种根深蒂固的二元论。在解释学的范围内，自然界被剥夺了真实的生命和目的-意义的开端，解释学把历史主义变成了独特的历史本体论，其中代替自然界形象的是一定文化历史"意义"向外部的投影。解释学这个原则上的文化-主观主义在一定意义上导致相对主义和怀疑论，而这一方向上的代表人物都在试图从中解放出来。因此，盖坚科认为："解释学不能圆满地解决理性问题的原因，在于解释学脆弱的肩膀上不堪重负——成为'普遍科学'。"①

而要想解决争论了两个多世纪的自然与文化的二元论，关键还是要对理性问题重新进行哲学考量。斯焦宾院士已经开了一个好头，他把科学理性分成三种类型：经典的、非经典的和后非经典的科学理性。当前，探索理性问题的著作有一个明显的特点，那就是都具有列举理性概念基本含义的倾向。德国哲学家库尔特·休伯纳（Kurt Hübner，1921—）则把理性分成四种类型（也就是主体间性）：逻辑理性、经验理性、行为理性和规范理性。"理性始终表现为同一种形式，即从语义学角度看，理性表现为等同地记述一定的意义内容（无论内容是什么）；从经验角度看，理性表现为永远使用同样的解释规则（无论这些规则是关于什么的）；从逻辑-行为角度看，理性表现为使用计算（成本核算）（无论怎样解释这种计算）；从规范的角度看，理性则表现为一些目的和规范与另一些目的和规范相结合（无论向这些标准中加入了什么内容）。由此看来，理性就是某种形式的东西。它只属于规定的内容（如科学或神话内容）。"②汉斯·伦克在他的论文集《科学理性批判》的序言"理性的类型和语义"中指出，理性有 20 多种含义，其中具有代表性的有以下八种。"①理性是对从已被接受的前提中得出的论据的逻辑追踪：a. 逻辑-句法的推论；b. 真理-语义学的推论；c. 辩证法-语义学的推论。②理性是规范-科学的可证明性。③在康德理性建筑

① Гайденко П. П. *Научная рациональность и философский разум,* М.: Прогресс-Традиция, 2003, С.17.

② Там же. С.18-19.

学的意义上，综合-概括的理性就是理性的协调和把部分的知识组合成某种系统的普遍的联系。④内容-科学的理性是理论-科学的建构，这种建构随着理论发展进程中知识的增长而生长。⑤理性就是一种理性重构，是为了讨论诸如知识进步等问题而对判断标准所做的理想-类型的分析。⑥理性就是进一步合理地解释概念。⑦在不讨论目的前提下，所谓目的理性、'目的-手段'理性或工具理性就是指成本最小化和收益最大化。⑧在决策理论中理性就是战略理性。⑨博弈论中的理性（狭义上的战略理性）。"① 如果说休伯纳对理性做了分类，进而总结了个别情况，那么，汉斯·伦克则有意地倾向于探索他所列举的诸多含义的统一性，强调这些含义可以搞清而且远远不止20多种。

　　但是，哲学对理性问题的研究不能只停留在形态描述的表面层次上，描述事件作为研究的最初阶段、研究的出发点虽然是必要的，但这只是提出问题，而不是解决问题。至少也要有理性类型的层次理论，理性通过一定形式仍然可以把统一性开端移入个别知识的多样性中，就是说理性可引起系统化因素。为了实现对理性研究的系统化，有必要深入研究西方哲学史中一个关键概念——理性，把它作为出发点来讨论 "合理性"（рациональность, rationalität）概念的含义。但是一个尴尬的现状是，那些讨论理性问题的人几乎都是在这一视野之外的，因此，对此具有深刻认识的德国哲学家赫尔伯特·施奈杰里巴赫（Herbert Schnädelbach, 1936—）指出："合理性取代了理性。"（рациональность вытеснила разум）盖坚科一反编年史的先后顺序，先从康德谈起。康德区分了感性、知性和理性，他把理性定义为制定原理的能力，认为知性是为把感性的多样性归于概念统一性制定规则的能力。并且，他指出："吾人一切知识始于感官进达悟性而终于理性，理性以外则无 '整理直观之质料而使之隶属于思维之最高统一' 之更高能力矣。"② 所以，思维是一种提供统一性的能力，康德又把这种能力分成两个层次：①知性（рассудок, verstand），主要是借助规则（借助范畴）实现统一；②理性（разум, vernunft），主要是根据原则创造知性统一的规则。这表明，理性支配的既不是感性材料，也不是经验，而是知性本身。"理性致力于把多种多样的常识知识归结为尽可能少的原理，以此达到它们的最高统一。"盖坚科把康德的思想梳理如下，"理性按照下述原理产生知性规则的统一：理性能够达到更高的统一——目的统一；而知性只能概括到原因统一——自然规律。在康德知性范畴系统中，没有目的范畴。目的是理性原则，而不是知性范畴；但知

---

① Гайденко П. П. *Научная рациональность и философский разум*, М.: Прогресс-Традиция, 2003, С.19-20.
② 康德：《纯粹理性批判》，蓝公武译，北京：商务印书馆，1982年，第245页。

性又不能没有理性原则，否则就会失去调节。因此，在康德看来，作为统一性的一种类型，目的、合目的性才是理论认识的最高原则；而由知性建立的那些规律性，因为掩盖了现象的因果联系，因此只能是实现目的的手段体系——不是人或人类的主观的目的，而是客观的合目的性，这里说的也就是理性的理论应用"①。以上就是康德对理性的解释。但盖坚科强调指出，这绝非康德一人的解释，这位德国哲学家在欧洲哲学传统中完全不是例外：通过目的概念中介分析理性的本质，是康德与柏拉图的共同之处，而且是与亚里士多德的共同之处，进而言之，是与数百年来解释理性的传统的共同之处。这种传统经过中世纪终结于莱布尼茨，莱布尼茨在致克拉克的信中写道："灵魂遵从目的原因的规则自由地行动，肉体则遵从实际原因的规律机械地行动。"②

近代以降，由于把目的性原则从自然科学中剔除出去，这样导致自然界变成了未完工的、没有终点的东西，即没有意义尺度的序列。来自自然科学领域的机械世界观向人的生活、活动、道德领域的投影，威胁着目的性的概念并把它的意义驱逐出去。所有这些都导致到了19世纪末理性的概念几乎被清除（至少在自然科学中），将其逐渐缩小至所谓的科学理性，也就是借助建立因果联系（实际上就是机械联系）而不是借助目的的、终极原因来解释所有的现象。盖坚科之所以站在哲学理性的立场上研究科学理性，就是因为她看到了无论是对自然界机械的理解，还是对科学理性进行狭隘的诠释，即把科学理性等同于工具理性，我们只有回归科学理性原初的意义，把它理解为哲学理性或意义，才能够从根本上奠定自然科学和文化科学统一的基础、合目的性的统一原则，克服深植其中的二元论。相反，由于只是"部分拯救"目的性基础或意义基础，像新康德主义（价值学说）、狄尔泰（理解学说）、现代解释学等，都不能把我们从主观主义及与之相关的文化相对主义中解脱出来。

"从作为掌握自然界的技术的科学理性，必须重新转向作为人类最高能力的理性，这种理性不仅能够理解人的行为和精神运动的意义联系，而且能够理解具有目的性和统一性的自然现象：它们之间是有机联系的。而这又将引起自然哲学的复兴。"③回顾过去的两个多世纪，人类主要致力于改变自然界；为了不彻底毁灭自然界并且与之同归于尽，人类必须重新理解自然界。"需要从过于狭隘的科学理性概念转向哲学理性的观点"——这就是盖坚科的结论。

---

① Гайденко П. П. *Научная рациональность и философский разум*, М.: Прогресс-Традиция, 2003, С.21-22.

② Лейбниц Г. Переписка с Кларком, *Сочинения в четырех томах*, т.1, М.: Мысль,1982. С. 492.

③ Гайденко П.П. *Научная рациональность и философский разум*, М.: Прогресс-Традиция, 2003,С.26.

第五章

工具主义的衰落
——俄苏技术哲学百年发展轨迹回溯（上）

从 1912—1913 年恩格尔迈尔（П. К. Энгельмейер，1855—1941）出版四卷本的《技术哲学》算起，俄罗斯技术哲学已经走过了整整一个多世纪的历程。尽管和技术哲学的故乡——德国相比时间略短，但比法国、西班牙、荷兰等其他欧洲国家技术哲学的历史都要长，至于和当今世界技术哲学的学术中心——美国相比，俄国更是早了半个世纪[1]。100 多年以来，在俄罗斯广袤的大地上，不仅诞生了技术哲学的奠基人之一、工具主义和技术乐观主义的倡导者、工程主义传统的技术哲学家——恩格尔迈尔，而且诞生了人本主义和技术悲观主义的急先锋、人文主义传统的技术哲学家——别尔嘉耶夫。在苏联时期，基于马克思列宁主义唯物辩证法和历史唯物论的立场和方法，苏联的技术哲学家们不仅对"科学技术革命"和"科学技术进步"等概念进行了全新的阐释，而且围绕这些概念创建了独树一帜的技术哲学的"苏联-东欧学派"（或称马克思列宁主义学派）。早在 20 世纪 80 年代，苏联学者就已经摆脱了教条主义的束缚，翻译出版了大量以德国为代表的西方技术哲学著作，从批判和拒斥反动的"资产阶级的技术哲学"转向学习和借鉴西方思想。苏联解体后，以库德林、罗津、高罗霍夫等为代表的俄罗斯技术哲学家，不仅编写各类教材普及技术哲学知识，而且著书立说创新技术哲学理论，他们将俄罗斯传统的宗教哲学、哲学人学和文化学应用于技术哲学研究，从人本主义和文化主义的进路阐明技术和工艺的性质和本质，提出摆脱技术型文明危机的俄罗斯解决方案。

从总体上看，今天的俄罗斯技术哲学算不上世界技术哲学的主流，俄罗斯

---

[1] 根据 C. 米切姆的观点，"技术哲学"（philosophy of technology）这个英语词汇第一次正式出现是在 1966 年夏天，作为《技术与文化》杂志的一个专题论文集的名称，这本杂志是由美国技术史学会出版的。См.: Митчем К. *Что такое философия техники?* Пер. с англ. В. Г. Горохова, М.: Аспект Пресс, 1995, С.22-23.

学者研究成果的影响力也比不上西方学者。俄罗斯学者自己也坦言："迄今为止，我国技术哲学研究既没有起到像技术在现代社会生活中的那种作用，也没有达到技术哲学的世界水平。"[①]但是，和中国技术哲学研究现状相比，无论是视角的独特性还是思考的深刻性，俄罗斯技术哲学还是略胜一筹的。当我们还在亦步亦趋于西方技术哲学时，俄罗斯技术哲学早已走上了独立、创新的发展道路。如前所述，俄苏科学哲学在其一个多世纪的发展历程中，至少经历了两次大的范式转换：从自然科学哲学的本体论范式转向认识论范式，再从的逻辑-认识论范式转向社会-文化论范式。在这两次范式转换的过程中，俄罗斯科学哲学不仅打破了本体论教条主义的禁锢，而且摒弃了无谓的内外史论之争，走上了一条不偏不倚、彻底独立于意识形态之外的正常学术发展之路。相比之下，俄罗斯的技术哲学却始于恩格尔迈尔的工具主义或技术中心论，工程主义传统的技术哲学诞生伊始，就遭到了以别尔嘉耶夫为代表的人文主义学派的激烈批判。100多年来，俄苏技术哲学的发展始终徘徊在技术工具论和技术价值论两条道路之间。在苏联时期，以科学技术革命论为核心的"正统观点"把技术工具（手段）论推上了巅峰；而随着苏联的解体，科学技术革命论和马克思主义哲学一起跌落到谷底。被长期压抑的技术人本主义掺杂着反科学主义、技术悲观主义、取消主义思潮卷土重来，俄罗斯技术哲学迎来了前所未有的发展契机，不仅发表和出版了大量的优秀作品，而且又重新站在了世界技术哲学的聚光灯下。回溯俄苏技术哲学的百年发展史不仅是对其是非得失、成败荣辱的总体评介，而且透过历史足迹使我们更加深刻地理解俄罗斯技术哲学范式转化的艰辛、漫长和戏剧性。

一、俄罗斯技术哲学的"双星"

（一）恩格尔迈尔：工具主义的"启明星"

无论是站在俄罗斯技术哲学还是世界技术哲学的舞台上，恩格尔迈尔都是一位可以与恩斯特·卡普（Ernst Kapp，1808—1896）比肩的人物。换句话说，恩格尔迈尔之于俄国技术哲学就像卡普之于德国技术哲学一样重要[②]。自彼得一

---

① Негодаев И. А. *Философия техники*, Ростов-на-Дону: Изд. Центр ДГТУ, 1997, С.44.
② 关于恩格尔迈尔的生平和学术经历，参见万长松：《俄罗斯技术哲学研究》，沈阳：东北大学出版社，2004年，第34-52页；См.: Горохов В. Г. *Петр Климентьевич Энгельмейер: Инженер-механик и философ техники*, М.: Наука, 1997.

世以来，技术知识的普及和传播问题就备受关注，俄国的技术教育始于彼得亲手缔造的工程学校（1700 年）和数学-航海学校（1701 年）。到了 19 世纪末，对工程师进行专门的科学训练即高等技术教育已成当务之急，于是很多初等、中等技术学校转变为高等技术学院。尽管技术知识的普及成为俄国技术哲学发展的前提条件，但技术哲学在普及技术知识的过程中也发挥了重要作用。

早在 1898 年的小册子《19 世纪的技术总结》中恩格尔迈尔就为技术哲学提出如下任务。①在人类的任何活动中，包括从思想转变成物质、从目的转变成结果，我们都必须通过专门的技术才能实现。但是这些技术有很多共同点，技术哲学的任务就在于揭示出什么是技术一般。②技术与其他文化的关系。③技术与经济、科学、艺术和法律的关系。④技术创造（技术发明）问题。"总之，技术是人类社会这座大钟的一个齿轮。对这个齿轮内部结构的研究是技术（工艺学），但它无法超越自己的界限进而对这个齿轮占据的位置以及在整个大钟中的功能做出说明。这一任务只能交由技术哲学完成。"[1] 此外，在对与发明家有关的一系列问题研究的基础上，恩格尔迈尔关于创新行为问题的研究也达到很高水平。我们没有在恩格尔迈尔的著作中找到诸如"创新"（инноватика）、"创新学"（нововведение）这样的词汇，事实上这些词汇的意义也只有在现代诠释中才能理解。因此，正如柏拉图、康德、黑格尔的著作对于哲学家而言永远是"经典"一样，恩格尔迈尔的著作对于工程师而言永远是"经典"。恩格尔迈尔的《技术哲学》（Философия техники）和《创造论》（Теория творчества）的很多内容不仅仍然具有现实意义，甚至有些刚刚被俄罗斯的专家和全社会所认识。

尽管在 19 世纪末恩格尔迈尔用德文发表了几篇论文，表现出自己对技术哲学的浓厚兴趣，但把个人兴趣转变成毕生事业则是在 1911 年意大利波伦亚召开的第四届世界哲学大会上，恩格尔迈尔用俄语宣读了论文《技术哲学》，他试图证明"技术哲学"有权作为一个独立的哲学分支和一门公认的哲学知识而存在，即要求技术哲学建制上的独立地位。稍晚一些，准确地说是在 1912 年 2 月 11 日，恩格尔迈尔为莫斯科皇家工学院（Императорское Московское техническое училище）的大学生们做了相同题目的讲演。恩格尔迈尔以上述材料为基础于同年出版了《技术哲学》的第一卷。在 1912—1913 年，恩格尔迈尔陆续出版了其余的三卷，在这部著作中，他全面阐释了自己的技术哲学思想。作为技术乐观主义者，他认为："技术使人们彼此接近，帮助我们进入到未知国度（甚至极地），

---

① Энгельмейер П. К. Технический итог XIX века, М.: Тип. К. А. Казначеева, 1898, С.101-103.

技术缩短了时间和距离，推动人类团结成一个大家庭……对于人类生活而言，技术存在的意义就是一种指向益（польза）的行为，就像艺术追求美（красота）、科学追求真（истина）、伦理学追求善（добро）一样。"①关于机器恩格尔迈尔同样持有乐观的态度："毋庸置疑，机器是我们这个时代的旗帜，机器创造了资本主义，创造了现代城市，机器在私人生活和公共领域乃至人的个性方面都打上了自己的烙印……但也有一些思想家更多地谈论机器工作的单调，认为机器使当代人同质化、模式化，它使我们失去个性。"②尽管站在今天的立场上，我们不再相信技术一定会带来有益的东西，也不再盲目崇拜机器，但恩格尔迈尔却是最早为技术进行辩护的人，他坚信，恶不在于技术本身，而在于如何应用技术。"还有一个严肃的问题，技术是趋于有益的。这是否就意味着从技术的观点看，追求有益就是技术的最高动机吗？技术世界观就是要取代善和自我牺牲的精神，从而在这些理想的地盘插上粗暴的利己主义旗帜吗？当然不是。大炮同样服务于那些拥有它的人；而印刷机在印制《圣经》和识字课本方面没有任何差别。一切都取决于那些掌握着机器工作的人。"③尽管包括施本格勒、海德格尔、别尔嘉耶夫在内的很多哲学家，对这种技术工具主义和技术乐观主义都持有异议，但恩格尔迈尔的很多技术哲学思想还是超前于自己那个时代的。

首先，恩格尔迈尔尝试着突破对技术狭隘的"工具性的"（инструментальное）理解，在把医学、教育、艺术、语言乃至思维引入技术之后大大拓展了这一概念。他说："我们的计算和数字系统是什么？而日历、货币、信贷形式、国家机关、立法、司法、行政以及所有的社会组织形式是什么？乃至最主要和基本的交流工具——语言又是什么？所有这些全都是技术发明……但这还不是全部。因为语言学家和考古学家证明了，语言只不过是思维本身发展的可见形式。那又怎样呢？是不是也想把思维本身也归于技术？是的，希望是这样。在此我们必须追随着一位伟大的思想家——康德的足迹，康德不齿于把逻辑称为'思维技术'。"④至于如何去拓展技术概念，恩格尔迈尔并没有直说。但谈到"文化中的技术地位"时，他讨论了一个有趣的问题——从技术世界观的视角看人是什么？按照恩格尔迈尔的本意，人首先是一个技术存在（техническое существо）。"事实上，技术关乎生物和环境之间的一切关系。用技术武装起来的人摆脱了必然性，使自己的身体能够适应他所生存的自然界的条件，这样一来人就必须把

---

① Энгельмейер П. К. Философия техники, *ALMA MATER*, 1997(3), С.34-35.

② Там же. С.34-35.

③ Там же. С.38-39.

④ Там же. С.37.

自己置于衣服和房子中……由此才能获得进步的任何可能性，不论它是物质的还是精神的。因此，一个自然而然的结论是：人类若是想要沿着物质、智力、艺术和道德进步的道路前行，那就不能拼尽全力去和自然界搏斗；而要想节省力气，人类必然是技术动物（техническое животное）。"[①] 站在 20 世纪门槛上的恩格尔迈尔，还不可能意识到技术发展的真实情况和矛盾冲突，这是因为技术实在尚未表现出自己全球性的破坏特征。在这一点上我们不能苛求恩格尔迈尔。

　　其次，为了进一步深化和拓展技术概念，恩格尔迈尔还尝试着在生物进化和技术发展之间建立起某种联系。他认为："如果我们把达尔文主义公式中的'生物'一词替换成'发明'，就会得到一幅技术发展史的详图。"[②] 恩格尔迈尔的研究进路可能基于三个方面：一是卡普的"器官投影"学说，恩格尔迈尔在自己的著作中进行了详尽的分析；二是把生物和机械进行类比，这也是当时哲学家的普遍做法；三是为提出技术发展的科学"规律"寻找基础。由于达尔文进化论在当时是最新的理论，恩格尔迈尔迫不及待地把它推广到工具的领域中。"这是同一个自然界——开始于矿物的王国，结束在精神的世界。"[③] 显然，这一进路与上述理解是矛盾的，在此技术又还原为生物。为此，恩格尔迈尔是这样论证的：第一，确实存在着一些基本生物现象是与技术现象相对应的。例如，生物的特殊性——具体的发明实例；生物选择——发明的实际应用的结果等[④]。第二，在技术中确实可以找到自然选择的理念。"一方面，创新必须符合和适应实践的要求，另一方面，创新需要和其他的同类竞争者对决……当然，当我们说起竞争时并不是说发明本身的竞争，而是人即发明者之间的竞争。"[⑤] 可见，恩格尔迈尔的很多观点都是与他的哲学视野分不开的，而后者直接源于文艺复兴的人本主义思想。这种哲学视野的中心就是积极创造的个性，他像造物主一样借助工具创造了工具、自己和周围的世界。"我们之所以把个性定义为创造，是因为它能够在自己内部产生创意，然后在外部世界加以实现。从生物学的观点来看，创造的个性就是能够自我实现的个性，即能够在物质世界保存和发展的个性。"[⑥] 他不无自豪地指出："作为人创造的和确保其继续创造的产品的工具，乃是对人的内在才能的双重证明，这个才能是全能上帝真正的形象和模仿。"[⑦]

①　Энгельмейер П. К. Философия техники, *ALMA MATER*, 1997(3), C.38.

②　Энгельмейер П. К. *Технический итог XIX века*, М.: Тип. К. А. Казначеева, 1898, C.93.

③　Горохов В. Г. *Петр Климентьевич Энгельмейер*, М.: Наука, 1997, C.95.

④　Там же. C.94.

⑤　Там же. C.92.

⑥　Энгельмейер П. К. *Технический итог XIX века*, М.: Тип. К. А. Казначеева, 1898, C.111.

⑦　Там же. C.107.

　　综上所述,恩格尔迈尔认为对技术"工具性的"理解不仅是作为人为了生存而创造出来的工具,而且技术本身就是满足人类需要的主要方式。"我们的出发点是:人活着就得需要生活资料,即满足自己形形色色的需要。但是人生活的环境即自然界和他人并不能满足我们的需要。既然环境不能满足我们的要求,我们自然而然地也就能感到环境对我们充满敌意。因此,人类生活就是与环境进行不懈斗争——满足需要就意味着征服,需要对环境进行实用性的改造。"①换言之,"在任何意义上人都是一种技术存在。也就是说,人是这样一种现象,人生活着、有需要,能够在以个人、社会和宇宙生命为条件的限度内去满足要求。"②可以看出,恩格尔迈尔与培根的思想是如出一辙的,培根强调"掌握自然"的必要性并且坚持这样理解实际行为,不仅包括人类的人工行为而且包括自然界的自然过程。比如,培根认为:"在获致事功方面,人所能做的一切只是把一些自然物体加以分合。此外则是自然自己在其内部去做的了。"③恩格尔迈尔也持有相同观点:"技术的本质并非在于已经实现了的意愿,而在于对物质发生作用的可能性……自然界是无意识的,它不追求任何人类意义上才有的目的。自然现象仅仅是在一条链上,一个跟着一个,彼此相连:水只能从高处向低处流,势差只能趋向于零。比如,可以用 А—В—С—Д—Е 来表示这样的链条,А环节发生了,后面的一系列就依次发生,因为自然界是合乎实际的。而人类恰相反,他可以推测而且这恰好是他的优势。例如,他希望现象 Е 发生,但仅靠肌肉力量是无法做到的。然而他看到了 А—В—С—Д—Е 这样一个链条,现象А是他的肌肉力量可以完成的。因此他就首先引起 А,这一链条就依次发生作用直至 Е。这就是技术的本质。"④因此,被恩格尔迈尔发展了的技术的"工具性的"概念可以归结为:技术就是人的行为和艺术,而后者源于人的创造力和才能。"'技术'这个词首先是在很一般和广泛的意义下使用的,所以我们经常说起音乐家、画家、雕塑家、作家、演员、教师、医生、科研人员的技术,也会提起立法者和管理者的技术……在这个意义上每一种人类行为都有自己的技术……技术就是直接的艺术。"⑤恩格尔迈尔有时把自己工具主义的技术哲学称为技术主义(техницизм),把行为理论称为能动主义(активизм),在论及二者之间的紧密联系时他指出:"在这条道路上技术哲学必将朝着人的行为哲学的方

① Энгельмейер П. К. *Философия техники*, Вып.3, М.: Т-во скоропечатни А. А. Левенсон, 1912, С.89.
② Энгельмейер П. К. *Философия техники*, Вып.4, М.: Т-во скоропечатни А. А. Левенсон, 1913, С.143.
③ 培根:《新工具》,许宝骙译,北京:商务印书馆,1984 年,第 8 页。
④ 万长松:《俄罗斯技术哲学研究》,沈阳:东北大学出版社,2004 年,第 41-42 页。
⑤ Энгельмейер П. К. *Технический итог XIX века*, М.: Тип. К. А. Казначеева, 1898, С.43, 102.

向成长。"①

　　尽管发展了"工具性的"技术概念，恩格尔迈尔的观点还是遭到了其他哲学家的批评，施本格勒在《货币与机器》一书中指出："在创造机器和工具的时候并不需要某种技术目的的诱惑……技术的意义仅仅在于出自灵魂，技术是整个生活的策略（тактика）……不能把技术理解为工具，技术不是指创造工具——器物，而是指对待它们的方法；技术不是指武器而是指斗争。"②至于为什么不能把技术理解为工具，海德格尔做了进一步解释。他认为，如果把技术理解为工具（作为行为手段），或者把技术看成是一种中性的东西，我们就无法理解技术的本质。技术的本质不同于技术因素，只要我们仅仅去表象和追逐技术因素，借此找出或者回避这种技术因素，我们就绝不可能经验到我们与技术本质的关系。海德格尔认为对技术的工具性理解是"恶的正确性"，"如果我们把技术当作某种中性的东西，我们就最恶劣地听任技术摆布了；因为这种观念虽然是现在人们特别愿意采纳的，但它尤其使得我们对技术之本质盲然无知"③。因此，海德格尔认为通行于世的关于技术的概念，即认为技术是一种手段和一种人类行为的观点，就是"工具主义的"（像恩格尔迈尔等）或者"人类学的"（像卡普等）的技术规定。

　　按照施本格勒和海德格尔的观点，卡普理所当然地属于工具性的技术概念的支持者，因为他也确信人类发明技术是为了满足自己的需要。卡普认为工具和武器是各种不同的"器官投影"："在工具和人体器官之间所呈现的那种内在的关系，是我们应该揭示和强调的关系——尽管较之于有意识的发明而言，它更多的是一种无意识的发现——就是人通过工具不断地创造自己。因为其效用和力量日益增长的器官是控制的因素，所以一种工具的特殊形式只能起源于那种器官。这样一来，大量的精神创造物和人的手、臂和牙齿的功能密切联系起来。弯曲的手指变成了一只钩子，手的凹陷成为一只碗；从刀、矛、桨、铲、耙、犁和锹中不难看到臂、手和手指的各种各样的姿态，显然，它们被用于打猎、捕鱼、从事园艺以及耕作。"④卡普认为，把这一过程叫做"工具与人'我'的交融"或者"器官投影"都是正确的。"如果撇开无意识领域，人类找到自己身体和外部世界的相互作用，这个外部世界首先是他内部的力量。"⑤

①　Энгельмейер П. К. *Технический итог XIX века*, М.: Тип. К. А. Казначеева, 1898, С.106.

②　Розин В. М. *Понятие и современные концепции техники*, М.: ИФ РАН, 2006, С.51.

③　马丁·海德格尔：《演讲与论文集》，孙周兴译，北京：生活·读书·新知三联书店，2005年，第3页。

④　Митчем К. *Что такое философия техники?* Пер.с англ. В. Г. Горохова, М.: Аспект Пресс, 1995, С.15.

⑤　Розин В. М. *Понятие и современные концепции техники*, М.: ИФ РАН, 2006, С.52.

但在恩格尔迈尔看来，卡普的"器官投影"学说是站不住脚的。"事实上，只有像锤子和斧头这样有限数量的史前工具，或许可以视为我们器官的投影。但是，对于弓箭而言卡普的理论就有问题，而对于史前马车的轮子而言几乎在动物器官中找不到原型，因此，'器官投影'理论完全不适合机器。尽管卡普极力地、纯辩证地向机器推行自己的理论，但在这个领域他的论证是极为虚弱的。卡普举例说：'虽然蒸汽机的一般形式很少甚至不能与人体相似，但还是与某些器官有相似之处的。'但事实上，一旦提及活塞气缸、曲柄、曲轴等装置，卡普都巧妙地回避了，也就否认了器官结构可以作为机械设计的原理。"① 在《19世纪的技术总结》中，恩格尔迈尔更为尖锐地指出，卡普的《技术哲学纲要》只有1/10是有价值的，尽管这是第一部技术哲学著作，但它的效果却是负面的。但当代俄罗斯技术哲学家高罗霍夫却认为："今天的技术哲学家对待卡普思想的态度有所不同，特别是与哲学人类学的发展联系起来，与现代技术的负面后果联系起来思考，而这些在恩格尔迈尔生活的时代还不凸显。"②

恩格尔迈尔之所以如此批评和反对卡普的学说，是因为他直观地感到卡普的"器官投影"学说与自己的工具性的技术概念相矛盾。初看起来，卡普认为技术就是人为了满足需要而创造出来的，但实际上卡普一直在强调创造技术的过程是"无意识的"（当我们从技术细节方面去关注机器构造时，这种无意识是作为背景而存在的）。因此，尽管技术仍然是人体器官的延续，但实质上它已经不是人，而是精神或文化的无意识劳动的产物。技术发展有这样一个规律：一开始完全是一种无意识的状态，直到最后技术才表现出一种特殊性质。卡普认为，技术的特殊性就是有机性，即器官和人本身（我）的延伸（向外投射）。当然，由于时代和个人背景的局限，恩格尔迈尔很难接受这种说法。但不可否认的是，卡普是把技术看成是人类创造的产品，而且首先是看成具有特殊性质的有机物第一人，技术表现为另外一种非个人的、"无意识的"行为。工程师们为了满足人的需要发明技术是有意识的，但这种有意识的行动却是从无意识开始的。显然，如果我们要想理解技术是如何存在和改变的，答案就在这个开端中。历史上，对技术本质做出更为深刻阐释的主要不是工程主义的技术哲学家们（如卡普、恩格尔迈尔、德韶尔、齐默尔、杜布瓦-雷蒙等），而是一批具有深厚人文主义情怀的哲学家们（譬如海德格尔、雅斯贝尔斯、奥特加·伊·加赛特、约纳斯、埃吕尔、芒福德等）。前者基本上都持有技术乐观主义的观点，它

---

① Энгельмейер П. К. *Философия техники*, Вып.2, М.: Т-во скоропечатни А. А. Левенсон, 1912-1913, С.120.

② Розин В. М., Горохов В. Г. *Философия техники: история и современность*, М.: ИФ РАН, 1997, С.21.

的特点是技术理想化和对技术发展可能性作过高评价，把技术看成是社会进步的主要的或唯一的决定因素；而后者多少带有技术悲观主义的色彩，它的特点是拒绝妖魔化和神秘化技术，把技术作为人类的敌人和一切灾祸的原因加以诅咒。在俄国，人本主义技术哲学的先驱无疑是——别尔嘉耶夫[1]。

（二）别尔嘉耶夫：人本主义的"北斗星"

和恩格尔迈尔专注于阐释技术的内涵不同，别尔嘉耶夫更青睐于揭示技术的社会功能，技术对现代人的社会存在的影响是终其一生所关注的问题。因此，几乎在别尔嘉耶夫的所有著作，从早期的《历史的意义》（1923 年）到晚期的《末世论形而上学》（1947 年）及死后出版的著作《精神王国与恺撒王国》（1949 年）中，都可以找到论述技术问题的专门章节。但是，集中阐述技术和现代文明基本观点的还是他的一篇长文——《人和机器——技术的社会学和形而上学问题》，该文于 1933 年 5 月发表在他自己主编的杂志《路》上。此外，就在他去世的那年还写了一篇专门探讨技术与人类文明的关系的论文——《人和技术文明》（1948 年）。因此，尽管不能把别尔嘉耶夫定位于职业的技术哲学家，但他从价值论或人本主义的角度对技术本质进行了挖掘，阐明了技术与文化、文明、心灵、精神、社会、个人的内在联系，奠定了俄国人文主义技术哲学的基础。

别尔嘉耶夫在自己的著作和论文中多次强调指出，在 20 世纪初，技术问题已经成为关乎人的命运和文化的命运的一个重大问题。"当今时代是个缺乏信仰的时代，不但旧宗教信仰弱化了，而且 19 世纪人道主义信仰也弱化了。现代文明人唯一有力的信仰是对技术，对技术的威力及其无限发展的信仰。"[2]毫无疑问，技术产生了真正的奇迹，技术使生活福利增加。但是，技术是个专门领域，该领域无论如何不涉及基督徒的意识和良心，也不提出任何精神问题。果真如此吗？当然不是。别尔嘉耶夫认为，无论是把技术看成是"反基督的胜利"，还是中性的工具都是懒惰的做法，因为这完全看不到问题之所在。尽管别尔嘉耶夫从未给技术下过一个清晰的定义，但他自始至终坚持的一个观点就是：技术是手段，而不是目的。"技术总是手段、工具，而不是目的，这是毫无疑问的。生活不可能有技术目的，只能有技术手段，生活的目的总是在另外一个领域，

---

① 关于别尔嘉耶夫的生平和学术经历，参见万长松：《人文主义的技术哲学家——Н.А.别尔嘉耶夫》，《俄罗斯技术哲学研究》，沈阳：东北大学出版社，2004 年，第 53-70 页；См.: Волгогонова О. Д. *Н.А.Бердяев: интеллектуальная биография*, М.: Изд-во. МГУ, 2001.

② Н. А. 别尔嘉耶夫：《人和机器》，张百春译，《世界哲学》2002 年第 6 期，第 45 页。

即精神领域。生活手段经常取代生活目的，这些手段在人的生活中可能占有如此重要的位置，以至于生活目的完全从人的意识里消失了。"①别尔嘉耶夫并不否定物质资料是生活的必要条件，没有经济基础就不可能有人的理性和精神生活，也不可能有任何意识形态。但他认为人生的目的和意义完全不在这个必要的生活基础之中。"在紧迫性和必要性方面最强大的东西完全不会因此而成为最有价值的东西；在价值等级中最高的东西也完全不是最强有力的。……技术在我们的世界上拥有如此巨大的力量，完全不是因为它是最高价值。"②因为人主要是精神的存在物，所以人生的终极目的不在物质领域而在精神领域，这是别尔嘉耶夫对待技术问题的根本出发点。基于此，别尔嘉耶夫进一步指出，无论是针对使用技术的人，还是针对使用技术的目的，它不仅不能成为生活目的，而且相对于生活目的而言它还是异质的。一句话，技术手段与人、人的精神和生活的意义都是异质的。正因如此，别尔嘉耶夫坚决反对"人是制造工具的存在者"这一定义，该定义表明生活手段取代了生活目的。

　　别尔嘉耶夫认为，历史过程的基础就是人的精神对自然界的关系，以及人的精神在同自然界发生这种相互作用中的命运。因此，他特别注重从历史过程考察人与技术（机器）的关系，强调机械和机器的引进是导致文艺复兴的终结和人文主义的危机的根本原因。他把人对自然界的关系分为以下三个时期③。①原初时期。这是基督教以前的时期，即异教时期，这一时期的特点是人的精神沉浸于自发的自然界，并且直接地、有机地同自然界融合一体。在这一时期，人用万物有灵论来感受自然界。②基督教时期。这一时期持续于整个中世纪，这个阶段以人的精神对自然原质、对自然力作英勇的斗争为标志。这一时期的特点是人的精神背离自然界而转向内心深处，把自然界当作罪孽之源，当作人卑劣原质的迷惑之源来对待。③文艺复兴时期。这一时期的特点是人的精神重新面向自然生活。但是，人的精神重新面向自然生活已经跟原初阶段的那种与自然界的直接交往截然不同。在这里进行的已经不是精神对自然原质的斗争，而是征服和战胜自然力以期把自然力变成达到人类目的、谋取人类利益和幸福的工具的斗争。但这是一个渐进的过程。"从外部征服自然界，这不仅改变自然界，不仅造成新的环境，同时也改变人本身。人本身在这一过程的影响下，

①② H. A. 别尔嘉耶夫：《人和机器》，张百春译，《世界哲学》2002 年第 6 期，第 46 页。
③ 别尔嘉耶夫有时也把这三个时期称为自然 - 有机阶段（природно-органическая стадия）、本意上的文化阶段（культурная стадия в собственном смысле）和技术 - 机器阶段（технико-машинная стадия）。与此相应的是精神与自然界的三种不同关系——精神向自然界的深入；精神从自然界里分离出来并形成独特的精神领域；精神积极地控制自然界、统治自然界。

发生根本的彻底的变化。有机类型转变为机械类型。如果说先前的阶段以人同自然界发生有机的关系为标志，而人类生活节奏适合于自然生活节奏，如果说人类物质生活本身是作为有机的生活进行的，那么，从一定的历史时刻起，根本性的进展和转变发生了，即开始向机械的和使用机械的生活方式过渡。"[①] 文艺复兴最初的几个世纪（16—18 世纪）是一个过渡时期，尚未受机械支配。在这一时期，人既不受旧的中心支配，也不受新的机械中心支配。然而在文艺复兴的末期（19—20 世纪初）却发生了历史上绝无仅有的最伟大的革命——人类的危机，即由于把机器引进人类社会生活而发生的剧烈变化。一切生活领域内的转变都是从机器的出现开始的。"机器彻底改变了人和自然界之间的这种关系。机器摆在了人和自然界之间。机器不仅在外表上使自然原质屈服于人，而且也征服人本身。机器不仅在某些方面解放人，而且按新方式奴役人。如果说人从前依附于自然界，人的生活因之贫乏，那么，机器的发明以及随之而来的生活机械化，一面使人发财致富，一面造成新的依附和奴役，这种奴役较之人从对自然界的直接依附所感觉到的那种奴役要厉害得多。"[②] 由于技术和机器的入侵，文艺复兴彻底背离了自己的初衷，人文主义走向了自己的对立面。这个否定之否定的历史进程表明人类命运发生奇怪而神秘的悲剧：在文艺复兴之初，个体性观念被揭示出来，这种观念是先前时代所未曾有过的，在人类文化中发现某种新东西，带来某些新价值；但在文艺复兴末期，人的个体性前所未有地发生动摇。由于个人主义没有止境和不可遏止，个体性遭到毁灭。"我们看到历史上整个人文主义过程的实际结果，就是人文主义转变为反人文主义。"[③]

这个人类的危机或历史的悲剧在于 "被造物起来反抗自己的创造者，不再服从创造者。堕落的秘密就在于被造物反抗造物主。这个悲剧在整个人类历史上都在重复着。"[④] 这是别尔嘉耶夫所揭示出来的人文主义危机的深层原因。形象地讲，人对机器说：我需要你是为了缓解我的生活，为了扩大我的力量；但机器却说：我不需要你，我会在没有你的情况下做一切事情，你可以消失了。抽象地说，人是上帝的形象和样式，但机器希望人接受它的形象和样式。因此，如果不终止自己的生存，人就不能成为机器的形象和样式。我们面临着一个两难的推理：与技术有关的组织要求组织着的主体，即要求有机体以机器为形象

① H. A. 别尔嘉耶夫：《历史的意义》，张雅平译，上海：学林出版社，2002 年，第 120 页。
② 同上，第 121 页。
③ 同上，第 124 页。
④ H. A. 别尔嘉耶夫：《人和机器》，张百春译，《世界哲学》2002 年第 6 期，第 47 页。

和样式，而这个有机体自己却不可能变成机器。但是，组织却有把组织者自身从有机体变成机器的趋势。在原初时期即自然-有机阶段，人依赖于自然界，但这个依赖性是植物-动物性的；在文艺复兴末期即技术-机器阶段，人对新的自然界产生了新的依赖性，即技术-机器的依赖性。这是从有机-非理性向组织-理性过渡的极限，也是问题的全部症结所在。在此，别尔嘉耶夫继承了施本格勒等的观点，对有机的（органическое）存在和组织（организованное）的存在进行了严格区分。与组织不同，有机物首先来自自然宇宙生命，它是自我繁衍的。别尔嘉耶夫把现代技术与组织而非有机物联系起来，因为通过现代技术建立的新现实（новая действительность）完全不是进化的产物，而是人自己发明的产物；完全不是有机过程的产物，而是组织过程的产物。整个技术时代的意义就与此相关。基于上述分析，别尔嘉耶夫得出一个重要结论："技术和机器的统治首先是从有机生命向组织生命的过渡，由植物向结构的过渡。"[①]换句话说，技术破坏了旧机体，建立了新机体即组织体（организованные тела），而组织体与有机体没有任何相似之处，组织体组成了新宇宙。因此，当下的宇宙除了无机体和有机体之外，还有组织体——这是机器的王国，这是存在的新类别。机器既不是无机体也不是有机体。在无机界里是不存在机器的，它们只在社会世界里存在。这些组织体也不是在人之前出现的，而是在人之后并且通过人才出现的。所以，机器不但有重大的社会学意义，而且还有重大的宇宙学（形而上学）意义，它非常尖锐地提出了人在社会和宇宙中的命运问题。然而，在此之前的技术哲学只是从外部，从人和社会的投影里研究机器（像卡普那样）；但要是从内部看，机器无疑是人的生存哲学的问题。

　　几乎在别尔嘉耶夫的所有著作中，我们都可以发现这位伟大的思想家总是努力表述这样一个基本理念：精神王国（царство духа）总是与自由受到束缚、创造性受到压抑的"恺撒王国"（царство Кесаря）相伴而生的。因此，人要想获得完整性的存在，进入超越性的生存境界，就永远都需要抗争，这是人类存在不可消除的悲剧。机器王国无疑就是别尔嘉耶夫所说的"恺撒王国"，它无时无刻不在威胁着人类的精神王国。为了进一步理解机器的宇宙学意义，我们必须提及别尔嘉耶夫的一部重要著作——《精神王国与恺撒王国》。别尔嘉耶夫向来对一元论哲学采取批判的态度，他曾用不同的术语来表述自己二元对立的世界观，如自由与存在、个性与社会性、精神与自然等。这里的"精神王国"是

---

① H.A.别尔嘉耶夫：《人和机器》，张百春译，《世界哲学》2002 年第 6 期，第 47 页。

指人的精神世界，在其中人的自由得以张扬、人的创造性得以发挥、人的个性得以真正实现，这是人之生存所不可或缺的终极追求，是人生活的目的，这是一个非技术的世界；而"恺撒王国"泛指一切体现必然性、决定性的麻木呆滞的、给定的东西，它等同于个性缺失的客体化世界。技术的世界是恺撒王国的最后变形，它已经不要求恺撒王国以往要求的那些神圣化形式了。这是世俗化的最后阶段，是中心的解体和各个分散独立范围的形成，而人就处于这些独立范围的影响之下。毫无疑问，技术作为一个独立领域的令人震惊的发展，导致了当今时代的一个最基本的现象，即人类由有机的生活向被组织起来的生活的转变。在技术时代，需要解决最基本生活要求问题的大众，其生活理所应当地加以组织并受到调控。人脱离了原来意义上的有机-自然界，落入了封闭的技术-机器社会，即恺撒王国之中。"技术的独立的权力是恺撒王国的极端表现，是恺撒王国与以往各种形式不同的新形式。精神王国和恺撒王国的二元论采取了越来越尖锐的形式。"①别尔嘉耶夫认为，道德和精神的发展与技术的发展不相适应，是人的平衡被打破的主要原因。因此，只有社会运动与精神运动的结合可以把人从分裂与堕落的状况中挽救出来。只有经过作为人与上帝的联系的精神因素，人才能既独立于自然必然性，也独立于技术权力。

　　综上所述，别尔嘉耶夫认为技术统治达到了现实的一个新阶段，实质上，这个以机器为表现形式的"新的现实"既不同于无机界，也不同于有机界。"新的现实，与自然界的无机现实和自然界的有机现实都不相同的新的现实，正在产生出来。这种新的现实是被组织起来的现实。人所涉及的已经不是上帝创造的自然界，而是由人和文明建立的新现实，是自然界所没有的机器和技术的现实。机器是借助于原有自然界的物质元素而建造的，但其中已经夹杂着某种崭新的、已经不是自然物的、不属于旧的宇宙秩序的东西。人并非立即就发现这会造成什么样的后果。"②而这种由机器工艺创造出来的"新的现实"的具体特点，只能通过它对人的生活和环境的双重影响表现出来。这一影响乃是别尔嘉耶夫称之为"技术系统"（техносистема）的新型组织的结果，这一组织被看成是经济、工业和技术协会的某种松散的聚集，从而影响整个世界。技术系统的各个要素之间并没有一般的控制，它们时而相互竞争、时而相互协调。掌控它们的与其说是具体的个性，不如说是一些难以辨识的、隐藏的和无个性的控制力量。技术系统的活动导致全球范围内各种生活方式、不同人的期望和需求趋

---

① H. A. 别尔嘉耶夫：《精神王国与恺撒王国》，安启念，周靖波译，杭州：浙江人民出版社，2000年，第30页。
② 同上，第28页。

向融合和统一，也正是在这个意义上，别尔嘉耶夫把技术系统看成是"现实的新台阶"（новая ступень действительности），并且具有了新的宇宙学意义。

在自己的晚期著作《末世论形而上学》中，别尔嘉耶夫还从文化与文明的视角，进一步考察了技术与机器在宇宙演化方面的意义。在他看来，文化与文明的相互关系不能按照时间的顺序来理解。文明对文化的优势在古代世界中就一直存在，在反抗刚刚产生的资本主义的先知那里，文化与文明的关系这个矛盾仍然尖锐。文化尚与自然-有机的东西相关，而文明则破坏了这个联系，对生活的组织和理性化的意志，对不断增长的强力的意志控制着文明。既然从技术-组织的生活向自然-有机的生活复归是不可能的，那么在被理解为精神的社会里就既包含着有机的因素，也包含着技术的因素。文化与文明的关系问题就与此相关，这个问题在俄罗斯思想里经常被特别尖锐地提出来。通过技术，一方面从自然界内部释放出力量，这些力量以前处于沉睡状态，没有在自然生命的循环里显现出来；另一方面，技术在人类社会生活中不断增长的统治，人的生存的越来越严重的客体化，都在伤害人的灵魂，压迫人的生命。人越来越外化，越来越丧失自己的精神中心和完整性。"技术进步的辩证法就在于，机器是人的造物，而它又指向反对人，机器是精神的产物，它却奴役精神。"[①] 因此，文明的进步是矛盾的和双重性的过程，在文明的顶峰，技术的作用将成为主导的，技术将支配人类的全部生活。这也必然引起"自然"（不是在自然科学的客体意义上的自然界）对技术的浪漫主义反抗（但这往往是软弱无力和反动的）。

此外，这位伟大的俄国思想家还认为，技术权力与资本主义是密不可分的。技术权力诞生于资本主义世界，而技术本身就是发展资本主义经济制度最有效的手段。而共产主义不仅从资本主义文明中继承了它无限的超技术主义，而且创造了被自己奉若神明的拜机器教（религия машины）。人们就像崇拜图腾一样崇拜机器。"人的精神的能动性被削弱了。人被从功利主义的角度加以评价，按他的生产能力加以评价。这是人的本质的异化和人的毁灭。马克思曾公正地谈论过在资本主义制度下人的本质的异化。但这种异化在马克思想要用来取代日益瓦解的资本主义制度的那种制度中仍在继续。在技术时代也出现了人数众多的群众积极进入历史的情况，而这正好发生在这些人丧失了自己的宗教信仰的时候。所有这些正在造成人和人类文明的深刻危机。"[②] 借此别尔嘉耶夫深刻分

---

① Н. А. 别尔嘉耶夫：《末世论形而上学》，张百春译，北京：中国城市出版社，2003 年，第 232 页。

② Н. А. 别尔嘉耶夫：《精神王国与恺撒王国》，安启念，周靖波译，杭州：浙江人民出版社，2000 年，第 28-29 页。

析了共产主义的无神论信仰与现代世界的无宗教性之间的内部亲缘。别尔嘉耶夫也对人与自然界关系的未来阶段进行了畅想，认为在未来社会人将更多地掌握自然力，劳动及劳动人民将获得现实的解放，特别是出现技术对精神的服从。但这要求有一个作为自由的事业的世界范围的精神运动为前提条件。

作为俄国的第一代技术哲学家，无论是恩格尔迈尔的工具主义的技术哲学（人通过技术而存在，人首先是一个技术存在），还是别尔嘉耶夫的人本主义的技术哲学（技术应该通过人而存在，人首先是一个精神存在）思想都尚显粗糙和稚嫩，但和恩格尔迈尔比较而言，别尔嘉耶夫的思考无疑是更加深刻和普遍的。他站在社会学乃至宇宙学（形而上学）的高度深刻解析了技术和机器的两面性，在盛赞技术给人类生活、给文明发展带来促进作用的同时，对技术和机器给人的精神世界带来的戕害和荼毒保持了极大的警惕。尽管别尔嘉耶夫是一个技术悲观论者，但他绝不是一个单纯的浪漫主义的反技术论者。他曾不止一次地写到，技术的不可思议的力量使人类的整个生活都革命化了。人正在经历的危机与人的精神组织和肉体组织对现代技术的不适应有关。人需要的不是否定技术，而是从精神出发掌握它们。他的这一观点对恩格尔迈尔片面的技术乐观主义具有矫正作用。但别尔嘉耶夫的技术哲学又未能避免俄罗斯传统哲学固有的缺陷，正像我国著名俄罗斯哲学专家张百春教授指出的那样，别尔嘉耶夫的论述很不系统，缺乏体系性，甚至有些混乱。芬兰技术哲学家、赫尔辛基大学冯·弗里格特（von Wright）教授更是一针见血地指出："作为一个思想家，别尔嘉耶夫显然不以清晰性见长。相反，他的表述风格的特点就是不清楚和枯燥的重复。别尔嘉耶夫的力量不在于他的论证，而在于他的直觉。"[①] 这也许就是每当我们谈起别尔嘉耶夫时，我们总是把他作为一个俄罗斯宗教哲学家而不是技术哲学家的缘故吧。

二、布哈林：马克思主义技术哲学第一人

（一）有没有马克思主义的技术哲学？

首先，需要承认的是，马克思的著作在使哲学转向技术沉思的过程中发挥了巨大作用。尽管黑格尔在他的《逻辑学》和《法哲学原理》中，把机器的出现与分工联系起来，对人与自然的工具主义关系做了最初的哲学分析；但是，

---

① 转引自：张百春：《别尔嘉耶夫论技术》，《自然辩证法研究》，2005年第12期，第66页。

黑格尔以及以往的哲学一向认为理论认识和理论理性高于实践认识和实践理性，这种偏见成了哲学很晚才转而思考技术现象和技术在人们生活中的作用的原因之一。而从实践唯物主义出发，马克思不仅对机器在资本主义形成中所起的作用进行了经济学分析，而且指出机器生产方式对工人的异化作用。黑格尔的历史观是绝对精神自我发展的历史，马克思对这一历史观进行了彻底改造，把感性的、现实的、以工业（技术）为基础的人类活动，看成是历史发展与社会进步的根本动力。他批判蒲鲁东颠倒了机器与分工的关系："手推磨所决定的分工不同于蒸汽磨所决定的分工。因此，先从一般的分工开始，以便随后从分工得出一种特殊的生产工具——机器，这简直是对历史的侮辱。……机器是劳动工具的集合，但绝不是工人本身的各种劳动的组合。"① 几乎所有的技术哲学家都承认马克思对技术所作的社会-哲学批判在技术哲学建制化方面起到了重要作用。"马克思的技术哲学，从本质上具有人类学的或'以人为中心'的特质，这种哲学主要植根于技术的历史胜利，植根于人类伴随技术的历史进步而实现的人的自由与解放，同时也看到技术带来的异化，看到了他的恶果，并探寻超越异化的出路。"②

其次，需要指出的是，苏联技术哲学和苏联时期的技术哲学是两个概念。前者专指 1917 年十月革命和 1922 年哲学船事件以后，特别是斯大林关于哲学问题的"谈话"③ 之后，直至 20 世纪 80 年代中期之前，以马克思列宁主义一元论为指针，被教条主义所束缚和意识形态化了的技术哲学；后者则是广义的苏联技术哲学，泛指苏联时期存在的或者俄裔学者提出的技术哲学，在这个意义上，恩格尔迈尔（在苏联境内的）和别尔嘉耶夫（在苏联境外的）关于技术的思考也属于广义的苏联技术哲学。对于狭义的苏联技术哲学，目前学界也存在着截然相反的两种观点：否定论和肯定论。"皮之不存，毛将焉附。"那些连苏联哲学都全盘否定的人，当然不会承认苏联技术哲学的存在。即使承认存在苏联技术哲学的人，也认为"对于技术的哲学思考在苏联时期成为第二位的和论证性的，即它被用来为国家所采用的科学技术进步观念进行辩护，为国家所采

---

① 马克思，恩格斯：《哲学的贫困》，《马克思恩格斯文集》（第 1 卷），北京：人民出版社，2009 年，第 622，626 页。
② 乔瑞金：《马克思技术哲学纲要》，北京：人民出版社，2002 年，第 10 页。
③ 指 1930 年 12 月 9 日，斯大林与"哲学和自然科学红色教授学院党支部委员会"就"哲学战线上的形势问题"进行的"谈话"。"谈话"从理论和实际方面造成极为严重的后果，正常的学术争论从此终止。"谈话"在历史上开了由党的最高领导人出面直接干预理论争论之先河。一般认为这是苏联哲学彻底国家化、政治化、官方化和意识形态化的标志。

用的技术决策性质辩护（如关于核电站等）"①。但无论是在苏联时期还是后苏联时期，无论是来自西方还是中国，都有很多学者对苏联技术哲学持肯定态度。当代德国技术哲学家拉普十分肯定地说："马克思列宁主义的技术哲学大概最接近一个确定的思想流派了，因为马克思、恩格斯和列宁已经奠定了基础（如对历史的唯物主义解释、关于劳动和生产过程的基本观点等）。"② 当代美国技术哲学家卡尔·米切姆（Carl Mitcham）也认为，在他考察的技术哲学的三个学派（西欧学派、英美学派和苏联-东欧学派）中，苏联-东欧学派是"最具内在一致性的学派，而且也是唯一称得上持有一种学说的学派。这种学说以马克思的思想为依据，认为生产过程不仅是首要的人类活动，而且也是社会和历史的基础"③。作为西方技术哲学的两位思想重要人物，拉普和米切姆不约而同地认为苏联-东欧学派（马克思列宁主义学派）的中心概念是"科学技术革命"（或是科学与技术的统一）。我国学者白夜昕教授对"苏联技术哲学研究纲领"进行了深入研究，认为"在苏联时期，由于意识形态的影响，其技术哲学在以马克思主义理论为指导的前提下，主要研究技术科学的哲学问题、技术本质论与技术系统构成论、科学技术演化论和科学技术发展的人道主义价值观四大方面内容"④。而且在科学技术演化论这一章节，她重点论述了苏联学者关于"科学技术进步论"和"科学技术革命论"的两个中心问题。综上所述，在对是否存在苏联技术哲学学派及这个学派的基本观点的看法上，东西方学者达成了惊人的一致。

最后，需要说明的是，苏联技术哲学（基于马克思主义立场和方法的）与俄国技术哲学（以恩格尔迈尔的技术工具论、别尔嘉耶夫的末世论形而上学为代表的）没有继承关系，也不是在批判后者的基础上发展起来的，甚至可以说二者没有任何关系，就像两条并行不悖的铁轨一样，各自为政，相安无事⑤。苏联技术哲学完全是在联共（布）掌握了国家政权，马克思列宁主义上升为国家学说并成为掌控一切的意识形态以后，由一些具有深厚的马克思主义哲学基础的哲学家（后期出现了一些简单化和庸俗化的学者）在发展历史唯物主义过程中建立的关于技术的学说。因此，苏联技术哲学自始至终也未取得独立的学科

① Розин В. М., Горохов В. Г. *Философия техники: история и современность*, М.: ИФ РАН, 1997, C.7.
② F. 拉普：《技术哲学》，《技术哲学导论》，刘武，等译，沈阳：辽宁科学技术出版社，1986 年，第 182 页。
③ C. 米切姆：《技术哲学》，《技术哲学经典读本》，吴国盛编，上海：上海交通大学出版社，2008 年，第 16 页。
④ 白夜昕：《苏联技术哲学研究纲领探析》，沈阳：东北大学出版社，2009 年，第 66 页。
⑤ 但这只限于苏维埃政权的早期阶段，在"沙赫特案件"和"工业党事件"之后，"非马克思主义的"技术哲学被逐出苏联学术界，马克思主义的技术哲学开始一枝独秀。参见樊玉红，万长松：《20 世纪 20 年代苏联"专家治国运动"研究》，《东北大学学报（社会科学版）》2014 年第 4 期，第 346-347 页。

地位,就是独树一帜的"科学技术革命论"也是为了论证马克思历史唯物论及其在当代的正确性而服务的。

(二)布哈林技术哲学思想评析

在苏联哲学史上,第一个马克思列宁主义技术哲学家无疑是尼古拉·伊万诺维奇·布哈林(Николай Иванович Бухарин,1888—1938)。布哈林学识渊博,一生著述颇丰,即使在身陷囹圄的岁月里仍然笔耕不辍。他被列宁称赞为"不仅是党的最可贵的和最伟大的理论家,也是全党所喜欢的人物"。布哈林不仅是伟大的马克思主义经济学家,也是伟大的马克思主义哲学家。但他命运多舛,1938年3月,布哈林被以所谓的"反苏维埃联盟罪"提起非法审判并对其执行枪决。直到1988年,布哈林才得以平反并被授予"苏联科学院活动家"称号。

众所周知,布哈林是一位经济学家,著有《过渡时期经济学》(1920年)。该书从理论上分析了资本主义社会转变到社会主义社会的主要规律,论述了过渡时期的基本特征,特别是在该书中,他开始阐述自己的"平衡论"(теория равновесия)思想。但布哈林的哲学思想却长期遭到冷落。布哈林一生中最重要的哲学著作是一部在狱中写成的手稿,也是他人生最后一份手稿——《哲学彩屏》(Философские арабески)①,几个月后他就走到了人生的终点。"彩屏"(арабеска)一词的直译是指"阿拉伯式的花纹和图案或装饰音很多的乐曲"。按照俄罗斯著名哲学家奥古尔佐夫的理解,隐藏在这部哲学著作的奇特名字背后的含义,表现了布哈林的谦虚精神,即他力求以此强调,他并不奢望这部著作成为对辩证法的完整的和系统的叙述(想一想在鲁比扬卡监狱的恶劣条件下,撰写大部头哲学著作这件事本身就是不现实的和令人难以置信的)。布哈林的哲学手稿包括大小40个章节(每章2—15页不等),每章的题目分别是:① 论外在世界的实在性兼论唯我论的阴谋;② 对世界的承认和不承认;③ 论物自体及其可知性;④ 时间和空间;⑤ 论间接认识;⑥ 关于抽象事物和具体事物;⑦ 论感觉、表象和概念;⑧ 论生物界和如何用艺术眼光看待它;⑨ 论理性思维,论辩证思维和直接观察;⑩ 论一般实践和理性认识实践;⑪ 对世界的实践的、理论的和美学的关系以及三者的统一性;⑫ 论唯物主义和唯心主义的出发点;

---

① 这部哲学手稿(辩证法随笔)是布哈林在鲁比扬卡(Лубянка)的内部监狱里写成的。手稿最后一页的落款日期是:"1937年11月7—8日,于伟大胜利20周年的日日夜夜。"在入狱后的一年多时间里,作为列宁主义的忠实信徒,布哈林发展了一系列新的主题,比如,掌握现实的实践和方法、技术和工艺、法西斯主义种族意识形式批判等。这份手稿被苏联当局尘封了半个多世纪,直至苏联解体之后才得以重见天日。1993年第6期的《哲学问题》杂志发表了手稿的11章内容。

⑬ 论物活论和泛心论；⑭ 西欧哲学中的印度神秘主义；⑮ 论所谓同一性哲学；⑯ 论机械唯物主义之罪；⑰ 论存在的一般规律和联系；⑱ 关于目的论；⑲ 论自由与必然；⑳ 关于有机体；㉑ 当代自然科学与辩证唯物主义；㉒ 论思维的社会学：一、劳动和思维是一般历史范畴；㉓ 论思维的社会学：二、论"生产方式"和"思维方式"；㉔ 论所谓种族思维；㉕ 论社会立场、思维和感受；㉖ 论哲学的客体；㉗ 论哲学的主体；㉘ 论主客体之间的相互作用；㉙ 社会是占有的客体和主体；㉚ 真理论：一、真理概念和真理的标准；㉛ 真理论：二、绝对真理与相对真理；㉜ 幸福论；㉝ 论黑格尔的辩证唯心主义体系；㉞ 黑格尔的辩证法与马克思的辩证法：㉟ 辩证法是科学，辩证法是艺术；㊱ 论科学与哲学；㊲ 论进化；㊳ 理论与历史；㊴ 论社会理想；㊵ 列宁是位哲学家。① 马克思主义的实践观和人对世界的实践关系的思想既是布哈林哲学的出发点，也是贯穿整个《哲学彩屏》40 章内容的核心观点。

布哈林的思想和 20 世纪最杰出的马克思主义者安东尼奥·葛兰西（Antonio Gramsci）、格奥尔格·卢卡奇（Ceorg Lukacs）的思想是平行发展的，这就是致力于一种社会认识论。这一理论不仅克服了认识论和社会学相互隔离的缺陷，而且为提出和讨论一些经典的认识论问题提供了崭新的社会参照系。布哈林继承和发展了马克思主义的实践观，"这种积极的世界观立场，表现在他对认识的主客体的社会本性的理解上，表现在他对'占有'的主客体活动性的强调，表现在他把理论解释为实践理论，表现在他从新的角度考察目的论，他用有目的的主体的存在来解释目的论，表现在他认识到了当代科学的实践方面和从社会的角度解释'感性材料'"②。如果说科学哲学的核心内容是科学认识论或自然认识论的话，那么，技术哲学的核心内容就是社会认识论或自然改造论。尽管布哈林从未使用过"技术哲学"这样的词汇，甚至都没有专门写过论及技术的本质和社会后果的论文，但作为杰出的马克思主义哲学家，他的技术哲学思想渗透于他对马克思实践观的发展之中。比如，他认为"物理学和化学就其工艺结论讲，已经成了科学的工程学。生物学则成了动物工程学和植物工程学"③。他进而转向社会领域，认为"社会结构对思维来说，实际上就像感官的结构之于感觉一样"④。布哈林的本意是指随着科学的进步，在很大程度上科学理论已经转变为技术和工程实践；而随着人类社会的发展，社会理论已经转变为社会结

① A. П. 奥古尔佐夫：《鲜为人知的布哈林哲学》，吴铮，杨为民译，《哲学译丛》1994 年第 1 期，第 16-17 页。
② 同上，第 17 页。
③ 布哈林：《哲学彩屏》（手稿），第 230 页。
④ 同上，第 242 页。

构。在布哈林看来，无论是在自然界还是人类社会，实践优位已经是不争的事实。如果想指明布哈林在这份手稿中提出了哪些比当时的马克思主义更新而且属于技术哲学范畴的课题，那么至少应当包括以下内容。①揭示自然界中各种类型的联系，这些联系不限于因果关系，也包括功能关系，统计学关系和目的论关系等（在 20 世纪 60—80 年代的新哲学运动中这些关系成了后继者的研究对象）。②对目的论做了独特的理解，即把它理解为必然性的因素。这样，"认识和生产作为理性的能动过程，就是有目的的过程，其背后则是必然性"①。③强调艺术感受和共同感受及科学中的直接知识的作用，特别是"接近大自然"即"与大自然的感情联系"②的重要性。④强调自由的形式和必然的形式的多样性，从而克服了"自由即是认识了的必然"这个定义的狭隘性。⑤分析了"生产方式"和"思维方式"的相互关系，这种分析不仅包括批判唯心主义的意识形式（特别是法西斯主义的意识形式），而且包括批判表现知识生产方式的机制，他称上述机制是"思维的风格特点"③。⑥强调"理论与实践的循环"，即理论到实践和实践到理论的不断转化；强调"理论与历史的统一"，即"理论是历史的，而历史则是理论的"④。时至今日，上述观点仍不失其自身的价值。布哈林的哲学手稿在他死后半个多世纪后得以重见天日，不仅是因为布哈林声名显赫、宠辱集于一身，更是因为这部手稿的丰富的内容。可以说，布哈林的手稿是 20 世纪上半叶创立另一种非斯大林式的马克思主义哲学的最后一次尝试。

实际上，布哈林在 1921 年出版的《历史唯物主义理论》(*Теория историчес-кого материализма*) 一书中就开始了这一尝试，他把历史唯物主义定义为马克思主义的社会学。这本著作最能体现布哈林哲学思想特色的，也是日后被诟病最多的就是他的"平衡论"思想。这一思想最早见于《过渡时期经济学》，提出这一观点的目的是为他的经济平衡理论奠定基础。而在《历史唯物主义理论》一书中他则把"平衡论"上升为哲学理论，作为历史唯物主义的基本原理提出来。布哈林认为包括人类社会在内的整个物质世界的运动和发展都表现为三种形态：一是平衡状态的建立；二是平衡状态的破坏；三是平衡状态在新的基础上的恢复，或者是新平衡状态的建立。无论是自然界还是人类社会，作为一种基本的必然的演化趋势，其主要规律就是稳定（静态）和不稳定（动态）的平衡、内部平衡和外部平衡的结合和统一。为了论证"平衡论"思想，布哈林详

---

① 布哈林:《哲学彩屏》(手稿)，第 315 页。
② 同上，第 88-89 页。
③ 同上，第 245 页。
④ 同上，第 373 页。

细考察了自然界与社会之间的平衡、这一平衡的破坏及恢复平衡的整个过程。正是在论述作为自然界和社会相互关系的标志——生产力的过程中，阐述了关于技术和机器的马克思主义观点。众所周知，马克思在《资本论》中提出了一个著名观点："各种经济时代的区别，不在于生产什么，而在于怎样生产，用什么劳动资料生产。"[①] 这一观点也是布哈林技术哲学的出发点。布哈林认为，在生产力的组成要素中，生产资料和劳动力的地位是不平等的，生产资料决定着劳动力。比如，如果在社会劳动的体系中出现了排字机，也就会出现相应的受过训练的工人。因此，如果给我们提供了生产资料，就会有相应的劳动者；在生产资料的组成要素中，劳动工具和劳动对象的地位也是不平等的，劳动工具决定了原材料。比如，只有当矿山技术装备发展到一定的程度，可以钻到地球内部、把煤从黑暗王国拉到光天化日之下的时候，煤才成为原料。因此，自然界的影响（就提供原材料而言）本身就是技术发展的产物。分析至此，"我们就能够完全有把握地指出：社会和自然界相互关系的精确的物质标志，是该社会的社会劳动工具的体系，即技术装备。在这种技术装备中反映出社会物质生产力和社会劳动生产率"[②]。需要指出，布哈林这里强调的不是单个的生产工具而是技术装备，在劳动过程中起作用的因素也不是物和人的汇集，而是体系，在这个体系中每一件物和每一个人都可以说是各得其所、彼此配合的。为了进一步阐明自己的观点，布哈林还认真研读了卡普的《技术哲学纲要》，特别是吸收了卡普的"器官投影"理论来说明动物器官进化与人的"器官"进化的区别。我们知道，动物是"适应"自然界的。这种适应首先表现在这些动物的各种器官，如脚、颚、鳍等的演变上。动物对自然界的适应是一种消极的、生物性的适应。而人类社会的适应则是积极的、非生物性的，人对自然界的适应不是用自己的生物器官，如手、足、牙齿的演变（顺便指出，人同猩猩比较起来，是很孱弱的生物，人在同自然界作斗争时，不是靠伸出自己的颚，而是靠机器体系。这样一来，人对于自然界的直接的身体适应便成为多余的了），而是用自己的社会"器官"，即技术装备来适应的。"人类社会在自己的技术装备中给自己造成人工的器官体系；这些器官也就表现出社会对于自然界的直接的、积极的适应。从这种观点来考察问题，我们会得出同样的结论：社会的技术装备体系是社会与自然界之间关系的精确的物质标志。"[③] 在对生产力的系统结构和要素

---

① 马克思：《资本论》（第1卷），北京：人民出版社，1975年，第204页。
② H. И. 布哈林：《历史唯物主义理论》，李光谟，等译，北京：东方出版社，1988年，第127页。
③ 同上，第128页。

关系进行逻辑分析以及对人类社会的进化进行历史考察之后，布哈林得出了他的第一个技术哲学观点："在考察社会、社会的发展条件、形态、内容等时，应当从分析生产力或从社会的技术基础着手。"①

如果说布哈林对生产力的分析还没有超出历史唯物论的基本观点，那么他对生产关系的分析则赋予了新的内容。布哈林认为，社会不应只是人和观念的集合体，从更为广泛的意义上说，社会还包括物。比如，巨大的石头城、庞大的建筑物、铁路、港口、机器、房屋等，所有这一切都是社会的物质技术"构件"。同样，物也离不开社会关系，任何机器处于人的社会以外就会丧失它作为机器的意义：它只是变成外部自然界的一小块，即钢铁和木料等零件的一种组合物，不过如此而已。然而，技术装备并不就是外部自然界的一小块，它是延伸的社会构件，是社会的技术装备。因此，无论是站在社会的角度看待技术（或物），还是站在技术（或物）的角度看待社会，布哈林都得出了创新性的结论：社会也包括具有"社会存在"的物，即首先是社会的技术装备体系。这是社会的、物质的即物的部分、它的物的劳动机构。而这个社会物无论是在我们的思维里，还是在生产活动中，各个部门中的所有"技术装备"都构成一个整体，即统一的社会的技术装备。需要再次强调，社会的技术装备不是一堆个别的劳动工具，而是它们自成一体的体系。这个体系的每个部分都和所有其余部分息息相关，即在任何时候，这个技术装备的各个部分都是按照一定的比例、一定的关系结合起来的。技术装备体系不仅决定了工作者的类型、他的劳动技能，而且决定了劳动关系、生产关系。因此，"任何一个社会的技术装备体系也就决定着人们之间的劳动关系的体系"②。在详细考察了古希腊和古罗马社会及现代资本主义社会的技术装备体系与社会分工的关系以后，布哈林发现，大生产的生产关系决定于大机器的技术装备。正如从古希腊罗马的技术装备中产生中小生产所固有的生产关系一样，从现代机器装备中产生大生产的生产关系。古代的技术装备决定了古代的经济，而资本主义的技术装备决定了资本主义的现代经济。基于此，布哈林得出了他的第二个技术哲学观点："劳动工具的配合即社会技术装备决定着人们之间的配合和关系即社会经济。"③而在分析了技术装备体系与上层建筑之间的关系以后，布哈林得出了他的第三个技术哲学观点："上层建筑是由社会的阶级构造决定的，而社会的阶级构造又以生产力即社

---

① Н.И.布哈林：《历史唯物主义理论》，李光谟，等译，北京：东方出版社，1988年，第133页。
② 同上，第152页。
③ 同上，第160页。

会的技术装备为转移。它的一些要素直接以技术装备为转移（军事技术装备）；而另一些要素则既以社会的阶级性质（它的经济）又以上层建筑本身的'技术装备'为转移（军队的编制）。"由此可见，"上层建筑的一切要素都直接或间接以社会生产力的发展为转移"。布哈林的第四个技术哲学观点是关于科学与技术的关系，"如果说（科学）任务的提出主要来自技术和经济领域，那么从另一方面说，任务在许多门科学中的解决取决于科学技术装备方面的改变"[1]。布哈林的第五个技术哲学观点是讨论哲学与技术的关系。我们知道，哲学可以说是处在人类精神的"最高峰"，要想揭示它的凡俗的、人世的根源比在其他领域要困难些。但布哈林坚持认为"即使在这里，我们也发现那个最基本的规律性：'归根到底'依赖于社会的技术发展，依赖于生产力的水平。……哲学不是直接地、没有中介地依赖于技术，这二者间存在一系列中间环节"[2]。

综上所述，从生产力到生产关系、从经济基础到上层建筑、从科学到艺术、从哲学到宗教，布哈林都坚持甚至强化了马克思主义的"经济决定论"或"技术决定论"思想，认为"社会历史形式的生产力发展（或倒退）过程的物质因素，即社会劳动生产率和社会劳动中的人与人关系（生产关系）的变化的物质因素，乃是基本的、最终的决定因素……唯物史观却要研究这些物质决定——物质的运动决定相应的思想形式的运动"[3]。葛兰西在《狱中札记》中对布哈林的上述观点做了批判性评论。葛兰西发现布哈林的构思中"缺乏辩证法"，因而不能创立马克思主义的系统的"社会学"，布哈林错误地把哲学理解为独特的"物质"的形而上学[4]。卢卡奇也批评布哈林赋予技术装备以太过分的决定作用，这就完全失去辩证唯物主义的精神。显然，这种把技术装备与生产力等同起来的做法，既不可靠，也不是马克思主义的。卢卡奇指出，任何时候技术装备只是社会生产力的一部分、一种因素（当然具有重大意义），但它既不能随机地和社会生产力等同，也不是社会生产力改变的最后的或决定的因素。布哈林在生产过程中、人与人的社会关系以外的原则中，寻找社会及其发展的根本决定因素，终将导致拜物教[5]。但是，《布哈林政治传记》的作者斯蒂芬·科恩（Stephen Cohen）却对布哈林哲学给予高度评价，尽管"布哈林的抽象理论是否真能说明

① Н. И. 布哈林：《历史唯物主义理论》，李光谟，等译，北京：东方出版社，1988年，第188页。
② 同上，第227页。
③ Н. И. 布哈林：《马克思的学说及其历史意义》，藏凤文译，《哲学译丛》1989年第2期，第6页。
④ 安东尼奥·葛兰西：《狱中札记》，葆熙译，北京：人民出版社，1983年，第89页。
⑤ 乔治·卢卡奇：《技术装备和社会关系》，《论布哈林和布哈林思想》，贵阳：贵州人民出版社，1982年，第220页。

发自内部的深刻社会变化，是令人怀疑的。说到底，正如他对技术的论述所反映的那样，他把内部平衡依附于社会与自然的相互关系上。深入变化的动力来自社会制度以外"。但是，"布哈林如同苏联二十年代'进行探索的马克思主义者'那样，不仅把马克思主义看成是党和国家的思想，而且看成是十分注意西方的现代思想成就，并与之相竞争的活的思想体系"[①]。今天看来，布哈林的技术哲学的确是一种"强技术决定论"，他把马克思的"弱技术决定论"思想推向一种极致。在理论上，正如列宁所批评的，在布哈林的理论观点中"有某种烦琐哲学的东西"，而布哈林本人也"从来没有完全理解辩证法"[②]。在实践上，布哈林的"强技术决定论"过于强调生产力特别是技术、工具、机器、设备等的决定性作用，忽视了人和社会关系的能动的反作用，这种单纯的"技术工具主义"的观点甚至影响到他的政敌斯大林——后者提出了一个更为极端的口号："技术决定一切"。"强技术决定论"同时也影响了苏联科学技术事业的发展，由于过分强调满足社会生产的要求，强调科学技术发展的外部性条件，忽视了科学技术内部自身的发展规律，所以，苏联的科学技术发展长期不平衡（偏重机械和重化工技术），错过了以信息技术为代表的新技术革命。这与列宁、斯大林（包括布哈林、托洛茨基在内）等党和国家领导人对马克思主义的技术哲学和工业化理论的偏颇理解不无关系。布哈林是一个悲剧，但这绝不是布哈林的个人悲剧。正如奥古尔佐夫指出的："布哈林一生的遭遇和思想的悲剧，与马克思主义的悲剧是分不开的。马克思主义的悲剧恰恰在于，随着其从哲学逐渐演变成国家极权主义意识形态，它变得越来越衰弱，也使俄罗斯一蹶不振。"[③]

三、科学技术革命论在苏联的兴与衰

（一）科学技术革命论兴起的背景和理论渊源

我们之所以用很大篇幅去介绍和评价布哈林的技术哲学思想，不仅因为他是苏联马克思主义技术哲学的开创者，而且还是杰出的科学技术史家和科学活动家。他是苏联"科学学"的奠基人，在一定意义上还是科学技术革命思想的创始人。1921 年，苏联科学院系统创建了第一个从事自然科学与技术史研究的

---

① Коэн С. Марксистская теория и большевистская политика: «теория исторического материализма» Н. И. Бухарина, Философские науки, 1989(1), С.73-88.

② 列宁：《给代表大会的信》，《列宁选集》（第四卷），北京：人民出版社，1995 年，第 745 页。

③ А. П. 奥古尔佐夫：《鲜为人知的布哈林哲学》，吴铮，杨为民译，《哲学译丛》1994 年第 1 期，第 26 页。

科学组织——科学、哲学与技术史研究委员会（后改为知识史委员会），著名科学家和科学史家维尔纳茨基成为首任领导者。1932 年 3 月，苏联科学院大会决定在知识史委员会的基础上组建苏联科学院科学技术史研究所，布哈林亲任所长。科学技术史研究所由包括技术史在内的六个部门组成，其中技术史研究部门由米特凯维奇（В. Ф. Миткевич）院士担任主席。之所以在研究所的名称中加进"技术"一词，表明这个研究机构的功能与过去相比发生了一定的变化，研究视野比起纯粹的科学思想史要广泛得多。正像布哈林在《共产主义 ABC》（1921 年）一书中强调的那样，"生产力的发展要求生产与科学相结合。……我们应当全力支持科学同技术和同生产组织的进一步结合。共产主义就是正确地、合理地，因而也是科学地组织生产。因此我们必须用一切办法来解决科学组织生产的任务"①。布哈林竭力使科学技术史的研究范围体现这种"科学与技术、生产相结合"的思想。他一再强调科学事业应该比国民经济的其他方面更占有优先地位，甚至说过："科学研究机构的发展应当甚至比社会主义重工业的主要部门的发展还要快。"② 以上论述表明，布哈林不仅创立了马克思主义的技术哲学传统，而且力求将这一传统贯彻到科学技术史的研究中去。历史表明，20 世纪 20 年代是苏联科学技术成长的黄金时代。在此期间，以布哈林为代表的布尔什维克党人在党外知识分子中间普及辩证唯物主义和历史唯物主义，为苏联"科学学"思想的诞生，即把科学作为一种社会现象来研究的学科，提供了必要的前提条件。

在任苏联科学院科学技术史研究所所长期间，布哈林做了大量工作，包括与该所其他领导一起制订该所的发展规划，创建科学和技术史博物馆，建立大型图书馆并搜集大量科学史藏书，组织出版了 9 卷本的《科学技术史档案》（1933—1936 年）等。但真正使之传世的佳话，还是他正式担任该所所长之前，即 1930 年接替维尔纳茨基负责"知识史委员会"工作之后，率领苏联科学家代表团③ 参加 1931 年 6 月 29 日至 7 月 3 日在伦敦举行的第二届国际科学史大会。在这次大会上，年轻的物理学家格森提交的论文《牛顿力学的社会经

① 尼·布哈林，叶·普列奥布拉任斯基：《共产主义 ABC》，中共中央马克思恩格斯列宁斯大林著作编译局译，北京：东方出版社，1988 年，第 303 页。
② *Всес. конф. по планированию Научно-исследовательской работы*, 6-11 апреля 1931 г. Стенографический отчет. М., Л., 1931, С.41-42.
③ 苏联科学家代表团具有强大的阵容，除了团长布哈林院士之外，团员主要有物理学家约飞（А. Ф. Иоффе）院士、遗传学家瓦维洛夫（Н. И. Вавилов）院士、技术科学家米特凯维奇院士、经济学家鲁宾斯坦（М. О. Рубинштейн）教授、生理学家扎瓦多夫斯基（Б. М. Завадовский）教授、数学家科尔曼（Э. Кольман）教授和物理学家格森（Б.М.Гессен）教授。代表团的每个成员都撰写了论文，汇编成一个单独的论文集《十字路口上的科学》（*Наука на распутье*）。

济根源》运用马克思主义历史唯物论的观点对牛顿力学产生的社会经济根源做了深入分析，说明了社会因素对科学发展的决定作用（这也是布哈林的一贯主张）。格森主张科学史应研究科学概念及理论产生的外部社会经济因素，以及这些外部因素对科学的影响，他的报告引发了一场至关重要的争论——内史论与外史论之争——至今尚未平息。但我们却往往忽视了另外一个报告，即布哈林所做的《从辩证唯物主义观点看理论和实践》的重要意义。在报告中，布哈林列举了各种各样关于进行科学研究的轻重缓急的原因，但他唯独没有把知识当作目的本身。他认为，增加人类对于某一特殊现象的知识，并不是进行科学研究的正当理由。布哈林指出，西方世界对"纯科学的盲目崇拜"已经把资本主义的科学引进了"死胡同"。他引用诗人席勒的话——"科学是一个女神，而不是一头乳牛"，集中反映了资本主义社会对科学和技术的歪曲。他提出，"正像社会生活中的其他现象一样，科学的'偶像化'和相应的一些范畴的神化，是社会分工破坏了社会职能之间的明显联系，而在它们的执行者的意识中把它们分割为绝对独立的价值的社会在意识形态上的歪曲的反映"[1]。布哈林认为，与基督教教义"从一开始就有上帝的旨意"相反，马克思主义者也许会说："从一开始就有劳动。"总之，马克思主义者把理论看作是经过积累和提炼的实践。布哈林的报告不仅给那些沉迷于科学内史论的西方学者以当头棒喝，而且影响深远。直到1989年，美国著名科学史家伯纳德·科恩（Bernard Cohen）在谈及此事时仍津津乐道，认为布哈林的这段话在今天仍然给人以深刻印象，而格森却达不到这个程度。在这次大会结束后，科学学奠基人、英国科学史家贝尔纳（J. D. Bernal）教授马上写了一篇论文——《科学和社会》，对苏联代表团的发言给予了高度评价。他指出：苏联代表团带来了新的思想。在对待科学史的态度上，英国的历史学家或者自然科学家公认，本质上是出于爱好。每个人都专注于一个狭窄的领域，并且很少顾及彼此之间的联系。而俄国人却不然，他们赋予科学史一种伟大意义。科学史不仅是一种学术研究，而且是行动指南。无论是过去还是将来，俄国人都主要基于社会的角度看待它。"苏联代表团的出席使此次大会成为思想的盛会……随着时间的推移将会导致一场革命。"[2]而美国科学史家格雷厄姆认为，1931年的科学史大会对西方马克思主义思想产生了巨大影响，在今天看来，把辩证唯物主义原理作为科学史研究的方法乃是"令人印

---

① Bukharin N. I. Theory and practice from the standpoint of dialectical materialism, *Science at the Cross Roads*, London: Bush House, 1931, P.10.

② Есаков В. Д. Н. И. Бухарин и академия наук, *Природа*, 1988(9), С.93.

象深刻的智力成果"①。

贝尔纳在《科学的社会功能》（1939 年）一书中第一次阐述了科学技术革命的思想。贝尔纳认为，迄今为止人类生活仅经过了三次大变化：先是建立了社会，接着又产生了文明，这两者都是史前产生的，然后才是现在正在进行的对社会的科学改造，但我们还不知道怎样来命名它。"科学主要是一种改革力量而不是一种保守力量，不过它的作用的全部效果还没有充分显露出来。科学通过它所促成的技术改革，不自觉地和间接地对社会产生作用，它还通过它的思想的力量，直接地和自觉地对社会产生作用。人们接受了科学思想就等于是对人类现状的一种含蓄的批判，而且还会开辟无止境地改善现状的可能性。"② 尽管贝尔纳尚未提出"科学技术革命"这一概念，但他已经比较准确地定义了这一概念，特别是指出科学技术革命的实质就是科学理论通过技术发明和生产实践去影响社会发展和文明进步。接下来，贝尔纳在《历史上的科学》（1954 年）一书中明确地提出了这一概念。贝尔纳把近代科学的发展分为四个时期：第一期集中在意大利，以达·芬奇、维萨留斯和哥白尼为代表；第二期集中在英国和法国，以培根、笛卡儿、伽利略和牛顿为代表；第三期是以工业的不列颠和革命的巴黎为中心；第四期是所有各期最为重大的一期——现代科学革命。而在这四个时期中，都可以找到科学革命的影子。"科学观念里的改变实在比政治和宗教观念里的改变大得多；尽管后二者在当时看来最为重要。许多科学观念的改变就总合成为一场科学革命，在这场革命中，一幅新的、表量的、原子的、无限扩展的和人世间的世界图景，替代了……陈旧的、表性的、连续的、局限的和宗教性的世界图景。"③ 有意思的是，来自苏联学者的"外史论"观点启发了贝尔纳，从而提出了"科学革命"的概念；而苏联学者（特别是官方哲学家）对这个西方马克思主义观点是不认可的，甚至是持批判态度的。因为 20 世纪 50 年代苏联学者正忙于批判控制论，而控制论及其带来的人工智能、电子计算机和信息技术问题正是现代科学技术革命的主要内容。他们认为，由于科学技术革命的概念源于"资产阶级哲学"，所以是背离纯粹的马克思列宁主义的。正如苏联科学院主管意识形态的副院长费多谢耶夫（П. Н. Федосеев, 1908—1990）说的那样："没有理由认为控制论可以成为解决科学一切问题和困难的'科学的科学'。尤其不能把控制论同辩证唯物主义并列认为是某种新的世界观方法。"④

① Graham L. R. *Science and Philosophy in the Soviet Union*, New York: Alfred Knopf, 1972, P.430.
② J. D. 贝尔纳：《科学的社会功能》，陈体芳译，北京：商务印书馆，1982 年，第 513-514 页。
③ J. D. 贝尔纳：《历史上的科学》，伍况甫，等译，北京：科学出版社，1959 年，第 210 页。
④ 转引自：孙慕天：《跋涉的理性》，北京：科学出版社，2006 年，第 157 页。

直到 1960 年,"控制论之父"维纳(N. Wiener)应邀访苏,与苏联学者座谈,并在 1961 年第 7 期《哲学问题》上发表了题为"科学与社会"的论文,控制论在苏联才得到公正的待遇和客观的研究。随之而来的是苏联官方立场的彻底转变,科学技术革命的概念开始被苏联学术界广泛接受。

(二)东欧学者论"科学技术革命"

与苏联学者最初不温不火的态度形成鲜明对比的是,东欧学者一开始就对科学技术革命这一思想报以积极反响。1965 年,在东柏林召开了一次"马克思主义哲学与技术革命"研讨会,会议邀请了一些东欧的哲学家,集中讨论了与技术革命思想有关的六个问题:技术革命的本质和历史;科学的作用;社会主义的人的形象;技术革命中的规划;现代科学的方法论问题;工业科学的哲学问题。[1] 也是在这一年,民主德国学者埃尔温·赫利丘斯(Erwin Herlitzius)编辑出版了技术哲学参考书目《技术与哲学》[2],这篇德文参考资料比卡尔·米切姆和罗伯特·麦基(Robert Mackey)合编的英文《技术哲学参考书目》[3] 早了 8 年。这两件事在同是技术哲学故乡的民主德国掀起了研究技术哲学和科学技术革命的热潮,而且延续到 80 年代末。1989 年,也就是贝尔纳的《科学的社会功能》出版 50 年之后,民主德国科学史与科学哲学委员会主席、科学院通讯院士 Günter Kröber 教授撰写了纪念文章《五十年来科学的社会功能》。贝尔纳认为,我们是 20 世纪一场新兴的"社会的科学变革"的目击者和参加者,但是"对于这场变革我们还没有起名字"。他当时注意到的是科学、工艺、技术和生产的革命性变化,这些变化在他 25 年后的回顾文章中更清楚地概括为三个方面:可以得到取之不尽的能源;计算机发展的社会后果将是不可估量的;对生物过程更深层次的了解。Kröber 指出:"在研究、技术和生产上的这场革命,在 1939 年,对于贝尔纳来说,'只是一种预言',而今天已是一个普遍承认的事实。今天,我们把它称为'科学技术革命',这场革命是由我们称之为关键技术的那些技术创新推进的。如我们所知,包括能量生产和能量合理利用的新能源技术、微电子学、自动化和现代生物技术现在正在起着特别重要的作用。"[4] 因此,贝尔纳在 50 年前对科学技术进步及这种进步与经济社会进步之间关系的预言不仅变成

---

① C. 米切姆:《技术哲学》,《技术哲学经典读本》,吴国盛编,上海:上海交通大学出版社,2008 年,第 18 页。
② Herlitzius E. Technik und Philosophie, *Informationsdienst Geschichte der Technik*, Dresden, 1965, P.1-36.
③ Mitcham C., Mackey R. *Bibliography of the Philosophy of Technology*, Chicago: University of Chicago Press, 1973.
④ Kröber G.:《五十年来科学的社会功能》,吴季松译,《科学对社会的影响》1989 年第 3 期,第 34 页。

了现实，而且有了一个响当当的名字——科学技术革命。在科技进步与社会进步的关系问题上，Kröber 提出了一些新见解：①近几十年科学技术的发展导致了一个明显的事实，这就是世界从来没有像它今天这样是一个整体；②科学作为一种特定的社会活动和社会系统，很容易感受到在它的世界性、国际性与它的内向性、社会经济和政治制约性之间存在的基本张力；③今天转化成新的技术工艺和一般社会实践的科学发现，通常是较新的研究成果，而且这些发现还具有基础的性质，如在生物技术或信息和通信技术中；④基础研究与有实际目的的研究的区别正在缩小。[①]以上这些新现象和新趋势都强调了科学在解决当代世界的全球性问题中的位置和有效性，尽管时间又过去了 1/4 个世纪，但民主德国学者的上述见解仍不乏新意。

　　1989 年，民主德国第七届哲学代表大会召开，这是两德统一前的最后一次哲学大会。受马克思列宁主义哲学科学委员会委托，民主德国科学院埃希霍恩（W. Eichhorn）院士等 7 人共同起草了大会主题报告——《当代的科学技术革命与人类进步的辩证法》，对民主德国学者在科学技术革命及其社会后果问题上的看法进行了总结。该报告指出以下几方面内容。① 20 世纪中叶以来的科学技术革命首先在工业发达国家引起了生产力的根本变革。这一革命越来越深刻地影响着地球上的所有国家和社会生活的所有领域。②科学技术革命的规律性的整体过程包含着广泛多样的单个的革命改造，例如，在单个的科学领域和科学中的革命性的、全新的认识，在确定的技术领域和整个技术当中的质的变革，社会的生产基础的质的改变等。③科学技术革命意味着向人-自然关系的新的水平的过渡，它开辟了提高生活质量的可能性，提出了对社会发展进行分析、预测、引导和规划的更高要求。④社会对有意识地、人道地推动科学技术进步负有更高的责任。⑤确定科学技术革命的性质的马克思列宁主义的根本标准是，作为新技术的创造者、生产者和消费者的人的地位正在发生的变化。⑥社会主义对于人类进步负有特殊的责任。在科学技术革命的条件下，社会主义将科学技术进步与一切阶级、阶层、性别和世代的社会进步联系起来，也正是从这种统一中，它创造出极高的生产率和极大的社会财富（这也是实现社会主义理想的不可或缺的条件）。⑦面对科学技术革命的汹涌大潮，哲学家的贡献首先在于：提供了关于物质和意识形态推动力量的辩证法的认识，提供了关于客观与主观的辩证法的认识，提供了关于需要的发展与满足、利益辩证法和社会

---

① Kröber G.：《五十年来科学的社会功能》，吴季松译，《科学对社会的影响》1989 年第 3 期，第 36 页。

主义的分配原则的哲学见解的认识，提供了关于社会主义的推动力量的全部特征的认识。[①] 回顾这些马克思列宁主义学者的论述，除了个别极"左"观点和关于社会主义优越性一厢情愿的"表白"以外，基本上都属于对正统马克思主义哲学的坚持和发展，特别是有些论述（在科学技术革命过程中人的地位、哲学家的作用等）是突破了教条主义的窠臼，这种理论探索精神难能可贵。

在东欧学者中，捷克斯洛伐克学者的研究也是独树一帜的。1966 年，拉多万·里奇塔（Radovan Richta）主编的论文集《十字路口上的文明》（*Civilizace na rozcestí*）出版，这本著作汇集了 60 位哲学家、政治学家、社会学家、经济学家、心理学家、科学家和工程师关于科学技术革命本质的论述，反映了捷克斯洛伐克学者在这一问题上的主要观点。里奇塔是捷克斯洛伐克的社会学家和哲学家，他是第一个接受西方"科学技术革命"（scientific & technological revolution，STR）概念的人，认为与以机器动力和工厂组织为基础的工业革命不同，科学技术革命以自动化原理和控制论的运用为基础[②]。捷克斯洛伐克学者认为，工业革命和科学技术革命无论是内部结构还是社会后果都不尽相同：首先，科学和技术具有相对的独立性；其次，技术逐渐变成了一种科学的事业，科学则被认为具有直接的技术含义；再次，工业革命增加了对手工劳动的需求，而科学技术革命则使之减少，科学技术革命所要求的是受过良好教育的工人，人的发展及其创造能力才是提高生产力的有效方式；最后，尽管技术发展也会带来负面后果，但不能因此就批判技术，而应当改良技术。[③] 因为里奇塔等把技术产生负面后果的原因归结为片面追求技术进步、忽视人的全面发展，这就不仅否定了资本主义的社会经济制度，而且暗含对苏联高度集中的计划经济体制的批判，所以米切姆认为《十字路口上的文明》这本论文集甚至影响了 1968 年"布拉格之春"事件中杜布切克政府的改革方案。

（三）科学技术革命论与苏联技术哲学的衰落

来自西方和东欧国家对科学技术革命研究的热潮，再加上对控制论及其技术转化的追捧，终于使苏联学者对"科学技术革命"这个他们曾经不屑一顾的概念产生了浓厚兴趣，构成了 20 世纪 60—70 年代苏联技术哲学一道独特的风景。这一时期，几十年在苏联技术哲学领域占统治地位的教条主义藩篱开始松动，马

---

① W. 埃希霍恩：《当代的科学技术革命与人类进步的辩证法》，王彤译，《哲学译丛》1990 年第 2 期，第 49-56 页。
② Richta R. http://monoskop.org/Radovan_Richta[2014-9-20].
③ C. 米切姆：《技术哲学》，《技术哲学经典读本》，吴国盛编，上海：上海交通大学出版社，2008 年，第 19 页。

克思主义哲学不像过去那样是不变的和自足的，它的某些提法甚至可以成为争论的对象。除了劳动工具和人造物以外，技术概念还得到了其他意义上的诠释。到了90年代初，已经从狭义的技术定义走向了广义的技术定义，技术不仅是人工制造的劳动工具的总和，而且还是人类活动的结果、文化的组成部分及自然规律具体化的知识等，仿佛又回到了20世纪初恩格尔迈尔和别尔嘉耶夫对技术的定义。基于广义技术的定义，确立了技术的连续性（преемственность）、累积性（куммулятивность）和技术进化的原理。对技术所作的新的诠释并非完全被推翻了，而是被拓展和深化了"технэ"的含义，其结果就是技术哲学研究题材和学科领域的拓展。除了对技术的传统理解以外，苏联学者把高新技术、技术科学、技术活动、技术的哲学问题、技术的社会和历史问题，以及作为技术的创造者和消费者的人本身都作为分析的对象。如果说过去几十年里围绕着某个人形成的学术中心是一种"小圈子"（малый круг）的话，那么现在已经开始被一些相对独立的课题组所取代，这些课题组围绕着一些重大现实课题形成了一种"大圈子"（большой круг）。而"大圈子"研究的一个重要课题就是"现代科学技术革命"（CHTP），在20世纪60年代初产生的这种现象引起了苏联哲学家、社会学家、历史学家、科学学家、经济学家，以及应用科学与工程技术界一些专家的广泛关注。一批集中反映西方关于科学技术革命的研究成果被翻译成俄语。其中，英语译作主要有贝尔纳的《历史上的科学》（1956年），维纳的《控制论与社会》（1958年），贝尔（A. S. Beer）的《控制论和生产管理》（1963年）；法语译作有奥热（P. Auger）的《科学研究的现代趋势》（1963年）；德语译作有吉斯曼（K. Tessman）的《科学技术革命问题》（1963年）。而大量本土著作的出版也反映了苏联学者对科学技术革命的研究逐步走向深入。其中，60年代的代表作主要有奥西波夫的《技术和社会进步》（1959年），论文集《技术进步的社会经济问题》（1961年）；兹沃雷金（А. А. Зворыкин）、奥西莫娃（Н. И. Осьмова）、切尔内舍夫（В. И. Чернышев）和舒哈尔金（С. В. Шухардин）合著的《技术史》（1962年）[①]；海因曼（С. Хейнман）的《创造共产主义的物质技术基础和科学技术革命》（发表在《共产党人》1962年第12期上）；沃尔科夫（Г. Н. Волков）的《机器人抑或人的时代——技术发展的社会问题》（1965年）；库德里亚绍夫（А. П. Кудряшов）的《现代科学技术革命及其特征》（1965年）；马拉霍夫

---

① 切尔内舍夫和舒哈尔金合著的《技术史》（1962年）是苏联的第一部技术通史，不仅在国内家喻户晓，而且蜚声海外，先后被译成德语、日语、匈牙利语和斯洛伐克语出版。该书记述了自古代一直到20世纪中叶世界各国技术的发展概况，不仅揭示了技术的国际性特点，也展示了技术的民族性成就。作者们坚持了马克思主义的立场，力求揭示技术进步的社会经济条件，对十月革命以后世界技术的发展情况给予了特别关注。

（В. Г. Марахов）和梅列先科（Ю. С. Мелещенко）的《现代科学技术革命及其在社会主义条件下的社会后果》（发表在《哲学问题》1966 年第 3 期上）；库津（А. А. Кузин）的《马克思和技术问题》（1968 年）；梅列先科和舒哈尔金合著的《列宁和科学技术进步》（1969 年）；等等。

1962 年，在舒哈尔金的领导下，莫斯科的自然科学技术史研究所（ИИЕТ）成立了一个研究科学技术革命的课题组，组织一些人专门研究科学技术革命这一概念在未来社会的本质意义。1964 年，这个小组组织了一次学术会议讨论科学技术革命及其对马克思主义的发展问题，会议材料刊登在《自然科学技术史问题》第 19 卷上[①]。其中，库津和舒哈尔金撰写的论文《现代科学技术革命》发表在当年的《共产党人》杂志上。库津和舒哈尔金指出了工具和机器的技术革命与社会组织的产业革命之间的区别，认为如果没有相应的社会革命，技术革命本身就不能引起产业革命。例如，由于珍妮纺纱机的发明引发了 18 世纪英国的纺织技术革命，而它又是与社会阶级结构的变革一起引发了纺织产业乃至整个英国近代产业的革命。因此，"狭义的科技革命是生产工具方面的技术革命，而广义的科技革命是在生产过程的组织上发生的根本变革。而一旦发生了社会革命，又可以在更大的范围内采用新的技术手段，从而促进生产力的发展"[②]。以这篇论文的主旨思想为指导，库津、舒哈尔金、切尔内舍夫和斯托斯科娃（Н. Н. Стоскова）又合著了一本颇具影响力的著作——《苏联技术发展之路》（1967 年）。这本著作对苏联科学技术 50 年（1917—1967 年）的发展历程做了全景式的回顾，特别指出了社会主义制度的建立对苏联科学技术的促进作用，而科学技术进步又极大地提高了社会主义生产力的发展水平[③]。

根据马克思主义的基本原理，人类社会的发展要经历五个社会经济形态，而每一个社会形态的形成和发展都具有双重特点。在形成的最初阶段都要发生社会革命，它给第二个阶段提供动力；而在后一个阶段才会发生技术革命。从逻辑上看，技术革命的实质是"产生和应用一个发明，它能够在劳动手段、能量形式、生产工艺和生产过程的一般物质条件等方面引起一个飞跃"[④]。而技术革命同时又会转化为产业革命，产业革命是"这样一个过程，在新的技术手段

① Проблемы совр. Н.т.р.(материалы конференции), *Вопр. истории естествознания и техники*, вып.19, М., 1965.

② Кузин А. А., Шухардин С. В. Совр. научно-техич. Революция, *Коммунист*, 1964(16), С.56-58.

③ Кузин А. А., Стоскова Н. Н., Чернышев В. И., Шухардин С. В. *Пути развития техники в СССР*, М.: Наука, 1967.

④ Шухардин С. В. *Современная научно-техническая революция: историческое исследование*. 2-е изд, М.: Наука, 1970, С.34.

的基础上创立了新的生产方式，这种生产方式的特点是新的劳动分工、新的领导者地位、新的劳动社会关系和新的社会结构"①。技术革命和产业革命的结果是诞生了新的技术范型、新的生产工艺方法、新的社会物质技术基础。从历史上看，科学技术革命的概念可以追溯到技术革命及其在不同社会经济制度条件下的表现形式。原始公社的生产模式的根本转变是与弓箭、石斧和锄头的发明相联系的；奴隶社会主要是学会了从矿石中提炼出铁并且使用了铁制的生产工具和武器；封建社会技术革命的特点是水力、高炉、印刷、枪支、指南针和时钟的发明和发展；在机器大工业生产条件下，技术革命的实质是工作机的发明和引进，以及蒸汽动力的发明和使用。上述四个历史阶段技术革命的相同特征就是人造劳动工具发生质的改变（武器、机器、机械），这也是经典马克思主义对技术的理解。按照这一理解，在上述四个阶段技术革命的内容中都不包括科学，因为科学对于生产只是起到间接作用。

苏联当时正处于第五个社会形态——社会主义和共产主义社会。正在发生的技术革命不仅仅是技术的而且是科学技术的革命。这是由于在确保工业生产过程中基础和应用科学知识的作用的急剧增加，所以，科学转化为直接生产力。根据库津和舒哈尔金的观点，科学技术革命最突出的本质就是自动化。当人转变为他的控制和逻辑功能时，科学就成为技术过程的独立因素，成为生产过程中的精神要素。除了自动化以外，新技术革命还主要表现为原子能、无线电、控制论的发展，新材料的发明和宇宙技术的发展。与以前的科学技术革命不同，首先，这次革命不仅是技术革命而且是科学-技术革命；其次，这次科学技术革命几乎涵盖了整个工业部门的方方面面；再次，它不是自发产生的，而是有意识的引导过程；最后，它比以往历次科学技术革命都更加迅速地发展。此外，持相同或相似观点的苏联学者还有别洛泽尔采夫（В. И. Белозерцев）、库格尔（С. А. Кугель）、舍宁（Ю. М. Шейнин）和梅列先科等。半个世纪过去了，现在我们可以确切地指出上述观点的僵化和公式化，包括其意识形态上的偏见和方法论上的弱点。然而，在 20 世纪 60—70 年代，苏联学者围绕着科学技术革命跳的"科学圆圈舞"（научные хороводы）② 发挥了积极作用，他们促进了技术哲学与技术史的交流和普及，扩展了研究主题，增加了理论储备，发展了方法论

---

① Шухардин С. В. *Современная научно-техническая революция: историческое исследование.* 2-е изд, М.: Наука, 1970, С.34.

② хоровод，原意是指一种斯拉夫民族舞蹈，可以译为"轮舞""环舞"或"圆圈舞"。научные хороводы 是指苏联学者在 20 世纪 60—70 年代围绕着"科学技术革命"这一主题写作和出版了大量论文和著作，形成了苏联技术哲学研究的一个高潮。

武器。

如果说 20 世纪 60 年代苏联学者对科学技术革命理论的研究还处于起步阶段，无论是成果数量还是质量都无法与西方和东欧学者抗衡的话，那么，进入 70 年代以后，苏联学者的创造力如同雪崩一样爆发出来，这方面的研究成果完全可以用"汗牛充栋"来形容。暂且不论质量，仅是数量方面就已经让西方学者望尘莫及了。之所以这样，与苏联官方的直接支持与鼓励分不开。因为在"发达社会主义"的条件下，实现科学技术革命并将其成果应用于国民经济建设，实质上就是为建设共产主义奠定坚实的物质技术基础[①]。因此，和 60 年代相比，在 70 年代论述苏联科学技术革命的著述呈直线上升趋势。研究内容涉及科学技术革命的方方面面，如科学技术革命的实质、内容、主要方向，以及对经济社会环境和个人生活的影响。截止到 80 年代初，仅仅涉及党对科技进步领域的领导方面的著作就已经超过 750 部[②]。无疑，这些著作特别是涉及党史的著作，很多都是应时应景和唱赞歌的。例如，巴拉科夫（М. А. Бараков）和西多罗夫（С. И. Сидоров）的《通衢大道：1959—1978 年苏联共产党莫斯科市委在工业技术改造过程中的工作经验》（莫斯科，1979 年），杜什科娃（Н. А. Душкова）的《"九五"期间中部黑土地区党组织在促进工业领域科技进步的工作》（沃罗涅日，1981 年）。与此同时，这些著作的一个共同特点就是充满了本真的热情似火、惊人的浪漫主义，以及对全能的科学和美好的未来的深信不疑。这一时期的代表作主要有舒哈尔金主编的《现代科学技术革命：历史研究》（1970 年）、《发达资本主义国家的科技革命：经济问题》（1971 年），伊万诺夫（Н. П. Иванов）的《科学技术革命与发达资本主义国家干部培养问题》（1971 年），格维什阿尼（Д. М. Гвишиани）和米库林斯基（С. Р. Микулинский）的《科技革命与社会进步》（发表在《共产党人》1971 年第 17 期上），阿法纳西耶夫（В. Г. Афанасьев）的《科技革命、管理、教育》（1972 年）、《城市化、科技革命与工人阶级》（1972 年）、《科学技术革命与社会主义》（1973 年）、《思想斗争和科技革命》（1973 年），Н. В. 马尔科夫（Н. В. Марков）的《科技革命：分

———

① *НТР и использование ее достижений в условиях развитого социализма*, М.: Высшая школа, 1978, С.76.

② 关于苏联共产党与科学技术革命、科学技术进步关系问题的论文集和论著也有很多，比如，阿尔托博列夫斯基（И. И. Артоболевский）和舒哈尔金的《党和科学技术进步》（莫斯科，1968 年）；《党和苏联的科学技术革命》（莫斯科，1974 年）；《苏联共产党和科学技术革命》（基辅，1974 年）；《东西伯利亚的党组织领导科学技术进步》（伊尔库茨克，1975 年）；季科夫（А. Н. Зыков）的《加上电气化：在发达社会主义条件下党对国家电气化的领导（1959—1975 年）》（伊尔库茨克，1976 年）；库兹涅佐夫（К. А. Кузнецов）和洛西克（А. В. Лосик）的《发达社会主义条件下苏联共产党的科技政策》（列宁格勒，1983 年）；《在成熟社会主义时期苏联共产党为加速科技进步而斗争》（列宁格勒，1984 年）；巴甫洛娃（О. Ф. Павлова）的《苏联共产党制定的现代科技政策》（莫斯科，1989 年）。

析、前景、后果》（1973 年）、《科技革命与社会》（1973 年），格维什阿尼的《科技革命与社会进步》（发表在《哲学问题》1974 年第 4 期上），格拉果列夫（В. Ф. Глаголев）、古多尼克（Г. С. Гудожник）和克吉科夫（И. А. Козиков）合著的《现代科学技术革命》（1974 年），等等。

　　根据米切姆的观点，在这些关于科技革命的马克思主义传统的研究中有一部经久不衰的著作——《人·科学·技术：关于科技革命的马克思主义分析》[①]。这本论文集是"布拉格之春"事件之后，由苏联科学院自然科学技术研究所、哲学研究所和捷克斯洛伐克科学院哲学社会学研究所的学者合作的成果，准备分别以俄语和英语两个版本提交给第十五届世界哲学大会[②]。在内容和形式等方面它都效法了之前的《十字路口上的文明》，对科学技术革命的一些重要问题——科学技术革命的本质和方向，在各个社会系统中科学技术革命对科学、技术、社会和经济领域的影响等，进行了深刻的哲学反思。这本著作被译成多个版本在国外发行[③]。苏联和捷克斯洛伐克的学者们把革命定义为"在社会的渐进发展过程中，社会结构发生了根本质变"。在这个意义上，科学革命是指"发现了全新的现象或定律"或"利用了新的方法或技术手段"；而技术革命是指"通过使用各种不同的技术原理，用新的技术手段代替旧的技术手段"。而在现在，科学革命和技术革命已经走向融合：技术对科学来说是一种新的认知方法，而科学则为技术提供新的技术手段。现代科学技术革命就是"科学与技术的革命性变革融合成一个统一的过程，科学成为技术和生产的最重要的因素，并为其进一步发展铺平道路"[④]。因此，科学技术革命的本质就是当前作为生产力的科学技术的统一。该书作者极力证明：现代文明的进步只能在科学技术革命和社会主义优越性有机结合的基础上实现。站在马克思主义的立场和方法上，作者们对资产阶级的科技革命概念、技术文明的非理性主义观点和社会意识中的技治主义趋势统统进行了批判。贯穿于全书的一个基本观点就是："只有在社会主义制度下，科技革命对社会和人所产生的一切影响，才可能有机会为人自身的利益而不断发展；而在资本主义制度下，它们则呈现出丑恶的形态，因为它们倾向于极端片面地发展，而这刚好导致它走向自己的反面，导致了有损于人

---

① *Человек-наука-техника. Опыт марксистского анализа научно-технической революции*, М.: Политиздат, 1973.
② 第十五届世界哲学大会于 1973 年在保加利亚瓦尔纳召开，这次大会的主题就是"科学·技术·人"。
③ 英语：*Man-Science-Technology*. Moscow-Prague, 1973；捷克语：*Clovek-Veda-Technika*. Praha-Moskva, 1973；德语：*Mensch-Wissenschaft-Technik*. Berlin: Akad.Wiss., 1977；匈牙利语：*Ember-Tudomang-Technika*. Budapest: Koyvkliado, 1977。
④ C. 米切姆：《技术哲学》，《技术哲学经典读本》，吴国盛编，上海：上海交通大学出版社，2008 年，第 20 页。

与社会的行动。"①因此，现代科技革命必然有利于建设社会主义，为实现社会主义向共产主义社会的过渡奠定物质技术基础。该书还讨论了科学技术革命所带来的经济社会后果，将上述科学技术革命的狭义概念进一步扩展到包括劳动者、生产组织、企业管理和社会秩序等方面的变革在内的广义概念。在对科学技术革命的哲学反思中，还涉及科学技术革命对文化、宗教、科学思想及未来社会的影响等问题。总之，《人·科学·技术：关于科技革命的马克思主义分析》一书堪称苏联关于科学技术革命研究的百科全书，集中反映了苏联技术哲学在科学技术革命这一研究方向的最高成就，与《十字路口上的文明》一书一起构成苏联-东欧技术哲学学派的"双子塔"。

盈满则亏，物极必反。进入20世纪80年代以后此类具有赞扬之声的作品骤减，与此同时批评之声鹊起。一般的、充满政治色彩和标语口号式的研究已经没有市场，大家开始注意到科学技术革命的问题、困难和矛盾。苏联学者开始积极地寻找"瓶颈"，查明"未决问题"及"更加清楚地揭示主观因素"，大家已经不满足于简单延续对科学技术革命分门别类的研究②，而是转向在广阔的历史背景下对现有问题进行综合性的分析③。从1985年开始苏联又出现了新的研究趋势。1985年6月11日，戈尔巴乔夫在向苏共中央委员会所作的报告《党的经济政策的根本问题》中提出了加快转向"科技革命的新阶段"，指出"科学正处于为加快国民经济的科技进步而斗争的最前沿"④。因此，在苏联经济和社会发展的整体规划中都要渗透科学在促进科技进步中的重要意义的思想，还要渗透把彻底解决经济和社会问题建立在科学转化为直接生产力基础之上，以及强化科学对整个社会生产领域施加影响的思想。苏联学者对科学技术革命的特点有了新的认识，在这一时期基于远景规划苏联首次对科学技术革命实现了计划部署，令人印象深刻⑤。进入90年代，时过境迁，过去的成就几乎被一笔勾销，在苏联已经日薄西山的时候，技术被斥为"技治主义"（технократизм），众口一词，认为苏联时期过高评价了技术的作用而贬低了人的因素，在技术发展和社会进步之间人为

---

① C. 米切姆：《技术哲学》，《技术哲学经典读本》，吴国盛编，上海：上海交通大学出版社，2008年，第20页。
② 例如，涅科拉索夫（Н. Н. Некрасов）的《区域经济学》（1981年）；切尔内舍夫的《苏联共产党在发展科学技术方面的行动》（1985年）；彼沃瓦尔（Е. И. Пивовар）的《工人阶级和科技革命》（1983年）；阿列克谢耶夫（Г. М. Алексеев）的《苏联时期（1917—1977年）发明家和创新者的运动》（1983年）；斯拜托夫（В. Ф. Сбытов）的《工程师——科技进步的关键人物》（1989年）；等等。
③ 例如，列里丘克（В. С. Лельчук）和别丽娜（Е. Э. Бейлина）的《科技革命条件下苏联工业和工人阶级》（1982年）；索科洛夫（Е. Е. Соколов）和 А. В. 弗罗洛夫（А. В. Фролов）的《在加速集约化生产过程中苏联共产党的作用》（1983年）；别洛乌索夫（Р. А. Белоусов）的《苏联计划管理经济的历史经验》（1987年）；等等。
④ Горбачев М. С. *Коренной вопрос экономической политики партии*, М.: Политиздат, 1985, С.19.
⑤ См.: Лельчук В. С. *Научно-техническая революция и промышленное развитие СССР*, М.: Наука, 1987.

地产生了鸿沟①。接下来的研究表明，在70年代苏联不仅没有实现知识密集型产业、能源和资源产业及减少排放技术领域的进步，而且产品更新的速度也明显变缓②。这样一来，必然得出一个顺理成章的结论：苏联共产党并未制定出有效的科技政策，而"行政命令式"的领导体制和经济管理方法也未能有效地促进科学技术革命③。总之，对科学技术革命现象进行反思是苏联技术哲学一个极其复杂的问题，对其成果既不能做过高评价，但也不能把成百上千人的智力劳动一笔勾销，不能把成千上万本（篇）有关科学技术革命的著作、论文、教材束之高阁或付之一炬。在技术哲学的历史上，没有哪一个时期和哪一个国家像60—70年代的苏联和东欧一样，有那么多专家学者皓首穷经、满腔热忱地去钻研一个技术的哲学和社会学问题。科学技术革命论在苏联社会的兴与衰、热与冷本身就已经成为一种独特现象为技术哲学界所关注。目前在俄罗斯，对科学技术革命问题的研究已经被边缘化了，很多是置于国家通史的语境中加以研究的。90年代以后的代表作主要有邓尼金（А. А. Дынкин）的《科技革命的新阶段》（1991年），戈利诺夫（М. М. Горинов）、达尼洛夫（А. А. Данилов）和德米特连科（В. П. Дмитренко）合著的《20世纪：社会发展模式选择》（1994年），纳加耶夫（А. А. Нагаев）的《现代市场经济中的科技进步因素》（1994年）、《20世纪创新经济中的人》（1994年），罗津的《技术哲学与技术发展的文化-历史重构》（发表在《哲学问题》1996年第3期上），维什涅夫斯基（А. Г. Вишневский）的《镰刀和卢布：苏联时期保守的现代化》（1998年），库德罗夫（В. М. Кудров）的《苏联经济回顾：经验与教训》（1997年），科拉西里申科夫（В. А. Красильщиков）的《逝去的世纪：20世纪世界现代化视野中的俄罗斯的发展》（1998年）、《西方新的后工业浪潮》（1999年），别兹布罗多夫（А. В. Безбородов）的《70年代的苏联：危机四伏的现代化》（发表在《经济杂志》2001年第1期上），舒宾（А. В. Шубин）《苏联从"停滞"到改革（1917—1985年）》（2001年），等等。尽管上述作品阐述了社会经济发展的一些基本问题，但是它们都是把科学技术革命问题归结到科学技术史问题中去，未能把科学技术革命作为一种社会经济现象进行综合性分析，只能算是一种"流风余绪"，整体质量依旧不高。

尽管科学技术革命论占尽了苏联技术哲学的风头，但这并不意味着苏联技

---

① 见.: Артемов Е. Т. *Научно-технический и социальный прогресс: исторический опыт и современность*, Свердловск: Воен. железнодорожник, 1990, С.11.

② 见.: Дынкин А. А. *Новый этап НТР: Экономическое содержание и механизмы реализации в капиталистическом хозяйстве*, М.: Наука, 1991.

③ 见.: Опенкин Л. А. *Сила, не ставшая революционной (Исторический опыт разработки КПСС политики в сфере науки и технического прогресса.1917-1982 годы)*, Ростов н/Д, 1990.

术哲学和技术史在其他方面就是一片空白的，事实上对技术科学的哲学与历史研究也是"大圈子"的重要课题，从 20 世纪 60 年代下半叶开始对这个问题进行了有组织的系统研究。1969 年，自然科学技术史研究所列宁格勒分所成立了一个技术和技术科学的方法论和社会问题研究小组，重点研究技术科学问题，后来被技术史和技术哲学界称为"列宁格勒学派"。由于组长梅列先科的热情和天才，以及他的同事沃洛谢维奇（О. М. Волосевич）、伊万诺夫（Б. И. Иванов）和切舍夫（В. В. Чешев）等的共同努力，这个方向发展迅速并很快成为苏联技术科学的研究中心。梅列先科和他的同事们组织了一系列论坛和研讨会，如"技术科学和社会科学的关系"（1971 年）、"自然科学和技术科学的关系"（1973年）等；出版了三卷本的"技术和技术科学的方法论和社会问题"丛书[1]。即使是 1972 年在该学派领袖梅列先科逝世以后，其他人在这个问题上的兴趣和成果也依然不减，其中最具代表性的是伊万诺夫和切舍夫合著的《技术科学的形成和发展》[2]。他们强调技术科学是在一定的历史时期和具体的历史条件下才能产生的，例如，在工场手工业时期就已经为部门技术科学的产生积累了必要的条件，在实践中必须应用自然科学的做法导致技术科学的形成[3]。苏联技术哲学的列宁格勒学派形成了完整的知识体系，主要包括技术科学的起源；研究的客体、对象和方法；技术语言的形成；描述的图形和数学符号；技术理论与理想客体；知识与实践的统一；技术科学的分期及其发展的主要阶段；技术知识和科学技术革命；"基础知识-技术科学-工程实践"的基本系统；技术科学的分类及其与自然科学、社会科学的关系；技术科学的结构及其发展规律；等等。

列宁格勒学派在技术科学研究领域的出色工作使技术科学在大科学系统中获得了独立的地位，在很大程度上克服了学界关于技术科学独立性问题的消极态度。例如，凯德洛夫在自己的科学分类模型中就仅仅分成自然科学、社会科学和哲学科学三类，没有给技术科学以单独的分类。历史上，对技术科学的忽视和低估由来已久。早在 1803 年，黑格尔就写道："所谓科学就是布置露台的专家或者对布置露台的方法做一般性的指导。"[4] 因此，可以把科学看成是开采泥炭、建造烟囱和看成畜牧业。从中可以看出黑格尔对那些生产-应用知识向高度抽象和科学认识世界不可避免的、日益高涨的侵入表现出的抵触和遗憾。但

① *Взаимодействие технических и общественных наук*, Л., 1972; *Специфика технических наук*, М., 1974; *Взаимодействие естественных и технических наук*, М., 1976.
② Иванов Б. И., Чешев В. В. *Становление и развитие технических наук*, Л.: Наука, 1977.
③ Иванов Б. И., Волосевич О. М., Чешев В. В. Особенности возникновения и развития технических наук, *Специфика технических наук*, М.: ИИЕТ АН СССР, 1974, С.110.
④ Гегель Г. *Работы разных лет*, Т.2, М.: ИФ АН СССР, 1971, С.530.

是，技术哲学和技术史的研究成果已经在公众心目中确立起技术科学这个独立学科，事实表明：能源和采掘技术与工艺（即黑格尔所说的建造烟囱和开采泥炭）是技术科学最为重要的衍生物，进而言之，是自然科学应用于生产实践的结果。关于科学与技术的关系，贝尔纳早就告知我们："应该永远记着，科学的种种指示被人遵循时，科学才算完整。科学不仅是思考上的事而已，它还要让思考不断地投入实践，并不断地靠实践来更新。这就是科学为什么不能脱离技术来研究。"[①] 所以，在科学史上我们一再发现科学形象由实践生出，以及科学新的发展引出新的实践部门的案例。

在列宁格勒学派的带动下，莫斯科、新西伯利亚、罗斯托夫、托木斯克等地也出现了一些技术科学研究与教学中心，围绕着诸多研究方向，如科学学派的形成与运作、组织结构的形成、人员的变动、社会关联系统的发展、社会政治环境的分析等展开研究。晚些时候，这些研究技术与社会关系问题的诸多方向获得了一个统一的名称——"技术社会学"（социология техники）。技术的本质是社会的，技术在其本体论意义上是与人和社会相关联的。任何"工程的"或"纯粹的"技术研究都包含着社会因素，社会因素或明或暗地体现在生产组织过程、技术设施的发明与使用、工程技术共同体的作用、发明家和设计师的动机之中。当工程的和社会的因素不再是仅仅作为一个背景而存在的彼此毫不相关的因素时，在技术问题的研究中内部史和外部史的因素已经形成了一个无缝之网。当相对于技术内部结构而言的那些外部因素，即广义的社会因素（政治、经济、文化、心理等）开始变成内部因素时，就会直接影响到技术的内涵。基于此，苏联学者把技术社会学的研究对象定义为：技术、工艺、基础和应用技术科学、技术活动，以及作为与社会密不可分的技术发明和消费者的人。此外，还要研究科学-技术和工程-设计共同体的生活和活动，是他们创造并实现了我们周围的技术现实和技术圈。总之，以列宁格勒学派为代表的苏联技术哲学家在技术哲学（核心问题是探讨技术与科学的关系）和技术社会学（核心问题是探讨技术与社会的关系）两个领域做出了令人印象深刻的成就。

除了技术哲学，它的孪生姊妹技术史研究在苏联时期也取得了长足发展，其中最为重要的当属对苏联技术发展的历史研究。几十年来，苏联出版了很多属于这方面的著作[②]。然而，与技术哲学家当时的处境一样，苏联时期的教条主

---

① J. D. 贝尔纳：《历史上的科学》，伍况甫，等译，北京：科学出版社，1959 年，第 14 页。
② 见: *История энергетической техники СССР*, В 3-х т., М.-Л., 1957; *Очерки развития техники в СССР*, В 5-ти т., М., 1967-1978; *Очерки истории техники в России*, В 4-х т., М., 1971-1976.

义和意识形态特点不能不影响到技术史学家们的活动。因此，目前俄罗斯技术史研究至少面临着以下三大任务。首先，研究、发掘、推广和保护过去那些著名科学史学家，如别伊金德（Л. Д. Белькинд）、维尔金斯基（В. С. Виргинский）、康费捷拉托夫（И. Я. Конфедератов）、拉德茨基（А. А. Радциги）等深邃而客观的著作。其次，如何对待在 1920—1950 年出版的一些主观主义的和歪曲现实的科技史著作[①]，这些著作需要重新审视、认真修订或者干脆重新研究。最后，就是一些几十年来的禁区需要解禁——工程技术人员的移民问题、被关押的科学家和工程师的科学遗产问题、苏联对纳粹德国工业潜力加以利用问题等。消除历史的"空白点"是俄罗斯技术史研究面临的重要问题，苏联解体后，俄罗斯学者在这方面已经迈出了第一步[②]。

以 20 世纪 50 年代为分界点，可以把苏联技术哲学分成上下两个半场：上半场成果不多，而且质量也比较低劣，到处充满了意识形态斗争的火药味和胡乱套用马克思列宁主义的教条；下半场成果丰富，虽然大多数仍旧属于对资本主义加以证伪和对发达社会主义进行辩护的作品，但其中也不乏颇具真知灼见的上乘之作（如梅列先科及其领导的列宁格勒学派的工作）。但是，在苏联技术哲学特别是关于科学技术革命的研究中逐渐形成了"两个教条"：一是"在建设发达社会主义的过程中科学已经变成了直接生产力"；二是"只有在社会主义的条件下科学技术革命才会带来对社会和人有益的结果"。今天看来，这两个教条都是站不住脚的，科学既不会自动地转化为生产力，技术也不会自动地为人带来福祉，但在当时却是每一个苏联学者都深信不疑的（至少从文献中看不出任何异议）。由于忽视了任何科学理论都需要通过试验、技术、工程和产业才会转化为直接生产力，忽视了任何科学技术进步都是把双刃剑，都会产生与社会制度无关的负面效果，在 70 年代末 80 年代初世界科学技术革命浪潮方兴未艾之时，苏联的经济、社会和科学技术事业却全面走向停滞和衰退。而被寄予厚望的戈尔巴乔夫却热衷于彻底改造苏联的经济基础和政治制度，未从根本上反思苏联科学技术和生产力长期落后、人民生活水平长时间未得到彻底改善的深层原因。"皮之不存，毛将焉附。"随着苏联的解体和苏联哲学的终结，那些抱残守缺和盲目自大的苏联技术哲学势必走向衰落！

---

① См.: Гладков И. А. В. И. Ленин и план электрификации России, М., 1947; Шершов С. Ф. Ленинско-сталинская электрификация СССР, М., 1951.

② См.: Российские ученые и инженеры в эмиграции, М., 1993; Соболев Д.А. Немецкий след в истории советской авиации, М., 1996.

人本主义的复兴
——俄苏技术哲学百年发展轨迹回溯（下）

一、人本主义：俄罗斯技术哲学的新范式

工具主义（инструментализм）的技术论，亦可称为技术工具论或技术中立论，其核心观点就是把技术看成是与价值无涉的中性工具或手段。技术是为了满足人们需要的、听命于人的目的的手段或工具体系，因此，技术本身并无好坏之分，技术只有在不同的使用者手里或者在不同的社会制度之下才变成行善或施恶的手段。"技术是工具，意味着技术发挥功用是以其他事物为代价的，事物被控制、被改造、被组织。所以这个矛盾——满足自身需求和尊重事物——难以调和。"[①]具体地说，技术在满足人的需求和尊重人（人的自主性、独立性）之间存在着对立。马克斯·舍勒将技术与包括人在内的事物看成是一种控制和被控制的关系。尽管作为工具的技术体现着人的控制的意愿，但是，在这种控制意愿实现的过程中，人本身也可能成为被控制的对象。工具主义关注的是技术的自然属性和内在价值，却忽视了技术的社会属性和社会-文化价值；注重满足人的物质需要，轻视人的非物质需要，甚至把人也视作满足需要的工具，"见物不见人"或"重物轻人"是工具主义在实践中的表现。尽管俄国技术哲学的奠基人恩格尔迈尔和苏联技术哲学创始人布哈林之间并无直接的承接关系，但巧合的是，从历史唯物主义的立场出发，布哈林的技术手段论却将恩格尔迈尔技术工具主义的理念发挥到了极致。即使是后来"科学技术革命论"对技术概念在认识论和价值论方面进行了部分修正，都没能从根本上改变苏联技术哲学把技术的本质定义为工具或手段的"正统观点"。然而，"20世纪六七十年代，当世界新技术革

---

① 杨庆峰，赵卫国：《技术工具论的表现形式及悖论分析》，《自然辩证法研究》2002年第4期，第56页。

命风起云涌、信息化浪潮席卷全球之时，苏联的工业化道路仍旧坚持'以机器制造业为主导'，苏联的技术哲学还停留在狭隘的'技术手段论'，二者同被时代所抛弃就是情理之中的事了'①。因此，俄罗斯技术哲学研究范式亟须转型。

尽管工具主义源于西方，其鼻祖可以追溯到弗朗西斯·培根，但也一直被人文主义所批判，最具代表性的就是海德格尔的技术哲学。海德格尔认为，关于技术的工具性规定是正确的，但正确的东西不等于真实的东西，因此，关于技术的工具性规定并没有向我们显明技术的本质。我们必须追问：工具性的东西本身是什么？诸如手段和目的之类的东西又属于什么？工具性的东西被看作是技术的本质，但如果一步一步去追问被看作手段的技术到底是什么，就会达到一种"解蔽"（das Entbergen）。因此，技术不仅是一种手段，而且是一种解蔽方式。一切生产制造过程的可能性都基于解蔽之中。"现代技术既不仅仅是一种人类行为，根本上也不只是这种人类行为范围内的一个单纯的手段。关于技术的单纯工具性的、单纯人类学的规定原则上就失效了；这种规定也不再能——如果它确实已经被认作不充分的规定——由一种仅仅在幕后控制的形而上学的或宗教的说明来补充。"②而奥特加·伊·加塞特（J. Ortegay y Gasset）认为不能把技术看成是与发明"取暖""进食"之类一样的仅仅满足人的生物性需求的工具，自古以来的很多发明旨在获取"非必需"的事物、状态。因此，人对生存、对"活在世上"的渴求与对"活得好"的渴求是分不开的。在一定意义上，生存本来就不是单纯地"活着"，而是"活得好，活得幸福"；之所以把"活着"这一客观条件看作是必需的，只是因为"活着"是"活好"的必要条件。"人是这样一种动物：他单单把'客观上多余的东西'视作必需。知道这一点，对我们理解技术是实质性的。技术是生产'多余的东西'的——今天和旧石器时代一个样。为什么说动物没有技术，因为它们仅仅满足于活着。归根结底，'人'、'技术'、'活好'内涵相同。"③所以，技术是为了省劲而费劲，而省下来的劲用于人的创造性生存——被称作"人的生存""活得好——幸福"。如果说海德格尔的伟大之处是在于批判了技术工具主义，那么，奥特加的功绩则在于建构了技术人本主义（антропологизм）。

历史上，俄罗斯民族从来都是一个"不切实际"的民族，这个民族往往把追求"多余的东西"当成存在的目标。1993年3月，在莫斯科召开的一次俄国

---

① 万长松：《苏联技术哲学与其工业化道路的关系问题研究》，《自然辩证法研究》2011年第2期，第48页。
② 马丁·海德格尔：《演讲与论文集》，孙周兴译，北京：生活·读书·新知三联书店，2005年，第18页。
③ 奥德嘉·加塞特：《关于技术的思考》，《技术哲学经典读本》，吴国盛编，上海：上海交通大学出版社，2008年，第268页。

哲学国际会议上，来自俄、美、英、法、德、意等国的著名俄国哲学专家共同探讨了俄罗斯文化和俄罗斯精神实质问题。俄罗斯哲学史专家格罗莫夫（M. H. Громов）认为，哲学不仅是纯理性活动的产物，而且是一个民族的精神体验及其独特的历史道路。而这一点对于理解俄国哲学来说特别重要。俄国哲学从诞生之日起到今天，其突出特点是分散在整个文化背景之上。俄国哲学形式多种多样，内容五花八门，从宗教的到反宗教的、从神秘主义到理性主义、从极权主义到无政府主义、从欧洲中心主义到本土的斯拉夫主义，等等。但"莫斯科即第三罗马"的大国救世思想，以及与之有关的责任、自我牺牲和义务的观念，直到今天都是俄国文化的永恒价值。"个人存在的意义不在于为自己创造物质福利，虽然对这种幸福的自然追求并未被放弃；个人存在的意义首先在于拯救灵魂，在于对继尘世的暂短生命之后而来的永恒生命的怀恋，在于精神价值高于其余价值。"[①] 然而俄罗斯民族的这一特点并不是所有人都能够理解的，无论是美国学者斯坎兰还是瓦利茨基都对是否存在一种特殊的"俄国哲学"，或者在俄国哲学中是否存在一种特殊的"俄国思想"持怀疑态度。他们认为，今天的俄国已经不是别尔嘉耶夫和布尔加科夫生活的俄国，那时候占主导地位的是宗教哲学；今天的俄国主要是世俗的俄国，现代化给俄国生活带来了重大变化。与此相反，俄国哲学家却几乎把注意力都集中到俄国哲学的"特殊道路"上，即集中于它不同于西方哲学传统的"独一无二性"上。"我搞不懂，这类思想怎么能促进宏伟的改革大业，而改革的目的则是要使俄国并入自由民主的西方文明。"[②] 在实用主义、工具主义和理性主义文化传统中成长起来的欧美哲学家，当然不能理解俄罗斯哲学的这种独特性，俄国知识分子关注的永远不是世俗的生活和个人问题，而是深远的、超验的、悬而未决的个人存在的根据问题。

现实中，俄罗斯民族对生、死和永生问题的关心超乎于对肉体本身的关心，对神人关系的兴趣大于对人与自然界关系的兴趣。在别尔嘉耶夫看来，我们几乎可以有同样充分的理由说明人起源于神和说明人起源于自然界有机生命的低级形式。但是，"从低级的东西中产生不出高级的东西。人出示证明文件，表明自己的高贵出身。人不仅出自此世，而且出自别世，不仅出自必然，而且出自自由，不仅出自自然界，而且出自神"。尽管哥白尼的日心说、赖尔的地质渐变论、达尔文的生物进化论，使自然主义的人类中心论破产了，而且永远不能复活，但是，"人在自然界的这种状态中和现有的行星系统中所处的被贬低的地位，

① M. H. 格罗莫夫：《俄国文化的永恒价值》，吴铮译，《哲学译丛》1996 年第 Z2 期，第 25 页。
② A. 瓦利茨基：《关于俄国哲学中的"俄国思想"》，子樱译，《哲学译丛》1996 年第 Z2 期，第 31 页。

丝毫不能否定他在存在中的中心位置，不能否定人是存在的所有各个方面的交点这个绝对真理"①。因此，人的存在的"二重性"和人的高级的自我意识是科学认识的绝对界限。科学可以认识作为自然界一部分的人（人的第二性因素），但是它被阻挡在人的自我意识（人的第一性因素）之外。哲学人学研究的不是作为科学认识的、客体的人，而是作为自我意识的、主体的人。哲学人学是以人的高级的、突破自然界界限的自我意识为基础的，哲学人学在任何意义和任何程度上都不依附于科学人学。尽管公认马克斯·舍勒的《人在宇宙中的地位》（1927年）是哲学人学的奠基之作，但是别尔嘉耶夫的《创造的意义》（1916年）也对俄罗斯哲学人学产生了深远的影响。例如，古列维奇认为，哲学人学的研究对象是作为独特的存在类型的人，哲学人学主要涉及人的本质和人的存在、人的存在形式和人学世界图景（与科学世界图景相对照）等问题。他还指出哲学人学与人的哲学之间的区别：首先，关于人的哲学最早可追溯到苏格拉底，而哲学人学的产生不早于康德；其次，哲学人学是系统化和理论化的部门哲学，而人的哲学则是关于人的一些零散的哲学思考；最后，二者在研究内容和方法上存在实质的区别。布耶娃认为，作为哲学人学研究对象的人应该是完整的，并且处在一定的文化类型之中。哲学人学的基本范畴是人的存在、命运、自由、责任、个性、体验、生命、身、心、死亡、永生等。他们还一致认为，俄国宗教哲学原本就是持人类中心论立场的，如果能把哲学人学研究与传统的俄国哲学结合起来，一定会形成具有俄罗斯传统文化特色的哲学人学。②

　　俄罗斯传统宗教哲学和现代哲学人学所蕴含的人本主义（人道主义）精神，为俄罗斯技术哲学从技术中心论（工具主义）向人中心论（人本主义）的范式转型奠定了基础，其中起到关键性作用的是弗罗洛夫院士。他在第十八届世界哲学大会③上面对西方哲学家们发表的演讲——《改革：哲学的意义和人的使命》指出，苏联社会和苏联哲学正在发生如下变化：①哲学在全社会反技治主义原则和意识的运动中发挥了重大作用，在西方兴起的科学伦理学和技术伦理学在苏联也能找到回音；②必须实现人与以微电子学、生物工艺学和信息学为主导的高技术的"高度契合"，不能批准任何未经科学（包括伦理学）预测评估的大型工程计划；③用人的尺度衡量包括科技进步在内的一切，这一尺度不仅适用于科学-技术发展的生态学要求，而且适用于整个工业发展的生态学要求；④重

---

① H. A. 别尔嘉耶夫：《人、微观宇宙和宏观宇宙》，李昭时译，《哲学译丛》1990年第3期，第7，11页。
② 张百春：《俄罗斯的人学研究》，《哲学动态》1998年第4期，第40-41页。
③ 1988年在英国布莱顿（Brighton）召开，大会的主题是"各种人道主义的对话"。

新重视俄国传统哲学，大力挖掘杰出的哲学家（如索洛维约夫、费奥多罗夫和别尔嘉耶夫等）和杰出的文学家（如赫尔岑、托尔斯泰、陀思妥耶夫斯基等）著作中的人道主义思想；⑤从学科分门别类地逐渐走向知识的一体化，即把科学知识与人道主义价值结合起来，从而生成与仁爱相结合的智慧。①在第十九届世界哲学大会②上，作为大会组委会主席的弗罗洛夫做了主旨报告——《现代哲学应该成为全球性问题哲学》，继续阐发自己关于人道主义和全球性问题的基本思想。他指出，那些业已成为规模的全球性的人类社会问题应该成为哲学反思的主流。这些问题主要包括：应对热核灾难危险的问题，解决环境、能源、粮食和人口问题，解决全世界社会和经济发展的不平衡问题，保护和发展整个人类的基因库、文化和科学问题，特别是何时何地都要维护个人的自由问题。贯穿这些问题的主线是一个三位一体的"人—自然界—社会"，而与之交汇的是另一个三位一体的"人—人类—人性"。今天，关于统一的人类还仅仅是一个设想，因为人类还深陷于矛盾之中，至于人性问题更是任重道远，文明世界的存在主要是基于两点假设：①人是衡量一切事物的尺度，人是最高的社会价值和标准；②千差万别的个性、世界观和信仰彼此之间要相互宽容。

斯焦宾也指出，哲学的意义不仅在于澄清世界观和对文化进行批判性的分析，而且在于寻找人类发展的战略性方向。而这种寻找的核心概念就是"人的生命活动"（человеческая жизнедеятельность），用哲学语言表达就是主客体关系的范畴系统，它的组成部分就是活动、行为和交流。在生命活动过程中产生的社会经验乃是一种超生物的行动方案，这个经验构成了文化体。某些文化的世界观基础表现为一种系统构成因素，而所有这些构件在人的意识结构中都属于基础性的东西。斯焦宾与弗罗洛夫的视角略有不同，他认为哲学的任务应该是对文化的基础进行反思。这种反思的原始形式不仅是概念，还包括象征和隐喻的符号，在中国和印度哲学的概念主要是以艺术的形式反映出来的。反映人类关系整个特点的那些哲学范畴应该在两个极端——概念和隐喻中发展起来。因为处于相互补充的系统之中，哲学语言不仅要解释世界、它的基础和存在的动力，而且要说明它将要怎样，关键是要寻找文化的新价值、新意义和新基础。斯焦宾最后强调，必须在哲学语言中把西方传统（主客体二分）与东方传统（主客体统一）有机地结合起来，哲学语言的如此统一提供了一种可能性，即把

---

① И. Т. 弗罗洛夫：《改革：哲学的意义和人的使命》，周自横译，《哲学译丛》1990年第2期，第39-42页。
② 1993年8月在莫斯科召开，大会的主题是"处在转折阶段上的人类：哲学的前景"。

握作为一种活的自我发展系统的文化和创造整体性的深刻基础。^①在这里，无论是弗罗洛夫对全球性问题和人性的解读，还是斯焦宾对文化和世界观基础的关照，在俄罗斯乃至世界科学技术哲学的发展中，人道主义和文化学范式的崛起是不可逆转的大趋势。对此，德国技术哲学家汉斯·伦克也感同身受，他在自己的演讲中区分了工艺进步和技术进步：工艺（广义的技术）提出思路和确保其实现的手段；而技术知识则与实际改变自然界物体的具体形式有关。在阐述完工艺和技术进步的基本原理之后，汉斯·伦克强调无论是哪一种进步都取决于"社会订单"，强调了在工艺和技术采用过程中个人和社会的责任问题，特别是与道德方面有关的产品的质量问题。

除了大力倡导和呼吁人学研究和人道主义之外，弗罗洛夫还进行了很多具体的工作，包括为俄罗斯科学院人研究所制定了一个详细的研究纲领。在《人、科学和社会：综合研究》一书的"在复杂技术系统中的人"这一章中，弗罗洛夫特别涉及了技术与人的问题。由于复杂技术系统无处不在，对人的活动产生了重大影响，所以，为了搞清这类影响机制而对其特性所作的研究就具有特别重要的意义。但是，由于对处在复杂技术系统中的人所作的综合研究严重不足，所以在理解这些系统方面遇到了许多严重的问题。弗罗洛夫把这些问题概括为："对社会技术系统中人的活动形态进行分类；对社会技术系统中个体活动和集体活动进行综合研究和使之得到最佳化的方法论问题；对人和新工艺进行综合研究；对单个人（或一组人）与技术的相互作用进行综合研究，以及有关对基因工程领域中安全保障采取质上全新态度的问题；人在技术系统中犯错误的问题。"^②事实上，俄罗斯对自身技术哲学的研究在很大程度上就是按照弗罗洛夫制定的纲领展开的。

二、问道西方：俄罗斯技术哲学的复兴之路

对于"如何实现俄罗斯技术哲学的复兴"这一问题，新一代的哲学家们再一次将目光转向了西方。从 20 世纪 80 年代中期开始，苏联学者开始翻译和引进西方的技术哲学思想著作，其中最著名的是由莫斯科进步（Прогресс）出版社出版的两本文集：《西方新的技术统治论浪潮》（*Новая технократическая*

---

① Видгоф В. М. Философия на переломном этапе (по материалам XIX Всемирного философского конгресса), *Вестник Томского государственного университета*, 1998(1), С.103-113.
② И. Т. 弗罗洛夫：《人、科学和社会：综合研究》，林山译，《哲学译丛》1993 年第 2 期，第 17 页。

волна на западе，1986 年）和《联邦德国的技术哲学》（*Философия техники в ФРГ*，1989 年）。这两本文集的出版标志着苏联学者开始从拒斥、批判西方技术哲学转向接受、借鉴西方技术哲学，为日后创建本土的技术哲学奠定了基础。《西方新的技术统治论浪潮》是在苏联科学院主席团"科学技术的哲学和社会学问题学术委员会"领导下，由苏联科学院哲学研究所主持编译的。该书主编是古列维奇，编委成员有布耶娃、科鲁沙诺夫（А. А. Крушанов）、库普佐夫、拉宾（И. Ц. Лапин）、萨奇科夫和弗罗洛夫。这是一个豪华阵容，几乎囊括了苏联自然科学哲学领域的重量级人物。而该书的译者大都是一些今天仍活跃在俄罗斯技术哲学舞台上的年轻人，如波鲁斯、彼比辛、索科洛娃（Р. И. Соколова）、尼库里切夫（Ю. В. Никуличев）等。古列维奇延续了苏联科学技术革命的研究传统，为该书撰写了一个长篇导言——"科学技术进步的规律和社会前景"。古列维奇认为，我们的世界正处在社会大变革、技术和文化无穷创新的门槛上，微电子技术、计算机技术、仪器仪表和信息产业已经成为时代进步的催化剂。在不久的将来还要获得核聚变的能量和征服宇宙，因此，从总体来看，技术已经成为加快现代化进程最重要的社会动力。然而，伴随着作为社会改造重要因素的技术的异军突起，同时其也带来了一系列复杂的哲学世界观问题。比如，作为一种现象的技术是什么？技术对人类存在的影响的形式和界限是什么？技术的社会制约性体现在哪里？对于人来说技术是善的吗？抑或暗含某种不可预测的致命祸患？现代科学技术进步带来了哲学领域更加激烈的争辩，属于这方面的出版物快速增加，与其对应的问题在西方称作"技术哲学"。科学技术进步带来的巨大成就作用于社会思想，并产生了一些新的思想，其中包括思考技术文明产生的动态变化。科学技术进步加剧了社会主义和资本主义两种社会经济制度的竞争，其根本问题在于哪种社会制度能够迅速、全面地利用技术和文化创新的可能性，能够加快社会发展，能够发现蕴藏在人体内的巨大潜能。对此，苏联学者有自己的看法，他们把科技革命看成是当代社会深刻变革不可分割的一部分，他们站在世界历史的尺度上把科学技术的发展和建设共产主义的愿景结合起来。当谈论科学技术革命引起的全球化进程时，苏联哲学家又强调指出在不同的社会经济体制下，科学技术革命的表现是不同的[①]。

---

① 参见：阿戈拉京（В. В. Агладин）和弗罗洛夫合著的《当代全球化问题：科学和社会的视角》（1981 年）；费多谢耶夫和季莫费耶夫（Т. Г. Тимофеев）合编的《社会视野下的环境问题》（1982 年）；沙赫纳扎罗夫（Г. Х. Шахназаров）的《未来世界秩序》（1981 年）和《人类去哪？》（1985 年）；弗罗洛夫的《高层接触：论科技革命新阶段的某些社会问题》（载于 1984 年 11 月 23 日《真理报》）和《决定性变革的时刻（加快科学技术进步的根本转折：社会-哲学的和人道主义问题）》（发表在《哲学问题》1985 年第 9 期上）。

与此同时，尽管苏联学者对技术的辩护并不是资产阶级哲学的新货色，但他们也需要了解西方学者对科学技术革命的看法。编辑《西方新的技术统治论浪潮》这本文集（主要是一些论文和著作节选），首先是想展现一个真实的资本主义社会"信息化"的进程，包括丹尼尔·贝尔（Daniel Bell）、赫尔曼·卡恩（Herman Kahn）、阿尔温·托夫勒（Alvin Toffler）和汤姆·斯托涅尔（Tom Stonier）等对西方所谓的计算机革命所做的阐述。收入文集的这些材料主要是对社会变化的概念性理解，提出的一些新的理论反映了对技术改造及其后果的资产阶级世界观和意识形态评价。但从中也可以看出，西方技术哲学的一些现代"思路"与西方哲学老路子的世界观是一脉相承的，这样一个事实也必然影响和决定了这本文集的结构。《西方新的技术统治论浪潮》由三部分组成。第一部分"作为社会现象的技术：哲学传统"（Техника как социальный феномен: философские традиции）收入了资产阶级的经典哲学文献，主要有海德格尔的 5 篇（《什么是形而上学》《技术问题》《科学与理解》《转折》《世界图景的时间》）、雅斯贝尔斯的 1 篇（《现代技术》）和埃吕尔的 1 篇（《另一种革命》），这样编排的目的是为了展示那些被现代西方技术哲学所发展了的思想源头。第二部分"现代西方技术哲学"（Современная философия техники на западе）包括经过精心挑选和加工的 11 篇资产阶级技术哲学经典文献，展示的都是西方"新技术统治论浪潮"代表人物的著作，如托夫勒的《工作的未来》和《种族、权力和文化》，芒福德的《技术与人的本性》，卡恩的《未来提升：经济·政治·社会》，斯柯列莫夫斯基（H. Skolimowski）的《作为人的哲学的技术哲学》，格兰特（G. P. Grant）的《哲学、文化、技术：未来前景》和罗伯特·科恩（Robert Cohen）的《现代技术进步的社会后果》等。第三部分"信息社会-计算机革命"（Информационное общество-компьютерная революция）包括 7 篇揭示"信息时代"规律和实际过程的文献，如丹尼尔·贝尔的《信息社会的社会结构》，斯托涅尔的《信息资源：后工业经济的型材》，阿兰·图林（Alan Touraine）的《从交流到沟通：程序社会的诞生》，格奥尔格·马丁（Georg Martin）的《电视社会——未来的呼唤》等，这些作者从不同的视角描述了未来的"信息社会"。从哲学传统到现代技术哲学再到信息社会，这样的安排既符合从抽象上升到具体的叙事原则，又符合从理论上升到实践的认识论原则，使读者能够比较全面和深入地了解西方"新的技术统治论浪潮"。

从以上目录可以看出，对于技术哲学而言海德格尔绝对是思想重镇。这是因为：一方面，海德格尔延续了正统的西方技术哲学传统；另一方面，为使思想不致剧烈"摇摆"，海德格尔拓宽了技术哲学的论域，发现了无论是对待技术现象本身，还是对待不同时代技术"自我发现"和实现的可能性的新方法论原则。海德格尔不仅深化了批判技术、警惕技术和预防技术的传统，而且巩固了对技术进行哲学分析的基础。苏联技术哲学家塔夫里江（Г. М. Тавризян）指出："在海德格尔看来，主要的危险不是来自技术，也不是来自'生活的技术化'：没有什么技术恶魔，但如果不理解技术的本质就有危险了。因此，海德格尔指出目前最重要的任务就是寻找对技术的'技术外'论证，确定技术在人类文化史中的前景（因为海德格尔技术座架思想的本质就是把它看成是人对今天高度发展的技术的盲目顺从和崇拜）。"[1] 在海德格尔看来，技术的本质既不是制造物（делание），也不是操作（манипулирование），而是一种开显（обнаружение）方式，技术正在把自己的根伸向真理。收录到《西方新的技术统治论浪潮》文集中的短文《转折》（Поворот）是海德格尔于1949年写成的，首次发表于1962年，这位德国哲学家借此寓意技术不是人们手中的工具，恰恰相反，是人被献给了技术，人被技术所逼迫，这才是人所面临的危险的根源。海德格尔关于技术本质的论述是振聋发聩的，特别是对长期持有技术工具论和技术乐观主义的苏联技术哲学界而言，无疑是打破迷梦的一剂良方。

　　进入20世纪80年代，技术哲学开始关注社会进步的人的尺度问题。很多西方哲学家表示，如果离开了机器和工艺的历史，就无法理解技术变革现象。因此，技术哲学就需要向精神文化因素和技术人本化领域的某种浸入，这种人类学的研究方法在斯柯列莫夫斯基的《作为人的哲学的技术哲学》一文中得到了充分的反映。斯柯列莫夫斯基提出了一系列重要问题：为什么会突然产生技术哲学？为什么欧洲人会担心技术的未来？在他看来，技术哲学这个哲学新领域的诞生反映了在欧洲文明的建立和毁坏过程中，技术的作用迟早会被承认。技术哲学与一般哲学的核心范畴——进步、自然界、合理性、有效性等密切相关，这是意识到技术文明破坏性和碎片化的人的哲学，因此，"浮士德式文明"（фаустовская цивилизация）选择了一种错误的与自然界打交道的方式。斯柯列莫夫斯基认为，技术应该服从人的绝对命令，而不是人服从技术的绝对命令。总之，从人的角度出发去理解进步就不应是消灭自然界的其他造物，也不应是压抑人的精神和感受能力，恰恰相反，倒是有可能深化人的独特性和扩大人的精神性。但是，许多西方哲学家同时也指出了技术在进步过程中就包含着技术

---

[1] Тавризян Г. М. Буржуазная философия техники и социальные теории, *Вопросы философии*, 1978(6), С.148.

的人性化一面，他们坚信新一轮的文化创新会消除这一过程内部的矛盾和冲突，确保与人的世界保持和谐。而对社会过程产生多维影响技术突变（техническая мутация）的思想，早就被资产阶级的哲学和社会学所承认，丹尼尔·贝尔、格兰特和托夫勒等依次发展了这一思想。在这些资产阶级学者看来，信息社会的根本特点就在于它的性质和发展直接取决于生产力的状态，而与生产关系无关。正是技术、物质生产等决定了所有的社会因素，结果是生产力会自动地、自然而然地产生新的社会关系，科学技术渗透于社会组织的方方面面恰好促进了这一方面。但这一思想是苏联哲学家不能接受的。"实质上，托夫勒忽视了马克思主义哲学所强调的社会关系的多样性。众所周知，物质社会关系的特点取决于社会生产力而不取决于人们的意志和意识。社会并非机械的联合而是社会关系有机体，把社会关系分为物质的和意识形态的两个层面不仅意味着谁是决定的、谁是被决定的，而且意味着应该对包括物质和意识要素的社会关系的总和进行具体分析。例如，在分析阶级关系、民族关系和国际关系时，都要做整体分析。尽管托夫勒在分析技术在社会中的作用时运用了马克思主义的某些原理，但是他却曲解了这些原理。难道承认技术和生产力的作用就算详尽说明了马克思关于社会进步的概念了吗？当然不是。"①

可以看出，尽管苏联解体、苏共倒台，马克思主义哲学彻底失去意识形态作用，但与其他领域的混乱相比，在苏联技术哲学研究中马克思主义的指导作用依然如故。尽管我们承认科学技术革命是一个全球性的过程，但时至今日仍旧在不同的社会形式，特别是在两种对立的社会经济制度下进行。因此，在马克思主义和资产阶级的文献中，对待科技革命的诠释必然出于不同的方法论原则和阶级立场。"揭示科学技术革命的本质和社会作用——这是当代马克思主义最重要的创新成果之一。"② 按照马克思主义哲学的观点，现时代最主要的内容就是世界范围内的从资本主义社会向社会主义社会的革命性变革，而社会发展的最高阶段就是建成共产主义社会。这个毋庸置疑的结论是资产阶级意识形态试图要驳倒的，可以在美国社会学家丹尼尔·贝尔的著作中看到基于电子学及其社会后果的技术哲学的复杂分析。丹尼尔·贝尔确信技术的发展是跳跃的，整个世代也是根据技术自动、自主的运动来划分的，在此框架之下产生了不同的社会变革。但是，为了避免被指责为技术决定论，丹尼尔·贝尔还提出了多方面社会有机体的概念。丹尼尔·贝尔认为自己的"信息社会"的思想运用了

① Гуревич П. С. (ред.) *Новая технократическая волна на Западе*, М.: Прогресс, 1986, С.22.
② Там же. С.23.

包括马克思主义在内的社会学-哲学最新的成果，他表示同意马克思把历史分成若干阶段、每一阶段都有自己的所有制形式和生产关系特点的思想。然而丹尼尔·贝尔质疑这是否就是划分世界历史的唯一标准，这种划分显然具有形式的和假定的性质。如果结合自己的"轴心原则"（осевой принцип），情况就会大为不同，社会运动就不会仅仅按照第一个轴（社会关系）来划分，而是按照第二个轴（科学技术的应用）划分为三种形式：前工业社会—工业社会—后工业社会。按照马克思主义的观点，社会发展是整体性的。而丹尼尔·贝尔则采取了另外一种研究方法，他认为历史发展的各个阶段是可以交替的，并没有严格的逻辑顺序。的确，"轴心标志"改变了，计算机改变了整个信息社会即改变了社会生产生活的方方面面。但是，社会有机体的方方面面的发展也是有自己的轴心原则的。丹尼尔·贝尔显然是要把历史哲学带回到专制主义和主观主义的老路子上去，他重新拾起了已经被遗忘和宣告破产了的历史运动老路子，采用了分析社会意识和社会发展的老方法，改头换面以后提出了臭名昭著的"要素论"，与之相关的就是对影响社会进步的原因不加以分类。苏联学者坚持认为："创造历史的不是技术，而是活生生的人。在承认历史过程是有规律的前提下，马克思主义哲学强调人的活动的积极作用，这不仅表现在现实的产品上，而且表现在对现状的改变上。这就是为什么马克思主义的研究者在自己的预言中，给予群众、政党、阶级、个人的活动以重要意义的原因。当发现历史发展的动力以后，人们再去作用于客观条件，因此，每当大的历史转折时期（我们今天就处于这样的时期），主观因素就会在社会关系改革中起到决定性意义。"[①]沿着这一思路就会得出以下结论：只有在社会主义的条件下，信息化才会最大限度地促进社会结构和社会关系的完善，为提高劳动者教育和科学技术水平创造条件，进而成为促进人的全面发展的最重要手段。为了进一步完善社会主义的社会关系及逐步过渡到共产主义社会，苏联需要科学技术革命。可以看出，对于西方技术哲学思想和以丹尼尔·贝尔、托夫勒为代表的新的技术统治论浪潮，在总体上和根本上苏联学者还是持批判和谨慎借鉴态度的。但是，和20世纪60—70年代相比，教条主义的装腔作势和"引经据典"式的繁文缛节少多了，而客观分析和公正评价的语气逐渐增多，尽管尚未跳出苏联哲学的窠臼，但也昭示着苏联技术哲学研究范式正在发生静悄悄的革命。

如果说《西方新的技术统治论浪潮》的引进还是延续科学技术革命论的老路子的话，那么，20世纪80年代末出版的文集——《联邦德国的技术哲学》

---

① Гуревич П. С. (ред.) *Новая технократическая волна на Западе*, М.: Прогресс, 1986, С.28.

的引进则是俄罗斯技术哲学发展史上的一个里程碑。罗津为《新哲学百科全书》（斯焦宾主编，2001 年）撰写的"技术哲学"条目将该书列为第一个参考文献；在其他哲学家开列的技术哲学必读书目中，这本文集也都赫然在列；而通观俄罗斯技术哲学的一些代表作（包括著作和论文），这本文集也是具有较高引用率的。这本文集由苏联科学院哲学研究所技术哲学研究室的阿尔扎卡扬（Ц. Г. Арзаканян）和高罗霍夫主编，阿尔扎卡扬、高罗霍夫、图普塔洛夫（Ю. Б. Тупталов）和谢伊达林（А. О. Сейдалин）等从德文和英文版翻译成俄文，收录了弗里德里克·拉普、汉斯·伦克、昆吉尔·罗波尔（Güntel Ropohl）、阿洛伊斯·胡宁（Alois Hüning）和汉斯·萨克塞（Hans Sachsse）等新生代德国技术哲学家的论文和著作节选。和卡普、德绍尔、齐默尔、海德格尔等老一辈哲学家不同，他们从现代哲学思维的新领域出发，系统地研究了技术问题，具有广阔的理论视角，不仅研究德国的技术哲学问题，而且研究各种理论和实践问题。把科学技术进步与现实生活紧密联系起来——这是德国技术哲学家学术活动的最突出的特点。这本文集对处于文化语境中的技术现象和技术本质进行了哲学分析，同时，对工程师的社会责任和伦理问题给予了极大的关注。在加快科学技术进步的条件下，这本文集的作者对能够影响到人们生活方方面面的那些社会过程也进行了哲学反思。众所周知，技术哲学产生于 19 世纪下半叶的德国学术圈，在 20 世纪逐渐发展成为独立的哲学分支学科。正是德国哲学家最早思考技术对文化的影响并且把这个方向命名为"技术哲学"（philosophie der technik）。1877 年，卡普是第一个在自己的著作（《技术哲学纲要》）中使用这一术语并且顺理成章地成为技术哲学的奠基人。20 世纪中叶以前，"技术哲学"这一术语尚未在德国以外的国家普及，直到第二次世界大战以后，技术哲学研究与工程技术活动相结合才走上了长远和系统的发展道路。在德国，技术哲学有组织地发展是与德国工程师协会（Verein Deutscher Ingenieure）的活动分不开的，在 50 年代初，该协会组织了几次与技术哲学问题密切相关的研讨会。1956 年，德国工程师协会专门成立了一个名为"人与技术"（Mensch und Technik）的研究小组，主要研究技术的教育、语言、社会学和哲学问题。这个研究小组的主要成员就是拉普、汉斯·伦克、罗波尔、萨克塞及西蒙·莫泽尔（Simon Moser）等，他们中的多数都有在理工科大学学习的经历并获得工学或哲学学位，后来都成为德国著名的技术哲学家。"技术哲学在不同国家的发展都以一定的思想样式为标志，这种样式使技术哲学的讨论具有了特定的色彩。大体上可以把联邦德国的技术哲学划分为五种倾向：技术科学（德绍尔）；存在主义（海德格尔）；社会人类学（格林）；法兰克福学派的批判理论（马尔库塞、哈贝马斯）；伦理学和对技术、社会、自然关系的分析。"[①] 上述技术哲学家基本上都属于第五个倾向，他们的主要代表作[②]都被收入到《联邦德国的技术哲学》中。

《联邦德国的技术哲学》共包括四个部分。第一部分主要是描述技术哲学的历史、现状，以及对未来的展望，包括拉普的《技术哲学：概述》和《技术哲学的前景》、胡宁的《技术哲学与德国工程师协会》、施特廖基尔（E. Ströker）的《技术哲学：一门哲学学科的困难》等4篇文献；第二部分是对技术概念、技术现象、技术本质等技术哲学的基本问题的论述，包括罗波尔的《技术何以成为哲学问题?》和《作为自然界矛盾的技术》、拉普的《技术变化的规范性因素》、贝克（H. Beck）的《技术的实质》、沙杰瓦尔德（W. Schadewaldt）的《古希腊的"自然"和"技术"概念》、彪曼（G. Böhme）的《技术的专业化》等10篇文献；第三部分主要是论述技术科学与自然科学的关系问题，包括罗波尔的《设计科学和技术一般理论》和《技术系统的模拟》、拉普的《技术和自然科学》、雅尼赫（P. Janich）的《物理学——自然科学还是技术?》等6篇文献；第四部分主要是探讨技术与文化、社会和人的关系等伦理学问题，包括阿多尔诺（T. W. Adorno）的《论技术与人道主义》、汉斯·伦克的《技术中的责任：为了技术还是借助技术》、胡宁的《伦理学和社会责任视域中的工程活动》、萨克塞的《什么是替代技术?》和《技术人类学》等8篇文献。这四部分内容基本上是按照历史概述—技术本体论—技术认识论和方法论—技术社会学和伦理学的顺序排列的，这种编排也几乎成为日后俄罗斯技术哲学教材和著作谋篇布局的"标准模式"。"如果承认技术哲学的任务之一是揭示和批判性地分析时代精神，那么技术哲学的当前状况还很难达到这个要求。基于科学的现代技术是现时代的主导力量之一（还有很多可以称之为主导力量的因素），技术的智力根源（对自然界的统治和进步的概念）是众所周知的。尽管如此，现代技术还是被人们看成是'私生子'（незаконнорожденный отпрыск），只是到了不久前才得到哲学家的多方关注。结果，除了马克思主义哲学以外，其他全都固守'人是理性动物'这个传统观念，使哲学家们没有看到实践的人这个如今十分重要的问题。"[③]尽管技术和技术哲学在当今社会中还没有得到其应有的地位和重视，但德国哲学家还是认为，作为哲学研究领域的技术哲学，其目的有两个：反思

① Арзаканян Ц.Г., Горохов В.Г.(ред.) *Философия техники в ФРГ*, М.: Прогресс, 1989, С.28.
② 例如，拉普的《分析的技术哲学》（1978年），胡宁的《工程师的创造》（1978年），萨克塞的《技术人类学》（1978年），罗波尔的《技术系统论》（1979年），贝克的《技术的文化哲学》（1979年）。
③ Арзаканян Ц.Г., Горохов В.Г.(ред.) *Философия техники в ФРГ*, М.: Прогресс, 1989, С.25.

技术的本质和评价技术对文化、社会及人的影响。技术哲学的研究对象是技术、技术知识和工程活动，其三位一体构成了文化和社会发展的某种现象。针对有人指责传统的哲学范畴无法用于分析技术哲学的新问题，拉普援引了米切姆等的反驳："诸如技术的定义、机器的分类、科学和技术的关系以及人工智能等问题以新的形式反映了传统形而上学和认识论问题；而进步思想、技术评估、未来学等传统上就与伦理-政治的论证密不可分。忽视了这一点要么就使技术哲学的原创性化为乌有，要么就不可能创立什么技术哲学。毫无疑问，技术哲学是哲学的新形式，但技术哲学归根到底还是哲学。"①

技术哲学的兴趣焦点就是技术、工艺的现象和本质。汉斯·伦克和罗波尔总结了德文文献中关于技术的"本质要素"（существенный элемент）的几种说法："应用自然科学；工具和手段的总和；权力意志和征服自然；对自然界的'揭示'和'支配'；观念的实现；人的自我保护；过剩生产的必然性；摆脱自然界的束缚；创造人工环境；人类劳动成果的对象化。"②但是，简单地罗列不同作者提出的定义并不能完整、统一地说明技术的特征。罗波尔从技术系统论和现有学科的视角出发，区分了技术的三方面特征：自然维度（科学、工程生态学）；个体与人类维度（人类学、生理学、心理学、美学）；社会维度（经济学、社会学、政治学、历史学）。罗波尔认为，应当用一种跨学科的方法把以上三个维度统一起来。但目前技术哲学面临的困境就是缺乏统一的哲学体系，再加上除了哲学以外其他一些反思技术——历史、价值论、方法论、建构论——的形式，情况更为复杂。正如拉普指出的技术哲学的三个特点：一是尽管发表了大量文献，但属于"具有较高哲学水平的著作"仅占1/10。其余的虽然也涉及哲学问题，但并不是主要的。这些文献主要探讨了技术变革动力的政治、社会、文化、宗教和历史问题。二是许多著作具有短论或随笔的特点，当前紧迫的任务就是激发人们对技术哲学问题的兴趣，但这些问题也消耗了人的大量精力。结果是很少有占主导地位的技术哲学著作，并且对哲学基础问题进行研究的大部头作品也不多。三是由于技术哲学领域缺乏系统的和根深蒂固的哲学传统，所以深入细致的研究成果不多。结果是很多成果都是以论文集的形式出版的，而这些论文研究专门的技术哲学问题基本上是自说自话的③。技术哲学的上述特点使得思考方向定位于诠释技术的概念和本质，以及阐释技术在文化、社

---

① Арзаканян Ц.Г., Горохов В.Г.(ред.) *Философия техники в ФРГ*, М.: Прогресс, 1989, C.31.

② Там же. C.29.

③ Там же. C.27.

会和历史语境中的地位。因此，也有人认为，技术哲学并不是真正意义上的哲学，而是一个跨学科的知识领域，其特点就是对技术进行最广泛意义的考察。也正因如此，技术哲学在许多领域都能找到用武之地，比如，它不仅可以应用于科学技术的各个领域、管理系统（社会技术系统的开发、科学技术和人文技术项目的鉴定、咨询、预测等），还可以应用于人文学科（对人文主义工作和思维的技术及工艺方面进行反省）。总之，相对于科学哲学来说，技术哲学还是一个年轻的、不成熟的、范式正在形成中的、具有极大包容性的和具有伟大未来的哲学分支学科。正如施特廖基尔所说："即使最近人们对该领域的兴趣明显地更加浓厚了，但迄今技术哲学在哲学自身中所起的作用仍是微不足道的。"[①] 但进入 21 世纪以后，技术哲学的一系列问题越来越清楚地表达出来，哲学家关于技术和技术进步的立场观点更加明确并分成不同流派，技术哲学的各种研究规划及各种传统正在形成并壮大起来。

　　《西方新的技术统治论浪潮》的引进，是第一次全面介绍英语国家关于新技术革命或计算机革命（用托夫勒的话说是"第三次浪潮"）和建设信息社会（用丹尼尔·贝尔的话说是"后工业社会"）的哲学、社会学、政治学思考，其中也包括海德格尔、雅斯贝尔斯等哲学家的技术哲学思想；而《联邦德国的技术哲学》的引进，则是第一次公正、客观地评介来自技术哲学的故乡——德国——的新一辈技术哲学家对技术的本质及其与社会、文化和人之间关系的思想成果（也包括阿多尔诺等老一辈哲学家对技术与人道主义关系的思考）。这是苏联学者在摆脱教条主义意识形态和传统马克思主义哲学束缚，建立具有自己本国和民族特色的技术哲学道路上迈出的重要一步，同时也是从以"科学技术革命论"为主要内容的苏联技术哲学向以西方技术哲学为范式的俄罗斯技术哲学转变的标志。然而命运多舛，苏联哲学家为创立社会主义的技术哲学的勃勃雄心在 20 世纪 90 年代初遭受重大打击，苏联解体后的俄罗斯哲学所遭遇的种种困难——研究经费短缺、研究人员生活费匮乏、研究队伍老化和流失、各种出版物急剧减少、学术活动中止、和国外的学术联系中断等——同样困扰着年轻的俄罗斯技术哲学。但是，正如辩证法所指出的矛盾转化、两极相通，由于自然科学哲学问题是苏联时期最远离意识形态中心的学科之一，和马克思主义哲学相比它是一个被边缘化了的和被主流话语遗忘了的学科，所以，在苏联哲学终结之后，俄罗斯科学技术哲学反倒远离了被批判和被咒骂的"重灾区"。所以，当俄罗

---

① Арзаканян Ц.Г., Горохов В.Г.(ред.) *Философия техники в ФРГ*, М.: Прогресс, 1989, C.54.

斯哲学的其他学科（理论哲学、马克思主义哲学、社会哲学、政治哲学、历史哲学等）还在为生存苦苦挣扎的时候，俄罗斯科学技术哲学很快就走出了"阵痛"，恢复了元气，在继承苏联自然科学哲学优秀成果和研究人员的基础上，在80年代末全面引进和学习西方科学哲学和技术哲学理论的前提下，逐渐走上了一条"引进—消化—吸收—再创新"的复兴之路。特别是技术哲学，正如一张白纸上能画出最美的图画，在苏联解体后的20年里，甚至比具有悠久历史和深厚底蕴的科学哲学表现出更大的活力和创造性。

三、立足本土：俄罗斯技术哲学的创新之路

俄罗斯技术哲学的复兴首先表现在编写了一批高水平的教材上。1995年，俄罗斯的第一本，也是迄今为止质量最好、发行量最大、科学哲学专业研究生必读的科学技术哲学教材出版。这本《科学技术哲学》（*Философия науки и техники*）由斯焦宾、高罗霍夫和罗佐夫主编，1995年由莫斯科"*α*-接触"（Контакт-Альфа）出版社出版，总共380页；1996年又由"城市之国"（Гардарики）出版社再版，总共400页。罗佐夫和斯焦宾共同为该书撰写的导论"科学哲学的对象"开篇写道："今天，当我们站在20世纪末回首过去，就会肯定地说，没有任何一个精神文化领域能像科学一样对社会产生实质性的和强劲的影响。无论是我们的世界观还是我们周围的世界，都离不开科学发展的成果。科学发展和变化的速度无与伦比，除了历史学家以外，几乎没有人没读过诸如亚历山大·洪堡、法拉第、麦克斯韦或达尔文这些19世纪科学巨擘的著作；几乎没有人不学习爱因斯坦、波尔、海森堡的物理学，尽管他们和我们是同时代的人。所有科学都是指向未来的。"[1]与此形成鲜明对照的是，今天的科学也正在经受着前所未有的批评和指责，很多人认为科学是万恶的根源，是包括切尔诺贝利灾难在内的很多灾难和整个生态危机的根源。但是"首先，这种批评实际上是间接承认了科学具有巨大的作用和能量，因为任何人都不会对现代音乐、绘画和建筑做出这样的指责；其次，对科学这种指责的荒谬之处是，社会还远未达到可以把科学成果总是用于为善。例如，发明火柴一定不是为了让孩子玩火"[2]。因此，无论是盲目美化科学还是妖魔化科学都是不客观的。我

---

①② Стёпин В. С., Горохов В. Г., Розов М. А. *Философия науки и техники: учебное пособие для вузов*, М.: Гардарики, 1996, С.1.

们可以从多个角度考察和反思科学，但是科学哲学主要回答以下问题：什么是科学知识？它是如何建构起来的？科学组织和运行有哪些原则？科学是如何进行知识生产的？科学学科的形成和发展有哪些规律？这些学科之间的区别和联系是什么？当然，这个问题清单是远远不够的，但它至少让我们知道科学哲学到底对什么感兴趣。总之，在罗佐夫和斯焦宾看来，科学就是一种知识的生产方式。对上述问题的回答使我们对科学哲学的研究对象逐渐清晰："科学哲学的对象是作为一种特殊的科学知识生产活动的科学认识的一般规律和发展趋势，这些科学知识离不开自身的历史发展，并在历史变化的社会文化背景中得以考察。现代科学哲学是把科学认识看成是一种社会文化现象，其最重要的任务之一是研究新的科学知识形成的方式是如何历史变化的，各种社会文化因素作用这个过程的机制又是怎样的。"[1]俄罗斯科学哲学与苏联自然科学哲学的一个最大的区别就是前者不再高高在上充当具体科学的指导者和评判者。科学哲学不再把指导科学家在某个专门领域的工作当作自己的专职，它也不再形成任何具体的规定和特殊的前提，科学哲学虽然解释和描述着什么，但它不再指示怎样去做。当然，对任何活动（包括科学家的活动）的描述也可以看成是一种指示——"应该这样做"（делай так же），但这只是科学哲学的副产品。俄罗斯科学哲学克服了苏联自然科学哲学创建一种万能方法或方法系统的幻想，而这些方法被看成是能够确保任何科学在任何时间获得成功的法宝。科学哲学阐明的不仅是具体方法，而且是科学理性所特有的方法论基础的历史演变。现代科学哲学表明：科学理性本身是历史发展的，科学理性主导结构的变化取决于被研究对象的类型，而这种变化也会通过科学影响到文化本身。那这是否就意味着科学哲学对于科学家而言百无一用了？当然不是。事实上，假如你都知道了为了解决任务都需要什么，那么任务本身一定不是创造性的。因此，科学工匠不需要科学哲学，解决定型的和传统的任务也不需要科学哲学，但真正的创造性任务会把科学家引向哲学和方法论问题。科学哲学能够帮助科学家从多方面看待自己的研究领域，认识该领域的发展规律，在整个科学的语境之下了解该领域，总之，需要科学哲学帮助自己扩大眼界。"科学哲学给了您这样的视野，而您是否从中受益——那就是您自己的事了。"[2]

　　该书共包括四篇，前三篇都属于科学哲学的内容，最后一篇专门探讨技术

---

[1] Стёпин В. С., Горохов В. Г., Розов М. А. *Философия науки и техники: учебное пособие для вузов*, М.: Гардарики, 1996, C.5.

[2] Там же. С.8.

哲学问题。第一篇"作为社会文化现象的科学认识"由斯焦宾撰写，包括第一章"科学认识的特点以及它在现代文明中的作用"和第二章"科学认识的发生"。第一篇主要论述了处于技术世界中的现代科学、全球性危机和科学技术进步的价值及科学认识的特点等问题。斯焦宾把科学认识的特征分成两大方面：①研究对象的转化规律并且实现科学知识的客体化和对象化；②走出生产对象结构和日常生活经验的局限，相对独立于现有生产力水平去研究客观对象（科学知识总是属于那个不可能提前预知的当下和未来的广泛的实践领域）。一切将科学与其他认识形式区别开来的其余特征都取决于上述特征或以其为条件。苏联时期，以斯焦宾为首的明斯克学派提出了"科学理论的结构和发生"这一重要思想，因此在第一本俄罗斯科学哲学教科书中斯焦宾继续贯彻了自己的这一观点。一句话，斯焦宾是把科学作为一种文化现象来寻找科学起源的。他把科学的发生和发展总结为三个阶段：远古的"前科学"（преднауки）；古希腊的精神革命；近代的实验自然科学。

第二篇"作为传统的科学"由罗佐夫撰写，包括第三章"分析科学方法的演化"、第四章"作为传统的科学结构"、第五章"创新及其机制"、第六章"传统和知识现象"和第七章"作为反省系统的科学"。罗佐夫分别介绍了波普尔及其科学划界思想、拉卡托斯的科学研究纲领、库恩的常规科学和科学革命、波兰尼的默会知识和科学传统的多样性思想，分别指出了它们各自在分析科学时遭遇的困难和问题。长期以来，人们总是试图把科学和其他现象，如神话、宗教、艺术、哲学和日常生活区分开来，但罗佐夫却反其道而行之，试图从历史上科学与它们的联系中寻找科学的形象。在此需要特别关注的是罗佐夫提出的"社会接力论"（теория социальных эстафет）及其在分析科学结构上的应用。社会接力论来自认识论问题，或者更准确地说，来自知识和一般符号客体存在方式的全球性问题。之所以提出这一问题，是因为包括人文科学和认识论在内的很多知识都要和文本打交道，而后者表现在两个方面：一方面是某种用以承载声音的振动、纸上的油墨等的物质实体；另一方面是某种被承载的含义和意义，以及被我们理解的某些东西。因此，首先映入眼帘的是大范围的无差别的物质载体，是声音、色彩和纸张等的性质。但是承载的内容是不取决于我们把自己的思想写在石头还是莎草纸上，大声说出来还是保存在电子计算机的磁盘上的。为了说明社会接力论，罗佐夫把它和波进行了比较。可以想象，一束波滑过水面，它可以移动很长的距离，但这并不意味着每个水分子也要随着波朝同一方向运动。换句话说，波在自己的活动范围内激起了越来越多的新粒子，从而不断地利用新物质保存自己。所谓社会接力就好像波一样，对某种具体的物质表现出相对"漠不关心"，即不在意频繁变换的参与者和它们作用的对象。在社会现象世界中我们经常遇到这类对象，比如一个国家，今天是这位总统当政，明天是那位总统当政，过段时间又是第三位总统当政，当然更换的还有总统班底。我们总是和某种复杂的社会安排打交道，实现这种计划又具有周期性，需要偶尔更换一下人体材料。罗佐夫就把这种类似于波的对象统称为"类波体"①，社会接力就是社会类波体（социальный куматоид）最简单的例子。罗佐夫认为："科学——就是一个社会类波体，关于这一点不胜枚举。而如果科学是一个类波体，就应该把它看成是一定的具体的方案（传统、接力）的集合，它以人体即大量的、经常进行更新换代的人的行为为载体。需要提供和描述这些方案，给出它们存在的途径，揭示它们功能和作用的性质，对它们进行分类。其中最为重要的是科学方案的类型和联系。"② 罗佐夫关于科学形象的论述具有很大的启发性。此外，他还对传统和创新问题表现出浓厚的兴趣，特别是在科学运行的过程中新思想是如何产生的，以及传统思想又扮演了什么角色。他还提出一个"科学反省"（научная рефлексия）的概念，认为科学还是一个"反省系统"。一般来说，反省就是自我认识，是人对自己、自己的行动和行为的再认识，但把这个名词引入科学可能会引起误解，因为自然科学毕竟不是研究科学而是研究自然现象的，严格地说，人文学科也不以自己作为研究对象。比如，科学学（науковедение）也不是研究科学本身的，而是研究物理学、化学、生物学等。总之，科学是认识外部世界而不是认识自己的。但事实上，任何一个系统，只要它能够描述自己的行为并将这种描述上升到原则、原理和算法等，就是一个反省系统。更为重要的是，除了上述描述以外，还存在决定其行为的基本机制。如果以上述标准来衡量科学的话，科学当然是一个"反省系统"。

　　第三篇"科学认识的结构和动力"也由斯焦宾撰写，包括第八章"科学研究的经验和理论层次"、第九章"科学认识的动力"和第十章"科学革命和科学理性类型的变革"，该篇集中体现了明斯克学派近30年研究成果之精华。在科学知识的结构研究中，斯焦宾阐述了经验和理论的概念内涵及其基本特征，分析了经验和理论的结构。之所以把研究活动分成经验认识和理论认识两种特殊的形式，是因为它们的研究对象有所不同，也就是理论和经验分别对应着同一

---

① 在希腊文中 κυμα (кума) 的意思就是波（волна）。
② Стёпин В. С., Горохов В. Г., Розов М. А. *Философия науки и техники: учебное пособие для вузов*, М.: Гардарики, 1996, С.79.

个活动的不同的"断面"。经验主要是研究现象及其关联，经验在这些关联和现象的关系中捕捉规律，但只有在理论研究的结果中，规律才会以"纯形式"表现出来。此外，斯焦宾及其领导的学派的最大成就是对"科学基础"的结构分析。他把科学基础分成研究活动的理想与规范、科学的世界图景、科学的哲学基础三个组成部分，并对每个部分的内容进行了详尽的分析。在科学认识的动力研究中，斯焦宾主要论述了科学世界图景和日常经验的关系、个别理论图式和规律的形成、经典物理学中发展的理论建构的逻辑、现代科学中发展的和数理化的理论的建构等问题。他指出，在经典科学时期，理论的发展之路主要是对个别的理论图式和规律进行循序渐进的概括和总结，经典物理学——牛顿力学、热动力学、电动力学等的基本理论就是这样建立起来的。而随着科学的发展，理论探索的战略发生了改变，特别是在现代物理学中，创建理论的道路已经不同于经典科学时期。构建现代物理理论主要是通过数学假设的方法，斯焦宾称之为理论知识发展的第四阶段。与经典范式不同，在现代物理学中理论的建构始于一套数学工具，而对数学工具进行解释的理论图式，倒是在建立起这套数学工具之后提出的。这种新的方法提出了一系列与数学工具的形成和论证过程有关的问题。在科学革命和科学理性类型的研究中，斯焦宾列举了历史上的科学革命现象，提出了"全球科学革命"的概念，并划分了科学理性的三种类型：经典科学理性、非经典科学理性和后非经典科学理性。斯焦宾指出，在科学发展的历史中总可以找到这样的时期，就是构成其基础的所有部件都发生了变化。科学研究的常规结构、科学的世界图景乃至哲学基础都发生了改变，这样的时期就可以视作能够改变科学理性类型的全球科学革命。

第四篇"技术哲学"独立成篇，由俄罗斯技术哲学的领军人物之一——高罗霍夫撰写，尽管该篇在篇幅上仅占全书的1/4，但这是技术哲学在俄苏历史上第一次获得了与科学哲学（自然科学哲学）平起平坐的地位，携手出现在科学技术哲学的教材中。该篇由三章组成。第十一章"技术哲学的对象"与斯焦宾和罗佐夫撰写的"科学哲学的对象"相对应，兼有导论的性质和功能，主要包括什么是技术哲学、科学和技术的关系问题、自然科学和技术科学的关系问题、技术科学中的基础研究和应用研究关系问题等四节内容。在高罗霍夫看来，技术哲学首先是在总体上研究技术现象，其次是不仅研究技术本身的内在发展而且研究它在社会总体发展中的地位，最后还要关注技术广阔的历史前途。但是，如果技术哲学的研究对象就是技术，马上就会产生这样的问题：技术到底是什么？这是技术哲学的核心问题。在列举了历史上著名技术哲学家（如弗列德·波恩、弗兰茨·列罗、彼得·恩格尔迈尔等）对技术下的定义之后，高罗霍夫也给出了自己的技术定义："总之，应这样理解技术：①作为技术装置和仪器的总和，即从简单的单个工具到复杂的技术系统；②作为制造这些装置的各种技术活动类型的总和，即从科学技术研究与设计到在生产与经营中把它们制造出来，从研制技术系统的个别元件到系统的研究与设计；③作为技术知识的总和，即从分门别类的技术知识到系统的理论化的技术知识。"[①]高罗霍夫对技术发展史进行了简单的回顾，提出了如何对技术进行理性归纳（概括）的问题。他认为，技术科学（技术理论）和系统工程（системотехника）的产生和发展是对技术进行理性概括的最重要的成就，它们是技术哲学的对象，即对技术科学、工程活动及系统设计的方法论研究具有重要意义。正是在这一层面上科学哲学和技术哲学的研究兴趣产生了交叉：科学哲学给技术哲学提供了它在自然科学首先是物理学方法论知识的研究成果；技术哲学则为科学哲学提供新的材料——技术科学，即进行分析的工具。因此，今后我们应特别注意科学哲学和技术哲学的这种交叉。在科学与技术的关系问题上，高罗霍夫反对"线性模型"（линейная модель），即把技术简单地看成科学的应用或应用科学的观点；主张"进化模型"（эволюционная модель），即科学和技术的发展是自主的、彼此独立的但又是相互协调的，技术为科学方案的选择提供了条件，同样，科学也为技术方案的选择提供了条件。高罗霍夫区分了"科学的技术"和"技术的科学"两个概念，他指出，直至19世纪末，有意识地将科学知识应用于技术实践中的现象还十分少见，但是在今天这已经成为技术科学的基本特征了。他的这一观点是合乎历史和逻辑的。在整个19世纪，由于技术的"唯科学化"趋势不断增强，科学和技术的关系也发生了局部的颠倒，但是，这个向"科学的技术"的转换不是单向的，而是双向的。换句话说，"技术的科学化"（сциентизация техники）伴随着"科学的技术化"（технизацией науки）。同样，高罗霍夫也反对把技术科学等同于应用自然科学，主张把技术科学和自然科学看成是平等的学科。每一门技术科学都是单独地和相对自主地具有一系列特点的学科，技术科学是总体科学的组成部分，尽管它不能远离技术实践但也不能完全与其重合。技术科学服务于技术，但它首先是科学，即它的目的是获取客观的、被社会普遍接受的知识。像自然科学一样，技术科学也可以分成基础研究和应用研究，基础研究是向科学共同体的其他成员提供成果的研究活动，而应用研究则是面

---

① Стёпин В. С., Горохов В. Г., Розов М. А. *Философия науки и техники: учебное пособие для вузов*, М.: Гардарики, 1996, C281.

向用户的需求与愿望，其研究成果可以直接供给生产者和订货人的研究活动。现阶段科学技术发展的一个特点就是为解决实际问题采用基础研究的方法。说是基础研究并不意味着其成果不具有实用性，而那些面向实际目的的工作大都也具有基础性。总之，现代的技术哲学家们已充分揭示了基础理论研究向技术科学的渗透，得出了技术理论分类的初步的模型。把技术科学研究分成基础研究和应用研究两个方面使我们能够把技术理论作为哲学方法论分析的对象，并且能够研究技术理论的内部结构。因此，技术哲学的一个重要任务就是分析物理理论和技术理论之间的主要联系和区别，而后者是以把物理学知识的主要模式应用于工程实践为基础的。

第十二章"物理理论和技术理论"主要研究了经典技术科学的发生问题，主要包括技术理论的结构、功能和技术理论的形成、发展等内容。高罗霍夫认为，技术理论图式乃是抽象客体的总和，后者一方面取决于所采用的数学工具，另一方面取决于思想实验即对可能的实验状况进行设计。抽象客体是一些特别理想化的概念（理论模型），而后者又经常（特别是技术科学）以图表的形式表现出来，例如，法拉第引入电力线和磁力线作为电磁相互作用的图式。理论图式基于该理论提供的视角反映了对世界的特殊看法：一方面，理论图式反映出引起该理论兴趣的现实客体的特性；另一方面，这些图式也是对现实客体理想化处理的工具，借助它可以消除在实际实验中的不良影响因素。因此，包括数理化理论图式在内的抽象客体是实验对象，或者广义上任何物质-工具性（包括工程）活动对象的理想化和图式化的结果。与科学理论不同，技术理论侧重于构建技术体系。来自自然科学理论的科学知识和原理还需要长时间"修整"，才能用于解决实际工程任务，技术理论的重要功能就在于此。高罗霍夫把科学技术知识分成了三个层次或三个理论图式：示意图（функциональная схема）、流程图（поточная схема）和结构图（структурная схема）。示意图或功能图是关于技术系统的一般概述，可以不考虑实现其的具体方法，只是基于一定技术原理的技术系统理想化的结果。例如，在"电路"理论中这种示意图就是对电路状态进行数学描述时采用的各种线路图。流程图或作业图主要是描述发生在技术系统中的、各个组成要素结合成一体的自然过程。这一图式反映了技术系统的实际运行状况，但构建这一图式仍旧需要自然科学（如物理学）的思想。结构图着眼于那些流水作业（功能过程）发挥作用的重要节点，可以是单个技术设备和单元，也可能是整个技术综合体，也就是进入到技术系统的各个层次的结构要素，彼此之间根据作用原理、技术实现及其他特点区分开来。在技术理论中不仅要求示意图、流程图和结构图遵守对应原则（правила соответствия）即各个图式彼此之间等效变换，而且要求抽象客体遵守转化原则（правила преобразования）即理论图式的每个层次可以自由转换。科学理论和技术理论的主要区别就在于对待世界的态度不同，在自然科学中这种态度反映到科学世界图景上，就是各种不同的客体都被看成是自然的、不取决于人的活动的对象；而在技术科学中则发展为另一种本体论原则，它与人的工程活动密不可分。高罗霍夫认为，最早的技术理论就是物理理论在具体工程实践领域中的应用，分成两个阶段：在第一个阶段形成了新的应用研究方向和局部的理论图式，在第二个阶段发展出综合的理论图式和数学化的理论。而技术理论的发展也可以采取两种形式：进化和革命。前者是在同一个基础理论图式范围内发生研究方向和领域的分化；后者是指向新的科学技术学科过渡中向另一种基础理论图式的转变。

　　第十三章"工程活动和设计发展的现代阶段以及对技术社会评价的必要性"将研究视角转向更加广阔的技术社会学和工程伦理学领域，主要包括经典工程活动、系统工程活动、社会工程设计，以及技术的社会、生态和其他后果的评价问题。高罗霍夫指出，现代工程活动的特点就是采用系统的方法解决复杂的科学技术任务，即综合性地利用社会人文的和科学技术的知识。但是只要工程活动还以"纯形式"出现——开始就是一种发明，然后逐渐分化出设计-建构活动和生产组织活动——就仍然是经典阶段。为解决复杂的社会工程问题而独立出来并向其他相关领域渗透的设计活动，导致了传统工程思维的危机，发展出工程和设计文化的新形式，出现了面向人文认知方法和行动的系统论和方法论的趋势。据此，高罗霍夫把工程和设计活动分成了三个阶段：经典工程活动（классическая инженерная деятельность）、系统工程活动（системотехническая деятельность）和社会工程设计（социотехническое проектирование）。到了 20 世纪初，工程活动就已经演化成各种活动形式（发明、建构、设计、工艺等）的综合体了，它把触角伸向各个技术领域（机器制造、电气工程、化学工艺等）。而到了 20 世纪下半叶，发生改变的就不仅仅是工程对象（取代单个技术设备、机器、机械等的是复杂的人-机系统开始成为研究和设计的对象）；而且是复杂的、需要组织和管理的工程活动本身。换句话说，随着不同领域和项目工程活动的分化，一体化的进程也在加快，而为了实现这种一体化需要特殊的人才——系统工程师。今天的设计活动不能仅仅依靠技术科学，工程活动向社会-技术和社会-经济领域的转向导致设计已经成为一个独立的领域并使自身转变为系统设计，这种设计面向人的活动（如管理）的设计和重组，而不仅仅是分析机器部件。现代工程师已经不仅仅是解决狭隘专业问题的专家，他的活动已经触及自然环境、社会生活和人本身。因此，如果现代工程师仅仅熟练掌握大学期间学习的自然科学、技术科学和数学知识显然是不够的，不符合现代社会科学技术发展对其要求。早在 20 世纪初，恩格尔迈尔就看出了这一点："过去，当工程师的全部活动都是在车间里的时候，对他而言就是纯粹的技术知识的要求；而现在，当企业的规模扩大时，领导者和管理者要求工程师不仅是技术专家，而且是律师、经济学家和社会学家。"[①]工程师的工作必须面向经济-社会要求在市场经济条件下是显而易见的——工程师必须使自己的作品满足市场和消费者的要求。然而，工程活动的上述转向必然要求对技术后果进行社会、生态等全方位的评估。1991 年，德国工程师协会提交了一份报告——《技术评估：概念与基础》，目的在于促进对现代技术评估的概念、方法和范围的一般理解。根据该报告，"技术评估（оценка техники）就是有计划、有组织地对现有技术状况和未来技术发展进行系统分析的活动；就是对某一技术的直接或间接的技术、经济、人体健康、生态、人文、社会以及其他后果和对可能的替代方案进行评价；基于一定的目标和价值做出判断或者为了满足这些价值目标进行进一步分析；为了能够使论证过的决策得以实现和利用相应的机构实现决策，进行积极和创造性的工作"[②]。总之，技术评估在今天已经成为工程活动的组成部分，或许说技术的社会评估更为恰当，但这并不意味着技术的生态评估可以忽略，有时候也把技术评估称作技术项目的社会-人文（社会-经济、社会-生态等）鉴定。技术评估或者技术后果评价无疑是一个跨学科的任务，这就要求评估者具有广泛的知识储备，不仅具有科学技术方面而且具有社会人文方面的知识和能力。"工程师往往抱怨其他领域不承认应该属于工程师的那些重要作用……但是工程师准备好承担这样的责任了吗？……工程师在一般智力结构发展方面存在缺陷，他们不知道也不想知道文化在自己职业中的意义，认为讨论这些问题纯粹是浪费时间……因此，目前工程师面临的任务是：改善工程师自身的智力和知识结构，在现有历史和社会的基础上将自己职业的重要性遍布现代国家。"[③]高罗霍夫用恩格尔迈尔100年前的话结束了该篇和该书，相信这段话直到今天仍不失其现实意义。

① Энгельмейер П. К. В защиту общих идей в технике, *Вестник инженеров*, 1915 (3). С. 99.
② См.:Стёпин В. С., Горохов В. Г., Розов М. А. *Философия науки и техники: учебное пособие для вузов*, М.: Гардарики, 1996, C.366-367.
③ Энгельмейер П. К. Задачи философии техники, *Бюллемени политехнического общества*, 1913 (2), С. 113.

进入 21 世纪,俄罗斯哲学家又相继出版了几部关于技术哲学的教材,但水平参差不齐。2004 年,阿伊–阿尼(Н. М. Аль-Ани)在圣彼得堡出版的《技术哲学:历史与理论概述》一书虽然仅有 184 页,但是编写水平较高。该书分析了技术在人的形成和社会发展过程中的意义和作用,对技术哲学的形成和发展道路进行了密切跟踪,对这门年轻的哲学研究领域的重要问题进行了详尽的分析。第一章"工具(技术)的起源及其在人类社会发生中的作用"详尽讨论了技术的含义,以及技术在人类的产生和人类社会的形成中的作用。第二章"技术及其发展阶段"深入分析了当前的各种技术现象,阐述了技术起源之路及其各个基本阶段。第三章到第七章分别介绍了历史上著名哲学家的技术哲学思想,尝试着对上述思想进行了分类。第三章"技术哲学的形成"分别介绍了卡普的人类学标准和器官投影原理;埃斯皮纳斯的"行动哲学"、一般技术和人类行为学思想;波恩的幸福主义技术哲学思想,即把技术看成是实现人类幸福的手段;恩格尔迈尔的"工具论"技术哲学思想,即把技术看成是一种"实际创造"。第四章"思辨的技术哲学"分别介绍了德绍尔的神学技术哲学,即把技术看成是"与上帝相遇";布洛赫的"希望原理",即把发明理解为对某种"尚不能为"的发现和实现;海德格尔的技术哲学思想,即把技术的本质看成是"解蔽方式"。第五章"技术哲学的人文-社会学方向"分别介绍了马克思的技术哲学,阿伊–阿尼把马克思看成是这一研究方向的奠基人;埃吕尔的技术哲学就是"拒斥权力"的技术伦理学;法兰克福学派的技术哲学的核心概念——文化、技术、人文主义。第六章"技术哲学的人文-人类学方向"分别介绍了雅斯贝尔斯的技术哲学思想,他把技术看成是通过自然界本身实现的人对自然界的统治;芒福德关于"巨机器"的学说;奥特加·伊·加塞特的技术哲学思想,他把技术看成是"生产剩余"。第七章对不属于上述类别的技术哲学思想进行了介绍,比如,施宾格勒的生物-文化技术哲学思想,即把技术看成是整个生命的策略;别尔嘉耶夫的神学-人类学技术哲学思想,即把技术看成是"从有机生命向组织生命的转变";萨克塞的自然-社会人类学技术哲学思想,即把技术看成是达到目的的"迂回之路"。上述五章内容是对从卡普到萨克塞 100 多年的技术哲学发展史的系统梳理,无论是选编的技术哲学家的代表性,还是对每个哲学家核心思想的概括性都堪称上乘。第八章专门探讨了技术决定论问题,认为马克斯·韦伯是制度主义和技治主义的创始人,并对"后工业社会"和"信息社会"的思想进行了评析,还特别关注了"技术恐惧症"(технофобия)问题。第九章详尽分析了技术的社会评估问题和技术活动主体(工程师)的职业道德和社会责任问题。

综上所述，该书依然在整体上贯彻了技术本体论—技术认识论—技术史和哲学史—技术社会学—工程伦理学的编写原则。尽管关于何谓"技术"至今尚无定论，但阿伊－阿尼认为不论何种技术定义，都离不开这两个方面的统一："一是劳动工具，即那些人类借以实施各项活动的工具或人工物（人的创造物），从而满足日益增长的需求；二是各种技能、技巧、方法、诀窍等的总和，它们在驱动工具运转和成功完成某种活动中是必不可少的，而这些活动具有一定目的、完成具体的任务乃至就是改造和发展工具本身。"[①] 第二种技术定义在俄语中有一个对应的专有词汇——технология，汉语可译为"工艺"或"工艺学"。但是，在英语中与 технология 对应的 technology 却兼有上述两个方面的含义，与俄语中常用的 техника 对应的 technique 却很少使用。换句话说，尽管 techne 这个词最早出现在古希腊文献中，但这并不表明 technology 最早产生于古希腊。在制造和使用工具这个意义上，技术事实上是与人类社会一同出现的。毫无疑问，也正是在这个意义上，人类本身的形成和人类社会的形成发展这一事实具有至关重要的意义。

2007 年，高罗霍夫在自己多年积累的基础上出版了一部重要的教材：《技术哲学和技术科学基础》[②]。这是经过 10 年磨砺之后，高罗霍夫在《科学技术哲学》第四篇的基础之上，为工科院校研究生学习科技史和科学技术哲学编写的一部专门的技术哲学教材。以高技术为基础的全球信息社会的发展表明，发挥至关重要作用的不仅是科学技术的发展，而且是包括哲学在内的意识是如何发挥作用并对未来社会结构、自然环境和人本身发生影响。因此，这部书的编写目的就是促进未来的工程师对科学技术进行哲学反思。俄罗斯科学院通讯院士、国立莫斯科大学哲学系主任米罗诺夫（В. В. Миронов）教授为该书作序。全书除绪论外共分五章，每一章都配有参考文献、思考题和本章要点。第一章"技术哲学：作为反思技术的独特类型和哲学知识的分支"阐述了对技术进行哲学思考的特点，区分了技术哲学的指向（предмет）和对象（объект）、技术的"技术"和"非技术"本质，论述了技术发展和文化进步的关系，即技术中的内部自发的自我反思和文化中的技术形象。第二章"在对技术的思考中活动原则的重要性"阐述了活动的哲学原则及作为技术活动理论的技术哲学，分析了技术活动的心理理论，指出现代技术就是技术活动过程（"工艺"或程序方面）和技术活动客体（技术系统）的统一。第三章"历史主义原则：科学技术哲学和科

---

① Аль-Ани Н. М. *Философия техники: очерки истории и теории*, СПб.: б.и., 2004, С.5.
② Горохов В. Г. *Основы философии техники и технических наук: учеб. для вузов*, М.: Гардарики, 2007.

技史"区分了"自然的"和"人工的"、科学和技术的概念，指出科学技术哲学和科学技术史两门学科结构和功能的不同，考察了社会发展史中关于科学与技术关系变化的主要思想、现代工程活动的形成和发展、技术理性发展的历史阶段。第四章"技术科学方法论与历史"把技术科学方法论问题作为技术哲学的一个特殊领域单独讨论，分析了技术科学的特点及技术理论的特殊性，特别是现代非经典科学技术学科的特点，区分历史上技术科学方法论发展的不同范式。第五章"作为'应用'技术哲学的技术社会评估"从对技术的形而上学反思走向将反思结果用于社会实际生活。该章指出技术的社会评估（COT）就是对技术后果的环境影响进行国家鉴定和评价，即生态审核和管理，此外，还要对技术的社会、生态及其他后果进行综合考评。毫无疑问，技术评估是系统分析发展的新阶段，是综合性的、问题导向的科学技术新学科。最后，高罗霍夫仍然就技术伦理学和工程师、设计师所面临的社会责任问题进行了阐发。高罗霍夫认为，为了定义技术哲学的对象和指向，必须区分技术行为（техническое действие）、技术知识（техническое знание）和技术意识（техническое сознание）三个概念。技术行为的结果是人工物，即作为人工制造的（技术的）装备的技术；技术知识的结果是指向制造人工物的技术活动：技术操作规则和技术产品说明；而技术意识的结果就是对技术、技术活动、技术知识在历史和现代文化中的地位和作用的阐释。如果技术就是指人工制造的装备（артефакт），那么技术就是工艺学的研究对象；如果技术是指作为文化现象的技术活动和技术知识，那么技术就是技术哲学的研究对象。技术行为是工艺学的指向，技术知识是技术科学的指向，技术意识的发展是技术哲学的指向。总之，"技术哲学的研究对象就是作为文化现象的技术、技术活动和技术知识；而技术哲学的指向则是反思这一对象的技术意识的发展"[1]。和《科学技术哲学》的第四篇相比，高罗霍夫的这本教材更像是一本技术哲学专著［因为在1996年之后的十多年里，高罗霍夫已经出版和发表了多部（篇）技术哲学领域的著作（论文）］。无论是从历史的还是从逻辑的角度来看，这本教材几乎涵盖了技术哲学论题的方方面面，尤其是关于技术科学方法论的研究更是达到了世界级的水平。

2011年，门捷采夫（С. Д. Мезенцев）编写了最新版的《科学技术哲学》教材。该书是根据俄罗斯联邦研究生国家教育标准的要求编写、由国立莫斯科建筑大学出版社出版的。该教材全面分析了科学技术哲学的基本问题：科学、技

---

① Горохов В. Г., Розин В. М. *Введение в философию техники*, М.: ИНФРА-М, 1998, С.8.

术和工艺及其在科学和工程活动、在现代文明产生和发展中的作用和意义。和斯焦宾等主编的《科学技术哲学》相比，该教材是一个简本，仅有 152 页，尚不及前者的一半篇幅。此外，在斯焦宾等主编的《科学技术哲学》中，科学哲学的内容占到 3/4 强，三位作者中两位是科学哲学家；而在门捷采夫主编的《科学技术哲学》中，科学哲学的内容不及 1/5，其余 4/5 多的篇幅都是关于技术和工艺的哲学思考。从中我们也可以看出，俄罗斯科学技术哲学教学简单化、通俗化、实用化的发展趋势。该书第一章既是全书的绪论，也是科学哲学概论，主要阐释了哲学和科学、科学哲学和技术哲学之间的关系。第二章到第九章全部是技术哲学的内容：技术科学及其发生和特点；技术的本质和性质；技术建构和发展的规律；工艺及其与技术的关系；作为应用技术哲学的技术评估；现代技术和工艺的哲学问题；科学家和工程师的伦理和责任；技术型文明的本质和前景等。在门捷采夫看来，科学哲学主要回答以下问题：科学的本质是什么？理性的本质是什么？科学理性的标准是什么？科学理性有几种类型？科学的发展经历了哪些历史阶段？科学知识有哪些发展模式？为了得到真的科学解释科学家又需要掌握哪些科学认识方法？等等。与科学哲学不同，作为哲学知识最新分支的技术哲学尚未取得明确的认识论和社会地位；作为西方现代哲学组成部分的技术哲学，它的基础是对历史文明语境中的作为社会文化现象的技术进行综合系统的分析。和阿伊-阿尼一样，门捷采夫也对技术哲学进行了语言学的考察，认为在俄语和德语文献中经常使用的是 философия техники，而在英语和其他语言中使用的是 философия технологии，也就是 philosophy of technology 而不是 philosophy of technique。因此，如果想理解英语中的"技术哲学"，那就必须兼顾"技术"和"工艺"两方面的含义。否则，很多西方现代哲学家提出的概念我们就会难以理解。门捷采夫认为，可以从两个角度理解技术哲学："一是作为一个处于哲学和较高层次的技术知识交叉点上的特殊学科，主要研究技术世界的精神和世界观问题，如技术本体论、价值论、认识论和方法论等；二是作为一个形成技术世界的世界观、规范和价值基础的精神活动领域，包括何为技术、技术如何实现以及技术在历史上有何作用和地位等问题。技术哲学最引人入胜的问题就是什么是技术以及技术世界。因此，技术哲学关注的不是技术的具体类型和技术科学的形式，而是技术世界、技术领域最一般的性质。"[①] 概括地说，和其他学科相比而言，技术哲学是以技术作为研究对象的学

---

① Мезенцев С. Д. *Философия науки и техники: учебное пособие*, М.: МГСУ, 2011, С.8-9.

科；但就自身而言，技术哲学的核心问题就是技术是什么。现代技术哲学主要
面临以下任务。①研究人与世界的技术关系即技术世界观，这一世界观不应该
反映为技术统治主义。事实上，技术哲学是与技术统治主义相对立的，并且从
产生之日起就是技术人文化取向的。②把技术作为一种社会-自然现象进行方
法论的考量。技术哲学与其他技术学科不同的首先就是研究技术实在的方法，
即它不能采取观察、实验、描述和测量等感性方法，基于自然科学、人文社会
科学和技术科学方法论得到的技术信息并不能提供关于这种现象的整体概念。
③对技术进行逻辑和认识论的分析既是技术哲学的一个基本问题，又与对概念
词典的分析密切相关。事实上，技术哲学的概念库是一个混合词典，其中既包
括哲学范畴，也包括技术术语。④运用社会哲学分析的方法研究整个社会及其
不同历史阶段中的技术过程，不仅研究技术对社会环境的多方面影响，也研究
决定技术、工程活动和技术知识合理运行的最一般社会文化因素。⑤把技术哲
学史当作一门科学加以研究，对技术进行哲学史的分析有助于解释历史上关于
技术的概念和方法。①

　　该教材特别注意技术和工艺之间的区别和联系。如果说技术是实现局部的、
具体的行为的技能总和，那么工艺则是系统化和组织化了的技术手段，是应用
于某种情况下的行为通则。换句话说，"技术是结果或人工物，工艺则是创造人
工物的方法和关于人工物的说明"②。工艺是对旨在创造人工对象的自然过程的
控制；是"正在发挥功能的技术或者技术的功能……可以把这种技术（技术对
象）的功能定义为某种运动形式，在此之下物质结构的变化具有可逆的性质，
从而保证系统的稳定性。而在技术的外部功能之下隐藏着更现实的方面——物
质、能量和信息运动的工艺过程"③。通俗地讲，如果技术是"这个"，那么工
艺就是"怎样做出这个"；如果技术是个"方法"，那么工艺就是"方法的方
法"；如果技术是"将要成为这个"（ставшее），那么工艺就是"如何成为这个"
（становящееся），即创造人工世界的方法；如果技术是人类改造世界的手段，
那么工艺就是人类如何组织这些手段。总之，技术和工艺之间的关系就是"控
制"与"被控制"的关系。尽管技术与工艺存在着很多区别，但这种区别又是
相对的。首先，工艺决定着技术的发展，工艺是技术发展过程的主导方面，工
艺革命引发了技术革命并控制着技术革命；其次，没有无工艺的技术，技术的

① Мезенцев С. Д. Философия науки и техники: учебное пособие, М.: МГСУ, 2011, С.16-17.
② Курашов В. И. Философия: познание мира и феномены технологии, Казань: КГТУ, 2001, С.306.
③ Каширин В. П. Философские вопросы технологии: социологические, методо-логические и техноведческие аспекты, Томск: ТГУ, 1988, С.175.

出现就是为了显现工艺本身；最后，在工业时代，工艺概念的外延并不比技术概念更宽，然而今天工艺不仅和技术而且和非技术的领域相联系，因此，相对于技术和技术知识具有了一定的自主性。越是复杂的技术，越是需要与之相应的工艺，随着工艺的发展，创造技术的方法也要发生根本的改变。正像罗津指出的那样，在现代文化中，技术与工艺不仅是改造我们周围世界的活动手段，而且是文化符号——威望、成功、时尚、力量等。总之，"可以把狭义的工艺定义为技术操作、技术行为和技术原则的系统，该系统充分顾及改造和转化自然物质的规律性、人类利用的工具和机器的特点、劳动条件以及其他因素。……而广义的工艺可以定义为表现在技术圈中的所有过程、操作、行为和原则的总和，它的状态取决于技术发展达到的水平以及各种社会文化因素和过程"[①]。如果说在传统理解中工艺就是技术-组织向生产活动的投影，那么在现代理解中就变成了向整个社会系统和社会文化的技术-组织的投影。一句话，工艺就是对物质、能量和信息定向转换过程的系统控制或者优化的理性方法。

当然，俄罗斯技术哲学的复兴不仅仅表现在编写了几十本技术哲学（或科学技术哲学）教材上[②]，但上述成果可以使我们从整体上和宏观上看到俄罗斯技术哲学二十余年的发展全貌。至于俄罗斯技术哲学研究的深度和特色，更多地反映在数量可观的专著和论文上。例如，代表性的著作主要有切舍夫的《技术知识》（托姆斯克，2006 年），洛伊科（А. И. Лойко）和雅基莫维奇（Е. Б. Якимович）的《创新活动方法论：技术哲学与哲学人类学》（明斯克，2010 年），米罗诺夫主编的《现代自然科学、技术科学、人文社会科学的哲学问题》（莫斯科，2006 年），波德果尔雷赫（Л. Б. Подгорных）主编的《技术的起源问题：人文主义视角》（新库兹涅茨克，2010 年），伊万诺夫（Н. И. Иванов）的《技术和技术知识的哲学问题》（特维尔，1999 年），卡比托诺夫（Е. Н. Капитонов）的《技术建构和发展的规律》（塔姆波夫，1996 年）等；近些年发表的论文主要有切舍夫的《作为技术哲学分支的技术科学史和方法论》（发表在《认识论和科

① Мезенцев С. Д. *Философия науки и техники: учебное пособие*, М.: МГСУ, 2011, С.78-79.
② 上述技术哲学教材都具有"通论"性质，还有一些具有"专论"性质的教材，例如：Старжинский В. П., Цепкало В. В. *Методология науки и инновационная деятельность*, Минск: БНТУ, 2010; Черняк В. З. *История и философия техники*, М.: Кнорус, 2006; Шаталов Р. Л. *История и философия металлургии и обработки металлов*, М.: Теплотехник, 2011; Попкова Н. В. *Философия техносферы*, М.: ЛКИ, 2008; Попкова Н. В. *Антропология техники. Становление*, М.: ЛИБРОКОМ, 2009; Андреев А. Л., Бутырин П. А., Горохов В. Г. *Социология техники*, М.: Альфа-М, ИНФРА-М, 2009; Горохов В. Г. *Генезис технической деятельности как предмет социологического анализа*, М.: Гуманитарий, 2009; Подгорных Л. Б., Ковыршина С. В. *Гуманитарные аспекты философии техники*, Новокузнецк: СибГИУ, 2006; Подгорных Л. Б., Ковыршина С. В. *Проблемы истории техники и технознания*, Новокузнецк: СибГИУ, 2010.

学哲学》2013 年第 4 期上），格拉西莫娃（И. А. Герасимова）的《技术社会评估中固有的不确定性》（发表在《认识论和科学哲学》2012 年第 2 期上），杜坚科娃（И. В. Дуденкова）的《独立的自动机，或者技术哲学的新呼唤》（发表在《认识论和科学哲学》2012 年第 3 期上），沃坚科（К.В.Воденко）和杜谢夫（А. А. Дусев）的《科学技术创新活动的社会意义：俄罗斯宗教哲学视角》（发表在《社会人文知识》2013 年第 11 期上），叶丘伊科（А. В. Зезюлько）的《文明史语境下的技术知识的发展》（发表在《教育·科学·创新》2012 年第 1 期上），卡林尼娜（Н. А. Калинина）的《从危险的知识走向聚合》（发表在《科学和教育的现代问题》2013 年第 1 期上），科萨列夫（А. П. Косарев）的《作为当代哲学分支的技术哲学》（发表在《喀山国立电力大学学报》2011 年第 2 期上），库贝什金（С. А. Кубышкин）的《人和技术共生》（发表在《麦克普国立工业大学学报》2013 年第 2 期上），尼基塔耶夫（В. В. Никитаев）的《从技术哲学到工程哲学》（发表在《哲学问题》2013 年第 3 期上），杰列施库恩（О. Ф. Терешкун）的《非经典科学方法论语境中的技术哲学的产生》（发表在《彼尔姆大学学报（哲学·心理学·社会学）》2013 年第 4 期上），费德琴科（Е. В. Фидченко）的《交往积累的功能性特点》（发表在《社会发展理论与实践》2014 年第 3 期上），雅斯特列勃（Н. А. Ястреб）的《科学系统中的技术知识》（发表在《历史哲学政治法律科学、文化学和艺术学·理论与实践问题》2013 年第 2-1 期上），伊万诺娃（Е. В. Иванова）的《对 19—20 世纪俄罗斯科学和技术现象的反思》（发表在《历史哲学政治法律科学、文化学和艺术学·理论与实践问题》2012 年第 7-2 期上）等。

从以上技术哲学著作的出版地、发表技术哲学论文的期刊和作者所在地区和单位来看，苏联解体后的 20 多年来，俄罗斯技术哲学研究已经不再局限于莫斯科、圣彼得堡等地，也不再局限于俄罗斯科学院哲学研究所、国立莫斯科大学哲学系等单位。而从研究的题目上看，也不局限于概论式地介绍西方技术哲学，在技术科学（知识）哲学、技术创新哲学、人文主义视野中的技术哲学、宗教哲学视野中的技术哲学和俄罗斯本土技术哲学研究领域，都取得了可观的成就。

第七章

走出技术型文明危机
——俄罗斯技术哲学的趋势

　　"技术哲学在俄国的命运十分悲惨。关于技术哲学必要性的观点，是由 П. K. 恩格尔迈尔这位俄国工程师和 1912 年第一部技术哲学研究规划的制定者提出来的。1929 年，他不得不再次吁请创立技术哲学。但他遇到的是不理解和公开的反对。……在长达几十年的时间中，把技术哲学斥为唯心主义，在苏联哲学界已成定论，尽管马克思就是 19 世纪研究技术的有意义的社会哲学流派之一的创始人。"[①] 直到 20 世纪 70 年代以后，苏联哲学界（如罗津、高罗霍夫、科兹洛夫、库津、梅列先科、切舍夫、舍梅涅夫等）才开始关心技术知识和技术科学的哲学方法论问题。许多新问题，包括研究西欧和美国技术哲学所开展的学术活动，都纳入了苏联技术哲学的范围。古列维奇、阿尔扎卡杨、高罗霍夫等编辑了论述西方技术统治论和德国技术哲学的文集，于 70—80 年代问世；斯米尔诺娃、塔夫里江、波鲁斯等出版了批判研究国外技术哲学的著作。《哲学问题》杂志曾多次发表探讨技术哲学问题，阐述重大技术哲学理论的文章。例如，在 1994 年第 2 期就刊登了一组 20 世纪著名思想家的技术哲学著作：西班牙哲学家奥特加-伊-加塞特的《关于技术的思考》、德国哲学家布柳缅贝格的《从现象学看生活世界和技术化》、英国作家凯斯特勒的《机器的精神》和德国哲学家海德格尔的《列图尔讲习班（1969 年）》。《哲学问题》杂志编辑部在强调技术在现代文化和现代人的整个生活中的重大作用，强调技术哲学在现代哲学思想总体中的重要性的同时，也遗憾地指出，在俄罗斯的出版物中，对技术哲学问题的研究还很肤浅[②]。因此，回溯俄苏技术哲学百年发展轨迹，可以概括为 8 个字：成就斐然，教训深刻。

---

① 《哲学问题》杂志编辑部：《技术哲学》，许强兴译，《哲学译丛》1994 年第 5 期，第 78 页。
② 同上，第 81 页。

一、当代俄罗斯技术哲学的"三剑客"

要想真正了解俄罗斯技术哲学过去 20 多年的成绩，就不能不提及当代俄罗斯技术哲学的"三剑客"（три мушкетера）——鲍里斯·伊万诺维奇·库德林（Борис Иванович Кудрин，1934— ）、瓦季姆·马尔科维奇·罗津（Вадим Маркович Розин，1937— ）和维塔里·格奥尔基耶维奇·高罗霍夫（Виталий Георгиевич Горохов，1947—2016）。正是由于他们勤奋而又富有创造性的工作，俄罗斯技术哲学不仅在人才济济的俄罗斯哲学界占有了一席之地，而且也引起了国际同行的关注。库德林的著作主要有《技术学导论》（1993 年）、《古希腊·象征主义·技术学》（1995 年）、《技术实在科学导论》（1996 年）、《技术学：技术哲学新范式（第三种科学世界图景）》（1998 年）、《技术型自组织》（2004 年）、《后非经典技术哲学：技术学哲学概论》（2007 年）等。罗津的著作和论文主要有《自然科学、技术科学、人文科学的形成和特点》（1989 年）、《技术哲学与技术发展的文化历史重建》（发表在《哲学问题》1996 年第 3 期上）、《技术哲学：历史与现实》（1997 年）、《传统和现代的工艺》（1999 年）、《技术哲学：从埃及金字塔到虚拟现实》（2001 年）、《符号学研究》（2001 年）、《文化学》（2003 年）、《文化论》（2004 年）、《技术的概念及其现代观点》（2006 年）等。高罗霍夫的著作和论文主要有《论科学知识系统中技术科学的特点问题》（与罗津合著，发表在《哲学问题》1978 年第 9 期上）、《现代技术理论的建构问题》（发表在《哲学问题》1980 年第 12 期上）、《系统工程的方法论分析》（1982 年）、《技术科学研究的哲学方法论问题（国外文献综述）》（发表在《哲学问题》1985 年第 3 期上）、《科学技术学科的方法论分析》（1984 年）、《为了做而知道：工程师职业的历史及其在现代文化中的作用》（1987 年）、《现代文化中的技术知识》（1987 年，与罗津合著）、《新技术和工艺的社会和方法论问题》（与西莫年科合著，发表在《哲学问题》1988 年第 1 期上）、《技术哲学导论》（1998 年，与罗津合著）、《现代自然科学和技术概念》（2000 年）、《技术哲学和技术科学基础》（2007 年）、《纳米伦理学：科学的、技术的和经济的伦理学在现代社会中的意义》（发表在《哲学问题》2008 年第 10 期上）、《基础研究在最新工艺发展中的作用》（发表《哲学问题》在 2009 年第 3 期上）、《纳米工艺中"机器"概念的转变》（发表在《哲学问题》2009 年第 9 期上）、《作为社会学分析对象的技术活动的发生》（2009 年）、《技术和文化：19 世纪末 20 世纪初技术哲学和技术创造论在俄国和德国的起源（比较分析）》（2009 年）、《技术科学：历史和理论（哲学视域下的科学史）》（2012

年）、《技术哲学和工程伦理学》（发表在《应用伦理学报》2013 年第 42 期上）、
《科学技术的历史认识论（国外文献综述）》（发表在《哲学问题》2014 年第 11
期上）、《技术哲学的新趋势》（发表在《哲学问题》2014 年第 1 期上）等。

　　在《技术哲学的新趋势》中高罗霍夫指出，在 19 世纪末 20 世纪初，技术
哲学在德国和俄国同时发轫（以卡普、德绍尔、齐默尔和恩格尔迈尔等第一代
技术哲学家为代表）。当时的一个基本趋势就是研究技术与文化的关系，以满足
工程共同体蓬勃发展的自我意识的需要。在 20 世纪中叶到 20 世纪末，技术哲
学的兴趣转到了与科学哲学的关系方面，特别是科学与技术的相互作用过程、
技术方法论的研究，以满足当时学院科学的兴趣，第二次世界大战之后主要是
和军事工业密切相关。而目前技术哲学的新趋势主要是研究现代技术的社会-哲
学、政治学和伦理学问题。这是因为现代技术对世界的影响不只是通过科学表
现出来的，而首先是对日常意识和生活方式产生巨大影响[①]。今天，如果没有手
机、笔记本电脑、平板电脑是无法想象的，这就给信息的获得和传播提供新的
可能性。我们的住、行都离不开它们，但同时也产生了一系列社会、政治、伦
理和心理问题，例如，对信息技术产生依赖性、信息过剩和真假信息难以分辨
等，这些都需要包括哲学在内的思考和反思。与第二代技术哲学家（如拉普、
胡宁、汉斯·伦克、罗波尔等）主要研究技术发展的方法论和科学史特点不同，
第三代技术哲学家主要对新技术的社会-政治问题感兴趣，原因之一是后者不需
要在科学技术领域进行专门的训练。

　　高罗霍夫是唯一出席里斯本国际技术哲学会议的俄罗斯学者。通过比较，
他认为在很多领域俄罗斯技术哲学已经超过国外同行。原因如下："第一，我
们那些在国外利用俄语资料的同胞们，当他们发表自己的作品时却不屑于标注
出俄文出处。我们随便举个例子。美国目前兴起的一个新的研究方向——设计
方法论（методология проектирования），事实上我国学者，比如谢德罗维茨基、
康托尔（К. М. Кантор）和戈拉吉切夫（В. В. Глазычев）等早在 20 世纪 60—70
年代就开始研究这一问题。第二，主要的俄文期刊没有列入所谓的汤普森目录
（список Томпсона），也不能正确地给出作者姓名和英文摘要。第三，除了高
等经济学院以外，其他俄罗斯研究机构和大学拿不出资金进入 Web of Science
和 Scopus 系统，在那里研究人员可以改正自己的数据。"[②] 而俄罗斯本土的

---

① 第十八届国际技术哲学会议（SPT）于 2013 年 7 月 4—6 日在葡萄牙里斯本科技大学召开，会议的主题是"信
　息时代的技术"，第十九届国际技术哲学会议于 2015 年 7 月 3—5 日在中国沈阳东北大学召开，会议的主题
　是"技术与创新"，最近两次国际技术哲学会议都表现出这一趋势。
② Горохов В. Г. Новый тренд в философии техники, *Вопросы философии*, 2014(1), С.178-183.

РИНЦ① 系统也远没有把技术哲学文献及时发布出去和处理成链接，但问题是具体的研究者为何要内疚？事实上"臭名昭著"的赫希指数（индекс Хирша）② 原则上根本体现不出学者的学术水平。正像孟德尔神甫的研究成果长时间不会得到引用，而李森科院士却有可能获得最高的赫希指数一样。因此，俄罗斯技术哲学的创新发展只能从"三剑客"的论著和思想中体现出来，而不能从英语世界的引用率中看出来。

二、库德林和"技术学"

对技治主义思想的批判、对充斥现代人的生活方方面面的技术实在规模和意义的深入认识，构成了探索走出技术型文明危机新出路的前提。除了哲学家，一些科学家和工程家也在尝试着解读作为服从一定规律的自然现象的技术，而揭示这些规律也就意味着将来可以预测、计算和控制技术的发展。俄罗斯电气工程领域资深专家、工学博士、莫斯科动力学院的库德林教授最具原创性地提出了关于技术实在的学说（учение о технической реальности）——"技术学"（технетика）。库德林提出"技术学"这一概念主要是用来分析诸如"技术实在"对象的过程，而对技术实在可以有不同程度的抽象和概括，从而得出不同的定义。关于技术学，库德林教授至少给出以下八种定义：①技术学是一个包罗万象的整体概念，涵盖了技术、工艺、材料、产品和废物；②技术学是以"第三科学世界图景"假说为基础的、以文本为依据的现代技术实在为研究对象的科学；③技术学是关于技术实在的科学，主要包括死的技术（技术）、活的技术（工艺）和技术学的技术（结构）；④技术学是关于具有一定结构的、受到双曲线规律约束的技术群落（техноценоз）的科学；⑤技术学是研究所有自然界群落结构共性的科学，在这个意义上技术学是发展了的控制论；⑥技术学是关于技术进化（техноэволюция）的规律，特别是关于信息选择（информационный отбор）规律的科学；⑦技术学是关于科学技术进步关节点和科学技术革命的科学；⑧技术学是关于技术实在如何实现的综合科学——这一过程始于制造工具和人工取火，接下来是手工艺和文本技术的出现，之后是工场手工业和机器大

---

① Российский индекс научного цитирования，即"俄罗斯科学引文索引"。
② 赫希指数（也叫 h-index）是一个混合量化指标，最初是由美国加利福尼亚大学圣迭戈分校的物理学家乔治·赫希（Jorge Hirsch）在 2005 年提出来的，其目的是量化科研人员作为独立个体的研究成果。一名科研人员的 h 指数是指他至多有 h 篇论文分别被引用了至少 h 次。一个人的 h 指数越高，则表明他的论文影响力越大。

工业，21世纪则是全球化和信息技术。总之，技术学是由科学家（工程师）而不是哲学家创立的技术哲学；技术学是把技术和工艺看成是一种服从自然规律的自然现象，而不是服从社会规律的社会现象；技术学是一种后经典技术哲学，是"技术哲学的新范式"①。

库德林有时把技术学称作"第三科学世界图景"（третья научная картина мира）。在他看来，第一世界图景，即牛顿的物理（机械）世界图景引入了理想点（如质点）的概念并借助这一概念给出了力学、电学乃至所有技术科学的唯一解。不言而喻，这一图景直到今天仍然是技术装备的原理和基础。机械钟表反映出的不仅是过去而且是理想社会（生产）的面貌：一切都是可以被计算、规范和确定的。第二世界图景，即爱因斯坦-波尔的世界图景引入了概率的概念去描述物理世界，之后是生物的、技术的、信息的和社会的世界。显而易见，这个世界图景是建立在中心极限定理和大数定律基础之上的。这样一来，就可以计算事件的数学期望值，既然是概率的，结果就可能是错误的。然而，在技术科学中对于多数人而言概率的概念并未改变人们的确定性思维。准确地说，在人们的认识中技术世界依旧是一个数值：一切都可以计算和度量，即使会出错，但可以控制在"正-负"范围之内。第三世界图景是以全球进化论原理为基础的，按照斯焦宾的说法，这一图景的特殊性在于知识的跨学科综合的趋势显著加强，跨学科研究的比重显著提高。这一阶段的特点是：专业的科学世界图景的单独层次在减少，而作为统一的系统样式一般世界图景在增加。"技术哲学的新范式把技术世界引入了全球进化理论，引入了一般的、统一的、向赫西俄德和泰勒斯接近的世界图景。这表明，技术在自己的发展过程中创造了技术群落，反过来，技术群落像物理化学群落一样具有了结构共性。但是，技术群落的表现更加接近于生物群落，一方面是因为它们都是信息群落进而是社会群落，另一方面是因为它们都可以用同样的统计方法来描述，准确地说，它们的自组织参数都处在同一阈限上。而基本要素（стойхейон）或基本原理（первооснова）的本质区别在于物理实在、生物实在、技术实在、信息实在和社会实在等在信息使用（应用）方面有所不同。"②因此，除了控制论所揭示的共性和控制过程中的共性以外，自然界的任何群落都存在着结构共性（包括库德林所说的技术群落），这就为提出"技术学"这一概念，以及把生物学术语

---

① Кудрин Б. И. *Технетика: новая парадигма философии техники (третья научная картина мира)*, Томск: Том. ун-т, 1998, С.1.
② Там же. С.35.

用于描述技术世界奠定了形式基础。

　　有时候，库德林也把技术学等同于关于技术群落的学说，他所使用的数学工具的独特性反映了理解世界的新的（第三种）范式正在形成。如上所述，经典世界图景相信能够对质点进行准确而明确的描述；概率统计的世界图景则采取"平均值""数值的最终偏差"（反之亦然）等来描述粒子（点）的行为：大量粒子之所以能"认识"自己的轨迹，就是因为"平均值"的存在；而把双曲线"H-分布"① 作为数学工具的技术群落的世界图景指出，群落结构具有稳定性：主要的特征指标都处于确定的阈值之内，很少随时间发生变化。但是，当我们了解了各个点的所有"H-分布"参数以后，不得不说这个点是倾向于平均值的，而偏离平均值的可能性是个大概率事件。据此，库德林把群落（ценоз）定义为一个系统，关于这个系统我们经常谈及的是结构优化的思想和以提高效率为指向的结构变化的趋势（数量指标）。

　　基于上述假设，库德林指出技术实在是普遍的，技术本质上是一个自然过程，这一过程不依赖"人的愿望由技术本身生成技术"②。如果我们把技术看成是由彼此松散联系的产品、技术文件（说明书）和创新活动特点组成的一个集合，看成是多样化、变异和杂多的东西，那么技术就是服从自然规律的自然现象，就好像是服从生物规律的生物群落一样。"我们可以把机器世界和动物世界（包括大型动物和鸟类，依次上升直至人的尺度：人类学的评价）相提并论。技术装备的每一个部分都可以拆下和移动，（在保护生态的前提下）一个特殊的部件可以更换成另一个，即可以把另一个机器看成是一个生物或者单独的动物……技术产品和技术群落的首要区别就在于后者的定义：作为一个社会，技术群落是由彼此弱相互联系和弱相互作用的产品组成的近乎无限的集合，这个集合只能作为一个整体加以认识。"③ "如果我们把某一特殊产品在技术中所起的作用和某一特殊动物（植物）在生物中所起的作用比较而言，就会发现自然选择和信息选择的规律也是一样的……技术进化就是基于变异的一种创造活动；是通过试验和试错进行创新，是以技术进化为目的的专业化；个体发育是根据文本进行的，而技术进化整体上是一种非程序性的发展，表现在文本中的连续

---

① H-распределение，即符合双曲线规律的分布。为了描述技术群落的结构，库德林提出了一种双曲线型的"H-分布"，这一分布揭示了群落结构中每一特殊物种的种类和数量的关系。这一规律已经被库德林看成是所有客观对象，包括有机的、无机的、技术的、信息的实在共有的系统特征。

② Кудрин Б. И. *Технетика: новая парадигма философии техники (третья научная картина мира)*,Томск: Том. ун-т, 1998, C.31.

③ Там же. C.26, 27.

性（继承性）是技术进化的一个基本特性。"[①] 显然，这里的文本、变异、创新、试验等一系列概念已经不仅是思维的自然保障，而且是思维的人工保障。为了调和这一矛盾，库德林引入了一个关于技术和工艺的有趣思想（即技术学），把人工的现象表现为自然的现象。库德林把技术定义为"部分技术实在"（在他看来技术就是技术群落）；而工艺就是技术的程序性方面。"总之，技术就是技术群落的框架和结构，而工艺就是确保单个机器、机组和整个技术群落发挥功能的程序。工艺是物化了的技术灵魂，它的基础就是统一的文本化了的工艺流程和行为指南。"[②] 然而，在技术进化之外还有很多东西，如人、符号（信息）、自然界、技术生产的产品和废物。

库德林的"技术学"学说有可取之处。他把作为技术生产资料的自然界，以及信息、技术产品和废物等统统包括到技术实在中，而把人解释为技术实在得以成立的必要的主观条件。在此之后，库德林才有可能顺理成章地把技术进化描述成一个自然过程。"技术进化的基本阶段（单个周期）的哲学本质是：以生产新产品为目的对原材料的改造和否定；作为客观自然（物理和生物的）规律和技术规律信息反映的工艺保持不变，当然，已经开始精神磨损；技术消耗资源，老化，物理和精神磨损加剧；需要对单位产品进行评估，因为从产品出现到消失的整个消费周期都伴随着废物的产生。每个循环都实现着信息选择——将'更好—更坏'的个别意见转化成技术文本（并非一定是更经济的选择）。"[③] 那么在技术学中人被赋予了何种特征呢？库德林认为，"技术实在产生了具有以下特点的人：①能够有意识地制造工具；②具有了抽象能力，即提取作品中的'理念'和向同类传达'样式'（信息实在的起源）；③强迫为自己工作（技术意识和信息存储使自然人转向社会人）。这个特点反映了人脑可能的样式就是'H-分布'"[④]。尽管对人进行了反人本主义的诠释，但库德林试图把技术进化描述成一个符合自然规律过程的任务基本完成了。

库德林的"技术学"的弊病是十分明显的。库德林建立技术学的目的就是提出技术进化的规律、计算技术种群的各种参数、预测技术进化的进程。例如，库德林预测了当代世界文明的崩溃（当然这个计算仍然是假说）。"现在，让我们看一下每年可以向全世界提供的产品的极限数量。我认为，技术型文明未来

---

① Кудрин Б. И. *Введение в науку о технической реальности*, СПб.: СПб. гос. ун-т, 1996, С.21, 25.

② Кудрин Б. И. *Технетика: новая парадигма философии техники (третья научная картина мира)*, Томск: Том. ун-т, 1998, С.11.

③ Там же. С.16.

④ Там же. С.37.

发展之路就包含在这个极限数量中。因此，这个产品数量也可以叫做技术或技术学的极限（大约是 10^{16}）。达到这个数量以后我们的文明就会崩溃，准确地说，替换它的将是一个知识型技术的世界，即技术覆盖型文明（технотронная цивилизация）。"[1] 果真如此的话，我们面临的一个问题是：如果技术可以被看成是开启自然科学的钥匙，库德林确立的技术进化规律可以预言我们文明的终结，那么，这一切得以实现的前提是任何东西都不发生改变（政治、经济、文化条件都被冻结），一切都像上了发条的钟表似的按部就班地运行，人类不会应对危险，他们始终遵循着现代文明同样落后的理想和价值观。总之，社会生活必须严格遵守库德林提出的规律。退一步讲，也许库德林会说他的技术学不是自然科学而是技术科学，他所描述的也不是一般的自然过程而是技术世界。"相对技术科学而言技术学是新知识的源泉，包括技术的物质世界和信息世界，但不包括社会关系（众所周知，社会科学领域的发现尚未受到保护，因为社会科学领域的规律还称不上规律）。"[2] 但罗津和高罗霍夫对技术科学研究的结果表明并非如此。[3] 事实上，除了库德林的技术学，还包括库拉金（Г. Кулакин）和埃伊捷科夫（З. Эльтеков）等的思想都属于一种理想的工程装置的学说。其中，作为研究对象的技术和工艺是以准自然（квазиприрода）面目出现的，因此，技术"生命"被还原为生物规律。库德林在建立这一理论时采用了信息、进化、选择、文本和其他一些概念，这些概念用在技术和工艺里能够提供相应的计划和流程，然后再找出它们之间的量化关系。在库德林的技术学中这种关系的典型形式就是"H-分布"。概括地说，尽管技术学是技术科学的一种非经典形式，它的基本观点就是把技术和工艺看成是遵循自然规律的自然现象（如技术进化），但是库德林的很多提法仍然值得商榷。

三、高罗霍夫和"技术科学哲学"

高罗霍夫是当代俄罗斯最伟大的技术哲学家之一。他是"伟大的卫国战争"胜利以后出生的年轻一代的技术哲学家，学术经历横跨苏联和俄罗斯两个历史时期。1971 年，高罗霍夫毕业于国立莫斯科大学哲学系；1971—1974 年在苏联

---

[1] Кудрин Б. И. *Технетика: новая парадигма философии техники (третья научная картина мира)*, Томск: Том. ун-т, 1998, C.32.

[2] Там же. C.17.

[3] Розин В. М. *Специфика и формирование естественных, технических и гуманитарных наук*, Красноярск: Краснояр. ун-т, 1989, C.21.

科学院自然科学与技术史研究所系统研究部攻读研究生；1975 年获得哲学科学副博士学位；1986 年获得哲学科学博士学位并晋升为教授；1977—1988 年担任《哲学问题》杂志社"科学技术的哲学和社会问题"栏目编辑；1988 年，苏联科学院哲学研究所成立了技术哲学研究室，高罗霍夫担任主任；苏联解体后至今，他一直担任俄罗斯科学院哲学研究所"科学技术发展的跨学科问题"研究室主任，同时兼任国立莫斯科大学哲学系俄罗斯–德国硕士培养方案"哲学和欧洲文化"的教授和课程负责人。高罗霍夫在其 40 多年的学术生涯中研究领域明晰，学术兴趣稳定，主要从事科学技术哲学特别是技术哲学和技术史研究，具体包括可持续发展的全球性问题、科学技术发展后果的评估、工程和技术史、技术知识的方法论分析（技术科学哲学）等。他是一位高产学者，至今一共发表和出版了 300 多篇（部）论文、教材和著作，其中有 20 部专著。他和阿尔扎卡扬主持编译的《联邦德国的技术哲学》（1989 年）第一次把德国的新生代技术哲学家（如拉普、汉斯·伦克、罗波尔、胡宁、萨克塞等）及其思想引进到俄罗斯。他撰写的《恩格尔迈尔：机械工程师和技术哲学家》（1997 年）[①] 第一次把这位被历史尘封了大半个世纪的世界技术哲学奠基人介绍给俄罗斯和全世界，再次树立起俄罗斯技术哲学的国际声誉。他是卡尔·米切姆教授的《什么是技术哲学？》（ *Что такое философия техники?* ）[②] 的俄文译者，第一次把这位英美技术哲学的奠基人介绍给俄罗斯读者，也让俄罗斯技术哲学研究者了解了英语世界的学术动态。他与老一辈科学哲学家斯焦宾合著的《科学技术哲学》（1995 年）、与技术哲学家罗津合著的《技术哲学导论》（1998 年）、与女哲学家芭格达萨里扬（Н. Г. Багдасарьян）合著的《科学技术的历史、哲学和方法论》（2014 年）等教材为在俄罗斯普及科学技术哲学知识、培养具有哲学思维和人文关怀的新一代科学技术哲学工作者做出了重要贡献。在俄罗斯学者中，高罗霍夫是参与国际学术交流最多的哲学家之一，他多次出国做访问学者，曾担任过德国卡尔斯鲁厄大学国际可持续发展研究院的学术秘书（1999 年），在卡尔斯鲁厄大学主讲过"哲学视野中的科学史"和"技术哲学和技术史"等课程。他多次参加国际技术哲学会议（由于经费短缺的缘故，有时候只有他一个俄罗斯会议代表），不仅向国际同行展示了俄罗斯技术哲学的研究水平，而且把技术哲学（特别是美国、荷兰等国家的）的最新研究动向介绍给俄罗斯同行。

值得一提的是，2005 年 10 月，高罗霍夫偕夫人高罗霍娃出席了在北京清

---

① Горохов В. Г. *Петр климентьевич энгельмейер*, М.: Наука, 1997.
② 中译本是殷登祥、曹南燕等翻译的《技术哲学概论》，天津科学技术出版社，1999 年。

华大学召开的"中俄科技改革：理论与实践"国际论坛①，恰逢笔者正在清华大学做博士后，有幸面见了这位仰慕已久的俄罗斯哲学家并进行了交流。他当时提交的会议论文题目是"科学技术发展的跨学科研究和创新政策"，次年发表在《哲学问题》上。高罗霍夫教授指出：不同于把技术和它的某些方面作为自己研究对象的经典的科学技术学科，技术评估（OT）不仅要面向技术的社会作用，以及由它引起的社会、生态冲突等问题的研究，而且寻求如何预防这些冲突和确定技术在社会中的长远发展道路。对于现阶段整个社会和经济关系体系都在经历着变革的俄罗斯来说，针对上述现象所做的分析显得尤为重要。尽管对科技项目诸如此类的评估尚在形成中，但却是迫不及待的。作为正在形成的科技知识新领域，技术评估具有比较明确的方向，即问题导向的研究，具有跨学科的特点。现有的科学方法论研究尚未充分考虑到现代科学的社会文化动力和全球化因素，特别是现代科学的跨学科性质；而这种性质既表现在加强公众参与科技政策领域的决策上，也表现在有必要向那些非专业人士澄清科技项目的内容上。这就意味着，理性的决策和据此采取的理性的行动不应取决于对公众的事实承诺，而应取决于"潜在承诺"（акцептабельность），即这些决策和行动被社会潜在的可接受性上。如果能够向社会公众进行合理的解释，和他们进行讨论并使之确信所选择发展道路（场景）的正确性，指出可能的正面和负面的结果以及危险程度的话，那么这种潜在的可接受性就会变成现实性②。白驹过隙，尽管过去了十多年，但高罗霍夫教授关于公众参与技术评估的必要性的论述仍然具有现实意义。

　　然而，高罗霍夫的学术成就主要集中在技术哲学基础理论特别是"技术科学哲学"（философия технической науки），即对技术理论或技术知识所做的哲学-方法论分析上面。1978年，高罗霍夫和罗津教授首度合作发表了论文《论科学知识系统中技术科学的特点问题》，这是高罗霍夫首次在《哲学问题》上发表论文，也是他把"技术科学"作为自己毕生研究对象的起点。之后，他几乎每年都在《哲学问题》（或《哲学科学》《自然科学和技术史问题》）上发表与该主题密切相关的论文：《技术科学中理论的结构和功能》（1979年）、《现代技术理论的建构问题》（1980年）、《技术科学的哲学-方法论研究》（与罗津合作，1981年）、《现代综合的科学-技术学科》（1982年）、《工程活动的哲学-方法论

---

① 鲍鸥：《中俄科技改革的回顾与前瞻》，济南：山东教育出版社，2007年。

② Горохов В. Г. Междисциплинарные исследования научно-технического развития и инновационная политика, *Вопросы философии*, 2006(4), C. 80-96.

研究》(1982 年)、《科学技术学科的哲学-方法论分析》(1984 年)、《技术科学形成特点——以无线电技术为例》(1984 年)、《技术科学研究的哲学-方法论问题(国外文献综述)》(1985 年)、《技术科学哲学问题》(1985 年)等。厚积薄发,春华秋实,正是基于对技术科学哲学长期不懈的专注和钻研,高罗霍夫以《现代技术科学中的理论知识发展的方法论分析》(*Методологический анализ развития теоретического знания в современных технических науках*,1986 年)一文顺利通过博士论文答辩,出版了专著《现代文化中的科学技术知识》(与罗津合作,1987 年)。苏联解体之后,高罗霍夫把更多的精力投入到编写技术哲学教材、翻译西方技术哲学著作上,着手建立俄罗斯的技术哲学学科。进入 21 世纪,高罗霍夫又把精力聚焦于技术科学哲学问题,在过去长期积累的基础上结合信息技术、纳米技术、环境技术等高新技术进行了新的探索。除了上述杂志,高罗霍夫又在新创刊的《认识论与科学哲学》(*Эпистемология и философия науки*)等杂志上发表了一系列论文:《技术科学史的方法论分析——技术理论的作用》(2014 年)、《从简单到复杂:从经典科学到技术科学》(2013 年)、《技术风险:社会的信息安全》(2013 年)、《关于“后非经典科学”概念的沉思》(2013 年)、《纳米科学技术中的纳米技术理论的结构和功能》(2013 年)、《逻辑和技术:从电路到纳米技术》(2012 年)、《技术和数学:机械和机器理论史的角度》(2011 年)、《基础研究在高新技术发展中的作用》(2009 年)、《纳米技术——科学技术思维的新范式》(2008 年)、《纳米技术:现代技术科学理论研究中的认识论问题》(2008 年)等。除此之外,高罗霍夫还出版了一本重要的技术哲学教材——《技术哲学和技术科学基础》(2007 年),特别是 2012 年由莫斯科逻各斯(Логос)出版社出版的《技术科学:历史和理论(哲学视域下的科学史)》[①],代表了这位著名哲学家关于技术科学哲学的最新思考。

除了前言和结论以外,《技术科学:历史和理论(哲学视域下的科学史)》包括绪论在内一共有四章。绪论主要介绍了技术哲学在现代哲学中的地位和作用,技术理论在经典技术科学中的建构和现代综合的科学技术学科的发展,强调技术科学(технонаука)已经成为现代科技活动的新形式。第一章探讨了技术科学和数学的关系,指出技术与数学的关系构成了技术科学诞生之前的史前史。高罗霍夫分别介绍了第一个技术理论——机械和机器理论的建立,逻辑、数学和技术在电路理论中的作用,在数学的基础上实现了跨学科的理论综合——自

---

① Горохов В. Г. *Технические науки: история и теория (история науки с филос. точки зрения)*, М.: Логос, 2012.

动调节理论。第二章探讨了技术科学和自然科学的关系，在自然科学的基础上形成了经典的技术科学。高罗霍夫研究了无线电理论的提出过程，认为这一理论源于法拉第和麦克斯韦的电动力学，并被赫兹的实验所验证。他以经典无线电学建立的历史为例进行了方法论的分析，提出了对作为一门科学技术学科的无线电科学与技术发展史进行方法论分析的若干原则，认为无线电学的产生是无线电技术的一个新的研究方向，也是无线电技术的一个基础研究领域，因此，无线电学有理由成为一门独立的科学技术学科。第三章探讨了作为研究和设计对象的复杂系统，即系统工程。进入 20 世纪特别是第二次世界大战以后，系统工程已经作为一门崭新的学科产生了，理论系统工程主要包括了系统研究和系统设计两个部分。如果说机械和机器理论、无线电学等属于经典科学技术学科的话，那么无线电系统工程则属于非经典学科。高罗霍夫以 20 世纪 60—70 年代苏联的自动化控制系统（ACY）为例分析了系统工程设计问题，对"控制"这一概念从自动调节理论向控制论的进化、自动化控制系统在工业企业和部门中的应用等进行了说明。最后，高罗霍夫指出：微系统工程和纳米系统工程将成为系统工程的新领域。纳米技术和工艺是技术科学的最新发展史，纳米系统本体论不仅成为新的科学世界图景，而且成为技术行为的调节者。

　　高罗霍夫认为，长期以来人们对技术科学的误解和偏见，一方面来自植根于社会意识中的历史神话，另一方面来自对真实科学史研究的欠缺。尽管科学哲学把面向科学史研究作为自己的座右铭，但是对技术科学的这种误解和偏见很长时间内在科学哲学研究中占统治地位。直到近几十年来，发生了明显的科学哲学向技术哲学转向的趋势，这种情况才有所改变。高罗霍夫提出了两个重要观点：一是对技术科学史所做的方法论分析对技术理论而言具有重要意义；二是转向技术哲学方面是科学哲学发展的一个新趋势[①]。

　　历史上，当不能有意识、有组织地生产和应用科学知识（首先是数学和自然科学），技术就再也不能发展的时候，第一批经典技术科学就应运而生了。这一革命性的变化是与高等技术教育，即建立高级工科学校分不开的，相比之下在手工生产中那种师傅带徒弟的学习模式已经过时。一个不争的事实是，一直占据技术进步先锋位置的英国，在 19 世纪末 20 世纪初不得不让位于德国，因为后者此时已经建立起了高等工科教育体系。德国的高等工科学校奉行自主的技术科学理念，即科学理论和技术实践自然而然地结合起来。"技术科学"这一

---

① Горохов В. Г. Технические науки: история и теория, *Вестник РАН*, 2014(11), С.1002-1009.

概念最早是由法国工程师伯纳德·别利多尔（Bernard F. Bélidor，1698—1761）在 1729 年出版的《工程师的科学》中提出的，法国巴黎理工学校的建立为提出第一个技术理论——机械和机器理论提供了前提。为了完成实际工程任务，自然科学的知识和原理必须经过大幅度的修改和细化才能转变成技术理论，这个过程不能自动地完成，因此需要发展出特殊的技术理论。为了使理论知识达到实际的工程规划的层次，就必须向技术理论中引入一些特殊的规则，这些规则兼顾了技术理论的抽象客体领域和实际技术系统的结构要素，同时还需制定从理论结论向工程实践转移的操作规程。与自然科学理论不同，技术理论不是面向解释和预测自然进程的，而是面向设计技术系统的；与具体的技术和工艺也不同，技术理论不直接面向发明和建造人工物，尽管技术理论具有某些特殊性，但它仍然属于理论研究。"技术科学是科学的一部分，尽管它不能脱离技术实践并且服务于技术，但是技术科学首先是科学，即以客观的、可以传承的知识为取向的。"[1] 技术科学的产生是工程活动高级阶段的特点，以技术科学为导向的高级工程活动的结构如图 7-1 所示。

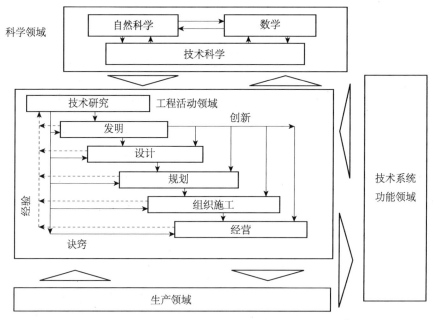

图 7-1　技术科学为导向的高级工程活动结构示意图[2]

①② Горохов В. Г. *Философия и история науки*, Дубна: изд-во Объединенного института ядерных исследований, 2012, C.112.

　　由此可见，尽管现代工程活动仍旧离不开产业和技术，但更需要以技术科学提供的原理性知识为基础，科学（技术科学）—技术—工程—产业一体化的趋势愈加明显。

　　在经典的科学技术学科体系中，技术理论主要是建立在数学和自然科学基础之上的，最初就是依靠科学理论图式和科学活动范式的。例如，无线电技术理论就是在应用法拉第和麦克斯韦电动力学理论图式的基础上形成的，而赫兹最终通过实验解决了无线通信问题。但是这些自然科学理论的原初理论图式实际上都经过了重大改造，建立了全新的技术理论。因此，理论研究不仅在自然科学中，而且在技术科学中获得了广泛发展；甚至从加快科学技术进步需求的角度看，提高了基础理论研究的重要性。在当代，如果没有技术理论的重大突破，那么在实际技术领域的任何重大进展都是不可能实现的。"无线电报"是第一个把电动力学理论加以实际应用的结果，接下来它便成为电工技术的一个新的分支（研究领域），面临的首要任务就是抗击各种形式的辐射干扰。而无线电技术理论的建立主要集中在两个方向上：一是把基于自然科学（电动力学）的电磁相互作用理论图式加以发展和具体化，这主要是通过填补无线电波的实际应用和发展它的物理性质的研究方法之间的空白来实现；二是需要对各种理论模型加以概括总结，这些模型是在解决具体工程任务过程中、在分析各种无线技术系统结构的结果中产生的。总之，理论无线电技术史乃是技术理论形成方式的典范（理想的历史类型），这就是物理学的科学理论和科学实验的相互作用成为技术研究的出发点——一方面，发展工业新技术和新部门；另一方面，发展技术理论和建立科学技术新学科。

　　对技术科学史所做的方法论分析是非常有意义的。就像对自然科学史的方法论分析一样，对技术理论历史上具体实例所做的分析，也能帮助我们更好地理解现代科学实际作用机制、新的科学知识的生产机制和科学技术相互作用的机制，同时提高了对技术科学理论知识进行方法论分析在整个科学技术哲学中的重要性。正是通过这样的方法论分析才能丰富哲学科学，思考一些科学技术进步前沿的哲学问题，对科学技术各个领域的工程和科学思维方式、对现代科学知识的组织规范，乃至最终对国家科学技术战略和政策产生实际影响。近些年来，在全球范围内出现了一个与此相关的新趋势：一般科学哲学开始转向技术哲学问题，而科学方法论也转而分析技术科学。

　　在高罗霍夫看来，"技术哲学是从现代科学哲学独立出来的一个确定的研究方向。它以技术、工艺、工程和技术活动、设计、技术科学等最一般发展规律为研究对象，涉及它们在整个人类文化以及现代社会中的地位和作用，特别是人和技术、技术和自然的关系，现代技术和工艺的伦理学、美学、全球性问题等"[①]。为了把技术哲学整合成现代哲学一个独立的研究方向，必须将它的研究对象进行区分：一方面是技术史，另一方面是科学哲学。技术科学方法论和技术科学史同时成为科学技术哲学和科学技术史的研究对象。然而，技术史研究往往偏重于史料考证和分析，对技术基础理论和技术知识的发展史关注不足，而科学哲学主要关注的是理论物理学、数学和生物学对世界观、科学世界图景的重要影响，技术科学被当作是边缘的应用领域尚未得到科学哲学研究者的关注。到 20 世纪末，这种情况发生了变化，这是因为社会越来越要求科学研究以技术实践为取向，基础科学越来越被看成是社会技术进步的发动机。与此同时，现代工艺也已科学化了，传统的手工工艺根本不能与之相提并论。事实上，纳米、生物、信息和认知技术（工艺）已经侵入社会及人类生理和心理的敏感地带，已经与哲学相生相伴。显然，没有深入探讨社会及人类哲学和认识论等问题，上述技术也不会在现代社会中得到发展。在科学技术内部就会产生需求和研究的必要性，要求对我们社会的各种技术产生的积极的和消极的后果进行反思。因此，在哲学领域出现了很多诸如此类的出版物，如"纳米伦理学"，而在过去这只是那些职业哲学家的特权。新的科学化了的技术是如此复杂和多样，以至于那些知识面狭窄的技术专家和职业哲学家都无法理解。在讨论问题时，那些带着自己的创新成果不由自主或不可避免地进入到人文社会科学领域的技术专家，往往不具有人文文化和哲学传统；而那些游离在技术之外的哲学家们甚至都达不到对现代技术发展机制理解的表面层次。

因此，一个棘手的问题就是这两个世界格格不入、难以对接。为了部分克服这一难题，可以为各个专业的研究生开设"科学史和科学哲学"这门课程，其中也包括技术哲学。然而，这一做法效果甚微。而对技术科学史所做的内容丰富的方法论分析却经常摆脱科学技术哲学的阈限，因为这种分析必须结合具体的科学技术史，必须结合科学技术学科和具体的技术理论。但是，很多技术科学的研究者都局限于这一事实，即"大部分技术科学都有自己独特的理论"，"它们位于数学、自然科学理论和工程实践的结合部"，包括"演绎-公理化理论的元素"或者只是提到有这样的因素。历史表明，技术科学的确具有诸如此类的特点，技术理论的确形成了诸如此类的范式，但高罗霍夫认为更为重要的是，

---

① Горохов В. Г. Технические науки: история и теория, *Вестник РАН*, 2014(11), C.1005.

应该研究现代科学技术的发展趋势。对于自然科学而言，"规律"的意义和价值与它的社会意义和价值成正比，而对于具体条件下一个历史现象的认识，正如马克斯·韦伯指出的："最一般的规律往往就是最大程度上的内容贫乏，通常只具有最小的价值。"正是这样的科学史分析，克服了哲学讨论中的不足——一方面是纯粹的科学史实的描述；另一方面是基于内容丰富的技术科学史的方法论分析。

在 21 世纪初诞生的所谓技术科学乃是自然科学和技术科学的共生体。自然科学的基础研究越来越注重在问题和设计方面面向解决具体的科学技术任务，这使得它们非常类似于技术科学并反映在科学发展新阶段——技术科学上，而技术科学最典型的代表就是纳米技术（нанотехнология）。纳米技术被公认为关键的科学领域不仅是因为它导致整个现代科学技术图景发生了改变，而且是因为它将为社会带来积极的经济、生态和社会影响。由于科学与技术的拼接势必产生一系列的哲学方法论问题，所以亟须人们进行专门的思考。纳米技术科学的研究经常始于某些工程任务，而它的设计形式本身实质上也是问题导向的。例如，从研究碳纳米管到研究化学纳米晶体管，目的就是为了得到越来越复杂的纳米结构。这里的主要问题是保证把各种纳米管统一到一个纳米图式（наносхема）中，而为了测量该纳米晶体管的输入和传导性质又要呈现这一纳米图式。因此，在纳米技术科学中，被研究的问题直接取决于工程任务，这是因为晶体管既是电子工业的重要组成部分，也是科学研究的对象。为了实现电子元件的微型化（事实上这也是社会规律决定的），就需要越来越新的工艺和材料，其中最有发展前景的就是从碳纳米管中制备晶体管。把各种碳纳米管彼此统一到具有一定功能的纳米图式中，这本身就属于特别复杂的工程任务。事实上，在技术科学研究中总是离不开计算机模拟（仿真），我们在屏幕上看到的东西只是间接被理论决定的；在此基础之上建立起测量系统，而它的数学表达式被保存在模拟程序中。在技术科学中，科学理论和技术理论之间的差别几乎看不到了，科学实验与工程设计也变得密不可分，而这类研究的目的既是为了解释和预测自然界的纳米过程，也是为了设计新的人工的纳米结构。在纳米技术科学的研究中，一方面和经典自然科学一样，在数学工具和实验数据的基础上建立对自然现象的解释图式，同时对某种类型的自然进程做出预测；另一方面和技术科学一样，不仅要提出新的实验方案，而且还要建构新的、在自然界和技术中尚不清楚的纳米系统的结构图式。

俄罗斯学者研究科学技术哲学的一个突出特点就是与科学技术史研究紧密

结合，他们编写的教材大多也是以"科学史和科学哲学"（философия и история науки）命名的。一个突出的例子就是俄罗斯科学院斯焦宾院士的工作，他以科学史上的电动力学为案例，对经典科学和非经典科学阶段"科学理论的建立"进行了充分的方法论分析[①]。尽管无论是在名气上还是资历上高罗霍夫都无法和斯焦宾相提并论，但是他们二人的工作却存在可比性。高罗霍夫谙熟从机械和机器理论到纳米理论的整个技术科学发展史，他以应用电动力学理论的技术科学——无线电学为例，对经典技术科学阶段"技术理论的建立"进行了详尽的方法论分析[②]；进入21世纪，技术科学也发展到了非经典阶段，他又以纳米技术和工艺为例，阐述了现代技术科学的特点和发展趋势，提出了自然科学研究与技术科学研究、科学的解释和预测图式与技术的设计和结构图式走向融合，技术科学理论既面向解释天然自然过程，又面向建立人工自然结构等观点，都是技术哲学领域极富创造性的学术成就。总之，科学技术的飞速发展不仅使我们按照新方式思考老的哲学问题，而且也给我们带来了一系列新的方法论、社会和认知方面的问题，思考这些问题需要具有很高的哲学水平。如果没有哲学家的参与，科学家是不可能思考这些问题的。但是无论是科学哲学家还是技术哲学家都必须和科学家、工程师密切联系，并进行广泛的对话，重新思考这些在科学技术领域中产生的哲学问题。

四、罗津和"新工程理念"

罗津是苏联及当代俄罗斯著名的科学哲学家、技术哲学家和文化学家。1972年，罗津以"数学知识的方法论分析"为题通过论文答辩获得副博士学位；但直到1991年苏联解体前夕，他才以54岁的"高龄"通过《自然科学、技术科学、人文科学的特色与特点》（Специфика и особенности естественных, технических и гуманитарных наук）博士论文答辩，获得哲学博士学位。罗津是大器晚成的，他的哲学道路也是不寻常的。虽然罗津不是科班出身（不是像斯焦宾、高罗霍夫等毕业于哲学专业），但是在国立莫斯科师范学院上大学二年

---

① Степин В. С. *Становление научной теории*, Минск: Изд-во БГУ, 1976; Степин В. С. *Теоретическое знание*, М.: Прогресс-Традиция, 2000 и др.

② Горохов В. Г. *Техника и культура: возникновение философии техники и теории технического творчества в России и в Германии в конце 19-начале 20 столетий (сравнительный анализ)*, М.: Логос, 2010; Горохов В. Г. *Технические науки: история и теория (история науки с философской точки зрения)*, М.: Логос, 2012; Горохов В. Г. *Философия и история науки (учебное пособие для аспирантов ОИЯИ)*, Дубна: изд-во Объединенного института ядерных исследований, 2012.

级时，他就开始旁听谢德罗维茨基的哲学讲座，这些讲座当时提出和解决了很多创造性的问题。罗津所受的哲学教育主要是通过自学和参加"莫斯科方法论小组"的研讨获得的，罗津是谢德罗维茨基的早期学生之一和"莫斯科方法论小组"的积极参与者，如今该小组早已发展成为方法论运动。从20世纪70年代开始，罗津逐渐形成了自己的方法论研究特色，他的研究主要基于人文主义、符号学和文化学的思想和原理之上。除了方法论研究以外，罗津的学术兴趣还涉及科学技术哲学、符号学、文化学、法哲学、心理学、教育哲学、管理哲学和对神秘理论的分析等。作为俄罗斯科学院哲学研究所的资深教授，他还为国立人文科学院大学的学生开设"哲学导论"和"科学技术哲学"等讲座，为俄罗斯科学院哲学研究所和马里国立工业大学的研究生讲授科学技术哲学。他也是一位高产学者，迄今为止发表和出版了420篇（部）学术出版物，其中有46部专著和教材。罗津的近期著作主要有《工程和设计活动的进化（工程：形成、发展和类型）》（2013年）、《技术和社会性：哲学的概念和差别》（2012年）、《图式学导论——哲学、文化、科学、设计中的图式》（2011年）、《莫斯科方法论小组的科学研究和图式》（2011年）、《传统和现代哲学》（2009年）等。但是，最能体现罗津在科学技术哲学领域学术造诣的还是他的技术哲学"三部曲"：《技术哲学：历史与现实》（1997年）、《传统和现代的工艺》（1999年）和《技术的概念及其现代观点》（2006年）。

（一）《技术哲学：历史与现实》

罗津与高罗霍夫等合著的《技术哲学：历史与现实》既是俄罗斯第一部技术哲学教科书，也是第一部技术哲学著作，它在普及技术哲学知识、建设技术哲学学科方面发挥了重要作用。该书尽管早在1997年就已出版，但仍然是科学技术哲学专业研究生的必读书和参考书。该书研究了技术知识的方法论、文化系统中的技术、计算机革命的认识论和伦理道德语境等问题，特别是分析了国内外哲学家关于技术概念的论述，提出了把技术哲学作为学习对象的思想。该书分成上下篇。上篇是"技术哲学基础"，除了绪论以外包括哲人工程师和早期技术哲学家（第1章）、研究的路径和方法（第2章）、技术的本质和性质（第3章）、文化中的技术的形成与进化（第4章）、技术型文明的矛盾（第5章）和作为学习对象的技术哲学（第6章）等六章内容。下篇是"跨学科视域中的技术哲学"，包括计算机革命的认识论语境（第1章）、技术和伦理（第2章）、艺术和技术语言（第3章）、社会设计（第4章）等四章内容。罗津认为，当代技术哲学面临着两大任务：①反思技术的本质和性质；②寻找走出由技术和技术型文明产生的危机的道路和方法。具体说来，首先是反思技术，揭示技术的本质和性质。引起全球性危机的不仅是技术，用时髦的说法，而是整个"技术型文明"①。现在我们逐渐清楚了，当代文明的危机是全面的：生态危机、末世论危机、人类学危机（身体和精神的退化）、文化危机等，而且各种危机彼此关联。其中，技术或更广义地说，对待世界的技术态度是全球性衰退的主要原因。因此，我们把当代文明称作"技术型"的，就是因为技术影响到了整个世界和人本身，成为人类发展的技术根源。其次，这一任务具有方法论性质：这就是在技术哲学中寻找化解技术危机的道路，最先是在新思想、新知识和新方案等智力层面。众所周知，很多哲学家都把技术和技术发展与当代文化和文明危机联系起来，如海德格尔、雅斯贝尔斯、芒福德等。这些哲学家认为必须把技术（工艺）人道主义化，使其顺应人和自然；而另一些哲学家（如斯柯利莫夫斯基等）则认为，任何将技术型文明人道主义化、在更大程度上赋予技术以人的价值的尝试终会落空，因为技术系统会对这种"整容手术"表现出坚韧性。当然，目前对立的双方都能给出充分的论据，势均力敌。"如果技术哲学能够解决上述两个中心任务，那么它的地位就不仅仅是哲学了，而是方法论或者跨学科的研究和分析了。"② 除了罗津以外，科学哲学家施维廖夫、奥古尔佐夫等也指出，除了一些传统的问题和任务以外，现代非经典哲学研究的那些方法论和应用问题，几乎和技术哲学讨论的问题完全一样。在这个意义上，技术哲学乃是货真价实的非经典哲学学科。

除了技术哲学的任务和学科性质，罗津认为还有一个方法论问题，这就是在技术哲学的范围内把技术还原为"非技术"（нетехника），如活动、技术理性形式、价值观及文化的某一方面。而为了做到这一点，就必须充分考察技术哲学关于技术的基本定义。常见的技术定义无非有两种：①技术是实现目的的手段；②技术是人类的基本活动。而其他一些定义无非是强调思想及其实现的作用，强调某些价值观的意义。在第二个定义中，技术"消失"了，取而代之的是活动、价值观、精神、文化视角的某种形式。一方面，把技术还原为"非技术"（技术哲学还原为精神哲学或活动哲学、生命哲学和文化哲学等）似乎是认识技术必要的前提条件；但另一方面，我们还会保持住对研究对象（技术）特色的坚定性吗？技术的"非对象化"（распредмечивание）定义走得如此之远，

① техногенная цивилизация——斯焦宾用语。

② Розин В. М., Горохов В. Г. *Философия техники: история и современность*, М.: ИФ РАН, 1997, С.6.

以至于在研究者面前呈现的技术乃是任何人类活动和文化的最深刻和最全面的视角，而不仅仅是某种实体或直觉的技术。"因此，就会产生一个困境：技术就是一种独立的实体，即技术就是技术而非别的什么东西；抑或技术仅仅是精神、人类活动和文化的某一层面？"① 随着文化学（文化哲学）的兴起，近些年来其对技术哲学产生了越来越大的影响，于是又产生了一个方法论问题，即纯粹心理学和文化学的现象正在渗入技术概念和本质。比如，文化学的研究表明，在古代文化中那些简单工具、机械和建筑也需要置于"万物有灵论"的世界图景中才能被理解。古人认为，在这些工具中都潜藏着帮助或妨碍人的神灵，制造和使用工具是作用于这些神灵，否则就会一事无成或者摆脱人的控制，甚至反过来反对人。这种对技术"万物有灵论"的理解事实上贯穿了整个古代工艺的本质和特点，在这个意义上古代技术相当于"巫术"，而古代工艺相当于某种宗教仪式的东西。

　　直到近代以后，在现代文化的基础上形成的技术概念中，才有了自然规律的作用和人类特有的工程建造，但问题不在于如何去定义技术，而在于关于技术的文化存在和实在的诠释。罗津认为有三种"逻辑"：第一种是古代把技术（工具、机械、机器等）看成是"神灵"，第二种是中世纪把技术看成是上帝造物的展现，而第三种是近代以降把技术看成是自然过程（力和能量）。因此，技术在文化中的生存和发展不仅根据"需要和必要的规律"，而且遵守思想存在、意识文化形式和世界图景的"逻辑"，当然，在每种文化中对技术的理解也是要发生变化的。如果我们把对技术的理解附加到技术的概念中，那是否意味着随着技术的进化文化也要发生改变呢？罗津的答案是肯定的，他认为与现代技术同时发生的还有特殊的文化场景和氛围："首先在自然科学中发现自然规律，然后再以这些规律为基础创造出这样的条件，即使自然界的力量和能量得以'释放'并被有目的地加以利用（这本身就是工程活动的任务），最后，再以上述工程活动为基础建成工业，从而满足人的需要。"② 但问题是，是否需要把这些文化场景和氛围附加到现代技术的性质中去，抑或它们与技术并没有直接的关系，只是一种简单的技术意识？毋庸置疑，这一文化背景在今天正在经受批判和修正，而随之而来的就是技术哲学研究的一个新的转向——文化学（культурология）。

　　罗津认为，传统的科学-工程世界图景已经发生了危机③，取而代之的应该是

---

① Розин В. М., Горохов В. Г. *Философия техники: история и современность*, М.: ИФ РАН, 1997, C.9.

② Там же. С.10.

③ 万长松：《俄罗斯技术哲学研究》，沈阳：东北大学出版社，2004 年，第 187-194 页。

"新工程理念"（новая идея инженерии）。其中，最重要的是必须改变对技术的理解，而要做到这点必须首先克服自然-工具主义的技术定义。一方面，技术是复杂的智力和社会过程的集中体现，包括认知与研究、工程和设计活动、技术开发、经济与政治决策等领域；另一方面，技术是人类的特别栖息地，势必把物质原型、运行节奏和审美方式等强加给人类。新的工程和技术一定是另一种科学-工程世界图景的产物，而这一图景不能建立在任意使用自然力、物质和能量和任意创造的理念上。这些理念在当时（文艺复兴时期和16—17世纪）是富有成效的，它帮助人们形成了工程的范式，但在今天已经过时了。新的工程理念意味着要想学会与各种自然（第一自然、第二自然和文化）打交道，就要学会倾听自己和文化的声音。"倾听就意味着理解——我们赞同何种技术，由于技术和技术文明的发展我们如何限制了自己的自由，什么样的技术发展价值观对我们而言是有机的，而什么样的价值观又是与我们对人和人的尊严的理解，对文化、历史和未来的背道而驰的。"[①] 因此，工程和技术的新理念是某种基于人的生理和心理的现代理念。近些年来的研究表明，我们心理和生理的发展不是简单地以教育和营养的理念为基础，而是要以人的修心养性为条件，思考人的价值和人生道路，倾听自己、自己的本性，同时在与他人的对话和交往中建构自己的本性的。新的工程和技术不就是这样吗？不单是一个个的工程项目，而且是人类发展的器官；不单是发展的内在源泉（科学、工程、技术），而且是明智的选择和理性的约束；不单是对科学技术进步的沉思和客观研究，而且是倾听和建构决定科技进步性质的基本力量和条件。当然，所有这些还都是新工程和技术的形象和创意（образ и замысел），它们是否以及在何种形式上实现，这是一个需要继续思考、研究和实际行动中解决的问题。

（二）《传统和现代的工艺》

在《传统和现代的工艺》这本专著中，罗津揭示了工艺的本质、工艺和技术的区别和联系、工艺形成中的主要因素，旨在寻找克服技术型文明危机的道路和现代工艺的某些特点。罗津指出：工艺的发展事实上是取决于文化特性及其符号危机、社会建制、世界图景、个人社会化的形式（教育、职业生涯）等因素的。与此同时，罗津也列举了一些工艺的实例，比如，中世纪的、虚拟现实的和信息社会的工艺深入讨论。该书除了绪论以外分成5章。第1章是"技

① Розин В. М., Горохов В. Г. Философия техники: история и современность, М.: ИФ РАН, 1997, C.165.

术实在研究的方法论"，首先介绍了自海德格尔和福柯传承下来的研究方法，然后阐述了福柯的"社会机制"（диспозитив）这一新概念，借以说明自己研究方法的特殊性。第 2 章是"关于技术和工艺的概念和论证"，分别阐述了关于技术的专家治国论论证、关于技术的自然科学论证和关于技术的社会文化论证。第 3 章是"技术的机制"，分别论述了技术和工艺的本质、技术和工艺的机制。在第 4 章中，罗津提出了"描述技术和工艺的第一方案"，主要包括技术的创造、工艺的结构、技术和工艺的应用、对技术和工艺的认识、技术和工艺的后果、对技术和工艺的控制等。在第 5 章中，罗津提出了"第二方案：影响工艺发展的因素"，主要有如何从埃及祭祀活动走向金字塔的思想、传统的科学-工程世界图景的危机、个人和制度的因素等。在结束语中，罗津对如何走出技术型文明危机谈了自己的看法和方案。该书实际上是《技术哲学：历史与现实》的"姊妹篇"，罗津继续探讨了技术的现象和本质，不同的是着重研究技术的一个侧面——工艺（технология）。在他看来，尽管无需解释研究工艺性质的重要性，因为它已经被公认为是技术的一部分；但是在另一种意义上工艺也可以看成是独立的实在，甚至是包括整个技术在内。因此，目前存在着两种研究传统：一种研究是将技术和工艺两个概念等量齐观；而另一种研究认为技术和工艺是完全不同的两类现象。

　　罗津认为，无论是在概念上还是在现实中都要区分三种现象：技术、狭义的工艺和广义的工艺。"狭义的工艺"是指获得、加工和再加工原料、材料、中间产品，以及其他工业制品的规则、操作和方法的总和（系统）。而对于"广义的工艺"他引用了诺尔曼·维格（Норман Виг）的说法，乃是近些年来在技术哲学基础上兴起的新学科，它的基础和前提就是工艺已经在我们的生存现实和生活方式中占据中心地位，所以应该作为人的基本特点加以研究。工艺主要有以下几种含义："①技术知识、规则和概念的总和；②工程和其他技术职业实践，包括涉及应用技术知识的职业的现状、规范和条件；③来自上述实践活动的物理手段、工具和人工物；④技术人员的组织和大规模系统和机构（工业企业、军队、医院、交通运输等）技术流程的集成；⑤'工艺条件'或者作为一代技术活动结果的社会生活特点和性质。"[①] 不难看出，维格的广义工艺是包括技术在内的，而埃吕尔在《另一种革命》中甚至把自然和艺术都看成是技术和工艺的元素。因此，像维格这样的技术哲学家们首先是历史学家和社会学家，

---

① Розин В. М. *Традиционная и современная технология*, М.: ИФ РАН, 1999, C.4.

他们不仅把工艺理解为机器和工具，而且理解为一种关于世界的观点，指引着我们接受整个现实世界。工艺就是我们的"命运"（судьба）。在研究方法上，罗津特别青睐福柯的"社会机制"这一概念，并把它作为自己方法论分析的核心概念。"福柯的方法——就是从公开的知识-论证向隐蔽（重构）的实践-论证运动，从它们二者再向这样的社会实践运动，它允许研究者感兴趣的现象（如性或者精神分裂）能够被建构、存在和被转换，在和其他现象的相互作用中表现出来。抑或相反，从相互联系的社会实践向公开的和隐蔽的论证运动。福柯所采用的这一方法，在本体论的形式上就是'社会机制'。"[①] 以此作为出发点，经过一番分析后罗津得出以下三点结论：首先，从福柯的观点出发，不存在对技术进行改造或外部控制的马克思主义方案。对技术的影响只能与思维主体的局域作用中实现，并且是从思维主体本身开始的。对技术的确定性的社会作用：一方面要面向技术变化的自然趋势；另一方面，要取决于研究者的意愿。其次，对技术的社会机制进行分析，主要是对技术（公开的或隐蔽的）的论证研究，对技术隐藏于其中并发挥作用的实践研究，对决定了实践或者论证的权力关系网的研究；最后，"所谓技术，就是分析性的论证、实践和权力网所组成的复杂系统的投影和对象化"[②]。研究技术有不同的思想进路，罗津对不同技术路线的描述如图 7-2 所示。

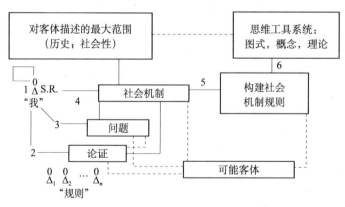

图 7-2　思想者工作技术路线示意图 [③]

在图 7-2 中，$\overset{0}{\Delta}$ 代表思想交流的参与者，S.R. 是指思想者的"主观框架"（他的价值观、看法、对有意义行为的社会解释），而不同的线路编号代表着不

① Розин В. М. Традиционная и современная технология, М.: ИФ РАН, 1999, С.16.

② Там же. С.24.

③ Там же. С.29.

同类型的思想工作。线路 1 是以思想者自己为指向的工作；线路 2 是对论证（дискурсы）的分析和批判；线路 3 是提出问题（проблемы）；线路 4 是构建社会机制（диспозитив）；线路 5 是构建社会机制的规则；线路 6 是构建必要的图式、概念和理论条件下的应用。不同的线路意味着思想工作的各种制约性和决定性。

罗津认为，技术和其他社会现象（爱情、权利、健康、正义等）一样都属于内涵丰富的符号实在，这样一来就必然具有了悖论的性质。内涵丰富的符号实在就是一种学理化了的实在、它的意识实在，以及在认识和重构过程中被它所创造的东西。这一实在是客观存在于论证和交流中的，换句话说，内涵丰富的符号实在不仅是一种学理化了的实在，而且是一种交往化了的实在。概括地说，内涵丰富的符号实在主要有以下特点：首先，这是一种社会实在，即可以把它描述为以符号、活动和社会建制为条件的人的相互作用，罗津把符号解释为人所利用的标志系统和语言，把活动解释为以符号为前提的、为解决社会性的任务和问题所采用的方法和过程，把社会建制解释为在一定的背景下为解决社会冲突和压力所建设、巩固下来的形式（符号的形式、组织的形式等）。其次，它还是一种历史实在，随着历史发展更新换代并产生新的社会状态（自然灾害、战争、某些内涵丰富的符号元素的形成和变化）。最后，这种实在不仅是学理化的实在，交往的、社会的、历史的实在，而且是文化的实在。作为文化实在它乃是社会生活的稳定形式，这种文化稳定性一方面来自符号文化中形成的惯性，另一方面来自再生产、适应和创新的机制等。正是把技术置于如此广阔的社会、历史和文化背景之下考察，罗津最后才能为走出技术型文明危机寻找出路。罗津之所以赞同斯焦宾把当代文明称作"技术型文明"的提法，首先是因为整个国民经济生活都是以技术和工艺为基础的；其次，即使是文化存在的意义在很大程度上也是在技术实在的范围内给出的，事实上，我们已经把自己的生活质量，以及生活的延续性、安全性、发展和未来与技术、工艺及其可能性联系在一起；最后，在技术型文明中被生产和被维护的是技术价值观、技术论证和技术世界图景，相反，被排挤和被打压的是所有可能威胁到技术处事态度完美存在的东西。因此，技术型文明的基本要素就是以技术和工艺的现代发展为条件的。然而，这种技术型文明却面临着全球性危机，而为了解决这一问题还得回到广义的工艺概念。一方面，工艺是一种活动，在此之下被创造出来的不仅是新事物，还有独特的"管理发展"（在文明占有的方向上）；另一方面，工艺还是一种社会文化氛围，它的特点和进化至少取决于五个全球性因素——文化图式、世界图景、社会建制、现代个性的确立及其价值观、当代技术型文明的结构等。同时，在很多时候工艺也制约了上述全球性因素。

如何走出技术型文明危机，"首先是从我做起，唯一的希望就是思考的个体"[①]。正如拉契科夫（В. П. Рачков）指出的："在黑格尔、马克思和基尔凯郭尔之后我们经常说到，人类要想证明自己的自由就得首先承认不自由……当我们承认高技术的诱惑多头蛇和戈尔戈涅斯（蛇发女怪）的面孔时，我们需要采取的唯一行动就是——与这只多头蛇和女怪面孔保持批判的距离，这是留给人类的唯一的自由……若要以尽可能小的代价做到这样，就需要两个条件：一是随时做好准备应对可能出现的断裂，二是意识到一切取决于个体的素质水准。"[②]因此，应该对技术和工艺始终保持警惕，在享受高技术为我们带来的种种便利的同时，不能忽视它的负面后果。技术型文明危机或早或晚都会扩散开来，无视这一事实将导致灾难性的后果和技术型的毁灭。为了保护地球上的生命，拯救自然界和生物，为了自己和周围的人（开始时很少，之后便是成千上万的人），需要拒绝很多过去生活的价值观和习惯。与此同时，还要重新发现简单健康生活和智慧生命的价值观，发现对自己的活动结果负责的必要性等。为了能够活下来，接下来正常地生存和发展，人需要创造新的道德，比如，拒绝一切毁灭自然和文化的方案，学习按照新的方式来利用技术和工艺（不放弃对它们的监督），彻底改造自己的兴趣和活动特点。罗津认为："最重要的不是建立在技术和工艺基础上的财富、舒适和力量的增长，而是无危险的发展、对私有财产的监管、寻找必要的制约条件。此外，还有对出生率的监督和那些需要标准的维持，这些标准确保了健康的生活方式和技术手段、产品的合理利用。"[③]为此，罗津提出三个前提条件：①如果没有社会精英和利益相关者（包括居民）的实际行动则难以取得成功。首先就是要尝试着改变对待自己、现有的生活方式，以及技术和工艺的态度。②"自下而上"（снизу）的努力必须得到"自上而下"（сверху）的努力的自觉支持。后者主要包括重新思考已有的科学技术政策，改革技术和人文教育体制，在对技术和工艺重新理解的基础上制定新的法律法规，在科学、技术、工程、设计和工业领域进行改革，促进新的伦理道德氛围的形成，等等。③无论是哪一种努力都离不开相应的智力支持：科学研究、方法论分析、社会-工程和设计的分析、法律保障，以及其他智力条件。尽管上

---

① Розин В. М. *Традиционная и современная технология*, М.: ИФ РАН, 1999, С.113.
② Рачков В. П. *Техника и её роль в судьбах человечества*, Свердловск: Изд-ва Урал, унта, 1991, С.301, 302.
③ Розин В. М. *Традиционная и современная технология*, М.: ИФ РАН, 1999, С.117.

述所有这些努力也不能确保成功，但是它们可以为我们所希望的文明类型的转换创造前提和条件。

（三）《技术的概念及其现代观点》

在"第三部曲"《技术的概念及其现代观点》中，罗津继续探讨上两部书未尽的话题，在一些著名技术哲学家对技术的定义的基础上尝试着对技术进行全新的解读，特别是具体考察技术的社会功能。在该书中，罗津继续把克服技术型文明危机作为自己研究的落脚点，对自然界、社会行为和技术本身都进行了全新论述。除了绪论以外，全书共分为五章。第 1 章是"方法论的指南和本体论前提"，集方法论大师和哲学家于一身的罗津主要介绍了自己的研究原则，阐述了文化与人的关系、社会个体和"潜在个性"的关系，以及如何从潜在个性到某一个性，最后论述了现代个性问题。第 2 章是"卡普、恩格尔迈尔、海德格尔、库德林和斯柯列莫夫斯基等关于技术的基本观点"。第 3 章"技术的概念和本质"除了阐述概念的方法论意义以外，还详尽论述了技术概念和技术本质问题，主要包括作为人工物的技术、作为概念化和制作物艺术的技术、作为中介的技术、作为社会性机械主义条件和组成部分的技术等。第 4 章是"近代文化中的技术形成"，首先介绍了近代技术产生的前提和社会特点，着重阐述了近代文化中技术发展的典范——电子技术的形成，也正是在这一时期技术型文明开始形成。第 5 章是"技术型文明危机及走出危机之路"。该章首先介绍了传统科学-工程世界图景及技治主义对它的证明，之后具体探索了如何走出技术型文明危机。和前两部著作相比，该书更加注重把"顶天"与"立地"的研究传统结合起来，把哲学和方法论前提的演绎主义分析与对技术发展的具体案例分析结合起来，把对技术概念的历史和现代考察与对文明、文化和人的个性分析结合起来。该书更富有创造性和亲和力，每一个关注技术性质和现代文明危机问题的人都会对该书感兴趣。

在当代，越来越多的人都承认技术影响了人的生活的方方面面，甚至涉及社会性（社会生活的特点和质量、社会关系等），20 世纪上半叶的技术乐观主义（认为技术就是幸福和财富）和技术悲观主义（认为技术是当代文明危机和灭亡的根源）观点都逐渐式微。哲学家和科学家公认技术是非常复杂的现象，是科学研究难以攻克的"奥列什克要塞"（Крепость Орешек）。对现代技术的认识把我们的目光吸引到人工现象上，因为只有人能够策划并创造技术装置（机械、机器和技术设施）。与此同时，技术又是一种自然现象（海德格尔把技术看成是"座架"，库德林认为是"技术集群"，即产生其他技术的技术）。把技术看成是理念和设计的物质化身和把技术看成是知识和不同技术思维方式（技术概念）的观点相互统一，把技术作为一种"独立实在"和把技术作为一种"社会实在"两种诠释走向融合。正如彼凯尔（W. E. Bijker）和拉乌（J. Law）指出的："技术的和社会的变化彼此汇合，'打包'，如果我们想理解其中任何一个，就必须试着理解它们两个。"[①] 因此，要想解释技术的性质就不能简单陷入对技术现实的沉思，问题在于弄清什么东西影响了技术发展。在今天，对技术纯粹的、中立的研究已经没有市场，这只能加深由技术引起的，也包括技术在内的危机。相反，研究技术的前提是承认文化的衰落和危机，而且需要把技术理解为导致这种衰落的因素。从这一视角出发，技术就是现代文明和文化的不可分割的组成部分，是与其价值观、理想、传统和矛盾有机联系的。但是危机毕竟不是美好的东西，危机特别是威胁到生存的全球性危机是需要克服的。因此，在罗津看来，研究技术有助于我们解决危机，应该摆脱技术粗放式发展的束缚（或者拒绝传统的对技术进步的理解），转变技术世界的理念，建立一种全新的技术观念，即能够和人与社会相统一并保证其无危险地存在和发展的技术。

海德格尔认为，技术哲学的研究对象不是技术现象而是技术本质；而在1989 年召开的苏-德技术哲学研讨会上，达维多夫（Ю. Н. Давыдов）指出：必须从中心本体论事实（而不是本质）出发研究技术，而这样的事实在当代就是切尔诺比利灾难。的确，我们需要从技术本质出发，但揭示技术本质的目的是为了揭示和解决一些本体论问题，例如，为什么和平利用核能会变成杀戮，为什么现代技术会引发生态灾难，为什么技术最终会使人沉沦。在海德格尔看来，技术的本质就是现代文化的"解蔽方式"，即把人和自然界都变成了"座架"；然而现代技术的本质是相当复杂的。技术本质问题必然涉及对技术现象的思考，解释技术发展的悖论，研究技术形成和运行过程，还要建立为解决技术哲学应用型任务所必需的知识体系。因此，罗津认为，为了研究技术这一类复杂现象，必须游走于两个坐标之间的空间："①关于技术本质的认识，包括建构技术定义和作为理想客体的技术；②对技术概念及其论证进行分析。第二个坐标反映了关于技术及其本质的争论和沟通的计划。同时我们明白，关于技术的争论与对技术的认识直接相关，对不同技术概念及其论证的分析得到很多技术观点，在建构新的技术概念的过程中也会得到新的技术特征，它们是由哲学和科学各个

---

① Bijker W. E., Law J. *Shaping Technology / Building Society*, Cambridge: The MIT Press, 1992, P.11.

方向上的研究提供的。"① 正如之前的著作一样，罗津在技术的定义和本质中加入了对技术的理解和概念化的东西。这样一来，作为技术哲学研究对象的就变成一种独特的建构物：尽管作为实体、结构和自然科学、技术科学从外部加以关注的对象，技术是经验地展现在我们面前的，但是在技术哲学中技术却是人文科学的对象。技术哲学不可能只考察第一自然界的对象，这一自然不包括人的存在，不影响到人的存在。在技术中人类遇到了本身，遇到了自己的思想和创意，然而它们的表现形式却是异化了的技术现实。因此，目前关于技术我们面临的不仅是有效性和可靠性的问题，而且是诸如技术的命运、技术的意义、与技术共生、摆脱技术的桎梏等纯人文与哲学问题。这样就会产生足够复杂的问题："如果技术（技术本质）包括对技术的理解和概念化，而后者在每一种文化中都会变化，而且技术还应该被看作一种特殊的技术实在，那么，在任何意义上都可以谈起技术存在。"② 也就是说，技术的物理存在其实并不是我们要论及的东西。这就意味着此时的技术存在尽管是人工现象（具体的机械、机器和工具），但并非是物理的、自然的东西，而是一种技术理解，诸如技术环境、技术实在等。应该说，存在及存在与现实的关系问题是现代哲学争论的焦点。

与第一自然的现象不同，所有的技术物（工具、机械、机器、建筑、技术环境等）甚至更为复杂的城市结构或空间系统都是人工装置，即人工物（артефакт）。把技术定义为人工物是强调：技术不是第一自然的现象，而是人创造出来的产物。然而在罗津看来，"技术不仅是人工物，而且是生成这一人工物的技艺（技术活动），还是在文化的影响下不断变化的技术的概念化（концептуализация）"③。当探索和尝试导致人所需要的结果和人工物的行为时，发明家也在同时进行着相应的技术概念化，这也是拓展技艺的一个必要条件。例如，复活节岛上的图腾石像升降技艺（技术）就与对这一技术的有灵论解释密不可分（神灵显现和行走，而人的行为只不过是对它们的顺从）。历史经验也常常表明，错误的技术概念化不能解决新的技术任务和找到所需的技艺。例如，在古代文化和文艺复兴时期建造比空气重的航空器，它们不能像鸟一样在空气中上升而是下落。"技术的概念化大概是和技术本身同时产生，因为在文化中每一种现象都应该被思考，在语言中被理解和表达。"④ 况且技术为人所创造的现实，多数是为了人的生存和成功行动，为了采取正确的行动，必须在语言中正

① Розин В. М. *Понятие и современные концепции техники*, М.: ИФ РАН, 2006, С.8.
② Там же. С.9.
③ Там же. С.83.
④ Там же. С.81.

确地理解和反映技术。这在古代世界中尤其明显，一个明显的例子就是日食和月食。面对这类现象古人应该采取某种行动，因为阳光和月光对于他们的生活太重要了。但要为了行动就必须搞清楚到底发生了什么，即采取正确行为的条件是对日食、月食的理解，而这一点在文化中又是与语言表达密不可分的。于是，古人看到这种现象就以为是太阳或月亮受到了邪恶灵魂的攻击（这些光处于病态），这就决定了这些原始部落采取行动的特点（需要全力驱赶邪恶灵魂）。在此就产生了一个技术哲学长期争论不休的原则性问题：是否应该把产生技术人工物的艺术也看作是技术？罗津的答案无疑是肯定的。

而在近代文化中则完全是另一幅图景。经过了中世纪的反思，自然界已经被理解为能够被人掌握的隐藏着力量和能量的源泉，条件是在近代科学中自然界被描述为自然规律或自然装置。结果是在 16 世纪末至 17 世纪初形成了独特的社会方案——"建立新科学和掌握自然力的目的是为了克服危机和确立新的世界秩序，这一秩序能够确保人具有神圣的力量"[①]。正是在这一时期，技术被概念化为近代文化的社会性条件，伽利略和培根对此是最为清楚的，他们指出，近代科学和技术是力量、财富和公民社会的必要条件。罗津认为，这一社会方案和马克思最早在《共产党宣言》中提出的社会主义方案有很多相通之处，只不过在共产主义运动中这一方案无法实现（这不是马上就显现的，而是在苏联和其他社会主义国家 70 多年的严格的社会实验之后表现出来的）。但是在上述情形之下，以自然科学为基础却可以实现关于自然界的新科学（自然科学）和新实践（工程活动）。新科学的范式是由伽利略建立的，而新实践的范式是由惠更斯（Гюйгенс）建立。近代以降，社会生活越来越被当作自然规律被人类加以研究（因为人和社会也被当作自然现象），发现社会生活的实际效果，在按照自然规律运转的机器和机械工程中创造社会生活，在自然科学和工程成就的基础上满足人类日益增长的需要。文艺复兴不仅发展了这一新世界观，而且为它在社会生活中的普及创造了条件。然而，从 19 世纪下半叶开始，技术的负面后果越来越多地暴露出来。这就产生了一个问题，这些负面后果从何而来？在创造技术的时候，人类不仅认识了他们感兴趣的自然过程，而且完全把握了这些过程了吗？事实上，伽利略、惠更斯和牛顿的追随者就是这样思考问题的。但事实是在自然科学和工程人类掌握的只是自然界的"工作过程"（рабочие процессы），即那些人们关心的实际效果。然而，"这些工作过程带来的不仅是

---

① Розин В. М. *Понятие и современные концепции техники*, М.: ИФ РАН, 2006, C.173.

工程师没有预料到的自然过程，而且有些后果给人类的活动结构和生活方式带来了实质性的改变"①。一个典型的例子就是技术的生态意义。但是值得注意的是，最主要的还不是技术，而是那种特殊的文明类型，作为新的社会方案实现条件始于17世纪，它把社会生活和福利与技术的成功联系在一起。然而这一文明类型对实现诸多社会方案起到决定性作用还是在20世纪上半叶，当时取得了很大成效的科学和工程实践以及基于它们的工业生产活动，都要求转而实现以下社会方案——"建立一个福利社会和确保人们日益增长的需求"②。上述两个方案在发达国家得以实现标志着"技术型文明"的诞生。在技术型文明类型之下，我们把生活质量，以及它的持续、无害、发展和未来都与技术及其可能性联系在一起，所有技术价值观、技术论证和世界图景都受到支持和复制，相反，一切有可能威胁到技术存在的东西被排挤和打压。在这个意义上，技术型文明就是以现代技术和工艺发展为前提和条件的文明类型。

然而，技术型文明在今天势必危机重重。传统的科学-工程世界图景认为，工程和技术活动不会影响到工程师从中得出规律的那个自然界；作为工程活动结果的技术也不会影响到人，因为技术仅仅是手段；需求自然而然地增长和扩大，但这都是可以通过科学-工程的途径得到满足。显然，这一世界图景已经过时。摆在哲学家面前的有两组基本问题："①技术和工艺是如何影响人的存在和人的本质（人的自由、安全、生活方式、认识的可能性和现实性等）的？②什么是技术型文明？技术型文明的命运如何？是否还有另外一种更加安全的文明类型？为此我们需要做些什么？"③其中最为重要的就是寻找走出技术型文明危机的出路。很多学者指出，既然人类别无选择地生存在地球上，那就应该一方面限制技术的增长或者使技术人道化（使技术面向解决生态问题，使技术进化变得可控等），另一方面改变我们的生活方式——这一点可能更为重要。但遗憾的是，今天能够决定现代技术发展的人，包括当权者、专家和技术人员却对技术进化的现实危险视而不见。所以，罗津借用维尔纳茨基的术语提出了这样一个问题："生物圈（биосфера）中的生物大循环究竟能够给人提供些什么东西？"而这一问题又可以分解为三个方面：①在能量输入方面；②在生物圈的生物循环方面；③在脱离生物循环进入地质学方面。首先，落在地球表面的太阳能有3%～8%被绿色植物所吸收，但不是所有的能量都可以通过光合作用

① Розин В. М. *Понятие и современные концепции техники*, М.: ИФ РАН, 2006, С.199.

② Там же. С.204.

③ Там же. С.210-211.

被吸收，就像在技术和动物界我们谈论的效率系数（коэффициент полезного действия,КПД）一样，光合作用也有效率系数，2%～8%，不同的植物群落光合作用的效率系数差别很大。这就给人类提供了一种可能性：在仔细研究不同种类植物光合效率的基础上，植物学家努力提高具有高光合效率植物群落的覆盖面积。也就是说，提高地球生物圈的生产力可以使生物圈吸收的能量提高1倍，然而要想做到这一点至少还需100年。其次，更为重要的是生物圈大循环。通过研究植物种群的再生产，研究对人类有益的脊椎动物、海洋动物、鸟类、鱼类，以及大量生活在海洋的无脊椎动物资源的再生产机制，我们得以大幅度提高对人有益的这个生物群巨大循环的生产力。但为了做到这一点，就必须提高栽培作物和家畜的生产力。这一点不难做到，因为目前的遗传学研究已经使我们深入地了解了遗传密码的结构和功能。当我们知道越来越多的遗传密码时，就可以大大提高栽培作物和家畜的育种速度和效率，提高那些对人类有益的性能。而当人类解决了生物界的生态平衡问题以后，就可以从这个巨大的生物循环中获得更多的资源。这是因为，人类已经能够自觉地、科学地、理性地根据自己的需要和判断去改变及改善地球上的生物群落。如果我们能够把生物圈的生产力提高1.5倍，那么地球上的生物产量就能比过去增长10倍。最后，脱离生物圈。有时候生物工程师会关注脱离生物大循环的某些东西，以防止从生物循环中产生的降解物成为小分子、无机盐甚至碳酸钙。这些生物工程师把这些析出物重新变成更有价值的有机大分子——对人有用的糖、蛋白质和脂肪，仅此一项人类还可以提高地球的产量。和罗马俱乐部"增长的极限"悲观主义情绪不同，借助于维尔纳茨基等的观点重新考察生物圈，罗津得出乐观主义的预测："在不破坏地球生产力的前提下，人类可以把地球产量提高不是两倍，而是十多倍。"[①]

最后，罗津还指出：我们已习惯于站在食品或粮食资源的角度讨论地球生物生产力的问题，但是地球生物圈是我们星球表面的一个巨大的物质和能量转换的活工厂——形成了大气和水的平衡状态，大气流动既是地球的能源，同时又影响着气候，而地球上植被的水分蒸发在水循环的过程中发挥着重要意义。因此，地球的生物圈形成了人类的生存环境，没有了生物圈或者生物圈不能正常工作，人类便不可能在地球上生存。如果回到技术的本质概念我们就会发现，简单地拒绝技术和技术发展是不可能的。实质上，人和文化活动就是以技术为

---

① Розин В. М. *Понятие и современные концепции техники*, М.: ИФ РАН, 2006, C.235.

基础的。但我们必须承认，技术生产活动、技术环境和工艺在 20 世纪的确威胁到了人的生存，人们不得不承认：技术不可能兑现所有的承诺。这就意味着，技术思想和技术概念不仅包括技术本性，还必须包括技术发展的后果，也就是说，必须对技术后果进行评估。为了掀起一场重新理解技术的新运动，必须改变我们的视角和态度。重要的是，哲学家、科学家、工程师、政治家和记者必须清楚："根源不在于技术，而在于社会类型，这一技术型文明类型形成于近 2—3 个世纪。"[①] 直到今天，只要我们仍旧认为技术是最主要的，所有的社会问题都必须在技术的基础上解决，人类的福祉与现代工艺的发展直接相关——我们不仅不会走出技术型文明危机，而且还将加深技术型文明危机。尽管在技术型文明中技术起到了举足轻重的作用，但从未来发展前景的视角来看则需不同的理解。现有的社会类型已经不能满足我们，因为它确信主要的社会问题都必须借助于技术解决，但所有这些都成了破坏的因素。任何社会环境和文化都应该推出技术，而不是从技术推出社会环境和文化。在当代，在技术型文明趋于山穷水尽之际，俄罗斯学者已经迎来了积极讨论新的文明类型的契机，这是俄罗斯科学技术哲学未来发展的一个总趋势。

---

① Розин В. М. *Понятие и современные концепции техники*, М.: ИФ РАН, 2006, C.249.

俄罗斯科学技术哲学是一条川流不息的大河

　　子在川上曰:"逝者如斯夫,不舍昼夜。"俄苏科学技术哲学的发展就像一条川流不息的大河,一去不复返,却又生生不息。不仅俄苏科学技术哲学,而且整个俄苏哲学都像伏尔加河一样,时而咆哮奔腾,时而险滩暗礁,时而宽阔舒缓,时而波平浪静。但它在过去、现在和将来永远都不会是一潭死水(哪怕看起来是一潭死水,也会有死水微澜)。让我们记住 20 世纪俄苏哲学史上那些熠熠生辉的名字——别尔嘉耶夫、布尔加科夫、维尔纳茨基、恩格尔迈尔、伊里因、弗兰克、洛斯基、洛谢夫、巴赫金、波格丹诺夫、马马尔达什维里、阿斯穆斯、伊里因科夫、季诺维也夫、谢德罗维茨基、科普宁、凯德洛夫、弗罗洛夫、施维廖夫、奥伊则尔曼、斯焦宾、列克托尔斯基、奥古尔佐夫……(这是一份永远都不会罗列完整的名单)。他们就像伊利亚·列宾(Илья Е. Репин)画笔下的《伏尔加河上的纤夫》(Бурлаки на Волге),拉动着俄罗斯思想这艘"沉重的大船"在哲学的伏尔加河上缓慢前行,把自己的青春、心血、自由和生命留在了这条历史长河中[①];他们又像是虔诚的东正教徒,把自己的才华、坚毅、执着和果敢献给了俄罗斯哲学的圣父(正义)、圣子(真理)和圣灵(智慧)三位一体。特别是其中的一些人(像恩格尔迈尔、伊里因科夫、阿斯穆斯、谢德罗维茨基、施维廖夫、奥古尔佐夫等)堪称哲学东正教中的"静修主义"

---

① 别尔嘉耶夫、布尔加科夫、弗兰克、洛斯基等多数从事宗教唯心主义哲学研究的学者被苏联政府驱逐出境。留在国内的哲学家则遭到各种迫害:波格丹诺夫因遭到列宁的严厉批判而一度被捕,恩格尔迈尔被禁止出版著作和组织学术活动,洛谢夫和巴赫金也有被捕和流放的经历,马马尔达什维里被剥夺了上讲台的权利,伊里因科夫长期遭到批判和迫害不堪重负于盛年自杀,科普宁、季诺维也夫、凯德洛夫等也都受到不同程度的批判。只有弗罗洛夫位及苏共中央政治局委员、书记处书记、苏联总统的哲学顾问,是苏联哲学家中跻身官阶最高的一个。

（исихазм）者，安贫乐道、严于律己、苦心治学、身体力行 ①。他们一生不为名利，不贪荣华，不畏权贵，不随大流，只是服膺真理，皈依学术。"一大批科学和哲学精英，在漫长的历史时期内，潜心研究，组织了无数盛大的学术活动，精心制订了各种学术计划，在几乎所有领域都提出真知灼见，留下浩如瀚海的文献和典籍，这是哲学史上无法抹杀的一页。" ②假使俄苏哲学史没有了这些精英，只剩下米丁、尤金、康斯坦丁诺夫、伊利切夫、费多谢耶夫，以及李森科、勒柏辛斯卡娅、切林采夫等打着马克思主义旗号进行政治投机的理论"掮客"和科学"伪人"，俄苏哲学史就不会是一条波澜壮阔的大河，而是肮脏不堪的阴沟。

一、站在俄罗斯科学技术哲学的"源头"

　　俄罗斯科学技术哲学虽历经磨难，但却生生不息，很重要的一个原因就是"源远"，只有"源远"才能"流长"。在津科夫斯基看来，19 世纪末至 20 世纪初的俄国哲学界，除了最新的批判主义以外，还有一个与实证主义最为接近的思想流派——"科学（的）哲学"（научная философия）。这一流派有三个最重要的特征：首先就是在理解存在问题上对科学方法的唯一性信仰，对科学思维程序的顶礼膜拜，以及天真的理性主义，也就是无条件地承认我们的思维与存在之间具有"同一性"。其次就是科学所散播的关于知识相对性的信念，即关于知识经常处于演化过程中的信念，以及我们不可能达到任何绝对知识的信念，即关于任何知识的"历史性"的信念。最后就是否定任何形而上学的倾向，但是这一反形而上学倾向并不妨碍人们以"为了科学"的名义论证作为形而上学的唯物主义，而唯物主义与实证主义的内在相互关联又是一个到处都能看到的现象 ③。以上三个特征在"源头"上奠定了俄罗斯科学哲学的基调。

　　第一个提出"科学（的）哲学"概念的俄国哲学家是列谢维奇（В. В. Лесевич，1837—1905）。列谢维奇很早就开始发表文章和出版著作，1878 年他

---

① 静修主义首先是由东方基督教修士从事的人学实践活动。就内容而言，静修主义是通过一些特殊手段，首先是祷告，修行者改变自己的整个个性，逐渐接近于与神相结合即神化，这是修行实践的终点。静修主义是东方基督教即东正教的核心内容。4 世纪，当基督教已经成为罗马帝国的国教，在城市中到处建立教堂，人们纷纷走进教堂积极参加教会生活的时候，出现了一批对待基督教信仰特别热心的人，他们开始离开城市去荒漠进行个人的、单独的宗教修行。荒漠逐渐地获得了隐喻意义，这是个别人的一个去处或空间，他在那里从事单独的精神实践。第一个静修主义者是底比斯城的安东尼（Anthony）。参见 C. C. 霍鲁日：《拜占庭与俄国的静修主义》，张百春译，《世界哲学》2010 年第 2 期，第 83-91 页。
② 孙慕天：《跋涉的理性》，北京：科学出版社，2006 年，第 249 页。
③ В. В. 津科夫斯基：《俄国哲学史（下）》，张冰译，北京：人民出版社，2013 年，第 281 页。

出版了《关于科学哲学的书信》一书；1891年，他开始以"什么是科学哲学？"为题发表了系列论文；1915年，5卷本的《列谢维奇全集》出版。列谢维奇认为，哲学是直接继续发展和完成科学认识的结果。他在《批判主义研究试论》中写道："在科学还在研究具体分类现象时，它就止于是具体科学，但如果科学不是以此类现象的联动机组，而是以整体的现象为其对象的话，科学便开始带有哲学的性质了。"① 他在《关于科学哲学的书信》中又写道："经验科学是专门科学，而哲学则是各门学科所研究出来的概念连接起来的一般科学，它把这些概念归结为一个高级的一般的概念。"② 因此，哲学应当就是追求知识的终极统一性，而经验则是作为终极真理的个别事实，科学哲学实际上就是科学理念的高度综合，也就是一种科学世界观。在俄国哲学史上，列谢维奇最早对哲学和科学进行了划界，同时他也把哲学融入科学世界观之中。

　　而对"科学世界观"进行独特阐发的是维尔纳茨基。维尔纳茨基教授不仅在地质学、矿物学、晶体学，以及他自己所创建的地球化学学科领域里取得了辉煌成就，而且一生都对科学史兴味颇浓，而这也成为促使其科学哲学理念成长的一个很重要的因素。与此同时，维尔纳茨基又对哲学非常感兴趣，1902年，他发表了《论科学世界观》一文。维尔纳茨基摒弃了经典的实证主义，认为它并不符合现实生活的模式。与列谢维奇的内生论相反，维尔纳茨基认为，无论是根据科学史规范还是本着问题的实质，"科学世界观"都取决于科学以外的精神潮流，我们"必然经常地看到科学从产生于宗教以及哲学领域里的理念或概念中汲取营养"③。经验概念不仅不断地被作为话语遭到逻辑分析，而且也遭到经验和观察的实在分析，而后一种分析仅仅是将经验看作现实性的肉体。但在科学认识中，只有一个部分（世界观）可以有权觊觎无可争议性，而另一个部分（知识）却并不具有相对的无可争议性。由此导致维尔纳茨基的一个非常强烈的意识，即"科学世界观不是有关全世界的科学-真实的观念——我们不具有这种观念"④。因此，在维尔纳茨基看来，"科学世界观"并不是真理的同义词，也不是宗教或哲学体系中的真理。科学世界观是来自科学思维以外的，对科学具有无可争议影响的"世界现实性的公理"。可见，尽管对"科学世界观"到底来自科学内部还是外部尚存争议，但无可辩驳的是，俄国科学哲学从一开始与西方实证主义不同的就是承认形而上学对科学具有影响作用。

---

① В.В.津科夫斯基：《俄国哲学史（下）》，张冰译，北京：人民出版社，2013年，第285页。
② 同上，第285页。
③ 同上，第295页。
④ 同上，第296页。

在马克思主义自然科学哲学的源头，波格丹诺夫（A. A. Богданов，1873—1928）绝对是一个饱受争议的人物，他的观点自始至终都在苏联马克思主义代表人物那里引起激烈的反对之声。反对波格丹诺夫的主要著作出自列宁的《唯物主义和经验批判主义》，在此之后，没有哪一部有关辩证唯物主义的著作不是从正统苏联哲学代表人物的立场出发，对波格丹诺夫进行严厉批判的。但波格丹诺夫始终不失为一个自由思想家，一个真挚而又严肃地接受了马克思主义的思想家，但也是最为坚决的修正主义的思想家。尽管波格丹诺夫始终倾向于"修正主义"，但在其发展过程中也曾经经历过几个不同阶段：他起初醉心于奥斯特瓦尔德的唯能论，并写了一部《历史自然观的基本要素》（1899 年）；继而又从奥斯特瓦尔德转向经验批判主义，并主要阐述马赫的经验批判主义。在马赫的影响下，他写了一部《经验一元论》（1904—1906 年）；他把自己最后一个哲学体系命名为《组织形态学》（1913—1917 年），此外，《生动经验的哲学》（1912年）及一系列小册子也都是这个时期的著作。尽管普列汉诺夫和列宁都把波格丹诺夫斥责为"马赫主义者"或"经验批判主义者"，但波格丹诺夫本人却不承认自己在哲学上就是一个马赫主义者："在总的哲学观念方面我从马赫那里只取了一点，即经验因素就其与'物理'和'心理'的关系上的中立性概念，以及经验关联对于这些评价因素的制约性概念。"[①] 在津科夫斯基看来，这个评价是中肯的，如果说列宁及盲目追随列宁的那些苏联哲学家们仍然认为波格丹诺夫是一个马赫主义者的话，那也仅仅只是出于保护和捍卫辩证唯物主义的"纯洁性"的目的。在旨在通俗阐释波格丹诺夫观点的《生动经验的哲学》这部有趣的书中，他仍然肯定"思维取决于社会-劳动关系"这一观点。"经验的本质在于劳动，经验产生于劳动，在劳动中，人的努力（非个体性而是集体性的）克服了自然的自发的抵抗力。"因此，"当思维抽象的主观能动性取代了劳动的生动的主观能动性时，就不会产生真的能够改造世界的哲学"[②]。而后者正是马克思所说的哲学的任务。接下来，波格丹诺夫否认了马克思主义辩证法的核心概念，即"物质自我运动"这一概念。"辩证法根本就不是什么普通的东西……而是有组织过程中的个别现象，这种现象完全也有可能按照另一种方式发生。"[③]在波格丹诺夫那里，取代先前意义上的辩证法的，是"有组织过程"的概念：马克思的辩证法讲的是"发展"，而在波格丹诺夫那里，占据首位的是"对于存

---

① B. B. 津科夫斯基：《俄国哲学史（下）》，张冰译，北京：人民出版社，2013 年，第 319 页。

② Богданов А. А. *Философия живого опыта*, СПб., 1912, C.194.

③ Там же. C.216-217.

在的创造性改造"——"有组织的过程"。"在这里，波格丹诺夫摸索到了通向'组织方法'的一些线索，这一方法在后来通过概括 20 世纪头十年以前自然科学和社会认识的整合倾向而形成了组织形态学的严整体系。但是总的来说，《经验一元论》在心理生理学影响下阐述的认识论看起来并没有说服力，而却涂上了一层主观唯心主义的色彩。"[1]

尽管波格丹诺夫的《经验一元论》从根本上是唯心主义和形而上学的，无论是他把实在看成是人类集体的实践，还是把辩证法看成是组织和"瓦解组织"（деорганизация）的过程都是错误的。但是，他的《组织形态学》却包含着对系统论和科学哲学理论最初的正确探索。首先，他认为有组织的整体在实际上大于自己的各个部分的简单加和，但其原因并不在于在这一整体中从无中制造出什么新的积极性，而在于已有的诸种积极性，这些积极性的结合要比与其对立的阻力来得更成功，而这则意味着有更高的组织性。其次，他认为在各门自然科学中都有两个分支："静力学"（静态）分支，即关于处于均衡态的各种形式的学说；"动力学"（动态）分支，即从变化方面来研究这些形式及其运动。例如，解剖学和组织学属于静力学分支，而生理学属于动力学分支。静力学的发展在各门科学中都早于动力学，而后来则在动力学影响下自行发生改变。最后，从最简单的形式直至最复杂的形式，人的活动都可以归结为一种组织过程，而认识和思维所具有的组织特性更为明显。认识的功能在于把经验事实整理成有条理的组分，如思想或思想体系，即理论、学说、科学等，这就意味着用理论把经验组织起来[2]。因此，尽管波格丹诺夫否定了矛盾、斗争，强调了调和、均衡，但是他却能正确处理整体与部分、静止与运动、理论与经验的辩证关系，这是难能可贵的。作为一名医生和科学家，波格丹诺夫因在自己身上进行医疗试验而英勇殉职；而作为一名哲学家，他直到生命的最后一息都不失一位自由思想家，在任何时候、任何地方都不被别人的思想所左右。布哈林在悼词中表示相信，历史无疑会记录下波格丹诺夫的高尚品质，并且将在为革命、科学和劳动而献身的战士中间为他争得一个光荣的地位[3]。列克托尔斯基院士也对波格丹诺夫给予高度评价："非正统的马克思主义者和经验一元论者波格丹诺夫创立了一种'普遍组织科学'（всеобщая организационная наука），即所谓组织形态

① Г. Д. 格洛维里，Н. К. 菲古罗夫斯卡娅：《波格丹诺夫的思想理论遗产》，马龙闪译，《哲学译丛》1992 年第 5 期，第 21 页。
② А. А. 波格丹诺夫：《组织形态学》，贾泽林译，《哲学译丛》1992 年第 5 期，第 29-36 页。
③ Г. Д. 格洛维里，Н. К. 菲古罗夫斯卡娅：《波格丹诺夫的思想理论遗产》，马龙闪译，《哲学译丛》1992 年第 5 期，第 28 页。

学（тектология），这是一种与经典科学元素论和原子主义相对立的系统理解方法论。波格丹诺夫的组织形态学在他生前并未得到承认，直到 20 世纪下半叶，在许多科学中出现了'系统论运动'之后才得到发展。"[1]

因为有了列谢维奇、别尔嘉耶夫、维尔纳茨基和恩格尔迈尔等大哲学家和大科学家、工程师的积极探索，俄罗斯科学技术哲学在非马克思主义的传统上有了一个强力开端。尽管长期受到官方哲学的打压和排挤，但他们的思想已经成为俄罗斯科学技术哲学的宝贵遗产，特别是在苏联解体之后被重新发掘出来，在 21 世纪来临之际获得了新生。同时，普列汉诺夫、波格丹诺夫、布哈林和列宁（尽管列宁对其他三位都有过不同程度的批判）等马克思主义哲学家的创新发展，为苏联自然科学哲学和马克思主义的技术哲学奠定了一个坚实的基础。20 世纪 20—50 年代，在贯彻列宁关于唯物主义哲学家和现代自然科学家结成联盟的"哲学遗嘱"的名义下，恰恰是由于违背了列宁的原意，造成了唯意志论、教条主义、形而上学和自然哲学一度泛滥，一些人挥舞着意识形态大棒，粗暴地干预自然科学的研究，留下了俄苏科学技术哲学史上极不光彩的一页。但是，在赫鲁晓夫的"解冻"之后，由于及时调整了哲学和自然科学的关系，特别是经过 60—80 年代的新哲学运动，完成了从本体论或自然哲学向科学逻辑和认识论的范式转换。同样，正因为有了伊里因科夫、季诺维也夫、科普宁、凯德洛夫、弗罗洛夫、施维廖夫、斯焦宾等一批中流砥柱，俄苏科学技术哲学才不会被教条主义和烦琐哲学所湮灭，幸运的是，在俄苏科学技术哲学中保留了苏联哲学中最有活力、最有创造性和最具国际视野的成分。源远才能流长，源远也必然流长。今天，没有了意识形态的束手束脚，没有了 20 世纪 90 年代的物质困窘，却有了俄国科学技术哲学遗产的重现天日，有了与国外同行的交流切磋，在 21 世纪到来之际，俄罗斯科学技术哲学迎来了前所未有的发展机遇。

二、探寻俄罗斯科学技术哲学的"流韵"

（一）如何理解"科学理性"问题

在俄罗斯科学哲学中，对"科学理性"（научная рациональность）问题的讨论是一个经久不衰的话题，包括俄罗斯科学院的三位院士（列克托尔斯基、斯焦宾、古谢伊诺夫）和国立莫斯科大学哲学系的佐托夫教授在内的著名哲学

---

[1] Лекторский В. А. О философии россии второй половины XX в., *Вопросы философии*, 2009(7), C.4.

家都把注意力集中在这一问题上。佐托夫教授长期致力于西方哲学史和科学哲学的研究，大力推动俄罗斯的现象学研究，国内几代哲学家都聆听过他的讲座，大学生们现在还在使用他编撰的教材，虽已 80 多岁的高龄仍旧笔耕不辍。佐托夫认为，所谓科学理性就是指科学的人的思维方式，这种思维方式区别于那些人们在日常生活（常识）或者其他活动领域（宗教、艺术、政治、教育、医疗、各种手工艺、游戏等）中采取的思维方式。当我们把注意力转移到物理学史上那些所谓的"科学革命"的转折点上的时候，不难发现除了世界的物理图景发生彻底改变以外，科学概念的建构方式、确定这一科学理论是什么——在整个知识结构中它的地位、意义、结构、组成、语言，它与"硬核"的显著性关系，它的本体论地位是怎样的——都要随之发生变化。总之，在发生科学革命的时候，科学理性即科学的人的思维方式也要相应地发生革命。

"科学理性危机"（кризис научной рациональности）这一术语在今天就是指现代科学思维和科学活动方法的特点发生变化的过程。为了能够准确地使用这一术语，需要对科学理性这一研究对象的基本方面加以深入理解（毋庸置疑，除了科学理性以外，还存在着其他的理性类型）。对于科学方法论、科学哲学、科学史，以及所有与科学活动及其结果有关的哲学研究而言，这是一项复杂而又费力的事情。直到 19 世纪末，理性主义就是发现科学真理的逻辑，人们对此深信不疑。但是，首先挑战这一理性主义科学发现模式的就是马赫，1883 年他发表了《力学史评》[①]。在书中，马赫分析了静力学和动力学概念、原理的历史发展及其经验根源，揭示出力学逻辑体系与其历史发展的矛盾，从而认为没有充分理由断言一个原理比另一个原理更基本。马赫从经验主义的观点出发，批判了牛顿的绝对时空观和绝对运动观，并重新表述了力学。1936 年，胡塞尔在《欧洲科学的危机与先验现象学》一书中指出：由哲学或理性构成其核心内容的"欧洲人性"已经陷入危机。按照实证主义的科学观，科学真理只能依靠物质和精神世界的客观事实加以确证，必须排除一切价值判断的立场，必须排斥形而上学，使纯粹理性朝着工具理性片面发展，使科学失去可靠的基础并陷入深刻的危机。胡塞尔的先验现象学就是要在纯粹理性的范围内将知识论和意义论统一起来，从而克服实证主义和非理性主义所造成的欧洲文明的

---

① 也可直译为《力学及其发展的批判历史概论》（Механика. Историко-критический очерк ее развития）。马赫的这部著作几乎传遍了全世界，对物理学的发展产生了深刻的影响。在这部书中，马赫从经验论的观点对力学概念和原理做了历史的考察。他对牛顿的绝对时间、绝对空间的批判及对惯性的理解，是极具启发性的思想，但在当时并没有成为物理学家们共同的财富。这一思想后来对爱因斯坦建立广义相对论起过积极的作用，成为后者写出引力场方程的依据。爱因斯坦后来把他的这一思想称为"马赫原理"。

危机。

　　佐托夫指出，因为工业社会产生于西方国家，科学理性一开始就成为标准的"西方思维"，渐渐地与西方国家的军事、经济、政治、文化扩张一起蔓延到整个世界。相应地，哲学及其价值取向也在发生变化。例如，典型的西方哲学，即与自然科学成就相适应的哲学被看作是最"先进"的；而在科学基础上建立的哲学世界图景也被解释为"科学的"甚至是"唯一正确的"。当然，这首先是指在物质世界中。至于精神和文化世界，其他思维方式还是有立足之地——从西方文化直至源自东方文化和宗教的神秘主义和非理性主义思想广阔的空间。目前，在精神和心理科学中成功应用那些在自然科学中形成的方法仍旧是微不足道的，然而，在自然科学中物理学却是无可争议的领袖，在某一历史时期力学还被看成是科学解释的样板。工业社会自身发展的一个必然结果，就是关于科学理性的完美和自足的思想受到越来越强烈的批评。这一批评的结果是除了科学以外，承认其他的知识和意识形式的生存权利，如"实验性的"技艺或者传统和现代化的宗教等。在世界观的意义上，这些知识形式开始取得了与科学平等的地位，后来甚至出现了主宰大众文化意识的趋势。此外，非逻辑因素的重要性日益凸显，如表象、情感的动机、创造性的想象力等，它们不只是被看成是错误的发生器，还被看成是建构科学思维的重要因素。这种转变开辟了欧洲文化接纳其他文化成就的更加广阔的前景，乃至承认除了西方哲学和文化学之外的其他文化的生存权，承认除了科学理性之外的其他形式的理性。

　　至于在国外两个世纪以前就开始讨论的"科学理性危机"问题在俄罗斯国内重新成为热点，佐托夫认为这既不是科学思维本身发生了危机，也不是作为社会文化现象的人类理性内在的退化过程。作为一种全球性现象，科学理性危机首先表现为西方文化和西方社会的一般危机，即不仅在传统意义上，还在现实意义上坚持认为科学和科学理性是西方文化的有机组成部分。否定科学理性无疑会降低科学家、中学教师、大学教授的地位，没有他们的工作，科学理性的代际传递机制将会遭到破坏，作为重要的社会建制的科学将不能存在。在降低科学理性的地位，公开反对科学的理性取向的过程中，现代大众媒体起到了推波助澜的巨大作用。但是，佐托夫反复强调，科学理性的危机不是一个科学自我内在的退化过程，也不是科学自我毁灭的过程，类似的过程已经被胡塞尔在《欧洲科学危机与超验现象学》中分析过了[①]。"事实上,我们谈及科学理性危机是一件出类拔萃(par excellence)的事情,因为我们已经把'客观主义'(объективизм)作为科学思维本身的工作故障看待。现在这已经成为西方文化的一般的社会或文明危机的症状之一,在某种程度上它不能不影响到这一文化有机体的各个组成部分。这一危机甚至会改变这个有机体的'基因',从而影响到文化自我复制的机制,即理性的、组织的、学科化的、自我控制的科学思维与系统教育结合在一起,而系统教育优先选择向下一代传递科学思维的形式和方法。"[②]科学理性危机在不同国家和地区的表现形式是不同的,胡塞尔对欧洲科学危机的分析就不适合俄罗斯。佐托夫指出,目前在俄罗斯(一定程度上包括整个苏联地区)理性危机的突出表现就是科学(首先是高科学技术成果)不能为经济所"领取"(невостребованность),而后者几乎是完全定位于原材料开采、贸易和服务领域。这是因为,在计划经济(今天我们把它叫做"极权主义的"或"不符合人性的")的废墟上建立起来的自由市场经济的条件下,科学(特别是基础科学)不可能给资助它(准确地说是想从中"赚钱")的人迅速而显著地赚取利润。长期以来,市场经济体制在俄罗斯是缺位的,被解释为人的固有本性的私人利益是在社会的(伦理的、宗教的、国家的和常识的)基本控制之外的,这就导致破坏理性文化各个组成部分的机制得以雪崩式的兴起。这首先就涉及作为先进技术基础的科学,接下来就要影响到以科学认知价值为导向的教育(从小学到大学)。结果导致了向所谓发达国家的大规模人才流失,这些国家的经济基础不像俄罗斯那样经历了剧烈的变革;与此同时,俄罗斯高校的"剩余"潜能也被用于满足为其他国家培养科学技术人才,高校教师老龄化、科研和教学水平大幅度下滑等问题突出。随之而来的就是来自文化各个部分的危机,这种文化是与发达的智力和高级的精神需求密切相关的。这就是由莫斯科音乐学院杰出的音乐家提供的免费的古典音乐会,也不能使大众感兴趣的原因;也是那些定位于"严肃文学"出版社陷入严重亏损的原因——尽管书价很

---

① 胡塞尔认为,"科学危机"不是科学内部某种现行理论的危机,如19世纪末20世纪初发生的物理学危机或物理学革命,而是作为现代文化组成部分的整个欧洲科学的危机。因此,科学危机的实质并不是科学本身的危机,而是由科学所引致的整个欧洲文化的危机。"这种危机不接触到特殊科学在其理论和实践上的成功,但是却彻底动摇它们整个真理的意义。它不只关系到一种特殊的文化形式的问题,即作为欧洲的人性的各种表现形式中的一种科学或哲学的问题。因此,哲学的危机意味着作为哲学总体的分支的一切新时代的科学的危机,它是一种开始时隐藏着,然后日渐显露出来的欧洲的人性本身的危机,这表现在欧洲人的文化生活的总体意义上,表现在他们的总体的'存在'上。"参见胡塞尔:《欧洲科学危机与超验现象学》,张庆熊译,上海:上海译文出版社,2005年,第16页。

② Зотов А. Ф. Научная рациональность: история, современность, перспективы, *Вопросы философии*, 2011(5), С.11.

高，但消费人群是单一的——科学家、教师和大学生。

　　和近代数理-实验科学的故乡欧洲相比，俄罗斯本来就是缺乏科学主义和实证主义土壤，科学理性和科学精神不发达，但是非理性主义却到处泛滥的国度，再加上市场经济体制不完善，缺乏创新意识和契约精神，好高骛远、不切实际大有人在。因此，"科学理性危机"在俄罗斯和欧洲发达国家的表现是不尽相同甚至大相径庭的。以佐托夫为代表的俄罗斯哲学家能够从本国的实际情况出发，实事求是地而不是抽象、笼统地对科学理性加以批判和否定，这是难能可贵的。

　　古谢伊诺夫院士是站在伦理学的视角上考察理性问题的，主要涉及了道德在标记理性界限中的作用问题，考察这一问题对于认识理论理性和实践理性之间的区别和联系具有现实意义。与佐托夫不尽相同，古谢伊诺夫更多地使用了"哲学理性"（разум）而不是"科学理性"（рациональность）的概念，这就使他的研究视野更加宽广。在人的现实生活过程中理性到底具有什么作用？众所周知，人的生物性是通过认知活动发挥作用的。在定量的意义上，理性参与到人的生活过程中和他的非理性基础是相等的，意识和生物体也是相等的，意识、理性的定性（质）的作用才是问题的关键。如果人丧失了理性，那么他就不能存在；如果人的理性破损到这样的程度，既不能做出决定，个体也无法意识到自己行为的可能后果，那么，他身上的物种符号就会被剥夺，同时不能独立地在人类社会中发挥作用。因此，问题在于理性是否只有辅助作用。也就是：理性在人的生活过程中只起到中介作用，目的是让那些对于其他生物而言，完全借助先天能力就可以直接实现的东西，而人必须通过大脑才能实现？抑或是，人必须控制自己的生命活动以符合自己的判断，必须把生命活动定位于理性找到的最好的目标？此外，理性和非理性维度的层次结构也是一个问题："我思"（cogito）是否统治了人的生物性，"我思"在个体中是如何显现的？抑或是，"我思"是否引入了自己的游戏规则，从而使生物性臣服自己？如果理性只是间接地作用于人的生命活动，理性的作用只是局限于对可能结果的超前反映和简单计算，那么理性就是人与其他生物相区别的本能之一，这种区别并不比其他生物之间的区别更大：理性就是人的一种适应性的特性，就好比乌龟的壳或长颈鹿的脖子。但是，古谢伊诺夫认为，理性要比作为生物物种的人的自我保护的适应机制高级得多（尽管理性也具有这一功能）。理性是（或者被认为是）人类的最高级的能力，这种能力被用以征服和改造其他全部能力。理性的作用在于赋予人的存在以另一种——在自然之上（надприродный）或超自然（сверхприродный）的意义，同时，把自然界进化本身从自发形式转变成自觉形式。"理性的基本原则，同时也是对自己在人的生命活动中的高级作用的证明——就是真善统一原则（принцип единства истины и блага）。'真'是认识的基础和动力；'善'是实践的基础和动力。理性之所以最终参与到决策中去，目的是实现真善统一原则，即把真理转化成善行、把行动引向真善。理性的任务就是告诉每一个人应该怎么做，从而使他的行动是经过深思熟虑的，是沿着通往真善之路前进的。理性的行动就是经过反思的行动。"①

　　为了深入阐述伦理学和认识论是怎样结合的，解释世界的知识是怎样转变为改造世界的行动的，以及无论是对于认识论还是伦理学真善统一原则都具有怎样的重要意义，古谢伊诺夫仔细考察了亚里士多德、康德和巴赫金的思想。事实上，构成道德意识基础的道德规范可以分成两种律令，即应该做的和禁止做的，二者之间有本质的区别。古谢伊诺夫认为，正是道德禁令的提出，使作为科学理性界限的道德的观点得以具体化。道德与选择的情势密切相关，而这一情势的过程和结果往往并不服从于理性的计算。道德是自愿承担不确定性的风险而置身于无知的深渊，道德决策之所以是一种根据自己的决定做出的行动，就是因为它是个性的东西，忽略了所有的充满理性的警告。因此，道德决策完全是有意识的，但是一种特殊的意识——亚里士多德称之为"灵魂之睛"（око души），康德称之为"事物本身的自发性"（спонтанность вещи самой по себе），巴赫金称之为"强制性的义务"（нудительная обязательность）。"道德禁令事实上就是这样的道德决策。道德禁令反映了那些采取这些决策的个体的决心，同时也把自己和那些不愿意这样做的人区别开来。不做这个事情（不受复仇、谎言等的诱惑）的人，当然知道没有做什么事情；但他不做这件事情，相反，并不是因为他知道为什么不做。道德禁令不可能被证明，否则它就不是道德的了。"②可见，科学家也好，政治家也罢，不仅要根据科学理性行事，清清楚楚地知道自己在做什么，能做什么，为什么要这么做，而且要根据道德禁令行事，遵从自己灵魂的本性，强迫自己不做什么，哪怕是不知道为什么不这么做。把科学理性关进道德禁令的笼子，这就是古谢伊诺夫院士想要告诉我们的东西。

　　列克托尔斯基院士则把理性视作一种文化价值。没有对理性的依赖，人类就不可能认识和行动。因为行动的前提就是对目标的理性选择和为实现这一目标采取最有效的手段，如果不采用理性的方法，就不可能得到认识上的真理。列克托尔斯基认为，任何理性的行动，无论是认识还是实践行动都包括一定的

---

① Гусейнов А. А. Мораль как предел рациональности, *Вопросы философии*, 2012(5), С.6.
② Там же. С.16.

形式要素，这些要素在一些形式的学科（逻辑学和数学）中得到深入研究。这些学科就是演绎逻辑和归纳逻辑（以此为基础建立了各种逻辑系统的集合），还有应用于决策的数学理论。但是，如果没有一定的内容前提，即没有关于世界的思想和理解世界的方法，没有应用价值系统（在此范围内确立实践行为的目的），实践和认知理性也是不可能的。而吸收了价值观的关于世界和认识的思想，就要受到历史和文化的制约。因此，对理性不能做狭义的、形式的理解，必须在广义上把它理解为一种文化现象，而古往今来支持这一观点的例子不胜枚举。在当代，有一种观点颇为盛行，即无论是作为理解世界的基准，还是作为设计人类活动的方法，理性都已经趋于破产。但列克托尔斯基却提出了三个主要论据反对这样的论调，即人类今天生活在一个没有等级秩序的混乱世界中，应该把它从理性的强制命令中解放出来并且为它的解放创造新的可能性：①自由的论据（аргумент от свободы）。被混乱取代的秩序似乎应该是扩大自由的空间，但是，人要是无法预见自己行为的结果，同时，作为生命主体的人"死了"，他的生命就会被分解为彼此无关的小插曲。因此，他也无需为自己的行为承担任何责任，他生活在一个"新魔法"世界中，这样的人就成了宣传和其他有意识操作的一个理想对象。实际上，这样的人是不可能自由的。所以，如果理性真的被抛弃了，那么我们也不得不放弃自由。但只要人还是人，就不可能至此。②文化的论据（аргумент от культуры）。文化是思考人和世界的方法，文化可以向混乱输入一定的秩序。但这需要以事件的分类、分等、评价，以及已有的活动原则、常态和病态的区分为前提。换句话说，文化总是以某些理性过程为前提的。混乱不会成为文化范式，拒绝理性意味着拒绝文化。但人类不可能生活在文化之外。③风险和危机的论据（аргумент от рисков и кризисов）。现代文明与危机和风险如影相随（难怪有人称之为"风险文明"），这就是生态危机、与各种文化密切相关的危机和大量的技术型风险，人类是否能够摆脱这些危机和抵御日益扩大的风险决定了人类自身的未来。同时，要想解决这个问题也只能通过对人和自然的关系、人和人以及他所创造的技术圈的关系、各种文化之间的关系等加以理性的理解实现。要想预防风险，就必须创造控制风险的手段，这也只能通过理性的形式实现。因此，列克托尔斯基从获得自由、创造文化和抵御风险（摆脱危机）三个方面论证了理性的不可或缺。

　　接下来，列克托尔斯基提出了自己对理性的两种解读方式[①]：①理性是一种

---

① 列克托尔斯基提出的关于理性的两种理解方式是对施维廖夫关于封闭型和开放型理性观点的修正。

在接受了认识和价值前提的系统范围内的活动，这一活动是被一定形式和原则所调整的，而这样的形式和原则也被视为接受的并因此不需要被修正。在这个意义上，理性活动就是形成事实判断、提出假说、设计和实施实验；理性活动就是发展理论，对初始条件进行解释，解决在被接受的理论范围内提出的任务。理性的实践活动就是根据一定的标准对各种偏好进行选择，就是制定目标并且选择实现它的最有效的手段。对理性的这种理解被广泛接受并且与文化相适应，它显然是完全有效的。然而，这种理解最大的不足是对理性的思考和应用都是从某种认识和价值前提出发的，这种认识和价值前提是既成的和不受批判性反思的。这种理性在应用时是有效的，但要受到限制。②理性还需要以反思意识为前提，而且要对认识和价值前提进行修正。为此需要突破这些前提的阈限，而只有在与其他认识和价值思想载体进行批判性对话的条件下才会实现突破。对于认识而言，这种讨论发生在不同的理论和研究纲领之间；而对于实践而言，这种讨论和沟通发生在具有不同偏好的个体、团体和文化之间。正是由于这些讨论，已有的前提才会得到发展和修正——无论是世界观和方法论，还是个体的偏好和价值观。在经济全球化和各种文化激烈碰撞的情势下，批判反思和理性对话是独一无二的。总之，"理性仍旧是那些使人成之为人的最重要的文化价值之一。如果没有理性，自由、相互承认和道德价值都无从谈起，反之亦然。当下无论是理性观念还是理性实践都面临着新的挑战。无论是拒绝作为最高的文化价值之一的理性，还是把理性视为对其他文化价值乃至人本身的压制，这都要陷入危险境地。同时，没有对已有的认识和价值观念以及实践偏好进行理性反思和批判讨论，文化和人类本身都会没有未来"①。

斯焦宾院士则一如既往地在技术型文明的语境中对科学理性的类型和历史进化进行考察。斯焦宾采取了三个划分标准：①被科学掌握了的对象的系统组织化特点（简单系统、复杂的自调节系统、复杂的自发展系统）；②每一种理性类型所具有的研究的理想和规范系统（对知识结构和建构过程的解释、说明和论证）；③对认知活动的哲学－方法论反思的特点，这种反思使科学知识融入相应历史时代的文化之中。斯焦宾把科学理性分成了三种类型：经典理性、非经典理性和后非经典理性。经典科学的认识论基础是关于通过观察和实验认识客体的思想，观察和实验揭示了与认知理性相对的客观存在的秘密，理性本身被赋予了至高无上的地位。在理想的状态下，科学理性被解释为无论是与物体

---

① Лекторский В. А. Рациональность как ценность культуры, *Вопросы философии*, 2012(5), С.34.

本身，还是与来自对物体的观察和研究方面都保持一定距离，除了被研究对象的性质和特点以外，理性不被任何前提条件所左右。而非经典科学的认识论基础是关于认识的活动性质的思想。科学理性已经不再被解释为与研究世界保持距离，而是就在这个世界当中并被它所决定。出现了一种新的状况，即自然界对我们问题的回答不仅取决于自然界本身的结构，而且取决于我们提问的方式（海森堡测不准原理），而这种方式本身又取决于认识和实践活动手段和方法的历史发展。而现代（后非经典）科学的发展战略是复杂的、自发展的系统，它是比自调节系统更为复杂的系统整体性类型，在现代科学中它需要在非平衡系统动力学和协同学的范围内得到说明。自发展系统的结构要想发生改变，至少新的组织层次和对先前基础的改造应出现，如图 8-1 所示。[①]

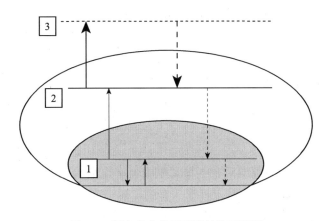

图 8-1　复杂的自发展系统结构示意图

注：1 为初始的自调节；2 为基于系统层次结构上一级转换的新的自调节类型；
3 为在系统持续发展的条件下，作为新型自调节可能性的组织潜在可能的级别

复杂的自发展系统的特点就是开放性，即与外界环境进行物质、能量和信息的交换。在这类系统中形成了特殊的信息结构，对于系统整体性而言它规定了系统与环境关系的重要特点。后非经典科学的认识论基础就是把科学认识理解为文化和社会生活的组成部分，科学理性不仅就在这个世界之中，而且被文化的基础价值观所决定。在科学理性的以上变化中发现了文化对话的新的可能性。很多被近代西方科学误解为非科学的传统文化，今天开始与科学前沿的新思想产生了共鸣。"在当代科学和技术活动被确立起来的、包括对价值进行反省的后非经典科学理性，与传统东方文化所固有的、关于真理和道德关系的思想

[①] Степин В.С. Научная рациональность в техногенной культуре: типы и историческая эволюция, *Вопросы философии*, 2012(5), С.22.

产生了共鸣。科学开始成为东西方文化对话的重要因素之一。"①

在本体论意义上,如果说哥白尼在 400 多年前完成了从"地心说"到"日心说"的革命,那么在认识论意义上,斯焦宾关于"后非经典理性"的学说则实现了从"科学理性中心说"(即科学理性思维方式决定了文化和社会生活)到"社会-文化中心说"(即社会-文化价值决定了科学理性内涵)的革命,标志着俄罗斯科学哲学"社会-文化"范式的最终形成。

(二)科学、技术与人的关系问题

如果说 1/2 个世纪以前,苏联自然科学哲学出现频次较高的词汇是世界、物质、意识、规律、唯物主义、辩证法等;1/4 个世纪以前,苏联科学哲学出现频次较高的词汇是认识、知识、理论、经验、逻辑学、认识论的话;那么,经过两次范式转化之后,今日俄罗斯科学技术哲学出现频次最高的词汇无疑就是文化(культура)和文明(цивилизация)。此外,科学(наука)、技术(техника)、社会(общество)、人(человек)、工艺(технология)、技术科学(технонаука)、科学家(учёный)、自然界(природа)、人文科学(гуманитарные науки)、自然科学(естественные науки)、全球性问题(глобальные проблемы)、人类(человечество)、知识社会(общество знания)、人道主义(гуманизм)等词汇在各种文献中也有很高的"出镜率"。这些词汇从一个侧面反映出俄罗斯科学技术哲学研究的"热点"问题。

《哲学问题》杂志编辑部多次组织不同主题的"圆桌会议",研讨科学、技术、文化、文明与人和社会的关系问题,与会者深入分析了科学在现代社会的发展现状及其在创造新技术中的作用,以及对人生活的影响,讨论了由于当今科学的发展,以及新技术应用于文明与自然的关系、应用于控制和管理各种过程的可能性中所带来的诸多变化。在讨论中,列克托尔斯基院士指出,马克思提出了两个重要思想:第一,科学正在变成直接生产力,特别是在 20 世纪发生了所谓的科学技术革命以后,大家对此深信不疑;第二,借助科学和对社会关系的科学理解可以建成理性社会,其中的这些社会关系将会变得透明,在 20 世纪这一思想获得新的意义和生命,出现了技术统治论、专家治国论和各种以科学为取向的哲学流派,比如逻辑实证主义。在 20—30 年代,杰出的科学家维尔纳茨基就形成了"智慧圈",即以理性为基础的社会的思想。维尔纳茨基的核心

---

① Степин В.С. Научная рациональность в техногенной культуре: типы и историческая эволюция, *Вопросы философии*, 2012(5), C.25.

思想就是被新科学和新技术武装起来的人可以拥有地球的甚至宇宙的力量。事实证明，人类已经进入到知识社会阶段，其中科学知识的生产将要影响到其他关系——社会关系、经济关系、文化关系、人际关系等。但是，围绕着知识社会的讨论表明：科学不仅是解放人类的力量，而且可以使人获得某种解放，但同时又使人陷入某种被奴役的境遇。"知识社会同时也是风险社会。你知道得越多，越是生产与该知识有关的技术，并将这些技术加以应用，就越是出现这样的情形，即你产生的这些力量的行为你自己根本无法预测。换句话说，知识越多，风险越大。知识社会是一个新的风险和新的挑战的社会，其中也包括未来人的关系在内。"①以上表明，科学本身发生了改变，所谓知识社会就是生产有用知识的社会，也就是说，科学就是有技术产出的科学，而不是一般的科学。从前，知识本身就是科学的最高价值，现在完全不是这样，出现了"技术科学"这一现象。因此，知识社会是一个文明发展的新阶段，它挑战了我们熟悉的思想和价值观，包括对知识及其在人的生活中作用的理解。接下来，在这个技术科学的框架之下才会出现所谓的HБИK②技术，这些技术不仅改变了我们的生活世界，而且改变了人本身，因此出现了所谓的人的设计——人的身体、大脑和心理。这种"后人"（трансчеловек, постчеловек）和"后人本主义社会"（трансгуманистическое общество）的思想，事实上就是放弃了旧的欧洲人本主义思想，即总是把理性、科学的胜利与人的关系人道化联系起来。列克托尔斯基强调，我们并不是要拒绝科学，这样做既无可能也无必要。科学的确使人在方方面面到达了一个更新的、更高的发展水平，与此同时科学也确实创造了这样的技术，它们使人的生命变得更加脆弱，有时候甚至威胁到人的存在本身。总之，可以按照各种形式实现人的转换，可以借助于现代HБИK技术实现这种转换，把人转变成"后人"，实质上也就是杀死了作为"人"的人。列克托尔斯基指出："文化、哲学、艺术、文学、科学等都是人的现实的自我转化，即新的价值观念的发展和新的'人的世界'的创造。这种发展应该沿着人本身及其社会关系人道化的道路，而不应该沿着如今已经表现出来危险性的消灭人类的道路。显而易见，哲学和所有的人文科学都没有过时，没有哪一门学科应该让位于现代技术科学，而这恰恰是人的生存的必要条件。"③列克托尔斯基院士关于"后人"和"后人本主义社会"的观点，给我们在科学技术化和技术产业化的时

---

① Материалы "круглого стола": Наука. Технологии. Человек, *Вопросы философии*, 2015(9), C.5-39.
② Нанотехнология, Биотехнология, Информационные технологии и Когнитивистика 的缩写，即纳米技术、生物技术、信息技术和认知科学（NBIC）。
③ Материалы "круглого стола": Наука. Технологии. Человек, *Вопросы философии*, 2015(9), C.5-39.

代如何去重新理解科学、技术与人的关系问题以很大启发。

由于俄罗斯基础研究实力雄厚而应用研究相对薄弱，科学技术成果转化率低，俄罗斯学者对科学与技术的关系，特别是基础科学和应用研究的关系问题始终抱有浓厚兴趣。杜布罗夫斯基教授认为，在技术科学中，基础知识与应用知识的紧密结合已经成为当代科学的典型特征，与此同时，唯一基础性（монофундаментальность）开始分化、破碎甚至融化。事实表明，当下大部分科学机构和科学家是为了满足大众日益膨胀的消费欲望，满足越来越新的商品、舒适、快乐的大规模生产需要而"工作"的。市场观念已经在科学家的智力中占据了越来越重要的位置，对"商业需要"的迎合取代了经典的学术气质。这种变化主要表现在科学原有的基础存储器的功能被大大削弱，不言而喻，这将导致"真科学"（подлинная наука）与它"讨厌的邻居"——半科学（паранаука）和伪科学（лженаука）之间的界限正在变得模糊。所以，近些年来一些"伪创新"和"招摇撞骗"到处盛行也就不足为怪了。所有这些都是知识社会与粗鄙的实用主义、相对主义和怀疑论相结合的"成本"。"当前科学的情势是，知识的急剧增长（其中大部分具有实证性质）和知识的根基被侵蚀，导致产生了大量的问题，面对这些问题我们失去了控制力，无法从战略上控制我们的行动。这就给我们这样一个感觉：我们被不确定性的流沙所包围，失去了脚下确定性的冻土，到处弥漫着怀疑论和相对主义的气息。这一知识社会的负面结果象征着我们的消费文明已经走到了尽头。"① 而《哲学问题》的主编普鲁日宁教授对基础科学和基础研究的关系问题也发表了自己的看法，普鲁日宁从 20 世纪 80 年代就开始追踪这两个概念含义的演化。在 19 世纪，基础科学就是"纯科学"（pure science）的同义词，对这一概念的刚性解释来自实证主义。然而，科学的现实是不断变化的，在 20 世纪基础科学这一概念开始有了其他解释，这些解释主要强调到底是应该面向基础研究还是面向应用研究的价值取向。今天，基础科学（фундаментальная наука）已经是一个"三位一体"的概念：①寻找世界的物理基础；②由自己内在研究任务所决定的纯科学；③基础科学就是一种基础研究（базисные исследования），这种研究直接面向专门的应用研究的基础分析。普鲁日宁特别强调了在英文文献中 fundamental 和 basic 的区别：fundamental science（基础科学）的含义相对于 special science（专门科学），而 basic science（基础科学）的含义相对于 applied science（应用科学），这

---

① Материалы "круглого стола": Наука. Технологии. Человек, *Вопросы философии*, 2015(9), С.5-39.

种二分法在互联网上被广泛使用。基础研究不同于传统的基础科学，基础研究有自己的任务。例如，我们在互联网上搜索"抗癌药物"就会发现在学校中有一个基础课程清单，"生物化学"就是以应用为目的的基础研究。准确地说，作为生物化学的资料和研究的综合体，这门学科完全是为了后续的具体应用（如药理学分析）而开展研究的。因此，在这样的范围内采取的是另一套知识评价标准——知识的有效性，而不是知识的真理性。众所周知，任何知识科学性的前提就是可重复性（直接或者间接）。但在研究肿瘤细胞的过程中会出现这种情形，平均重复进行 20 次实验才会有一次重复结果，这是因为实验材料对外部条件具有很强的敏感性。事实上，拉图尔的《实验室生活》写的也是基础研究，而不是基础科学。在传统的基础科学看来结论只能是一个："对不起，你还不成熟。"而成熟的标志就是变成纯实验和获得唯一的可重复的结果。但是从 basic science 的观点出发，科学家面临的就是另外一种情形了。如果在现有知识的基础之上我们研制出一种药物，哪怕它的治愈率是 1/20（平均 20 个病人中治好 1 个），这就是一个可以完全接受的效果，就可以作为一项科学成果发表出来，为进一步开发此类药品的应用研究奠定基础。

　　然而，针对科学评价标准趋于实用化的倾向，俄罗斯学者也表现出深深的忧虑。助理研究员卡杜宁（А. В. Катунин）认为，专家对科学进行的评价首先应该站在科学性而不是有用性的立场上。从有用性立场出发评价科学在今天已经变得越来越复杂，如果再考虑到现实情况的话，近乎于不可能。但是，在这个评价的过程中却不应该回避科学性的事实，在应用研究即科学技术化的过程中也会使世界发生一定程度的改变。应用科学并不是把世界看成是那个在人类产生之前就已经存在了的世界，而是看成是被人类改造过了的世界，是这种改造结果的呈现。这是因为，如果把很多科学发现和希格斯玻色子（бозон Хиггса）放在一起，后者也会变得不纯了。不言而喻，这是一个非常复杂的探索和感知的客体，但通过漫长的改造和长时间的研究，希格斯玻色子终会显现出来。卡杜宁就此提出一个重要的问题：在科学家影响到环境之前，在发现希格斯玻色子之前，它是否就独立存在？因为也许这"像是"（как бы）发现。希格斯玻色子不仅仅是发现（открытие），而且是与发现有关的发明（изобретение）。因此，应用科学改变了我们周围的现实，生成的不仅是纯粹的知识，而且是改变周围现实的结果。至于希格斯玻色子，卡杜宁指出："如果我们没有足够数量进行研究的工具，如果我们没有影响到那个所要研究的结构，希格斯玻色子就好像不存在一样，但我们可以设计它。这样一来，应用科学的目的就不仅仅是知识，而且是类似于具有一定务实力的创新，而它似乎也不是服务科学，而是服务从事创新活动的人。"① 普鲁日宁以科学基金（научные фонды）为例，对当今重视应用科学忽视基础科学的问题进行了进一步的说明。他指出，本来旨在支持基础科学研究的科学基金，事实上现在已经完全不是面向基础科学研究，因为要求仅仅用两三年的时间就必须拿出成果来。想当年第谷·布拉赫生活在灯塔上二十年如一日记录星体的位置，在此之后才有了开普勒，可现在谁还需要这样做？这么做怎会得到奖励？大家恨不得每半年就拿出点儿成果，今天任何一位科学家也不会选择一项超过自己生命长度的研究项目。而列克托尔斯基还谈到了另外一个有趣的问题——"总结报告"（отчеты）。他曾经在"俄罗斯人文科学基金会"（РГНФ）工作多年，最近发现了一个新现象，即所谓的"巨额资助"（мегагрант）。获得"巨额资助"（通常是一大笔资金）的研究人员必须在一年的时间内完成研究工作，并且在这些研究的基础上出版著作。怎么可能在这种情况下研究？不要说是第谷·布拉赫，就是在与我们同时代的爱因斯坦那里也是一个梦：他也想选择一份灯塔守护者的工作，就是为了不让别人打扰他思考。政治学副博士雅科芙列娃（А. Ф. Яковлева）则站在管理的视角考察了订单、资助是怎样改变科学研究的实质的。这里首先涉及的一个问题就是科学与权力的关系，因为只要是存在着管理或控制，通常就是来自政治领域。但是现在这种管理出现了一些全新的、特别的形式，因为这种需求和主动性不是来自科学，并非科学形成了自己的优先发展方向，也并非科学确定了某一种发明的应用前景。事实上，科学是一种被动生产方式，它是根据任务范式"订单—合同—验收单"来生成某种思想的。只要是订单就要有严格的限制，这就意味着把科学研究的范围只能局限于应用型任务，而不是基础型任务。通常，提出这一范式的主体是那些身处政界和官场却远离科学界的人。

理想的研究应该是自由的研究，这里没有对任何"巨款"的计划和承诺，用不着急着撰写总结报告和出版研究成果，只要坐在那里静静思考就好。可见，只是资助一些"短、平、快"的应用研究，高额投入快速产出，"撒把米就让鸡下蛋"已经不是中国和俄罗斯的"专利"，而是当代世界科学管理体制的一个"痼疾"，对此俄罗斯哲学家的思考是入木三分的。总之，包括科学、技术、社会、文化和人在内的现代生活正在发生深刻的变化，科学处于这些深刻变化的

---

① Материалы "круглого стола": Наука. Технологии. Человек, *Вопросы философии*, 2015(9), С.5-39.

中心位置，科学在人类生活中的意义正在悄然发生变化，因此科学自身也在发生变化，如自然科学与人文科学的关系、科学与技术的关系、基础科学与应用研究的关系等。今天的人就好像站在悬崖边上：要么借助科学向上飞翔，要么与科学一道向下坠落。这是当代的主要问题，首先是一些哲学问题。

（三）俄罗斯科学技术的发展前景问题

与一般的研讨科学技术发展与人类社会变化的关系相比，俄罗斯学者更加关心俄罗斯科学的发展，特别是作为社会和文化建制的俄罗斯科学的发展前景问题。包括列克托尔斯基院士、古谢伊诺夫院士、卡萨文通讯院士、鲍里斯·尤金通讯院士，以及马姆丘尔、米凯什娜、切舍夫等资深教授在内的俄罗斯学者，围绕着现代科学的文化地位、科学与国家的关系、科学认识活动的特点，以及发生深刻变化的世界背景下科学未来发展等问题，展开了热烈的讨论。

普鲁日宁教授指出：现代科学已经成为一个庞大的社会-经济建制，它与工业生产相结合，与资金流动和融资途径相结合，也就是和那些希望借助于科学研究获得利润和规避竞争的客户纠缠在一起。激烈的经济竞争破坏了传统的学术交流规范，那些在大型制药企业的实验室中进行的基础研究，对向竞争对手提供昂贵的信息是完全没有兴趣的。结果就是正常的学术交流被中断了，即经典科学的整体架构被摧毁了。众所周知，如果科学认识结论缺乏验证的可重复性，科学几乎是不可能的。但实际上，在今天任何一项专门的发现都必须通过解决实际任务才能达到，也就是说，哪里有社会-经济的支持，哪里就有与社会-经济因素向科学研究侵入有关的问题，著名的强子对撞机就是这种合作的产物。现代科学是一个非常昂贵的事业，因此，那些或大或小具有应用意义的研究才会得到资助。科学结构正在发生重大改变，基础科学和应用研究之间的界限正在变得模糊。而高罗霍夫认为这种改变不仅会带来积极的后果，也会带来消极的后果，即科学界稳定的传统和理想遭到冲击，甚至业已形成的科学生产的有效机制被摧毁。现在每个人都可以产出新知识，但首先是官僚。没人敢批评官僚无知，因为搞不好会被追究法律责任。被官僚们所创造的虚拟现实会很轻易地被多数议会成员通过，在精神和物质方面这些官僚之间没有任何区别。通过法律，被他们宣布的虚拟变成了现实，而且是借助于群众的集体创作和参与实现的（因此戴上了民主的光环）。官僚现在已经成了除科学以外的新知识的"造物主"，他们在计算机上造出各种各样的表格，然后把它们贴到公示栏中（最好是规定一个最短期限，使你很难或者根本完不成任务），然后宣布：你的时间到了，不能参加讨论了，责任完全在你自己。即使是参加了讨论，甚至成为专家，可谁又会看那些意见呢？在信息社会中，被官僚"在纸上"（准确地说，是在电子文本上）创造的虚拟现实甚至比真实的社会现实还要"真实"。而面对英语对世界其他文明和文化的侵略，高罗霍夫还特别强调了俄语在巩固俄罗斯地位中应该发挥重要作用。因为在科学中拒绝使用俄语，总体上转向英语，不仅对于人文科学，而且对于俄罗斯国家和社会的长远发展都是有害的（法语和德语，不同程度上抵制了这种侵略）。实际上，现代科学的发生是在伽利略时代，当时科学家从使用拉丁语转向使用本民族语言，创建了本国的科学院。当然，首先是在人文科学中使用本国语言，试想一下，康德怎么会使用英语写作？英语的确简化了文本，但也使那些复杂的哲学讨论变得粗糙，特别是当英语不是作为母语的时候。但是，新的一代人只能说或只想说英语，他们当中的一些人毕业于美国或英国三流商学院，却试图管理俄罗斯的大型科学计划和教导人们什么是科学，这是不可思议的事。况且在很多领域俄罗斯已经远远走到了美国的前面，而研究水平同样不逊色于欧洲国家。实际上，那些时不时被西方科学哲学看成是"新的"研究方向的东西，早在20世纪60—80年代的苏联自然科学哲学中就已经讨论过了。

可见，无论是普鲁日宁还是高罗霍夫，他们谈到的一个共同问题就是现代科学的技术化（технизация）和工艺化（технологизация），即科学哲学家和科学学家提出的"技术科学"问题。实际上，也就是作为获取新知识的一种专门形式的科学，在很大程度上取决于技术应用的可能性。对此，列克托尔斯基强调说："首先，这里涉及的不是一般的基础知识的实际应用（哪怕是在最基础的学科'哲学'中都有这样的一部分，比如伦理学，总会有实际应用的方向——'实践哲学'），而是针对技术开发与生产的科学知识的实际应用。其次，把科学知识生产与创造新技术叠加在一起是当代的特征，它与经济全球化和技术竞争的过程相联系，与在复杂和残酷的世界中经济和社会生存的必然性密不可分。今天，社会的方方面面都被卷入到这一过程中来。然而，现代科学是极其昂贵的，每一个国家都希望从科学首先是应用科学中获得好处，换句话说，希望获得技术成果。但是，技术创新发展的逻辑并不总是与科学研究的逻辑相吻合，因此，就产生了发展科学知识的一系列特定问题。"[1] 鲍里斯·尤金也认为，技术科学是以创造新技术为取向的，这一点毫无疑问。但是相对于基础科学和

---

[1] Материалы "круглого стола": Перспективы Российской науки как социального и культурного института, *Вопросы философии*, 2014(8), C.3-43.

应用科学之间的差别而言，这一概念本身又是"工作"在另一个侧面上，因为它首先指的是研究活动如何被组织：技术科学不仅是指实验室与工程师相结合，同时，技术科学还是以特殊的方式接驳商业、以特殊的方式介入媒体和以特殊的方式对被生产的技术产品进行评估。的确，在技术科学中有一些可以视为积极的东西，有一些可以视为消极的东西，但技术科学最重要的特点是它与社会互动的一种特殊类型。技术科学不是高高在上或者偏安一隅的，偶尔也会跌落凡尘，那是在经典科学时期对二者关系的理解。现如今，技术科学就存在于社会之中，造成了这样一种现象，如被患者、患者家属和患者组织所资助的生物医学研究，这类研究一开始就被定位于研究和开发治疗某种特殊疾病的药物。尤金举例说，在俄罗斯有这样一个患者发起的积极的运动，给卫生部施加压力，目的是使得治疗罕见疾病的药物的研制得以实现。研制这类药物从经济的角度看是不合算的，但是在这个博弈中还包括这样一个事实——一定社会人群的利益，特别是表现为社会强势群体的利益。

马姆丘尔指出，在不同人、不同利益集团眼中科学的形象自然是不同的。在组织科学研究和资助方面制定政策的权力机构的代表们希望，科学尽可能有效并且为国家带来经济上的效益；而人文主义者希望自然科学尽可能解决一些人的问题，使人成为道德的、善良的和幸福的人。在后者眼中，前者即"实用主义者"（прагматики）眼中科学的优点恰好是最大的缺点。事实上，实用主义者之所以赞赏基础科学，是因为基础科学是技术创新的源泉。基础科学越是面向技术开发，就越能很好地加以组织。而人文主义者也正是由于基础科学以技术开发为唯一目的而诅咒科学，他们之所以批评科学，是因为它只是服务于技术，完全忽略了人的精神需求，在这方面抛弃了人，听之任之。科学确保人类衣食无忧，但却拒绝回答那些使人寝食不安的现实问题。但是，当我们向科学提出某种要求之前，需要知道科学具有哪些功能，以及科学发展具有哪些基本规律。无论是实用主义者还是人文主义者都没有按照基础科学的本来面目，而是在与技术的关系中去看待科学。但是时至今日还没有人能说清人类活动的这两个领域是如何互动的，以及与现实状态相符合的关系模型是什么样的。马姆丘尔也对基础科学的实用化倾向进行了批评："实用主义者忘记了纯科学具有两个运行和发展的维度。其中之一的确是以技术发展为取向的，但这并不是科学的主要任务。归根结底，技术的成功发展并不是来自纯科学领域，而是以先前的技术为基础的。基础科学的主要任务是解释世界，使之变成超感觉的

（интеллигибельный）东西，而这一点正是科学真正的伟大之处。"①

切舍夫认为，今天的科学改革，包括俄罗斯科学院的改革都是一个引发很多问题的过程，可以从现代科学的状态和实质中寻找答案。可以把技术科学看成是现代科学的基础，这种观点有其精辟之处。高罗霍夫已经不无根据地指出伽利略的科学就已经是技术科学了，这一说法可以上溯至阿基米德的科学，培根在自己的时代就指出了科学的应用功能。然而，今天我们谈论技术科学反映了这样一种状态，也就是普鲁日宁反复强调的，科学已经成为与工业生产相互纠缠的一个巨大的社会-经济建制。所以，在科学中我们首先看见的是应用功能、应用意义、应用价值。此外，俄罗斯科学院改革的措施也表明必须加强科学（如学院科学）的有效性，改革让我们觉得除了应用功能之外，科学好像是没有其他功能。这样的思想开始占上风，即只有某种纯粹的组织-管理措施才能把科学的这种应用功能分离出来并加以强化。尽管选择基础问题是一个非常复杂的任务，但是如果不提出和解决这样的任务，科学的应用功能也会逐渐丧失殆尽的。关于基础研究必要性和特点的问题只能由科学本身和科学共同体解决，而不能由"有效的管理者"解决。最终，寻找真理的任务才具有重要的世界观和伦理学意义。包括自然科学在内的真理是道德价值，或者至少寻找真理的动机、思维训练和意识到这种寻找就是这一价值。"当我们谈及技术科学及其组织时，不能忘记这一点，那就是对有效性的商业评价不应取代科学的崇高的文化-历史意义。"②

综上所述，在社会-文化的语境中讨论科学（包括俄罗斯科学）的前景问题，是俄罗斯科学哲学界历久弥新的话题，这一讨论仍将持续下去。尽管大家观点各异，但有一点是共同的——对俄罗斯科学发展前景，特别是俄罗斯基础科学的命运忧心忡忡。科学哲学必须了解现代科学都发生了哪些变化，也必须正确评价现代科学实际的动力学趋势，从而为支持它的有效工作规划前景。而为了实现这一目标，不仅需要科学哲学家、科学学家、社会学家、社会心理学家、政治学家的努力，而且需要整个社会-人文知识领域的所有专家的协作。如果没有这种协作，我们得到的任何建议和评价都是片面的。

---

①② Материалы "круглого стола": Перспективы Российской науки как социального и культурного института, *Вопросы философии*, 2014(8), C.3-43.

（四）НБИК 四大科学技术的会聚发展问题

20 世纪 90 年代以来，特别是进入到 21 世纪以后，随着对"技术型文明"这一说法的认可，俄罗斯技术哲学对会聚技术，即纳米技术、生物技术、信息技术和认知科学的讨论一直热度不减，召开了多次学术讨论会和"圆桌会议"，使走出技术型文明危机的方案更加切实可行。按照列克托尔斯基的说法，一方面，НБИК 不仅是技术发展的新阶段，而且是对人类生活世界的破坏，准确地说，是对这个世界的那些使人成之为人的不变量的破坏。正是由于 НБИК 的发展才产生了一个新的"生物技术乌托邦"（биотехнологические утопии），其中，人的身心都要发生转变，创造了"后人"，实现了"不死"等。另一方面，作为这些新技术基础的技术科学的发展，意味着传统基础科学的终结。换言之，这将要涉及如何理解科学、知识、人，以及人的现状和未来的一些原则性问题，这是对技术哲学的新的挑战，因为这些问题始终是技术哲学的核心问题。

杜布罗夫斯基教授认为，НБИК 技术的会聚发展为改造人和社会提供了强大的、前所未有的手段，但同时也为人类的未来埋下了风险和威胁。这些技术会聚所创造的累积效应，是由与之相对的知识领域的快速发展所决定的。我们目睹了前所未有的创新，其中一些影响了生活的基础并带来了不可预料的后果。这种情况对地球文明构成了新的威胁，也使哲学面临着异常复杂的问题，很难对这些问题进行整理和分类。但是它们却可以被当代的一个重要的全球性问题所涵盖，这是一个存在主义问题：为什么（зачем）？我们所从事的改造活动的真正意义是什么？这个问题牵扯到个体、制度化的主体、民族和每一个人。例如，随着 НБИК 技术的会聚发展，再过 30—40 年人类可能会实现"不死"，那么马上就产生了这样的存在主义问题：如果人的活动没有更高的意义和目的，如果不死仍旧预示着大众存在的荒谬的无限性，即使在未来社会仍旧陷入自己习惯的竞争垃圾场，而活着的目的就是追求越来越新的消费品，得到越来越新的感官满足与安慰，那么，为什么还需要不死？因此，我们首先需要改造大脑，而不是简单地把它从肉体之躯移植到人工之躯。2012 年，在俄罗斯发生了一个重要事件——发起了一项名为"俄罗斯 2045"的社会运动，这个运动最重要的任务就是通过创造一个人工的躯体，然后把身体已经达到生命终点的那些个体的个性导入其中，从而实现不死。向着这个似乎崇高目标前进的路上却提出了完全现实的任务，即人的改造、与疾病斗争、创造和发展生物技术系统等。这一社会运动迅速升温，国内外很多大学者都加入其中，亲自承担子课题的研究工作。这个运动在哲学家中间也有支持者，如斯焦宾院士。《战略性社会运动宣言：俄罗斯 2045》中提出了一系列尖锐的问题，涉及当代文明的存在主义危机和克服危机的途径。杜布罗夫斯基本人也有意加入这个运动，原因很简单：这个运动创造了一个积聚力量的希望，而这些力量能够抵御日益加深的生态危机和其他全球性问题。

现在摆在俄罗斯哲学家面前的任务是：社会和个体生活中的荒谬、当代文明和人类未来生活意义的缺失都在前所未有地加剧。这就涉及 НБИК 会聚发展的目的问题，因为会聚技术的快速发展不仅意味着解决当代文明全球性问题有了足够强大的手段，同时也意味着能够消灭人类文明。为此，首先产生的就是社会人文计划（социогуманитарный план）问题：社会预测、系统管理和控制、对可能和已经取得的成果的评估标准、有效的鉴定方法、法律和伦理问题等。所以，杜布罗夫斯基认为应该在 НБИК 基础上再加上 С（社会人文），以强调社会人文知识与技术也是上述会聚技术动力学系统的组成部分。НБИКС 会聚发展进入到科学知识综合的新阶段，打破了学科之间的传统边界，形成了包括物理、化学、生物、心理、技术和社会成分在内的全新的认识和活动的对象。这样的对象不仅是学科间整合，而且是跨学科整合的产物，这就是科学认识论和方法论面临的新挑战。因此，当我们思考生与死以及它们永恒的竞争，思考生的意志和死的恐惧，思考人的活动的生机勃勃的意义，或者讨论不死的思想的时候，哲学家必须发挥至关重要的作用。《战略性社会运动宣言：俄罗斯 2045》行动纲要在广泛的人类学背景下提出的一系列问题，能够导致对存在问题进行有效的哲学思考。此外，鼓励创造新的充满生机的意义、价值和目标，这些都是现代人类迫切需要的；更为重要的是，鼓励创造新的精神力量，这对实现更高的真正的目标而言是必不可少的。

高罗霍夫指出，现代技术哲学的重心已经转向在技术与社会互动的过程中去研究技术。作为这一趋势的标志，在 21 世纪初科学进入了所谓的技术科学的新阶段。技术科学（технонаука）并非是"技术的科学"（техническая наука），作为一种科学组织的新形式，它把自然科学、技术和人文知识等诸多方面都集于一身。技术科学这一术语最为经常地表征这样一些现代学科领域，如信息和通信技术、纳米技术、人工智能及生物技术等。技术科学试图对传统的哲学问题给予新的回答。但是公允地说，尽管基础知识可以通过科学家和工程师的争辩获得，但是科学家和工程师往往是哲学领域的无知者。高罗霍夫赞同杜布罗夫斯基的观点，即新的技术不仅创造了新的可能性，而且创造了新的风险。正是在技术的发展过程中可能会对人类的生存产生新的全球性威胁，在这当中首当其冲的就是纳米技术。真正的危险在于，我们不能及时地对危险进行评估和制定预防措施，而对这些危险的公共讨论大约比它们进入我们生活中晚了 5 年时间。随着纳米技术的发展出现了在原子和分子水平上对结构进行点状改造的可能性，向人体组织内移植微型装置，从而增强了人类的感知能力或者延长了感觉器官。然而，不仅没有人研究，甚至尚未有人提出这样的问题，在对精细的神经元结构进行纳米技术改造，或者我们获得新的感官以后，人的心理会发生怎样的变化。当然，在一定条件下人是能够适应外部条件的变化的，包括相对于他的心理而言外部身体发生的某些变化（如感觉器官），但所有这一切都是外部因素。然而对于内部神经心理过程的干预不仅对作为个体的人的心理，而且会对整个社会带来某种难以预料的后果。问题在于，他的个性会发生什么变化，如何把他的心理和这个新的身体结合起来，这种对"上帝意志"的更改是否将导致人类的自我毁灭。因为没有技术人类文明就无法存在，所以，我们既不会放弃技术，也不会放弃对待世界的技术关系，而是要寻找这一关系新的、更人道的形式。今天我们已经站在了这条道路的起点，终点是科学和工程活动的内部装置本身发生改变。"会聚技术的飞速发展按照新的方式提出很多老的哲学问题，突出表现为一系列方法论、社会和认知的问题，解决这些问题需要具备很高的哲学水平，即需要有专业人员进入这个领域中来。没有与前沿科学的积极互动，哲学本身也无法存在。因此，哲学家特别是科学技术哲学家一定要与科学技术专家紧密配合和对话，重新思考科学技术领域中产生的哲学问题。"[①]

阿列克谢耶娃（И. Ю. Алексеева）博士干脆建议把新技术革命命名为"НБИКС 革命"。纳米技术、生物技术、信息技术、认知科学的会聚发展导致社会和人都发生了神奇的变化。创造新的（包括由有机物和无机物混合而成的）物质和装置，在分子水平上控制生物工程，发现大脑工作的秘密，展现强大的人工智能，所有这些都必须以形成新的社会-技术秩序为前提。阿列克谢耶娃认为，这里涉及的不仅是科学技术发展水平的提高、新的经济领域和新的生产组织方式，而且涉及新的社会形态、新的价值观、对人的本质和本性新的理解。她回忆起苏联哲学时期的一个重要论题——世界的物质统一性。НБИКС 现象又回到了这一论题，只不过是在新的视野之下世界的统一性不仅仅是物质的了，对哲学而言这既是挑战又是机遇。哲学不仅是对 НБИКС 的会聚过程加以思考，

---

① Материалы "круглого стола": конвергенция биологических, информационных, нано-и когнитивных технологий: вызов философии, *Вопросы философии*, 2012(12), С.3-23.

而且要积极地参与到这个过程中。今天我们能够提出作为技术科学的未来哲学的问题，这是因为哲学技术（философские технологии）也可以加入到社会人文技术中来。哲学技术究竟是什么，今天还难以说清，但是哲学技术有一个很宽的连续谱——从解决专门任务的逻辑技术到世界观技术。苏联时期把作家称为"人类灵魂的工程师"（注意不是心理学家，而是作家），现代文学已经从这种任务中解放出来，反倒有一些年轻人开始听哲学的有声书。"哲学是技术科学这一思想开辟了一条哲学自我认识的新路。长久以来，哲学把自己和数学，后来是实验自然科学（主要是物理学）相提并论。把哲学解释为科学、非科学和某种特殊的科学只能提出真理性问题，而把它和技术、技术科学相提并论却能够提出有效性问题。"[①]

著名科学哲学家阿尔什诺夫进一步强调，会聚技术是近 10 年来，在交叉学科和跨学科的背景下、在科学技术哲学研究领域中出现的新概念。早在 20 世纪 90 年代中期，西班牙裔的美国社会学家曼纽尔·卡斯特尔（Manuel Castells）就已经发现了在一个高度一体化的系统中各种具体技术会聚生长的现象，在这个系统中，旧的彼此隔离的技术轨迹在不知不觉中彼此交汇起来。因此，"技术的会聚在生物和微电子革命的互动中越来越普及开来，不仅是作为物质的，而且是作为方法论的"[②]。一般认为，美国科学家米黑尔·罗科（Mihail C. Roco）和威廉·班布里奇（William S. Bainbridge）在《会聚四大科技提高人类能力：纳米技术、生物技术、信息技术和认知科学》一书中首先提出了会聚技术的"四面体"（НБИК-тетраэдр）模型。他们认为"会聚"是科学技术四个前沿领域协同配合的结果：①纳米科学与纳米技术；②包括基因工程在内的生物技术与生物医学；③包括先进的量子计算机和网络通信新工具在内的信息技术；④包括认识神经科学在内的认知科学。他们还指出，目前作为认知、发明和设计的共轭-进化实践总和的四个人类活动领域，已经达到了这样一个发展水平，即它们必须加强协同作用，结果是建立起本质上全新的"超微技术科学"（супернанотехнонаука），它为人和人类的自我进化揭开了新的地平线，这是一个有意识的定向改造过程。

这样一来，就会产生很多问题。这里所说的自我进化到底是什么样的，是生物的、社会的还是生物社会的进化？这一进化应该以哪里（куда）、谁（кем）

---

① Материалы "круглого стола": конвергенция биологических, информационных, нано-и когнитивных технологий: вызов философии, *Вопросы философии*, 2012(12), С.3-23.
② Кастельс М. *Информационная эпоха: экономика, общество и культура*, М.: ГУ ВШЭ, 2000, С.78.

或什么（чем）为导向？主要采取哪些形式？这里的标记为 C 的知识群能够也必须成为整个会聚过程的跨学科相干作用的主导因素。目前，НБИК 会聚发展的概念正在被指责为工具主义和技治主义的东西，为此它在欧洲遭到了批评，恰好在欧洲建议把社会人文知识"加入"到"四面体"НБИК 的会聚发展中。如前所述，四面体 НБИК 会聚发展分别与四种理想的基本的微观客体相对应：原子、基因、神经和比特。四面体 НБИК 会聚发展的前提是，在微观世界的技术化过程中借助于混合界面的相干组织的总和，实现了 DNA 密码、神经和比特的相互联系。这个混合界面（интерфэйс, interface）位于物质和意识之间。阿尔什诺夫认为，要想在这个结构中补充 C，就必须首先分析社会遗传密码（социокод）这一概念，类似于"道金斯迷因"（мем Докинза）① 或者在更广泛的语境中转向斯焦宾的文化模型。总之，"向 НБИК'四面体'中补充 C，将其改造为'二十面体'的问题主要在于，大力推进以人为本的技术文化调整实践活动的会聚扩展过程，从而在现实的会聚化了的层级之间递归地产生混合认知界面。因此，作为非还原整体性的复杂性是一个潜在的语境，只有在这个语境之下这个'双重的'技术文化会聚发展才能完全实现"②。

　　综上所述，俄罗斯学者从具体的问题出发，即对哲学提出挑战的现代НБИК技术的会聚发展；而以对一些原则性问题的思考结束，即讨论了知识在现代文化中的命运。这里的发生的重大转变表现为：一方面，技术科学胜利的旗帜似乎在质疑基础科学研究的可能性问题；另一方面，基础科学本身也出现了一些前所未有的咄咄怪事。比如，包括现代宇宙进化论在内的某些基础科学原则上也无法通过经验加以证实。一些曾经被科学哲学严肃讨论的老问题，比如，被逻辑经验主义者、波普尔、拉卡托斯等讨论过的理论知识与经验检验之间的关系，重新获得了现实意义。毋庸置疑，知识在现代社会中扮演着重要角色，同时知识本身也在发生着变化。以知识为基础的技术也正在改变着我们的生活，最终等待人和文化的将会是什么？俄罗斯学者之所以持续不断地关注这个问题，就是因为它不仅是科学技术哲学的中心问题，而且是整个现代生活的中心问题。

① 英国著名演化生物学家理查德·道金斯（Richard Dawkins）在他的第一本著作《自私的基因》中提出了"迷因学说"。他认为演化的驱动力不是个人、全人类或各个物种，而是"复制者"（replicator），复制者既包括作为生物遗传信息传承单位的"基因"（gene），也包括作为文化资讯传承单位的"迷因"（meme）。"迷因"类似作为遗传因子的基因，为文化的繁衍因子，也经由复制（模仿）、变异与选择的过程而演化。
② Материалы "круглого стола": Конвергенция биологических, информационных, нано-и когнитивных технологий: вызов философии, Вопросы философии, 2012(12), C.3-23.

三、总的结论

俄苏科学技术哲学是一座大山，它山体巍峨、坚实厚重，虽历经风雨侵蚀却屹立不倒；俄苏科学技术哲学又是一条大河，蜿蜒曲折、源远流长，虽途经千回百转却绵延不绝。历史上，苏联自然科学哲学并不是只留下一大堆教训，贻笑后人；现实中，俄罗斯科学技术哲学也并非完全唯西方科学哲学马首是瞻，拾人牙慧。今天的俄罗斯科学技术哲学既保留了自己的传统，又把整个世界文化（既包括西方近代以来的文化，又包括东方传统文化）纳入自己的思想库。"特别应当指出的是，许多人踏踏实实地遵循马克思主义哲学的导向，创造性地探讨了西方学者探讨过的或未曾涉足的自然科学哲学问题。他们的成果与西方同行的工作形成了两个不同的传统，是一个完全不同的学术坐标系。可以说，舍弃苏联学者的研究成果世界自然科学哲学就是不完整的。"[①] 尽管上述这番话是孙慕天先生针对苏联自然科学哲学所做的结论，但因其客观、中肯、公正，所以也适合于评价俄罗斯科学技术哲学。俄罗斯科学技术哲学是俄罗斯哲学乃至整个俄罗斯文化中最具"独立之精神，自由之思想"气质的一部分。历史上，它从未完全屈服过教条主义和政治意识形态的高压，在20世纪的新哲学运动中发挥了急先锋的作用；进入21世纪以后，尽管西方哲学思想大量涌入俄罗斯，后现代主义思潮风起云涌，非理性甚至反理性的呼声甚嚣尘上，但俄罗斯科学技术哲学始终坚持了自己的传统（尽管多数人放弃了马克思主义哲学，但坚持理性主义科学观和唯物辩证法仍旧是俄罗斯科学技术哲学的主流）。在社会-文化的语境下研究现代科学技术发展的特点和规律，以及科学知识的地位和作用，以走出技术型文明危机为目标探讨现代技术和工艺（特别是会聚技术 НБИК）给人、社会和文化带来何种变化，这是俄罗斯科学技术哲学未来发展的两个主要趋势。在一定意义上，俄罗斯科学技术哲学的未来道路就是对技术科学知识（Т）与社会人文知识（С）会聚发展的认识论、方法论和价值论问题的反省之路，俄罗斯科学技术哲学一个新的范式——技术-文化范式（техно-культурная парадигма）正在形成中。

[①] 孙慕天：《跋涉的理性》，北京：科学出版社，2006年，第249页。

参考文献

安启念.2003.俄罗斯向何处去—苏联解体后的俄罗斯哲学.北京:中国人民大学出版社.

白夜昕.2009.苏联技术哲学研究纲领探究.沈阳:东北大学出版社.

弗罗洛夫.2011.哲学导论(上下卷).贾泽林等译.北京:北京师范大学出版社.

贾泽林.2008.二十世纪九十年代的俄罗斯哲学.北京:商务印书馆.

津科夫斯基.2013.俄国哲学史(上下卷).张冰译.北京:人民出版社.

孙慕天.2006.跋涉的理性.北京:科学出版社.

孙慕天.2009.边缘上的求索.哈尔滨:黑龙江人民出版社.

孙慕天,刘孝廷,万长松等.2015.科学技术哲学研究的另一个维度—中国俄(苏)科学技术
    哲学研究的回顾与前瞻.自然辩证法通讯,37(5):149-158.

万长松.2004.俄罗斯技术哲学研究.沈阳:东北大学出版社.

万长松.2015.20世纪60—80年代苏联新哲学运动研究.哲学分析,6(6):82-94.

万长松.2015.从科学哲学到文化哲学—B.C.斯焦宾院士思想轨迹追踪.自然辩证法通讯,
    37(1):120-127.

万长松.2015.俄罗斯科学技术哲学的范式转换研究.自然辩证法研究,31(8):90-95.

万长松.2015.哲学并未终结—论苏联"新哲学运动"对俄罗斯哲学的影响.洛阳师范学院学
    报,34(12):14-19.

万长松.2016.从工具主义到人本主义—俄罗斯技术哲学100年发展轨迹回溯.自然辩证法研
    究,32(5):89-94.

王彦君.2008.俄罗斯科学哲学研究.哈尔滨:黑龙江人民出版社.

吴国盛.2008.技术哲学经典读本.上海:上海交通大学出版社.

叶夫格拉弗夫.1998.苏联哲学史.贾泽林等译.北京:商务印书馆.

Андреев А Л, Бутырин П А, Горохов В Г. 2009. Социология техники. Москва:Альфа-М,
    Инфра-М.

Арзаканян Ц Г, Горохов В Г, ред. 1989. Философия техники в ФРГ. Москва: Прогресс.

Ахутин А В. 1976. История принципов физического эксперимента от античности до XVII в. Москва: Наука.

Батурин В К. 2012. Философия науки. Москва: Юнити.

Бердяев Н А. 1989. Человек и машина (Проблемы социологии и метафизики техники). Вопросы философии, (2): 147-162.

Боголюбов А Н. 1976. Теория механизмов и машин в историческом развитии ее идей. Москва: Наука.

Вебер М. 1990. Избранные произведения. Москва: Прогресс.

Вернадский В Н. 1978. Размышления натуралиста. Научная мысль как планетарное явление. Москва: Наука.

Гайденко П П. 1987. Эволюция понятия науки (XVII-XVIII вв.). Москва: Наука.

Гайденко П П. 2003. Научная рациональность и философский разум. Москва: Прогресс-Традиция.

Гальперин П Я. 1980. Функциональные различия между орудием и средством//Ильясова И И, Ляудис В Я, ред. Хрестоматия по возрастной и педагогической психологии. Москва: МГУ: 195-203.

Горохов В Г. 2000. Концепции современного естествознания и техники. Москва: ИНФРА-М.

Горохов В Г. 2007. Основы философии техники и технических наук. Москва: Гардарики.

Горохов В Г. 2008. Наноэтика: значение научной, технической и хозяйственной этики в современном обществе. Вопросы философии, (10): 33-49.

Горохов В Г. 2009. Генезис технической деятельности как предмет социологического анализа. Москва: Гуманитарий.

Горохов В Г. 2012. Технические науки: история и теория. Москва: Логос.

Горохов В Г. 2009. Трансформация понятия «машина» в нанотехнологии. Вопросы философии, (9): 97-115.

Горохов В Г. 1997. Русский инженер и философ техники Петр Климентьевич Энгельмейер. Москва: Наука.

Горохов В Г. 2009. Техника и культура: возникновение философии техники и теории технического творчества в России и в Германии в конце 19-начале 20 столетий. Москва: Логос.

Горохов В Г, Розин В М. 1998. Введение в философию техники. Москва: ИНФРА-М.

Горохов В Г, Сидоренко А С. 2009. Роль фундаментальных исследований в развитии новейших технологий. Вопросы философии, (3): 67-77.

Гуревич П С, ред. 1986. Новая технократическая волна на Западе. Москва: Прогресс.

Гусейнов А А. 2009. Александр Александрович Зиновьев. Москва: РОССПЭН.

Данилова В Л. 2010. Георгий Петрович Щедровицкий. Москва: РОССПЭН.

Данилов-Данильян В И, Лосев К С. 2000. Экологический вызов и устойчивое развитие.

Москва: Прогресс-Традиция.

Дильтей В. 1995. Категории жизни. Вопросы философии, (10): 129-143.

Жучков В А, Блауберг И И. 2010. Валентин Фердинандович Асмус. Москва: РОССПЭН.

Зотов А Ф. 2001. Современная западная философия. Москва: Высш. шк.

Касавин И Т, Порус В Н. 1999. Разум и экзистенция: анализ научных и вненаучных форм мышления. Санкт-Петербург: РХГИ.

Козлов Б И. 1988. Возникновение и развитие технических наук. Ленинград: Наука.

Койре А. 1985. Очерки истории философской мысли. Москва: Прогресс.

Кудрин Б И. 1998. Технетика: новая парадигма философии техники. Томск: Том. ун-т.

Кун Т. 2001. Структура научных революций. Москва: АСТ.

Купцова В И. 1996. Философия и методология науки. Москва: Аспект-Пресс.

Лебедев С А, Ильин В В, Лазарев Ф В, и др. 2007. Введение в историю и философию науки. 2-е изд. Москва: Акад. Проект.

Лекторский В А.1998. Философия не кончается···Из истории отечественной философии. XX век. 1960-80-е годы, т.1-2. Москва: РОССПЭН.

Лекторский В А. 2000. Эпистемология классическая и неклассическая. Москва: Эдиториал.

Лекторский В А. 2010. Бонифатий Михайлович Кедров. Москва: РОССПЭН.

Лекторский В А. 2010. Иван Тимофеевич Фролов. Москва: РОССПЭН.

Лекторский В А. 2010. Как это было: воспоминания и размышления. Москва: РОССПЭН.

Ленк Х. 1996. Размышления о современной технике. Москва: Аспект Пресс.

Мамфорд Л. 2001. Миф машины. Техника в развитии человечества. Москва: Логос.

Мамчур Е А, Овчинников Н Ф, Огурцов А П. 1997. Отечественная философия науки: предварительные итоги. Москва: РОССПЭН.

Микешина Л А. 2005. Философия науки: общие проблемы познания. Методология естественных и гуманитарных наук. Москва: Прогресс-Традиция.

Микешина Л А. 1990. Ценностные предпосылки в структуре научного познания. Москва: Прометей.

Микешина Л А. 2002. Философия познания. Полемические главы. Москва: Прогресс.

Микешина Л А. 2006. Философия науки. 2-е изд. Москва: Междунар. ун-т.

Митчам К. 1995. Что такое философия техники? Москва: Аспект Пресс.

Моисеев Н Н. 1995. Современный рационализм. Москва: МГВП КОКС.

Мотрошилова Н В. 2009. Мераб Константинович Мамардашвили. Москва: РОССПЭН.

Никифоров А Л. 1998. Философия науки: история и методология. Москва: Дом интеллектуальной книги.

Никифоров А Л. 2006. Философия науки: история и теория. Москва: Идея-Пресс.

Огурцов А П. 1988. Дисциплинарная структура науки. Москва: Наука.

Огурцов А П. 2011. Философия науки: двадцатый век: концепции и проблемы: В 3 частях.

Санкт-Петербург: дом «Міръ».

Ортега-и-Гассет Х. 1997. Размышления о технике. Ортега-и-Гассет Х. Избр. тр. Москва: Весь мир.

Попович М В. 2010. Павел Васильевич Копнин. Москва: РОССПЭН.

Поппер К. 1983. Логика и рост научного знания. Москва: Прогресс.

Поппер К. 2000. Эволюционная эпистемология и логика социальных наук. Москва: Эдиториал УРСС.

Пружинин Б И. 2010. Российская философия продолжается: из ХХ века в XXI. Москва: РОССПЭН.

Рабинович В Л. 1979. Алхимия как феномен средневековой культуры. Москва: Наука.

Риккерт Г. 1998. Науки о природе и науки о культуре. Москва: Республика.

Розин В М. 1989. Специфика и формирование естественных, технических и гуманитарных наук. Красноярск: Краснояр. ун-т.

Розин В М. 1999. Традиционная и современная технология. Москва: ИФ РАН.

Розин В М. 2006. Понятие и современные концепции техники. Москва: ИФ РАН.

Розин В М, Горохов В Г. 1997. Философия техники: история и современность. Москва: ИФ РАН.

Сачков Ю В. 1999. Вероятностная революция в науке. Москва: Научный мир.

Сачков Ю В. 2000. Философия естествознания: ретроспективный взгляд. Москва: ИФ РАН.

Стёпин В С. 2011. История и философия науки. Москва: Акад. Проект, Трикста.

Стёпин В С. 2012. Научное познание в социальном контексте. Избранные труды. Минск: БГУ.

Стёпин В С. 1989. Научное знание и ценности техногенной цивилизации. Вопросы философии, (10): 3-18.

Стёпин В С. 1992. Философская антропология и философия науки. Москва: Высш. шк.

Стёпин В С. 2000. Теоретическое знание. Москва: Прогресс-Традиция.

Стёпин В С. 2011. Цивилизация и культура. Санкт-Петербург: СПбГУП.

Стёпин В С, Горохов В Г. 2003. Введение в философию науки и техники. Москва: Градарика.

Стёпин В С, Горохов В Г, Розов МА. 1996. Философия науки и техники. Москва: Гардарики.

Стёпин В С, Кузнецова Л Ф. 1994. Научная картина мира в культуре техногенной цивилизации. Москва: ИФ РАН.

Стёпин В С, ред. 2010. Новая философская энциклопедия: в 4 т. 2-е изд. Москва: Мысль.

Толстых В И. 2009. Эвальд Васильевич Ильенков. Москва: РОССПЭН.

Турчин В Ф. 2000. Феномен науки. Кибернетический подход к эволюции. Москва: ЭТС.

Урсул А Д. 2007. Универсальный эволюционизм: концепции, подходы, принципы, перспективы. Москва: РАГС.

Федотова В Г. 2001. Социальное знание и социальные изменения. Москва: Б.и.

Формирование современной естественно-научной парадигмы. 2001. Философия науки, Вып.7. Москва: И Ф РАН.

Хайдеггер М. 1993. Вопрос о технике//Хайдеггер М, ред. Время и бытие. Статьи и выступления. Москва: Республика: 221-238.

Чешев В В. 1981. Технические науки как объект методологического анализа. Томск: Том. ун-т.

Шпенглер О. 1995. Человек и техника. Культурология. XX век: Антология. Москва: Юрист: 454-492.

Ясперс К. 1994. Смысл и назначение истории. Москва: Республика.

俄汉术语对照表

А

абстрактный объект	抽象客体
активизм	能动主义
антропологизм	人本主义
антропоцентризм	人类中心论
аргумент от культуры	文化的论据
аргумент от рисков и кризисов	风险和危机的论据
аргумент от свободы	自由的论据
артефакт	人工物

Б

базисные исследования	基础研究
биосфера	生物圈
биотехнологические утопии	生物技术乌托邦
биоценоз	生物群落

В

высокое соприкосновение	高度契合

Г

генетический код	遗传密码
герменевтика	解释学
глобальная научная революция	全球科学革命
глобальные проблемы	全球性问题

глобальный эволюционизм 全球进化论

гуманистическая философия истории 人道主义历史哲学

Д

деорганизация 瓦解组织

десталинизация 去斯大林化

деятельностный подход 活动方式

диалог культур 文化对话

диалогичность 对话性

диспозитив 社会机制

И

идеалы и нормы исследования 研究的理想与规范

идеальное 理念

идея всеединства 万物统一思想

изобретение 发明

инверсия 戾换式

индустрия Бахтина 巴赫金产业

инженерия 工程

инструментализм 工具主义

интернализм 内史论

информационный отбор 信息选择

исихазм 静修主义

историческая эволюция научной рациональности 科学理性的历史进化

К

категориальные структуры 范畴结构

квазиприрода 准自然

квантовая эпистемология 量子认识论

классическая инженерная деятельность 经典工程活动

классическая рациональность 经典理性

когнитивный поворот 认知转向

конвергентные технологии 会聚技术

конструктивное обоснование 结构证明

контекст парадигмы сложности 复杂性范式语境

контекст постнеклассической науки 后非经典科学语境

концептуализация техники 技术的概念化

коэффициент полезного действия（КПД）	效率系数
критический марксизм	批判的马克思主义
культура	文化
культурология	文化学
куматоид	类波体
куммулятивность	累积性

Л

лженаука	伪科学
линейная модель	线性模型
логика науки	科学逻辑
логико-эпистемологический анализ	逻辑-认识论分析

М

марксизм постиндустриальной эпохи	后工业时代的马克思主义
методологизм	方法论主义
методология науки	科学方法论
методология проектирования	设计方法论
многомирие	多世界
Московский методологический кружок（ММК）	莫斯科方法论小组

Н

наносхема	纳米图式
нанотехнология	纳米技术
наука	科学
науковедение	科学学
научная картина мира	科学的世界图景
научная программа	科学研究纲领
научная рациональность	科学（合）理性
научная революция	科学革命
научная рефлексия	科学反省
научная философия	科学（的）哲学
Научно-техническая революция（НТР）	科学技术革命
научноя картину мира	科学的世界图景
научные хороводы	科学圆圈舞
недонаука	准科学或不够格的科学
неклассическая рациональность	非经典理性

нетехника	非技术
новая идея инженерии	新工程理念
Новое философское движение	新哲学运动
носфера	智力圈

O

общение	交往
общество знания	知识社会
объектный подход	客体方法
онтологизм	本体论主义
операциональное определение	操作性的定义
организованное существо	组织的存在
организованные тела	组织体
органическое существо	有机的存在
осевой принцип	轴心原则
открытие	发现
оттепель	解冻
оценка техники	技术评估

П

парадигмальная трансплантация	范式移植
паранаука	半科学
переключения гештальта	完形的转换
подлинная наука	真科学
постнеклассическая наука	后非经典科学
постнеклассическая рациональность	后非经典理性
постсоветская школа критического марксизма	批判的马克思主义后苏联学派
правила преобразования	转化原则
правила соответствия	对应原则
преднаука	前科学
преемственность	连续性
природное соприкосновение	自然界的契合

Р

разум	理性
распредмечивание	非对象化
рассудок	知性

ревизионизм	修正主义
революционно-критическая деятельность	革命性批判活动
религия машины	拜机器教
Российская философия	俄罗斯哲学
Российская философия науки и техники	俄罗斯科技哲学
Российское философское общество（РФО）	俄罗斯哲学学会
Русская философия	俄国哲学

C

самоорганизация	自组织
сетка метода	方法之网
синергетика	协同学
системотехника	系统工程
системотехническая деятельность	系统工程活动
соборность	聚合性
Советская философия	苏联哲学
Советская философия естествознания	苏联自然科学哲学
социальная память	社会记忆
социальная эпистемология	社会认识论
социальное соприкосновение	社会的契合
социальные эстафеты	社会接力
социальный куматоид	社会类波体
социокод	社会遗传密码
социо-культурный анализ	社会-文化分析
социология техники	技术社会学
социотехническое проектирование	社会工程设计
стиль мышления	思维方式
структура и генезис научной теории	科学理论的结构和发生
супернанотехнонаука	超微技术科学
сциентизация техники	技术的科学化

T

тектология	组织形态学
теоретическая схема	理论图式
теоретический конструкт	理论建构
теоретический объект	理论客体
теория равновесия	平衡论

технетика	技术学
техницизация науки	科学的技术化
техника	技术
техницизм	技术主义
техническая мутация	技术突变
техническая наука	技术科学
техническое действие	技术行为
техническое животное	技术动物
техническое знание	技术知识
техническое сознание	技术意识
техническое существо	技术存在
техноантропосфера	技术人圈
технонаука	技术科学
техногенная цивилизация	技术型文明
технократизм	技治主义或专家治国论
техно-культурная парадигма	技术-文化范式
технологизация	工艺化
технология	工艺（技术）
техносистема	技术系统
технотронная цивилизация	技术覆盖型文明
техноценоз	技术群落
техноэволюция	技术进化
тип цивилизационного развития	文明发展的类型
традиционные цивилизации	传统文明
трансгуманистическое общество	后人本主义社会
трансчеловек（постчеловек）	后人
третья научная картина мира	第三科学世界图景

Ф

философия культуры	文化哲学
философия технической науки	技术科学哲学
философская антропология	哲学人学
философские технологии	哲学技术
философский разум	哲学理性
философское основание науки	科学的哲学基础
фракция	学派
фундаментальная наука	基础科学

Ц

царство духа   精神王国

царство Кесаря   恺撒王国

цивилизация   文明

Ч

человековедение   人学

человеческая жизнедеятельность   人的生命活动

человеческое соприкосновение   人的契合

Э

эволюционная модель   进化模型

экстернализм   外史论

эмпирический объект   经验客体

эпистемологизм   认识论主义

этносфера   道德圈

俄汉人名对照表

A

Акчурин, И. А.	阿克秋林
Александров, А. Д.	亚历山大罗夫
Алексеев, И. С.	阿列克谢耶夫
Алексеева, И. Ю.	阿列克谢耶娃
Аль-Ани, Н. М.	阿伊-阿尼
Аносин, В. Б.	阿诺辛
Арефьева, Г. С.	阿列费耶娃
Арзаканян, Ц. Г.	阿尔扎卡扬
Арсеньев, А. С.	阿尔谢尼耶夫
Аршинов, В. И.	阿尔什诺夫
Афанасьев, В. Г.	阿法纳西耶夫
Ахутин, А. В.	阿胡京

Б

Багатурия, Г. А.	巴加图利亚
Багдасарьян, Н. Г.	芭格达萨里扬
Бажанов, В. А.	巴扎诺夫
Баженов, Л. Б.	巴热诺夫
Бараков, М. А.	巴拉科夫
Баранский, Н. Н.	布兰斯基
Батищев, Г. С.	巴吉舍夫
Бахтин, М. М.	巴赫金
Безбородов, А. В.	别兹布罗多夫

Белозерцев, В. И.	别洛泽尔采夫
Белькинд, Л. Д.	别伊金德
Бердяев, Н. А.	别尔嘉耶夫
Бибихин, В. В.	彼比辛
Библер, В. С.	比布列尔
Блауберг, И. В.	布劳贝格
Блохинцев, Д. И.	布洛欣采夫
Богданов, А. А.	波格丹诺夫
Буданов, В. Г.	布丹诺夫
Будыко, А. П.	布登科
Буева, Л. П.	布耶娃
Бузгалин, А. В.	布兹加林
Булавка, Л. А.	布拉夫卡
Булгаков, С. Н.	布尔加科夫
Бухарин, Н. И.	布哈林

В

Вавилов, Н. И.	瓦维洛夫
Вавилов, С. И.	瓦维洛夫
Ваганов, А. Г.	瓦加诺夫
Вернадский, В. И.	维尔纳茨基
Виргинский, В. С.	维尔金斯基
Вишневский, А. Г.	维什涅夫斯基
Воденко, К. В.	沃坚科
Волков, Г. Н.	沃尔科夫
Волосевич, О. М.	沃洛谢维奇
Выготский, Л. С.	维果茨基
Выжлецов, Г. П.	维日列佐夫

Г

Гайденко, П. П.	盖坚科
Гвишиани, Д. М.	格维什阿尼
Генисаретский, О. И.	格尼萨列茨基
Герасимова, И. А.	格拉西莫娃
Гессен, Б. М.	格森
Глаголев, В. Ф.	格拉果列夫
Глазычев, В. В.	戈拉吉切夫

Горинов, М. М.	戈利诺夫
Горохов, В. Г.	高罗霍夫
Горский, Д. П.	果尔斯基
Громов, М. Н.	格罗莫夫
Громыко, Ю. В.	葛罗米柯
Грузинцев, Г. А.	格鲁津采夫
Грушин, Б. А.	格鲁辛
Гудожник, Г. С.	古多日尼克
Гуревич, П. С.	古列维奇

Д

Давидович, В. Е.	达维多维奇
Давыдов, В. В.	达维多夫
Давыдов, Ю. Н.	达维多夫
Данилов, А. А.	达尼洛夫
Данилов, А. Н.	达尼洛夫
Деборин, А. М.	德波林
Джохадзе, Д. В.	肇哈泽
Дмитренко, В. П.	德米特连科
Дробницкий, О. Г.	德罗布尼茨基
Дубровский, Д. И.	杜布罗夫斯基
Дуденкова, И. В.	杜坚科娃
Дусев, А. А.	杜谢夫
Душкова, Н. А.	杜什科娃
Дынкин, А. А.	邓尼金
Дышлевый, П. С.	德什列维

Е

Ерасов, Б. С.	叶拉索夫
Ерахтин, А. В.	叶拉赫金

З

Завадовский, Б. М.	扎瓦多夫斯基
Зворыкин, А. А.	兹沃雷金
Зезюлько, А. В.	叶丘伊科
Зинковский, В. В.	津科夫斯基
Зиновьев, А. А.	季诺维也夫

Злобин, Н. С.   兹洛宾

Зотов, А. Ф.   佐托夫

И

Иванов, Б. И.   伊万诺夫

Иванов, В. В.   伊万诺夫

Иванов, Н. И.   伊万诺夫

Иванов, Н. П.   伊万诺夫

Иванова, Е. В.   伊万诺娃

Илларионов, С. В.   伊拉利奥诺夫

Ильенков, Э. В.   伊里因科夫

Ильин, В. Н.   伊里因

Ильичев, Л. Ф.   伊利切夫

Ионин, Л. Г.   伊奥宁

Иоффе, А. Ф.   约飞

К

Каган, М. С.   卡冈

Казютинский, В. В.   卡丘金斯基

Калинина, Н. А.   卡林尼娜

Кантор, К. М.   康托尔

Капитонов, Е. Н.   卡比托诺夫

Капица, П. С.   卡皮察

Карпинская, Р. С.   卡尔宾斯卡娅

Карякин, Ю. Ф.   卡尔亚金

Касавин, И. Т.   卡萨文

Касымжанов, А. Х.   卡西姆扎诺夫

Катунин, А. В.   卡杜宁

Кедров, Б. М.   凯德洛夫

Келле, В. Ж.   凯列

Козиков, И. А.   克吉科夫

Колганов, А. И.   科尔加诺夫

Колмогоров, А. Н.   科尔莫戈罗夫

Кольман, Э.   科尔曼

Константинов, Ф. В.   康斯坦丁诺夫

Конфедератов, И. Я.   康费捷拉托夫

Копнин, П. В.   科普宁

Копылов, Г. Г.	科佩洛夫
Коровиков, В. И.	柯罗维科夫
Корсаков, С. Н.	科尔萨科夫
Косарев, А. П.	科萨列夫
Косарева, Л. М.	科萨列娃
Косолапов, Р. И.	科索拉波夫
Красильщиков, В. А.	科拉西里申科夫
Крушанов, А. А.	科鲁沙诺夫
Кубышкин, С. А.	库贝什金
Кугель, С. А.	库格尔
Кудрин, Б. И.	库德林
Кудров, В. М.	库德罗夫
Кудряшов, А. П.	库德里亚绍夫
Кузин, А. А.	库津
Кузнецов, И. В.	库兹涅佐夫
Купцов, В. И.	库普佐夫

Л

Лапин, И. Ц.	拉宾
Лейбин, В. М.	列伊宾
Лекторский, В. А.	列克托尔斯基
Леонтьев, А. Н.	列昂季耶夫
Лесевич, В. В.	列谢维奇
Лефевр, В. А.	列斐伏尔
Липкин, А. И.	里普金
Лифшиц, М. А.	里夫舍茨
Лойко, А. И.	洛伊科
Лосев, А. Ф.	洛谢夫
Лосский, Н. О.	洛斯基
Лотман, Ю. М.	洛特曼
Любутин, К. Н.	柳布金

М

Мальцев, В. А.	马尔采夫
Мамардашвили, М. К.	马马尔达什维里
Мамчур, Е. А.	马姆丘尔
Мареев, С. Н.	马列耶夫

Маркарян, Э. А.	马尔卡梁
Марков, А. А.	马尔科夫
Марков, М. А.	马尔科夫
Марков, Н. В.	马尔科夫
Межуев, В. М.	梅茹耶夫
Мезенцев, С. Д.	门捷采夫
Мелещенко, Ю. С.	梅列先科
Мелюхин, С. Т.	麦柳欣
Меркулов, И. П.	米尔库洛夫
Мигдал, А. Б.	米格达尔
Микешина, Л. А.	米凯什娜
Микулинский, С. Р.	米库林斯基
Миронов, В. В.	米罗诺夫
Митин, М. Б.	米丁
Миткевич, В. Ф.	米特凯维奇
Михайлов, А. А.	米哈伊洛夫
Моисеев, Н. Н.	莫伊谢耶夫
Мотрошилова, Н. В.	莫特罗什洛娃
Муравьев, В. Н.	姆拉维耶夫

Н

Нагаев, А. А.	纳加耶夫
Нарский, И. С.	纳尔斯基
Науменко, Л. К.	纳乌门科
Науменко, Т. В.	纳乌门科
Никитаев, В. В.	尼基塔耶夫
Никифров, А. Л.	尼基福罗夫
Никуличев, Ю. В.	尼库里切夫

О

Овчиников, Н. Ф.	奥夫钦尼科夫
Огурцов, А. П.	奥古尔佐夫
Ойзерман, Т. И.	奥伊则尔曼
Омельяновский, М. Э.	奥美里扬诺夫斯基
Орлов, В. В.	奥尔洛夫
Осадченко, З. Н.	奥萨特钦科
Осибов, Ю. С.	奥西波夫

Осипов, Г. В.	奥西波夫
Осьмова, Н. И.	奥西莫娃

П

Пантин, И. К.	潘京
Петренко, В. Ф.	彼得连科
Петров, М. К.	彼得罗夫
Пивоваров, Д. В.	皮沃瓦罗夫
Плимак, Е. Г.	普里马克
Подгорных, Л. Б.	波德果尔雷赫
Подорога, В. А.	波多罗加
Пуляев, В. Т.	普里亚耶夫

Р

Радциги, А. А.	拉德茨基
Рац, М. В.	拉茨
Рачков, В. П.	拉契科夫
Репин, И. Е.	列宾
Розенталь, М. М.	罗森塔尔
Розин, В. М.	罗津
Розов, М. А.	罗佐夫
Рубинштейн, М. О.	鲁宾斯坦
Рубинштейн, С. Л.	鲁宾斯坦
Руткевич, М. Н.	鲁特凯维奇
Рыклин, М. К.	李克林

С

Сагатовский, В. Н.	萨加托夫斯基
Садовский, В. Н.	萨多夫斯基
Сачков, Ю. В.	萨奇科夫
Свидерский, В. Л.	斯维德尔斯基
Сейдалин, А. О.	谢伊达林
Семёнов, В. С.	谢苗诺夫
Семёнов, Е. В.	谢苗诺夫
Сенокосов, Ю. П.	谢诺科索夫
Сидоров, С. И.	西多罗夫
Симкин, Г. Н.	西姆金

Славин, Б. Ф.   斯拉文

Смирнов, В. А.   斯米尔诺夫

Смирнова, Г. Е.   斯米尔诺娃

Смолин, О. Н.   斯莫林

Соколов, В. В.   索科洛夫

Соколова, Р. И.   索科洛娃

Соловьев, В. С.   索洛维约夫

Соловьев, Э. Ю.   索洛维约夫

Степин, В. С.   斯焦宾

Стоскова, Н. Н.   斯托斯科娃

Сухотин, А. К.   苏霍金

Т

Терешкун, О. Ф.   杰列施库恩

Толстых, В. И.   托尔斯德赫

Томильчик, Л. М.   托米里奇克

Тугаринов, В. П.   图加利诺夫

Тупталов, Ю. Б.   图普塔洛夫

Тюхтин, В. С.   丘赫金

У

Уемов, А. И.   乌耶莫夫

Урсул, А. Д.   乌尔苏尔

Ф

Файнбург, З. И.   法因贝格

Федосеев, П. Н.   费多谢耶夫

Фесенков, Л. В.   费谢科夫

Фидченко, Е. В.   费德琴科

Фок, В. А.   福克

Франк, С. Л.   弗兰克

Фролов, И. Т.   弗罗洛夫

Х

Хейнман, С.   海因曼

Хинчин, А. Я.   辛钦

Холодный, Н. Г.   哈洛德内伊

Ц

Церетели, С. И.　　　　　采列捷里
Циолковский, К. Э.　　　齐奥尔科夫斯基

Ч

Черкесов, В. И.　　　　　切尔凯索夫
Чернышев, В. И.　　　　　切尔内舍夫
Чешев, В. В.　　　　　　　切舍夫
Чипко, А. С.　　　　　　　齐普科
Чудинов, Э. М.　　　　　　丘季诺夫

Ш

Шахматова, Е. В.　　　　　沙赫玛托娃
Швырев, В. С.　　　　　　什维廖夫
Шейнин, Ю. М.　　　　　　舍宁
Шептулин, А. П.　　　　　舍普图林
Шердаков, В. Н.　　　　　舍尔达科夫
Шмальгаузен, И. И.　　　　施马尔豪森
Шпет, Г. Г.　　　　　　　　施别特
Штофф, В. А.　　　　　　　施托夫
Шубин, А. В.　　　　　　　舒宾
Шухардин, С. В.　　　　　舒哈尔金

Щ

Щедровицкий, Г. П.　　　　谢德罗维茨基

Э

Энгельгард, В. А.　　　　　恩格尔哈特
Энгельмейер, П. К.　　　　恩格尔迈尔

Ю

Юдин, Б. Г.　　　　　　　　尤金
Юдин, П. Ф.　　　　　　　　尤金
Юдин, Э. Г.　　　　　　　　尤金
Юлина, Н. С.　　　　　　　尤里娜

Я

后　记

本书是我的第三本学术著作，是 2012 年立项的国家社会科学基金一般项目"俄罗斯科技哲学的范式转换与发展趋势研究（1991—2011）"（12BZX031）的最终研究成果。

我是从 1991 年开始学习苏联自然科学哲学的。那一年我从哈尔滨师范大学生物系毕业，考上了本校的科学技术哲学专业硕士研究生，因为是学俄语的，导师孙慕天教授就把我的研究方向确定为苏联自然科学哲学。然而世事难料，未及开学苏联境内就发生了"8·19"事件；半学期尚未结束，苏联就解体了。好在生活仍旧继续，哲学并未终结，1994 年，我以《后苏联科学技术哲学问题研究》通过了毕业论文答辩，获得了哲学硕士学位。当我告别白山黑水，来到燕赵大地之际，正值这一研究方向陷入低谷之时。当我再次回到这一研究领域，时间已经进入了 21 世纪。2001 年春，我考取了东北大学科技哲学专业博士研究生，开始系统研究俄罗斯科学技术哲学。2002 年，我和导师陈凡教授合作发表的 2 篇论文《苏联（俄罗斯）自然科学哲学的历史与现状》和《苏俄技术哲学研究的历史和现状》引起了国内同行的关注，均被中国人民大学复印报刊资料《科学技术哲学》全文转载。2004 年夏，我以"俄罗斯技术哲学的历史演变和逻辑分析"为题顺利通过博士论文答辩，并被评为当年的东北大学优秀博士论文。在陈凡老师的大力支持下，该论文得以入选东北大学技术哲学博士文库，于是有了我在这一方向上的第一部著作——《俄罗斯技术哲学研究》。2005—2006 年，我在清华大学做博士后期间，尽管合作导师曾国屏教授把我的工作方向确定为产业哲学，但我仍然继续着博士期间的研究。其中，"中国-俄罗斯技术哲学比较研究"获得第 39 批中国博士后科学基金资助，这是我研究俄苏科学技术哲学的第一桶金。尽管之后在申请国家社科基金的道路上屡战屡败，但自强不息和天道酬勤的清华精神使我最终如愿以偿。

25 年来，特别是获得国家社科基金资助的 5 年来，在俄罗斯科学技术哲学这一冷僻的研究领域中耕耘收获，苦乐自知，更不待言。一路走来，首先需要感谢的就是我的三位导师。感谢孙慕天教授，恩师不仅给了我一个饭碗，而且还不断地往碗中添羹夹菜，"拾人牙慧"在我看来并非贬义词，《跋涉的理性》和《孤鹜落霞》两本书早已成为我案牍上必读的著作。感谢陈凡教授，过去是我学业上的经师，如今是我事业上的人师，他的宽厚、仁慈与大爱如春风化雨、润物无声，每当我感到孤独无助之时，总会得到恩师无以回报的帮扶。感谢曾国屏教授，是他手把手地教会了我申请课题、撰写论文和独立思考，可当我还想和他再度合作续写产业哲学新篇时，他却因劳累过度撒手人寰，唯愿恩师能在天国睡个好觉。

本书的出版需要感谢科学出版社的领导和编辑，特别是责任编辑刘溪，他的热情与谦恭、专业与执着，为此书得以出版发挥了关键性作用；感谢文案编辑刘巧巧的精益求精；还要感谢我的好友李鹏奇，他古道热肠、穿针引线，才使我和科学出版社之间彼此建立起信任。

我要感谢师兄刘孝廷教授、张百春教授，还要感谢师妹白夜昕博士、王彦君博士和张亚娜博士，和他们在一起我才感到不是孤军奋战，只有我们抱团取暖，俄苏科技哲学这一"西伯利亚之地"才不致寒风彻骨。

感谢江南大学马克思主义学院的张云霞院长，感谢江南大学社会科学处的刘焕明处长，单位的大力支持是我顺利完成课题的重要保障。

最后不仅要感谢我的妻子樊玉红女士，她一如既往地做我的贤内助和学术秘书；而且还要感谢我的儿子万家骏，他的出生让我爬格子时不再枯燥，他的成长让我看到了未来的希望。

已经快到了知天命的年岁，我对幸福的看法日趋朴实。周国平说："在我看来，一个人若能做自己喜欢的事，并且靠这养活自己，同时能和自己喜欢的人在一起，并且使他们感到快乐，即可称为幸福。"幸福原来就这么简单。

万长松
2016 年国庆节